"十二五"普通高等教育本科国家级规划教材

工程流体力学（水力学）

（第4版）

下册

闻德荪 主编

王玉敏 高海鹰 黄正华 马金霞 编

高等教育出版社·北京

内容简介

本书是"十二五"普通高等教育本科国家级规划教材。本书第 1 版于 1990 年出版，获 1995 年国家教委优秀教材二等奖和 1997 年江苏省科技进步二等奖。

本次修订基本上保持了第 3 版教材的内容和体系，但有所增减和更改。如删减了一些对专业不很需要的内容，增加改进了一些章节的内容，个别章节增加了一些例题和习题。本书内容丰富、充实、有启发性，便于教和学。

全书仍分为上、下两册，共十四章。上册共八章：绪论，流体静力学，流体运动学，理想流体动力学和平面势流，实际流体动力学基础，量纲分析和相似原理，流动阻力和能量损失，边界层理论基础和绕流运动。下册共六章：有压管流和孔口、管嘴出流，明渠流和闸孔出流及堰流，渗流，射流和流体扩散理论基础，可压缩气体的流动，数值计算方法简介。书后附有中英文术语对照和参考文献。

本书可作为普通高等学校环境类和给水排水工程等专业的工程流体力学、流体力学或水力学课程的教材，也可作为其他专业和有关科技人员的参考书。

图书在版编目（CIP）数据

工程流体力学：水力学．下册／闻德荪主编；王玉敏等编．--4 版．--北京：高等教育出版社，2020.9 （2024.11 重印）

ISBN 978-7-04-054846-4

Ⅰ．①工… Ⅱ．①闻… ②王… Ⅲ．①工程力学-流体力学-高等学校-教材②水力学-高等学校-教材 Ⅳ．①TB126②TV13

中国版本图书馆 CIP 数据核字（2020）第 146527 号

工程流体力学（水力学）
GONGCHENG LIUTI LIXUE（SHUILIXUE）

策划编辑	赵向东	责任编辑	赵向东	封面设计	王凌波	版式设计	杨 树
插图绘制	黄云燕	责任校对	李大鹏	责任印制	赵 佳		

出版发行	高等教育出版社	网　址	http://www.hep.edu.cn
社　址	北京市西城区德外大街 4 号		http://www.hep.com.cn
邮政编码	100120	网上订购	http://www.hepmall.com.cn
印　刷	北京中科印刷有限公司		http://www.hepmall.com
开　本	787mm×960mm 1/16		http://www.hepmall.cn
印　张	21	版　次	1990 年 3 月第 1 版
字　数	350 千字		2020 年 9 月第 4 版
购书热线	010-58581118	印　次	2024 年 11 月第 3 次印刷
咨询电话	400-810-0598	定　价	39.80 元

本书如有缺页、倒页、脱页等质量问题，请到所购图书销售部门联系调换
版权所有　侵权必究
物 料 号　54846-00

数字课程

工程流体力学（水力学）

（第4版）

下册

闻德荪　主编

1. 计算机访问 http://abook.hep.com.cn/12194112，或手机扫描二维码、下载并安装 Abook 应用。
2. 注册并登录，进入"我的课程"。
3. 输入封底数字课程账号（20位密码，刮开涂层可见），或通过 Abook 应用扫描封底数字课程账号二维码，完成课程绑定。
4. 单击"进入课程"按钮，开始本数字课程的学习。

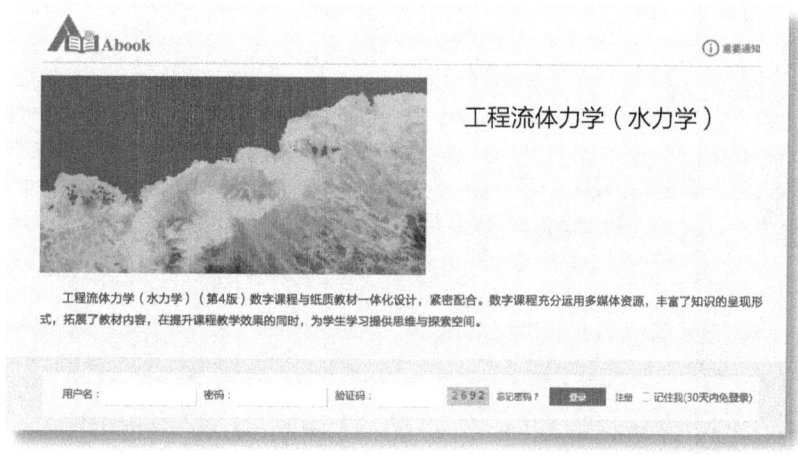

课程绑定后一年为数字课程使用有效期。受硬件限制，部分内容无法在手机端显示，请按提示通过计算机访问学习。

如有使用问题，请发邮件至 abook@hep.com.cn。

扫描二维码
下载 Abook 应用

http://abook.hep.com.cn/12194112

第4版前言

本书第1版于1990年出版,获1995年国家教委优秀教材二等奖和1997年江苏省科技进步二等奖;第2版于2004年出版;第3版于2010年出版,获"十二五"普通高等教育本科国家级规划教材,得到广大师生的广泛好评。

本版依据教育部高等学校力学基础课程教学指导分委员会制定的《流体力学(水力学)课程教学基本要求(A类)》和当前教学改革的精神,在第3版的基础上修订而成;指导思想仍是既要继承,又要改革。本书保持了第3版的优点和特色,例如注重培养学生发现、提出、分析、解决问题的能力,注重培养学生形成科学思维,提高学生的自学能力及科学素养,注重学科的内在联系和认识规律;内容适应学科发展和专业培养目标的需要,加强必要的理论基础,适当结合专业课程内容;在上述基础上,力求有所创新和提高。本书基本保持了第3版教材的内容和体系,但有所增减和修改,删去了一些对专业不很需要的内容,增加改进了一些章节的内容,个别章节增加了一些例题和习题。

为了适应环境类、给水排水工程等专业对《工程流体力学(水力学)》的要求,本书内容比较丰富、充实,具有相对的独立性和完整性,便于不同学校根据层次、专业方向和学生情况进行有针对性的取舍,便于启发学生自学,体现了教材的模块式特点。本书目录上标有"*"的正文,可以作为选学的内容。

全书仍分为上、下两册,共十四章。上册共八章:绪论,流体静力学,流体运动学,理想流体动力学和平面势流,实际流体动力学基础,量纲分析和相似原理,流动阻力和能量损失,边界层理论基础和绕流运动。下册共六章:有压管流和孔口、管嘴出流,明渠流和闸孔出流及堰流,渗流,射流和流体扩散理论基础,可压缩气体的流动,数值计算方法简介。书后附有中英文术语对照和参考文献。

本书可作为普通高等学校环境类和给水排水工程等专业的工程流体力学、流体力学或水力学课程的教材,也可作为其他专业和有关科技人员的参考书。

参加本书修订的有:东南大学王玉敏(第一、六、八、九、十二、十三章)、高海鹰(第十一、十四章)、黄正华(第二、三、五、十章)、马金霞(第四、七章)。本书由东南大学归柯庭教授审阅,提出了宝贵的意见和建议,在此表示衷心的谢意。在修订过程中,还得到校内外有关师生和同志们的关心、支持和帮助,在此表示由衷的感谢。

由于我们的水平有限,时间较紧,书中不妥之处恳请读者提出批评和指正。

编　者
2020年3月

第3版前言

本书是普通高等教育"十一五"国家级规划教材。本书第1版于1990年出版，获1995年国家教委优秀教材二等奖和1997年度江苏省科技进步二等奖；本书第2版于2004年出版后，仍得到有关师生的好评。

本书是依据教育部高等学校力学基础课程教学指导分委员会制订的《流体力学(水力学)课程教学基本要求(A类)》和当前教学改革的精神，在本书第2版的基础上修订的；指导思想仍是既要继承，又要改革。本书保持了第2版教材的优点、特点和特色，例如内容要适应学科发展和专业培养目标的需要，加强必要的理论基础和适当结合专业；体系要符合学科的内在联系和人们的认识规律；注重和探索培养学生发现、提出、分析、解决问题的能力和科学思维、科学方法以及自学能力、素质等，具体的请参阅前两版前言；在上述基础上，力求有所新意、进展和提高。本书基本上保持了第2版教材的内容和体系，但有所增减和更改。删去了一些对专业不很需要的内容，调整了一些章节的体系。考虑到数值计算方法在工程流体力学(水力学)中的日趋重要和计算机技术的广泛应用，为了培养学生这方面的能力，本书增加了"数值计算方法简介"作为最后一章，可以结合有关内容使用。为了指导和帮助学生自学和复习，根据课程教学内容的重点、难点、注意点、知识点，每章均单独增列了思考题；个别章节增加了结合专业的例题。在体系方面，将有压管流和孔口、管嘴出流合并为一章，明渠流和闸孔出流及堰流合并为一章；个别章节的体系亦有所更改。

环境类专业、给水排水工程等专业涉及工程流体力学(水力学)的内容比较广，要求亦有所不同。为了适应上述情况，本书的内容比较丰富、充实，具有相对的独立性和启发性，便于教和学；可以根据不同学校类型、层次、专业方向和学生情况，取舍或增加内容和组织体系，体现了模块式设课和教材的特点。本书节、目等标题上注有*号的正文，可以作为选用的内容。

全书仍分上、下两册，共十四章。上册共八章：绪论，流体静力学，流体运动学，理想流体动力学和平面势流，实际流体动力学基础，量纲分析和相似原理，流动阻力和能量损失、边界层理论基础和绕流运动。下册共六章:有压管流和孔口、管嘴出流,明渠流和闸孔出流及堰流,渗流,射流和流体扩散理论基础,可压缩气体的流动,数值计算方法简介。书后附有习题答案、参考文献和中英文术语对照。

  本书可作为高等学校环境类专业和给水排水工程等专业的工程流体力学、流体力学或水力学课程的教材,也可作为其他专业和有关科技人员的参考书。

  参加本书修订的有:东南大学闻德荪(第一、二、七、八、十二章)、黄正华(第三、五、十章)、高海鹰(第四、十一、十四章)、王玉敏(第六、九、十三章),主编仍是闻德荪。本书书稿仍由清华大学李玉柱教授审阅,提出了宝贵的意见和建议,在此表示衷心的感谢。在修订过程中,得到校内外有关师生和同志们的关心和支持,在此表示衷心的谢意。我们珍惜由此建立起来的情谊。

  由于我们的水平有限和时间较紧,书中不妥之处恳切希望读者提出批评、指正。

编 者

2010 年 3 月

第2版前言

原书(即第1版),主要是为高等学校环境类专业及给水排水工程专业"工程流体力学(水力学)"课程编写的教材,1990年由高等教育出版社出版。在编写和出版过程中,得到校内外有关专家、师生、同志们的关心和支持,一些同志为教材出版作出了默默无闻的奉献。我们珍惜这些,并在此致以衷心地感谢。教材出版后,得到校内外有关师生的欢迎和好评,获1995年国家教委第三届普通高等学校优秀教材二等奖和1997年度江苏省科技进步二等奖。

本书(指第2版),是原书的修订版,主要仍是作为上述专业上述课程(有的称流体力学课程)的教材,亦可作为其他相近专业和土建类、交通类、动力类、机械类等其他专业的参考书,并可供有关科技人员参阅。

我们在使用原书和调查研究的基础上,明确这次修订的指导思想仍是继承和改革,保持原书的优点、特点和特色,力求有所新意、进展和提高;内容要精,适应学科发展和专业培养目标的需要,加强必要的理论基础和适当结合专业;基本概念和理论的阐述要准确,问题的讲解要明确具体;体系要比较完整,符合学科的内在联系和人们的认识规律;例题和习题是教材的有机组成部分,要精心选编和设计;努力为教和学考虑,便于内容的增减和体系的调整,利于自学和掌握知识体系和方法;思想性和哲理性寓于教材及其叙述中;要十分注重和探索对学生能力的培养,包括发现、提出、分析、解决问题的能力和科学思维、科学方法及自学的能力等。

本书是依据原国家教委高等工业学校力学课程教学指导委员会审订的环境类专业及给水排水工程专业"工程流体力学(水力学)课程教学基本要求",并结合当前教学改革的精神修订的。在原"基本要求"中,上述课程的参考学时为90~100学时。现各院校的学时数都有不同程度的减少,要求亦有所侧重,我们按80学时左右做了相应的考虑。本书内容比较丰富、充实、有启发性,任课教师可根据具体情况选取内容和组织体系。本书中有*号的内容,建议作为选读的材料。

本书基本上保持了原书的内容和体系,但又有所更改。例如,根据学科发展的趋势,无论是学习、研究流体运动的规律或与流体运动有关的其他交叉学科,三维流动的基本理论(基本概念、基本原理、基本方法)是最基本、最重要的,且将长期起作用;而一维流动的基本理论,在工程实际中是常用的。本书比较完整地介绍了三维流动的基本理论,并由此延伸得出一维流动的基本理论;同时,又从一维流完整地介绍一维流动的基本理论;这样既可保证三维流动基本理论和一维流动基本理论的完整性,又可通过对比加深理解和掌握。又如,边界层理论在流体力学发展史中具有重要的意义和作用,为了比较完整地介绍,原书单独列了一章"边界层理论基础和绕流运动",本书基本上保留了原书的内容,并简单补充介绍了粗糙平板和光滑平板的判别以及卡门涡街。再如,根据环境工程等专业培养目标和后续课程的要求,原书增加了一章"紊流射流和扩散基本理论",介绍了它们的基本理论和有关专业课程中的几个公式得出的推导过程,本书保持了原书的内容,并根据环境保护、防治地下水污染的需要,新增加了一节"地下水流的离散",且将包括这一节的整章调整到渗流一章的后面。数值计算方法很重要,因为一般的数值计算方法(如迭代法等)在前导课程(如数学、计算机应用基础)中已学习和掌握,专门的数值计算方法(如有限差分法等)则为研究生课程(如计算流体力学)的内容,所以本书不增加这方面的内容,并删去了原书求解环状管网用 FORTRAN 语言编制的程序。其他方面,如改写了绪论,结合本书内容较详细介绍了流体力学的发展史,补充阐述了流体的物性以及流体力学的研究方法。本书简单介绍了总流动量矩方程的内容;补充阐述了湍流的动量输运理论;删去了水击的基本微分方程,补充介绍了非恒定有压管流的能量方程和非恒定明渠流的无摩阻正、负涌波;删去了消力池的水力计算,增加了小桥、涵洞孔径的水力计算等。另外,为了开阔眼界,拓宽思路,结合原书内容,简单提及学科发展的一些情况;为了减少授课时数,便于自学,对原书有的基本理论作了一些补充阐述。本书的例题和习题也稍有增加,主要是在理论基础部分,新增加了在教学过程中提出的一些启发性的讨论题,包括流体力学中的佯谬和疑题及其讨论的内容,后者对培养学生发现、提出问题和科学思维的能力是有益的。

本书物理量的名称和符号,尽量采用国家标准《量和单位》规定的名称和符号,或按有关行业规范或惯称。科学技术名词,尽量采用全国自然科学名词审定委员会审定公布的有关学科的规范名词,或按有关行业规范或惯称。

本书仍与原书一样,共十四章。上册共八章,书后有上册各章的习题答案。下册共六章,书后有下册各章的习题答案和全书的参考文献以及中英文术语对照。

参加本书编写的有:东南大学闻德荪(第一、二、三、四、五、七、八、十三章)、北京建筑工程学院李兆年(第六、九、十二章)、东南大学黄正华(第十、十一、十四章),主编仍是闻德荪。本书由清华大学李玉柱教授审阅,提出了宝贵的意见和建议。我们珍惜这些,并衷心感谢李玉柱教授和其他关心、支持我们修订工作的同志们。

由于我们的水平有限和时间较紧,书中不妥之处恳切希望提出批评、指正。

编 者

2003 年 7 月

第1版前言

本书是为高等学校环境类专业、给水排水工程专业编写的工程流体力学(水力学)教材。它是在三校编写的讲义基础上,经过教学实践和吸收国内外有关教材的优点修改而成的。本书试图根据内容,建立一个既符合学科系统性又符合教学和认识规律的体系,来阐述工程流体力学的基本概念、基本原理和基本方法。本书内容,注意适应科学技术发展的需要,注重加强理论基础和能力的培养,力求贯彻理论联系实际、知识与能力辩证统一的原则。

根据工程流体力学的发展趋势,三维流动的基本原理及其分析方法,是基本的、重要的,且将长期起作用的。因此本书在介绍流体运动基本方程时,以三维流动的基本原理及其在特殊情况下的应用为线索,结合介绍一维流动的基本原理及其分析方法。

全书尽可能贯穿介绍工程流体力学处理问题的基本方法和常用方法,如理论分析方法中的无限微量法、有限控制体法和实验方法中的量纲分析与相似原理以及雷诺时均运算法则、量级对比、相似变换法等及它们的应用。

本书在介绍基本概念时,力求严格、确切、形象、清晰;在介绍基本原理时,既着重物理观点的阐述,又对必要的数学处理给予扼要的推导过程,并指出适用的范围和条件;在介绍基本理论的应用时,提出关键、要点和带规律性的应用方法、步骤,例如总流伯努利方程的应用,关键在于对流动现象的分析、取好过流断面和计算点、基准面以及能量损失的计算等。

为了巩固和加深对基本理论的理解、提高计算技能以及培养分析问题、解决问题的能力,各章均有一定数量的例题和习题,管网计算附有 FORTRAN 语言程序和计算结果。

本书内容可分为基本理论、应用与专题两部分,共十四章。上册共八章:绪论,流体静力学,流体运动学,理想流体动力学和平面势流,实际流体动力学基础,量纲分析和相似原理,流动阻力和能量损失,边界层基本理论和绕流运动;下册共六章:有压管流,明渠流,孔口、管嘴、闸孔出流及堰流,紊流射流和紊流扩散,渗流,可压缩流体的流动。

　　本书采取集体讨论,分工执笔,主编统稿审订的编写方式。参加编写的有:东南大学闻德荪(第一、三、四、五、十二章)、重庆建筑工程学院魏亚东(第二、七、八章)、北京建筑工程学院李兆年(第六、九、十三章)、东南大学王世和(第十、十一、十四章),主编是闻德荪。本书由哈尔滨建筑工程学院屠大燕教授和清华大学余常昭教授审阅。在编写过程中,得到校内外有关同志和专家的热情鼓励和支持,吸收了他们许多宝贵的经验、意见和建议。在此一并致以衷心的感谢!

　　由于时间较紧,水平有限,书中不妥之处恳切希望各位批评、指正。

编　者
1990年3月

目 录

第九章 有压管流和孔口、管嘴出流 ……………………………………… 1

§9-1 简单短管中的恒定有压流 …………………………………… 1
§9-2 简单长管中的恒定有压流 …………………………………… 11
§9-3 复杂长管中的恒定有压流 …………………………………… 17
§9-4 沿程均匀泄流管道中的恒定有压流 ………………………… 23
§9-5 管网中的恒定有压流计算基础 ……………………………… 27
§9-6 非恒定有压管流 ……………………………………………… 39
§9-7 恒定薄壁孔口出流 …………………………………………… 51
§9-8 管嘴出流 ……………………………………………………… 57
*§9-9 非恒定孔口、管嘴出流 ……………………………………… 62
思考题 …………………………………………………………………… 66
习题 ……………………………………………………………………… 66

第十章 明渠流和闸孔出流及堰流 …………………………………………… 76

§10-1 恒定明渠均匀流 ……………………………………………… 76
§10-2 恒定明渠流的流动形态和若干基本概念 …………………… 93
§10-3 恒定明渠流流态转换时的局部水力现象——水跃和跌水 … 102
§10-4 恒定明渠非均匀渐变流动的基本微分方程 ………………… 108
§10-5 棱柱体渠道中恒定非均匀渐变流水面曲线类型的分析 …… 109
§10-6 恒定明渠非均匀渐变流水面曲线的计算 …………………… 120
*§10-7 非恒定明渠流 ………………………………………………… 125
§10-8 闸孔出流 ……………………………………………………… 128
§10-9 堰流 …………………………………………………………… 134
§10-10 小桥、涵洞孔径的水力计算 ………………………………… 148
思考题 …………………………………………………………………… 157

习题 ………………………………………………………………………………… 158

第十一章　渗流

§11-1　渗流模型 ……………………………………………………………… 165
§11-2　渗流基本定律——达西定律 ………………………………………… 165
§11-3　地下明渠中的恒定均匀渗流和非均匀渐变渗流 …………………… 171
§11-4　棱柱体地下明渠中恒定渐变渗流浸润曲线类型的分析和计算 …… 173
§11-5　井的渗流 ……………………………………………………………… 179
*§11-6　渗流的基本微分方程 ………………………………………………… 185
§11-7　井群 …………………………………………………………………… 189
思考题 ………………………………………………………………………… 192
习题 …………………………………………………………………………… 193

第十二章　射流和流体扩散理论基础

§12-1　射流的分类・湍流射流的形成和特性 ……………………………… 197
§12-2　圆形断面射流 ………………………………………………………… 202
§12-3　平面射流 ……………………………………………………………… 206
*§12-4　自由淹没射流的其他计算方法 ……………………………………… 210
§12-5　分子扩散 ……………………………………………………………… 217
§12-6　层流扩散 ……………………………………………………………… 229
§12-7　湍流扩散 ……………………………………………………………… 235
§12-8　剪切流的离散 ………………………………………………………… 240
§12-9　地下水流的弥散 ……………………………………………………… 250
思考题 ………………………………………………………………………… 257
习题 …………………………………………………………………………… 259

第十三章　可压缩气体的流动

§13-1　声速・马赫数 ………………………………………………………… 262
§13-2　理想可压缩气体一维恒定流的基本方程 …………………………… 265
§13-3　可压缩气体在等截面管道中的流动 ………………………………… 272
*§13-4　一维恒定流气流速度与断面的关系 ………………………………… 277
思考题 ………………………………………………………………………… 279

习题 ………………………………………………………………………… 280

第十四章 数值计算方法简介 …………………………………………… 282

§14-1 非线性方程的牛顿迭代法 …………………………………… 282
§14-2 数值拟合方法 …………………………………………………… 284
§14-3 流体力学数值模拟 …………………………………………… 289
思考题 ………………………………………………………………… 301
习题 …………………………………………………………………… 302

中英文术语对照 …………………………………………………………… 304
参考文献 …………………………………………………………………… 313

第九章

有压管流和孔口、管嘴出流

有压管流和孔口出流、管嘴出流是工程中最常见的流动现象。若管道的整个断面被流体所充满,管道周界上各点均受到流体压强的作用,这种流动现象称为有压管流。水处理构筑物中的连接管、虹吸管、泵的吸水管与压水管、室内及室外输配水管、通风及燃气输配管等管内的流动,都是有压管流的工程实例。容器侧壁或底壁上开有孔口,流体经孔口流出的流动现象称为孔口出流。给排水工程中的各类取水孔口、泄水孔口中的水流,通风工程中通过门、窗的气流,某些流量量测设备中的流动均与孔口出流有关。若孔口器壁较厚,或在孔口处加一定长的短管,流体经短管流出并在出口断面充满管口的流动现象称为管嘴出流,消防水枪等属于管嘴出流。研究有压管流和孔口、管嘴出流对环境保护工程、给水排水工程、建筑环境与设备工程、市政建设工程、交通运输工程、水利工程等具有实用意义。

§9-1 简单短管中的恒定有压流

分析恒定有压管流,主要是应用连续性方程、伯努利方程和能量损失的计算公式。能量损失包括沿程损失和局部损失。为了便于计算,常按这两种损失在总损失中所占比重的不同而将有压管道分为长管和短管两类。长管是指该管流中的能量损失以沿程损失为主,局部损失和流速水头(或气流动压)所占比重很小,可以忽略不计的管道。短管是指局部损失和流速水头(或气流动压)所占比重较大,计算时不能忽略的管道。

根据管道布置与连接情况,又可将管道分为简单管道与复杂管道两类。前者指粗糙度相同没有分支的等管径管道,后者指由两条以上有分支或粗糙度或管径不同管道组成的管系。复杂管道又可分为串联、并联管道和枝状、环状管网,分别如图9-1a,b,c,d所示。

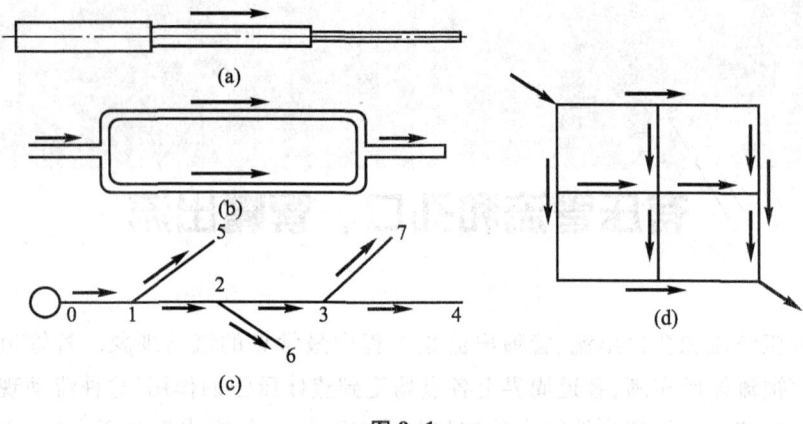

图 9-1

根据简单短管的出流,可将其分为自由出流和淹没出流来加以分析。

9-1-1 自由出流

若管道中的液体经出口流入大气中,称为自由出流,如图 9-2 所示。

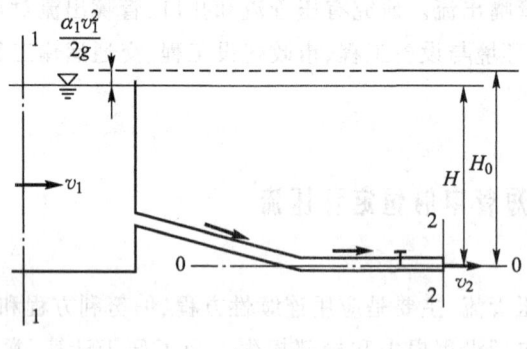

图 9-2

选上游过流断面 1-1 和管道出口处过流断面 2-2,取通过断面 2-2 形心点的水平面 0-0 为基准面,对上述两断面写伯努利方程,得

$$H + \frac{p_a}{\rho g} + \frac{\alpha_1 v_1^2}{2g} = 0 + \frac{p_a}{\rho g} + \frac{\alpha_2 v_2^2}{2g} + h_w$$

令

$$H_0 = H + \frac{\alpha_1 v_1^2}{2g}$$

可得

$$H_0 = \frac{\alpha_2 v_2^2}{2g} + h_w \qquad (9-1)$$

式中:v_1 为过流断面 1-1 的平均流速,又称行进(行近)流速。H_0 为包括行进流速水头在内的总水头,又称作用水头。

由水头损失计算公式可知

$$h_w = \sum h_f + \sum h_j = \sum \lambda \frac{l}{d} \frac{v_2^2}{2g} + \sum \zeta \frac{v_2^2}{2g} = \zeta_e \frac{v_2^2}{2g} \qquad (9-2)$$

式中:ζ_e 为短管的总损失(阻力)系数,为

$$\zeta_e = \sum \lambda \frac{l}{d} + \sum \zeta$$

将上式代入式(9-1)中,得

$$H_0 = (\alpha_2 + \zeta_e) \frac{v_2^2}{2g} \qquad (9-3)$$

取 $\alpha_2 = 1$,得

$$v_2 = \frac{1}{\sqrt{1+\zeta_e}} \sqrt{2gH_0}$$

令 $\varphi = \frac{1}{\sqrt{1+\zeta_e}}$,称为短管的流速系数,则

$$v_2 = \varphi \sqrt{2gH_0} \qquad (9-4)$$

短管的流量为

$$Q = v_2 A = \varphi A \sqrt{2gH_0} = \mu A \sqrt{2gH_0} \qquad (9-5)$$

式中:μ 为短管自由出流的流量系数,$\mu = \varphi = \frac{1}{\sqrt{1+\zeta_e}}$;$A$ 为短管的过流断面面积。

当上游的过流断面面积很大时,行进流速水头 $\frac{\alpha_1 v_1^2}{2g}$ 可略去不计,则上述各式中的总水头 $H_0 = H$。

9-1-2 淹没出流

若管道中的液体经出口流入下游自由表面以下的液体中,则称为淹没出流,如图 9-3 所示。

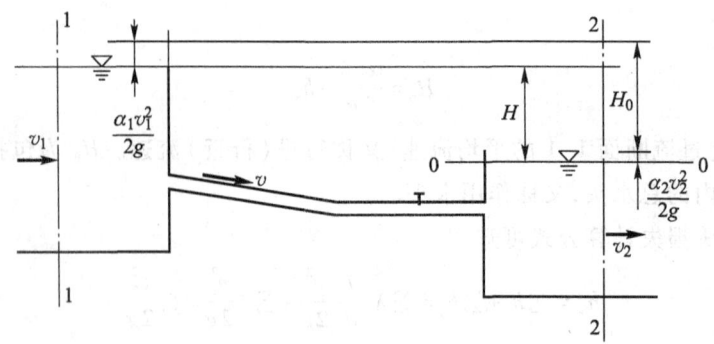

图 9-3

选过流断面 1-1 及 2-2，以下游自由表面 0-0 为基准面，对上述两断面写伯努利方程，得

$$H + \frac{p_a}{\rho g} + \frac{\alpha_1 v_1^2}{2g} = 0 + \frac{p_a}{\rho g} + \frac{\alpha_2 v_2^2}{2g} + h_w$$

令

$$H_0 = H + \frac{\alpha_1 v_1^2}{2g} - \frac{\alpha_2 v_2^2}{2g}$$

则得

$$H_0 = h_w \tag{9-6}$$

式中：H_0 为淹没短管上、下游过流断面的总水头差，式中的水头损失 h_w 仍可用式 (9-2) 计算，但要注意此时的 $\sum \zeta$ 值比自由出流多一出口损失系数 $\zeta_{出口} = 1.0$，但少了一个流速水头。将式 (9-2) 代入式 (9-6) 中，得

$$H_0 = \zeta_e \frac{v^2}{2g}$$

或

$$v = \frac{1}{\sqrt{\zeta_e}} \sqrt{2gH_0} = \varphi \sqrt{2gH_0} \tag{9-7}$$

短管的流量为

$$Q = \varphi A \sqrt{2gH_0} = \mu A \sqrt{2gH_0} \tag{9-8}$$

式中：$\mu = \varphi = \dfrac{1}{\sqrt{\zeta_e}}$，为短管淹没出流的流量系数。比较式 (9-5) 和式 (9-8) 可知，虽然短管自由出流与淹没出流的流量系数 μ 的计算公式不同，但数值是相等的；流量计算的差别，主要是体现在总水头的不同上。短管自由出流的总水头 H_0 为

出口断面形心点上的总水头,而淹没出流的总水头 H_0 为包括行进流速在内的上、下游自由表面总水头之差。

当上、下游过流断面面积都很大时,流速水头均可略去不计,则上列各式中的 $H_0=H$,为上、下游自由表面之高差。

9-1-3 不可压缩气体经短管的恒定出流

不可压缩气体经简单短管出口流入管外气体(一般为大气),如图 9-4 所示。选过流断面 1-1 及 2-2,若管内、外气体的密度相差很小,或两过流断面的高程差很小,则由不可压缩气体伯努利方程式(5-40)可得

$$p_1+\frac{\rho v_1^2}{2}=p_2+\frac{\rho v_2^2}{2}+p_{w1-2}$$

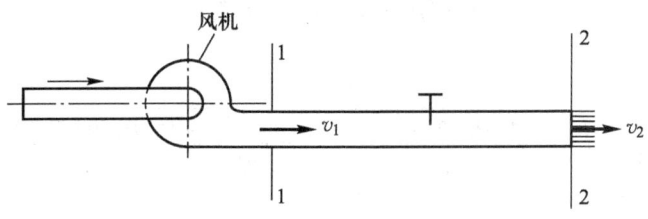

图 9-4

令 $\Delta p=p_1-p_2$。因

$$v_1=v_2=v$$

$$p_{w1-2}=\rho g h_{w1-2}=\rho g\left(\sum\lambda\frac{l}{d}+\sum\zeta\right)\frac{v^2}{2g}=\zeta_e\frac{\rho v^2}{2}$$

所以

$$\Delta p=\zeta_e\frac{\rho v^2}{2} \qquad (9-9)$$

或

$$v=\frac{1}{\sqrt{\zeta_e}}\sqrt{\frac{2\Delta p}{\rho}}=\varphi\sqrt{\frac{2\Delta p}{\rho}} \qquad (9-10)$$

短管的流量为

$$Q=\varphi A\sqrt{\frac{2\Delta p}{\rho}}=\mu A\sqrt{\frac{2\Delta p}{\rho}} \qquad (9-11)$$

式中 ρ 为短管内气体的密度,其余符号意义同前。比较式(9-8)与式(9-11)可

知,不可压缩气体经短管出流的流量公式与液体的流量公式在形式上近似,差别在于不采用水头,而采用压强差,即以 $\dfrac{\Delta p}{\rho g}$ 代替了式(9-8)中的 H_0。

若短管内外气体的密度相差很大,两过流断面的高程差也较大,则由不可压缩气体伯努利方程(5-39)可得

$$p_1 + \frac{\rho v_1^2}{2} + (\rho_a - \rho)g(z_2 - z_1) = p_2 + \frac{\rho v_2^2}{2} + p_{w1-2}$$

引用前已述及的符号

$$\Delta p = p_1 - p_2, \quad v_1 = v_2 = v, \quad p_{w1-2} = \zeta_e \frac{\rho v^2}{2}$$

则上式可写成

$$\Delta p + (\rho_a - \rho)g(z_2 - z_1) = \zeta_e \frac{\rho v^2}{2}$$

或

$$v = \frac{1}{\sqrt{\zeta_e}} \sqrt{\frac{2[\Delta p + (\rho_a - \rho)g(z_2 - z_1)]}{\rho}} = \varphi \sqrt{\frac{2[\Delta p + (\rho_a - \rho)g(z_2 - z_1)]}{\rho}} \tag{9-12}$$

短管的流量为

$$Q = \varphi A \sqrt{\frac{2[\Delta p + (\rho_a - \rho)g(z_2 - z_1)]}{\rho}} = \mu A \sqrt{\frac{2[\Delta p + (\rho_a - \rho)g(z_2 - z_1)]}{\rho}} \tag{9-13}$$

式中:ρ_a 为管外气体的密度,一般为大气的密度;ρ 为管内气体的密度。

9-1-4 简单短管中有压流计算的基本问题和方法

简单短管中有压流的计算,实际上是根据一些已知条件,确定前述诸公式中的某些变量,而求解另一些变量的问题。它的基本问题有以下四种类型。

(1)已知水头或气流压强差、管径、管长、管道材料(与沿程损失有关)及局部损失组成,求流量和流速。这类问题多属校核性质,可直接用前述诸公式求解。

(2)已知流量、管径、管长、管道材料及局部损失组成,求水头或气流压强差。

(3)已知流量、水头或气流压强差、管长、管道材料及局部水头损失组成,求管径。这类问题直接用前述诸公式求解有困难,因为公式中的流量系数和过流

断面面积均包含欲求的管径,所以一般用试算法、图解法或数值计算方法(迭代法)求解。求得管径后,按已有管径规格选择相接近的标准管径,然后作复核计算:在流量不变情况下复核水头或压强差,或在水头(或压强差)不变情况下复核流量。

在实际工作中,通常是根据流量和管道经济流速值,先求出管径,然后按照管道的规格选择相应的标准管径,并按所选管径进行有关的计算。管道的经济流速是根据当地的敷管单价和动力价格,通过计算决定。因为一定的流量可以在各种不同管径的管道中通过,只是速度与能量损失不同而已。如果选择管径较小,敷管单价较低,但由于管内流速增大,能量损失较大,动力价格较高;如果选择管径较大,则得相反的结果。管道的经济流速是在全面的技术经济比较后决定的,可在有关的技术规范和手册中选取。

(4) 分析计算沿管各过流断面的压强。对于位置固定的管道,绘出其测压管水头线,便可知道沿管各过流断面的压强。因为在工程中,如供水、消防等,常需知沿管各处压强是否满足工作需要;还要了解是否会出现过大的真空,产生气蚀现象,致使影响管道的正常工作,甚至遭到破坏。为了防止气蚀、汽化现象,有时需计算某些短管最高点的位置高度。

例 9-1 利用虹吸管将渠道中的水输送到集水池,如图 9-5 所示。已知管径 $d=300$ mm,AB 段管长 $l_1=260$ m,管长 $l_2=40$ m,沿程阻力系数 $\lambda_1=\lambda_2=0.025$。由表 7-3 查得,滤水网、折管、阀门、出口的局部阻力系数分别为 $\zeta_1=3.0, \zeta_2=\zeta_4=0.55, \zeta_3=0.17, \zeta_5=1.0$。渠道与集水池的恒定水位差 $H=0.54$ m。虹吸管允许的真空高度 $h_v=7$ mH$_2$O。试求虹吸管的输水流量 Q 和顶部的允许安装高度 h_s。

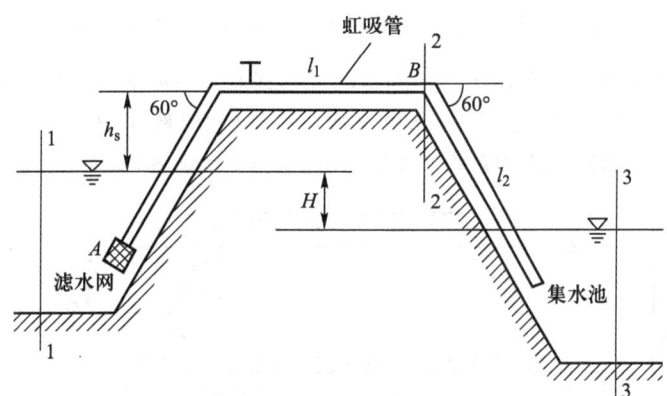

图 9-5

解: 因这一虹吸管为淹没出流,可直接应用式(9-8)计算流量。又

$$\mu = \frac{1}{\sqrt{\sum \lambda \frac{l}{d} + \sum \zeta}}$$

$$= \frac{1}{\sqrt{0.025 \times \frac{260+40}{0.3} + 3.0 + 2 \times 0.55 + 0.17 + 1.0}} = 0.182$$

两过流断面 1-1 及 3-3 面积均很大,流速水头均可略去不计,则由式(9-8)得

$$Q = \mu A \sqrt{2gH} = 0.182 \times \frac{\pi \times 0.3^2}{4} \times \sqrt{2 \times 9.8 \times 0.54} \text{ m}^3/\text{s}$$

$$= 0.041\ 8 \text{ m}^3/\text{s}$$

对过流断面 1-1、2-2 写伯努利方程,得

$$0 + \frac{p_a}{\rho g} + 0 = h_s + \frac{p_2}{\rho g} + \frac{\alpha v^2}{2g} + h_{w1-2}$$

$$h_v = \frac{p_a - p_2}{\rho g} = h_s + \frac{\alpha v^2}{2g} + h_{w1-2}$$

因为

$$v = \frac{Q}{A} = \frac{4 \times 0.041\ 8}{\pi \times 0.3^2} \text{ m/s} = 0.592 \text{ m/s}$$

$$\frac{\alpha v^2}{2g} = \frac{0.592^2}{2 \times 9.8} \text{ m} = 0.017\ 9 \text{ m}$$

$$h_{w1-2} = \zeta_e \frac{\alpha v^2}{2g} = \left(0.025 \times \frac{260}{0.3} + 3 + 0.55 + 0.17\right) \times 0.017\ 9 \text{ m}$$

$$= 0.454 \text{ m}$$

所以

$$h_s = h_v - \frac{\alpha v^2}{2g} - h_{w1-2} = (7 - 0.017\ 9 - 0.454) \text{ m} = 6.528 \text{ m}$$

例 9-2 某圆形有压涵管如图 9-6 所示,上游水深 $H_0 > 1.4d$(管径),此为涵管形成有压流的条件,涵管长度 $l = 20$ m,上、下游水头差 $H = 1$ m,通过流量 $Q = 2$ m³/s,沿程阻力系数 $\lambda = 0.03$,进口、出口的局部阻力系数分别为 $\zeta_1 = 0.5$,$\zeta_2 = 1.0$,试确定涵管管径 d。

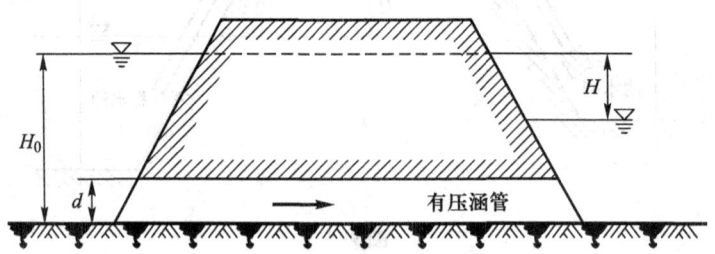

图 9-6

解： 涵管为淹没出流，略去上、下游过流断面的流速水头可得

$$H = \left(\lambda \frac{l}{d} + \zeta_1 + \zeta_2\right) \frac{\left(\frac{4Q}{\pi d^2}\right)^2}{2g}$$

代入各项数据得

$$1 = \left(0.03 \frac{20}{d} + 0.5 + 1.0\right) \times \frac{\left(\frac{4 \times 2}{\pi d^2}\right)^2}{2 \times 9.8}$$

整理后得

$$d^5 - 0.495d - 0.198 = 0$$

可用试算法或用高次方程式求根的方法求解上式中的管径 d。现用牛顿迭代法求 d。上式以 $d_1 = 1$ m 代入迭代，得 $d_2 = 0.931\ 9$ m，$d_3 = 0.918\ 6$ m，$d_4 = 0.918\ 2$ m，$d_5 = 0.918\ 2$ m，得解。若取标准管径 $d = 900$ mm，由式(9-8)得 $Q = \mu A \sqrt{2gH} = \dfrac{1}{\sqrt{\sum \lambda \dfrac{l}{d} + \sum \zeta}} A \sqrt{2gH} =$

$$\frac{1}{\sqrt{0.03 \times \frac{20}{0.9} + 0.5 + 1.0}} \times \frac{\pi \times 0.9^2}{4} \times \sqrt{2 \times 9.8 \times 1}\ \text{m}^3/\text{s} = 1.912\ \text{m}^3/\text{s}$$

略小于通过流量 2 m³/s。若取 $d = 1\ 000$ mm，则 $Q = 2.398$ m³/s，如何选用要根据工程需要，经技术经济比较确定。

例 9-3 离心泵管道系统如图 9-7 所示，已知水泵流量 $Q = 25$ m³/h，吸水管长 $l_1 = 5$ m，压水管长度 $l_2 = 20$ m，水泵提水高度 $z = 18$ m，最大真空度不超过 $[h_v] = 6$ m，滤水网、90°弯管、水泵入口前的渐缩管的局部阻力系数分别为 $\zeta_1 = 8.5$，$\zeta_2 = 0.294$，$\zeta_3 = 0.1$。试确定吸水管管径 d_a、压水管管径 d_p 和水泵的允许安装高度 h_s，以及总扬程 H。

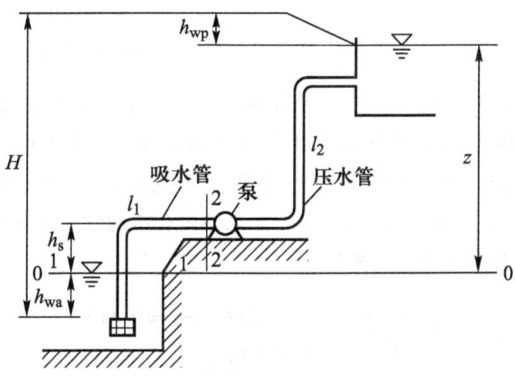

图 9-7

解: (1) 吸水管经济流速 $v_a = 1 \sim 1.6$ m/s,现取 $v_a = 1.6$ m/s,则

$$d_a = \sqrt{\frac{4Q}{\pi v_a}} = \sqrt{\frac{4 \times 25}{\pi \times 1.6 \times 3\,600}} \text{ m} = 0.074 \text{ m}$$

选取标准管径 $d_a = 75$ mm,相应的

$$v_a = \frac{4 \times 25}{\pi \times 0.075^2 \times 3\,600} \text{ m/s} = 1.57 \text{ m/s}$$

对过流断面 1—1 及 2—2 写伯努利方程得

$$h_s = \frac{p_v}{\rho g} - \frac{\alpha v_a^2}{2g} - h_{w1-2}$$

沿程阻力系数

$$\lambda = \frac{0.021}{d^{0.3}} = \frac{0.021}{0.075^{0.3}} = 0.046$$

$\frac{p_v}{\rho g}$ 以 $h_v = 6$ m 代入,取 $\alpha = 1.0$,则

$$h_s = 6 - \left(1 + 0.046 \times \frac{5}{0.075} + 8.5 + 0.294 + 0.1\right) \times \frac{1.57^2}{2 \times 9.8} \text{ m} = 4.37 \text{ m}$$

(2) 取压水管经济流速 $v_p = 1.6$ m/s,选取标准管径 $d_p = 0.075$ m, $v_p = 1.57$ m/s,压水管沿程阻力系数 $\lambda = 0.046$, 90°弯管的 $\zeta_4 = \zeta_5 = 0.294$,出口 $\zeta_6 = 1.0$,因此压水管水头损失 h_{wp} 为

$$h_{wp} = \left(0.046 \times \frac{20}{0.075} + 2 \times 0.294 + 1.0\right) \times \frac{1.57^2}{2 \times 9.8} \text{ m} = 1.74 \text{ m}$$

吸水管水头损失为

$$h_{wa} = \left(0.046 \times \frac{5}{0.075} + 8.5 + 0.294 + 0.1\right) \times \frac{1.57^2}{2 \times 9.8} \text{ m} = 1.50 \text{ m}$$

水泵总扬程 H 为

$$H = z + h_{wa} + h_{wp} = (18 + 1.74 + 1.50) \text{ m} = 21.24 \text{ m}$$

根据水泵扬程和流量,即可从有关水泵样本或手册中选择适当型号的水泵。

例 9-4 有一长度为 25 m 的通风管道,如图 9-4 所示。风管断面为边长等于 1.1 m 的正方形,其沿程阻力系数 $\lambda = 0.032$,局部阻力系数之和 $\sum \zeta = 3.0$,过流断面 1—1、2—2 间的压强差 $\Delta p = 300$ Pa,风管中空气密度 $\rho = 1.2$ kg/m³。求该风管中的空气流量 Q。

解: 可直接应用式(9-11)计算流量

$$\mu = \frac{1}{\sqrt{\zeta_c}} = \frac{1}{\sqrt{0.032 \times \frac{25}{1.1} + 3}} = 0.518$$

$$Q = \mu A \sqrt{\frac{2\Delta p}{\rho}} = 0.518 \times 1.1 \times 1.1 \times \sqrt{\frac{2 \times 300}{1.2}} \text{ m}^3/\text{s} = 14.02 \text{ m}^3/\text{s}$$

§9–2 简单长管中的恒定有压流

简单长管中的恒定有压流如图 9-8 所示。由于不考虑流速水头,所以总水头线与测压管水头线重合。又因不计局部损失,对过流断面 1-1、2-2 写伯努利方程可得

$$H = h_f \tag{9-14}$$

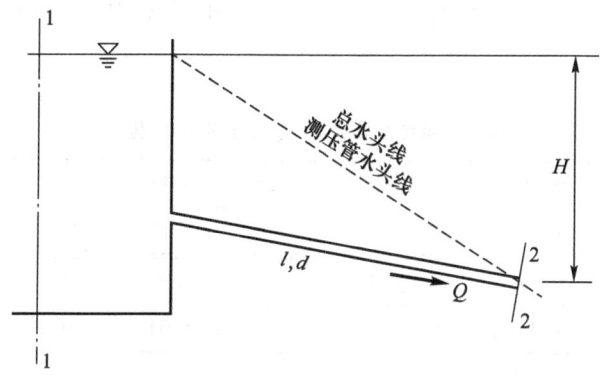

图 9-8

上式表明,在长管中全部水头均消耗于克服沿程阻力。下面介绍在环境、给水排水、供热通风、水利等工程中,计算简单长管恒定有压流常用的计算方法。该方法用于管网时可以节省计算工作量,提高效率。

在给水工程中,习惯采用下列方法,即

$$H = h_f = \lambda \frac{l}{d} \left(\frac{4Q}{\pi d^2} \right)^2 \Big/ 2g = \frac{8\lambda}{\pi^2 g d^5} l Q^2$$

或

$$H = h_f = S_0 l Q^2 \tag{9-15}$$

式中:$S_0 = \dfrac{8\lambda}{\pi^2 g d^5}$,称为管道的比阻(有些规范中用 A 表示比阻),为单位流量通过单位长度管道所损失的水头。$S_0 = f(\lambda, d)$,是随沿程阻力系数 λ 及管径 d 而变化的。在环境、给水排水等工程中,管流多在湍流粗糙区或过渡区工作。现根据第七章中所介绍的沿程损失计算公式来计算比阻 S_0。

1. 按舍维列夫公式求比阻

对于旧钢管、旧铸铁管,实用上可认为当管内流速 $v \geqslant 1.2$ m/s 时,属湍流粗

糙区，$\lambda = \dfrac{0.021}{d^{0.3}}$，此时比阻 S_0 为

$$S_0 = \dfrac{0.001\,736}{d^{5.3}} \qquad (9\text{-}16)$$

当管内流速 $v<1.2$ m/s 时，属湍流过渡区，其比阻 S_0' 为

$$S_0' = kS_0 = 0.852\left(1 + \dfrac{0.867}{v}\right)^{0.3} S_0 \qquad (9\text{-}17)$$

式中 k 为修正系数，$k = 0.852\left(1 + \dfrac{0.867}{v}\right)^{0.3}$。当水温为 10 ℃ 时，各种流速下的 k 值列于表 9–1。

表 9–1　钢管及铸铁管 S_0 值的修正系数 k 值

$v/$(m/s)	0.2	0.25	0.30	0.35	0.40	0.45	0.50	0.55	0.60
k	1.41	1.33	1.28	1.24	1.20	1.175	1.15	1.13	1.115
$v/$(m/s)	0.65	0.70	0.75	0.80	0.85	0.90	1.0	1.1	≥1.2
k	1.10	1.085	1.07	1.06	1.05	1.04	1.03	1.015	1.00

按式(9–16)对不同管径计算所得的比阻 S_0 值，分别列于表 9–2 及表 9–3（表 9–2 用的是管内径，表 9–3 用的是公称直径）。

表 9–2　铸铁管的比阻 S_0 值

内径 $d/$mm	$S_0/$(s²/m⁶) (Q 以 m³/s 计)	内径 $d/$mm	$S_0/$(s²/m⁶) (Q 以 m³/s 计)
50	15 190	400	0.223 2
75	1 709	450	0.119 5
100	365.3	500	0.068 39
125	110.8	600	0.026 02
150	41.85	700	0.011 50
200	9.029	800	0.005 665
250	2.752	900	0.003 034
300	1.025	1 000	0.001 736
350	0.452 9		

注：当 $d<300$ mm 时，应使 d 减去 1 mm，代入式(9–16)计算 S_0 值，当 $d\geqslant 300$ mm 时，d 不减。

表 9-3　钢管的比阻 S_0 值

水煤气管			中等管径		大管径	
公称直径 DN/mm	$S_0/(\text{s}^2/\text{m}^6)$ (Q 以 m^3/s 计)	$S_0/(\text{s}^2/\text{m}^6)$ (Q 以 L/s 计)	公称直径 DN/mm	$S_0/(\text{s}^2/\text{m}^6)$ (Q 以 m^3/s 计)	公称直径 DN/mm	$S_0/(\text{s}^2/\text{m}^6)$ (Q 以 m^3/s 计)
8	225 500 000	225.5	125	106.2	400	0.206 2
10	32 950 000	32.95	150	44.95	450	0.108 9
15	8 809 000	8.809	175	18.96	500	0.062 22
20	1 643 000	1.643	200	9.273	600	0.023 84
25	436 700	0.436 7	225	4.822	700	0.011 50
32	93 860	0.093 86	250	2.583	800	0.005 665
40	44 530	0.044 53	275	1.535	900	0.003 034
50	11 080	0.011 08	300	0.939 2	1 000	0.001 736
70	2 893	0.002 893	325	0.608 8	1 200	0.000 660 5
80	1 168	0.001 168	350	0.407 8	1 300	0.000 432 2
100	267.4	0.000 267 4			1 400	0.000 291 8
125	86.23	0.000 086 23				
150	33.95	0.000 033 95				

注：公称直径 DN（也称公称通径），是各种管子与管路附件的通用口径，同一公称直径的管子与管路附件均能相互连接，具有互换性，它不是实际意义上的管道外径或内径，虽然数值与管道内径较为接近或相等。

2. 按曼宁公式求比阻

当管流在阻力平方区工作时，将曼宁公式 $C=\dfrac{1}{n}R^{\frac{1}{6}}$ 和 $\lambda=\dfrac{8g}{C^2}$ 代入 $S_0=\dfrac{8\lambda}{\pi^2 g d^5}$ 中，得

$$S_0 = \frac{10.3 n^2}{d^{5.33}} \qquad (9-18)$$

3. 海澄-威廉公式

$$i = 105 C_h^{-1.85} \cdot d_j^{-4.87} \cdot q_g^{1.85} \qquad (9-19)$$

式中：i 为管道单位长度水头损失（kPa/m），d_j 为管道计算内径（计算内径规定见相关资料及规范）(m)，q_g 为给水设计流量（m^3/s），C_h 为海澄-威廉系数。

各种塑料管、内衬（涂）塑管 $C_h=140$；钢管、不锈钢管 $C_h=130$；衬水泥、树脂

的铸铁管 $C_h=130$；普通钢管、铸铁管 $C_h=100$。

输配水管道及配水管网水力平差多采用海澄-威廉公式。

在供热通风工程中，常采用第七章所介绍的柯列勃洛克公式求沿程阻力系数 λ，再由 λ 求管道比阻 S_0 值。

在有压流管道水力计算中，管长 l 常是已知值，为了简便，常令 $S=S_0 l$，称为管道的阻抗。以此代入式(9-15)得

$$H=SQ^2$$

或

$$h_f=SQ^2$$

在水利、交通运输等工程中，液体在阻力平方区流动时，习惯以谢才公式(7-75)为主来进行分析计算。为了方便，常引入流量模数 K 的概念，即

$$K=CA\sqrt{R} \tag{9-20}$$

上式中 A 为面积。因为

$$Q=CA\sqrt{RJ}=K\sqrt{J}=K\sqrt{\frac{h_f}{l}}$$

所以

$$H=h_f=\frac{Q^2}{K^2}l \tag{9-21}$$

K 值具有体积流量的单位 m^3/s，它综合反映了管道断面形状、大小和管材对输水量的影响。当水力坡度 $J=1$ 时，$Q=K$。

对于不可压缩气体来讲，以 $v=Q\Big/\left(\dfrac{\pi}{4}d^2\right)$ 代入式(9-9)可得

$$\Delta p=\frac{8\zeta_e \rho}{\pi^2 d^4}Q^2 \tag{9-22}$$

对于长管道，ζ_e 中不包括局部损失系数 $\sum\zeta$，则 $\zeta_e=\sum\lambda\dfrac{l}{d}$，并引入气体管道阻抗

$$S'=\frac{8\sum\lambda\dfrac{l}{d}\rho}{\pi^2 d^4}，则有$$

$$\Delta p=S'Q^2 \tag{9-23}$$

式中：S' 的单位为 kg/m^7，与水管阻抗 S 不同。

在管道计算中，为了简化计算过程，常将局部损失折算成沿程损失，即把局部损失折合成具有同一沿程损失的管段，这个管段长度称为等值长度，即令

$$\sum \zeta \frac{v^2}{2g} = \lambda \frac{l'}{d} \frac{v^2}{2g}$$

或

$$\sum \zeta = \lambda \frac{l'}{d}$$

由上式解出等值长度 l'，得

$$l' = \frac{d}{\lambda} \sum \zeta \qquad (9-24)$$

式中：$\sum \zeta$ 为局部阻力系数之和；λ 为沿程阻力系数；d 为管径。

在气体管道的计算中，将单位管长上的压强损失定义为比压降（或称比摩阻）R_f，即

$$R_f = \frac{\Delta p}{L} \qquad (9-25)$$

如果用等值长度和比压降的概念求气体管道的压强损失 Δp，则可按下式计算，即

$$\Delta p = R_f L = R_f l + R_f l' = \Delta p_f + \Delta p_j$$

或

$$\Delta p = R_f (l + l') \qquad (9-26)$$

式中：R_f 为管道的比压降（Pa/m）；l 为管长；l' 为等值长度；$L = l + l'$ 为折算长度；Δp_f 为沿程压强损失；Δp_j 为局部压强损失。比压降可按达西-魏斯巴赫公式（7-10）计算，即

$$R_f = \frac{\lambda}{d} \frac{\rho v^2}{2}$$

在各种设计手册中，还将不同管径的比压降值列入表格，以备查用。

例 9-5 设有一铸铁简单管道，已知管长 $l = 800$ m，管径 $d = 100$ mm，水头 $H = 20$ m，求管道的流量 Q。

解：先按湍流粗糙区计算，然后再复核。由表 9-2 查出当 $d = 100$ mm 时的比阻 $S_0 = 365.3$ s²/m⁶，由式（9-15）得

$$Q = \sqrt{\frac{H}{S_0 l}} = \sqrt{\frac{20}{365.3 \times 800}} \text{ m}^3/\text{s} = 8.27 \times 10^{-3} \text{ m}^3/\text{s}$$

求流速

$$v = \frac{4Q}{\pi d^2} = \frac{4 \times 8.27 \times 10^{-3}}{\pi \times 0.1^2} \text{ m/s} = 1.05 \text{ m/s} < 1.2 \text{ m/s}$$

复核为过渡区，需校正。由式（9-17）可计算得 $k = 1.021$，则

$$Q = \sqrt{\frac{20}{1.021 \times 365.3 \times 800}} \text{ m}^3/\text{s} = 8.187 \times 10^{-3} \text{ m}^3/\text{s}$$

$$v = \frac{4 \times 8.187 \times 10^{-3}}{\pi \times 0.1^2} \text{ m/s} = 1.04 \text{ m/s}$$

由式(9-17)可计算得 $k = 1.022$,则

$$Q = \sqrt{\frac{20}{1.022 \times 365.3 \times 800}} \text{ m}^3/\text{s} = 8.183 \times 10^{-3} \text{ m}^3/\text{s}$$

本题也可按海澄-威廉公式计算

$$i = \frac{20}{800} \times \frac{9\ 800}{1\ 000} \text{ kPa/m} = 0.245 \text{ kPa/m}$$

由式(9-19)并取 $C_h = 100$, $d_j = 0.099$ m ($d<300$ mm,计算内径将 d 减去 1 mm),求得

$$Q = 8.578 \times 10^{-3} \text{ m}^3/\text{s}$$

结果与舍维列夫公式计算结果相差不大。

例 9-6 由水塔沿管长 $l = 3\ 500$ m、管径 $d = 300$ mm 的清洁管 ($n = 0.011$) 向工厂输水,如图 9-9 所示。已知安置水塔处的地面标高 $z_0 = 130.0$ m,工厂地面高程 $z_b = 110.0$ m,工厂所需水头 $H_z = 25$ m,现需保证供给工厂的流量 $Q = 0.085$ m^3/s,试求水塔内自由液面离地面的高度 H。

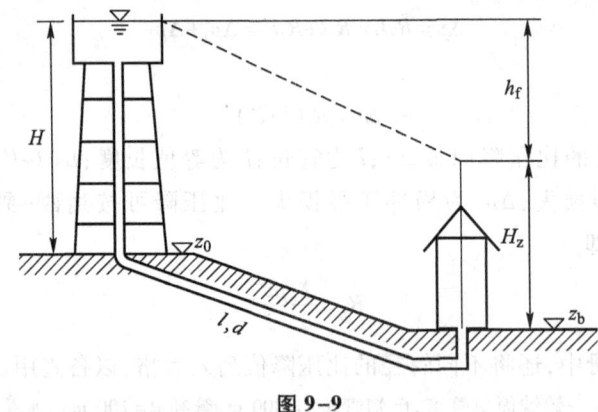

图 9-9

解:$v = \frac{4Q}{\pi d^2} = \frac{4 \times 0.085}{\pi \times 0.3^2}$ m/s $= 1.203\ 1$ m/s > 1.2 m/s,又因给出 $n = 0.011$,故可由式(9-20)算得管道的流量模数 $K = 1.142$ m^3/s,则

$$h_f = \frac{Q^2}{K^2} l = \frac{0.085^2}{1.142^2} \times 3\ 500 \text{ m} = 19.39 \text{ m}$$

$$H = z_b + H_z + h_f - z_0 = (110 + 25 + 19.39 - 130) \text{ m}$$
$$= 24.39 \text{ m}$$

例 9-7 某一略有积污的给水管,其粗糙系数 $n = 0.013$,已知管道的流量 $Q = 0.8$ m^3/s,管长 $l = 1\ 000$ m,水头 $H = 25$ m,试求管径 d。

解:由题设条件,可求得管道的比阻 S_0 为

$$S_0 = \frac{H}{lQ^2} = \frac{25}{1\,000 \times 0.8^2} \text{ s}^2/\text{m}^6 = 0.039\,06 \text{ s}^2/\text{m}^6$$

假设流动处于阻力平方区,取管径 $d=0.6$ m,由 $n=0.013$ 及式(9-18)算得 $S_0=0.026\,5$;取管径 $d=0.5$ m,由 $n=0.013$ 及式(9-18)算得 $S_0=0.07$;故可取 $d=0.6$ m。

复核:$v=\dfrac{4Q}{\pi d^2}=\dfrac{4\times 0.8}{\pi \times 0.6^2}$ m/s $=2.83$ m/s,属阻力平方区,可用式(9-18)计算。

§9-3 复杂长管中的恒定有压流

9-3-1 串联管道

串联管道是由不同管径的或粗糙度不同的管段顺次连接而成的管道系统,如图 9-10 所示,各管段的流量可能相等,亦可能不等。设第 i 管段末集中分出的流量为 q_i,管段的通过流量为 Q_i,由连续性方程可得

$$Q_i = Q_{i+1} + q_i \tag{9-27}$$

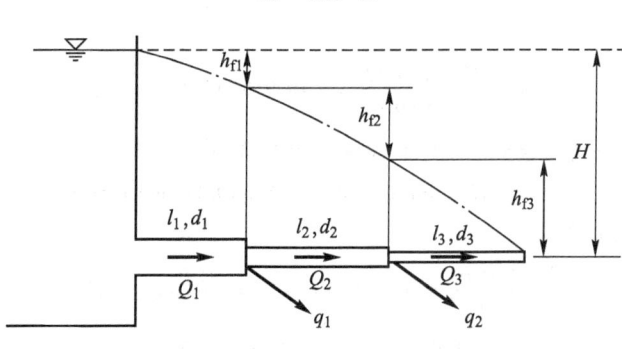

图 9-10

当沿途无流量分出,即 $q_i=0$ 时,各管段的通过流量均相等。而串联管道的总水头 H 应等于各管段水头损失之和,即

$$H = \sum_{i=1}^{n} h_{fi} = \sum_{i=1}^{n} S_{0i} l_i Q_i^2 = \sum_{i=1}^{n} S_i Q_i^2 \tag{9-28}$$

式中:n 为管段总数。上述两式即为串联管道必须满足的两个条件。由上两式即可求解 Q,d,H 等问题。

例 9-8 某工厂有三个车间,各车间用水量分别为 $q_1=0.05$ m³/s, $q_2=0.04$ m³/s, $q_3=0.03$ m³/s。各车间水平敷设的铸铁管管长及所用管径分别为 $l_1=500$ m, $d_1=400$ mm,

$l_2=400$ m, $d_2=300$ mm, $l_3=300$ m, $d_3=200$ mm, 如图 9-11 所示。车间所需自由水头（即剩余水头）H_z 皆为 10 m。因地势平坦，管道埋深较浅，地面高差可不考虑，试求水塔水面距地面的高度 H。

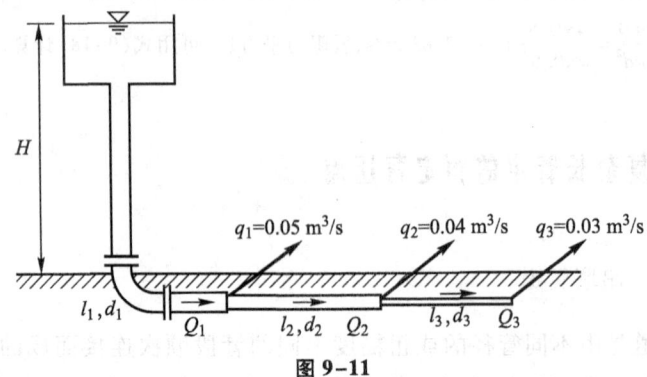

图 9-11

解：各管段的通过流量分别为：$Q_3=q_3=0.03$ m³/s，$Q_2=Q_3+q_2=(0.03+0.04)$ m³/s $=0.07$ m³/s，$Q_1=Q_2+q_1=(0.07+0.05)$ m³/s $=0.12$ m³/s。

各管道流速

$$v_1=\frac{4Q_1}{\pi d_1^2}=\frac{4\times 0.12}{\pi\times 0.4^2}\text{ m/s}=0.955\text{ m/s}<1.2\text{ m/s}$$

在过渡区。查表 9-1 及表 9-2 得 $k_1=1.034$，$S_{01}=0.223$ s²/m⁶，则

$$h_{f1}=k_1 S_{01} l_1 Q_1^2=1.034\times 0.223\times 500\times 0.12^2\text{ m}=1.66\text{ m}$$

采用同样的方法可求得

$$v_2=\frac{4\times 0.07}{\pi\times 0.3^2}\text{ m/s}=0.990\text{ m/s}, k_2=1.03, S_{02}=1.025$$

$$h_{f2}=1.03\times 1.025\times 400\times 0.07^2\text{ m}=2.07\text{ m}$$

求出

$$v_3=\frac{4\times 0.03}{\pi\times 0.2^2}\text{ m/s}=0.955\text{ m/s}, k_3=1.034, S_{03}=9.03\text{ s}^2/\text{m}^6$$

$$h_{f3}=1.034\times 9.03\times 300\times 0.03^2\text{ m}=2.52\text{ m}$$

水塔水面距地面高度 H，除了应满足克服各管段沿程阻力之外，尚需保证管道最远点所需之自由水头 H_z。

$$H=h_{f1}+h_{f2}+h_{f3}+H_z=(1.66+2.07+2.52+10)\text{ m}=16.25\text{ m}$$

例 9-9 水平安置的圆形串联通风管道如图 9-12 所示。已知风管出口断面的流量 $Q_3=2\ 500$ m³/h，途中分出流量 $q_1=5\ 000$ m³/h，$q_2=2\ 500$ m³/h；吸风管和送风管各段管长、管径分别为 $l_0=5$ m，$d_0=600$ mm，$l_1=40$ m，$d_1=600$ mm，$l_2=50$ m，$d_2=450$ mm，$l_3=30$ m，

$d_3 = 350$ mm。各管段沿程阻力系数均相等，$\lambda = 0.02$。各管段（不包括风机在内）总的局部压强损失约为各管段沿程压强损失总和的 20%。空气的密度 $\rho = 1.29$ kg/m³。求各管段压强损失及风机应具有的总压强（或全压，即要考虑出口动压）。

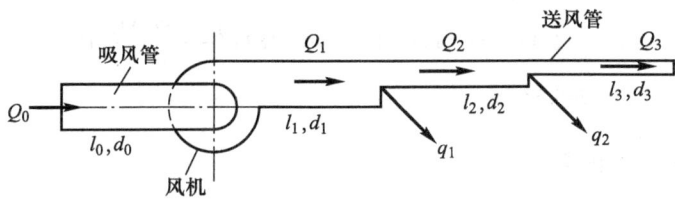

图 9-12

解：由于通风管长度较短，局部阻力和流速水头应考虑，所以本题按串联的短管计算，各管段的流量分别为

$$Q_3 = 2\,500 \text{ m}^3/\text{h} = 0.694\,4 \text{ m}^3/\text{s}$$

$$Q_2 = Q_3 + q_2 = (0.694\,4 + 0.694\,4) \text{ m}^3/\text{s} = 1.388\,8 \text{ m}^3/\text{s}$$

$$Q_1 = Q_2 + q_1 = \left(1.388\,8 + \frac{5\,000}{3\,600}\right) \text{ m}^3/\text{s} = 2.778 \text{ m}^3/\text{s}$$

$$Q_0 = Q_1 = 2.778 \text{ m}^3/\text{s}$$

对于各管段压强损失，先只计算沿程损失，按式（9-23）求出气体管道的阻抗 S'，然后再乘以 1.2 系数计入局部损失：

吸风管段 $\quad S_0' = \dfrac{8\lambda \dfrac{l}{d} \times \rho}{\pi^2 d^4} = \dfrac{8 \times 0.02 \dfrac{5}{0.6} \times 1.29}{\pi^2 \times 0.6^4}$ kg/m⁷ $= 1.346$ kg/m⁷

压强损失 $\quad \Delta p_0 = 1.2 \times S' \times Q_0^2 = 1.2 \times 1.346 \times 2.778^2$ Pa $= 12.465$ Pa

送风管段 1 $\quad S_1' = \dfrac{8 \times 0.02 \times \dfrac{40}{0.6} \times 1.29}{\pi^2 \times 0.6^4}$ kg/m⁷ $= 10.77$ kg/m⁷

压强损失 $\quad \Delta p_1 = 1.2 \times 10.77 \times 2.778^2$ Pa $= 99.738$ Pa

送风管段 2 $\quad S_2' = \dfrac{8 \times 0.02 \dfrac{50}{0.45} \times 1.29}{\pi^2 \times 0.45^4}$ kg/m⁷ $= 56.723$ kg/m⁷

压强损失 $\quad \Delta p_2 = 1.2 \times 56.723 \times 1.388\,8^2$ Pa $= 131.286$ Pa

送风管段 3 $\quad S_3' = \dfrac{8 \times 0.02 \dfrac{30}{0.35} \times 1.29}{\pi^2 \times 0.35^4}$ kg/m⁷ $= 119.573$ kg/m⁷

压强损失 $\quad \Delta p_3 = 1.2 \times 119.573 \times 0.694\,4^2$ Pa $= 69.188$ Pa

风机的总压强（或全压） $\quad p = \Delta p_0 + \Delta p_1 + \Delta p_2 + \Delta p_3 + \dfrac{\rho v_3^2}{2}$

出口流速

$$v_3 = \frac{0.6944 \times 4}{\pi \times 0.35^2} \text{ m/s} = 7.221 \text{ m/s}$$

所以风机总压强(全压)至少应为

$$p = \left(12.465 + 99.738 + 131.286 + 69.188 + \frac{1.29 \times 7.221^2}{2}\right) \text{ Pa}$$
$$= 346.31 \text{ Pa}$$

9-3-2 并联管道

两条(含两条)以上的管道在同一处分出,以后又在另一处汇合,这样组成的管道系统称为并联管道,如图 9-13 所示。

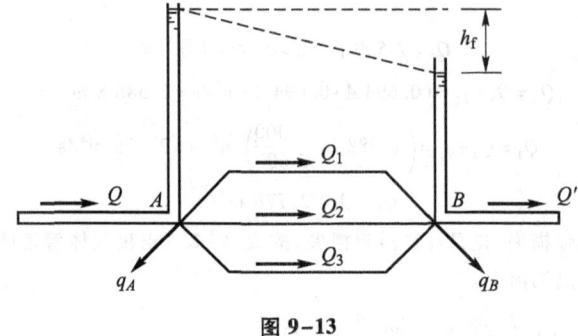

图 9-13

并联管道的特点是分流点 A 与汇流点 B 之间各并联管段的能量损失皆相等。因为点 A、点 B 为各并联管段的共同节点,如在该处设置测压管,只能有一个测压管水头,各并联管段的能量损失 h_f 相同,即

$$h_{f1} = h_{f2} = h_{f3} = h_f$$

或

$$S_1 Q_1^2 = S_2 Q_2^2 = S_3 Q_3^2 = h_f$$

并联管道任一管段的流量 Q_i 为

$$Q_i = \sqrt{\frac{h_f}{S_i}} \tag{9-29}$$

由连续性方程可得分流点前干管流量

$$Q = Q_1 + Q_2 + Q_3 + \cdots + q_A$$

即

$$Q = \sum_{i=1}^{n} Q_i + q_A \tag{9-30}$$

式中：q_A 为由分流点 A 分出管道外部的流量。如果无流量分出，则干管流量 Q 等于各并联管段流量之和。上述两式即为并联管道必须满足的两个条件。由上两式即可求解并联管道的 Q、d、H 等问题。

在实际工程中，常会遇到已知并联管道分流点前的干管流量 Q，需求分流点后各并联管段中的流量 Q_i。现讨论如下。

设分流点 A 与汇流点 B 之间各并联管段流量总和为 $Q_{AB} = \sum_{i=1}^{n} Q_i$，则可得

$$Q_{AB} = Q - q_A = \sum_{i=1}^{n} Q_i$$

$$= \sum_{i=1}^{n} \frac{\sqrt{h_f}}{\sqrt{S_i}} = \sqrt{h_f} \sum_{i=1}^{n} \frac{1}{\sqrt{S_i}} = Q_i \sqrt{S_i} \sum_{i=1}^{n} \frac{1}{\sqrt{S_i}}$$

令

$$\sum_{i=1}^{n} \frac{1}{\sqrt{S_i}} = \frac{1}{\sqrt{S_p}} = \frac{1}{\sqrt{S_1}} + \frac{1}{\sqrt{S_2}} + \cdots + \frac{1}{\sqrt{S_n}} \tag{9-31}$$

由上两式可得干管流量 Q 与各并联管段流量 Q_i 的关系式为

$$Q_i = (Q - q_A)\sqrt{\frac{S_p}{S_i}} = Q_{AB}\sqrt{\frac{S_p}{S_i}} \tag{9-32}$$

式中：Q_i，S_i 分别为第 i 个管段中的流量、阻抗；S_p 为并联管段系统的阻抗；n 为并联管段总数。

例 9-10 设并联铸铁管道的干管流量 $Q = 0.23 \text{ m}^3/\text{s}$，无分出管道外部的流量（$q_A = 0$）。已知各并联管段的管长、管径分别为 $l_1 = 300 \text{ m}$，$d_1 = 300 \text{ mm}$，$l_2 = 100 \text{ m}$，$d_2 = 150 \text{ mm}$，求管段流量 Q_1 及 Q_2。管道系统平面布置如图 9-14 所示。

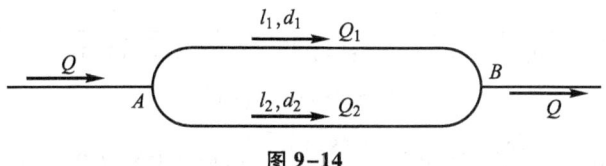

图 9-14

解：先按湍流粗糙区求解。由表 9-2 查得比阻 $S_{01} = 1.025 \text{ s}^2/\text{m}^6$，$S_{02} = 41.85 \text{ s}^2/\text{m}^6$，阻抗 $S_1 = S_{01}l_1 = 1.025 \times 300 \text{ s}^2/\text{m}^5 = 307.5 \text{ s}^2/\text{m}^5$，$S_2 = S_{02}l_2 = 41.85 \times 100 \text{ s}^2/\text{m}^5 = 4185 \text{ s}^2/\text{m}^5$，按式（9-31）可求得管系阻抗 S_p

$$\frac{1}{\sqrt{S_p}} = \frac{1}{\sqrt{S_1}} + \frac{1}{\sqrt{S_2}} = \frac{1}{\sqrt{307.5 \text{ s}^2/\text{m}^5}} + \frac{1}{\sqrt{4\,185 \text{ s}^2/\text{m}^5}}$$

解上式得 $S_p = 190.33 \text{ s}^2/\text{m}^5$。按式(9-32)求各管段流量

$$Q_1 = Q_{AB}\sqrt{\frac{S_p}{S_1}} = 0.23 \times \sqrt{\frac{190.33}{307.5}} \text{ m}^3/\text{s} = 0.181 \text{ m}^3/\text{s}$$

$$Q_2 = Q_{AB} - Q_1 = (0.23 - 0.181) \text{ m}^3/\text{s} = 0.049 \text{ m}^3/\text{s}$$

校核是否在湍流粗糙区工作

$$v_1 = \frac{4 \times 0.181}{\pi \times 0.3^2} \text{ m/s} = 2.56 \text{ m/s} > 1.2 \text{ m/s} \quad (为阻力平方区)$$

$$v_2 = \frac{4 \times 0.049}{\pi \times 0.15^2} \text{ m/s} = 2.77 \text{ m/s} > 1.2 \text{ m/s} \quad (为阻力平方区)$$

例 9-11 设热水采暖系统的部分管道如图 9-15 所示。四个散热器两两串联后又并联在 A、B 两节点间。其中管段 1 的管长、管径分别为 $l_1 = 20 \text{ m}$，$d_1 = 20 \text{ mm}$，局部损失系数之和 $\sum \zeta_1 = 15$；管段 2 的管长、管径分别为 $l_2 = 10 \text{ m}$，$d_2 = 20 \text{ mm}$，局部损失系数之和 $\sum \zeta_2 = 15$；两管段的沿程阻力系数相同，均为 $\lambda = 0.025$。干管中流量 $Q = 1 \times 10^{-3} \text{ m}^3/\text{s}$，热水的密度 $\rho = 980 \text{ kg/m}^3$，求管段 1、2 的流量 Q_1 及 Q_2。

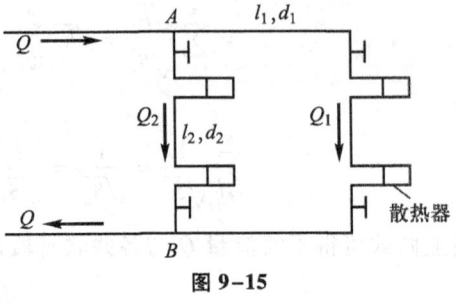

图 9-15

解：本题管长较短，需考虑局部损失，所以管道 1 的阻抗 S_1' 为

$$S_1' = \frac{8\zeta_e\rho}{\pi^2 d^4} = \frac{8 \times \left(0.025 \times \frac{20}{0.02} + 15\right) \times 980}{\pi^2 \times 0.02^4} \text{ kg/m}^7 = 1.986 \times 10^{11} \text{ kg/m}^7$$

管段 2 的阻抗 S_2' 为

$$S_2' = \frac{8 \times \left(0.025 \times \frac{10}{0.02} + 15\right) \times 980}{\pi^2 \times 0.02^4} \text{ kg/m}^7 = 1.367 \times 10^{11} \text{ kg/m}^7$$

$$\frac{1}{\sqrt{S_p'}} = \frac{1}{\sqrt{S_1'}} + \frac{1}{\sqrt{S_2'}} = \frac{1}{\sqrt{1.986 \times 10^{11}}} \text{ kg/m}^7 + \frac{1}{\sqrt{1.367 \times 10^{11}}} \text{ kg/m}^7$$

$$S_p' = 4.08 \times 10^{10} \text{ kg/m}^7$$

$$Q_1 = Q\sqrt{\frac{S_p'}{S_1'}} = 1 \times 10^{-3} \sqrt{\frac{4.08 \times 10^{10}}{1.986 \times 10^{11}}} \text{ m}^3/\text{s} = 0.453\,3 \times 10^{-3} \text{ m}^3/\text{s}$$

$$Q_2 = Q - Q_1 = (1 - 0.453\,3) \times 10^{-3} \text{ m}^3/\text{s} = 0.546\,7 \times 10^{-3} \text{ m}^3/\text{s}$$

由计算结果可知 $S_1' > S_2'$，所以 $Q_1 < Q_2$。为了使两散热器中流量相等，必须调整现有的管径 d 与局部阻力系数之和 $\sum \zeta$，以使阻抗 $S_1' = S_2'$。这种调整称为"阻力平衡"计算。

§9-4 沿程均匀泄流管道中的恒定有压流

在实际工程中,还会遇到沿程连续均匀泄流和多孔口等间距等流量出流的管道,例如给水工程中的配水管、滤池冲洗管,暖通工程中的沿程侧孔送风管,灌溉工程上的人工降雨管等,均属于沿程均匀泄流管道。

9-4-1 沿程连续均匀泄流

沿程连续均匀泄流管道如图 9-16 所示。设沿程单位长度上泄出的流量为 q(又称比流量),全程连续泄出的总泄出流量为 $Q_t=ql$,管道末端流出的流量 Q_z 称为转输流量或贯通流量。距管道进口 x 处的通过流量为 Q_x,在 dx 长度上的水头损失 $dh_f = S_0 Q_x^2 dx$。因

$$Q_x = Q_z + Q_t - \frac{Q_t}{l}x$$

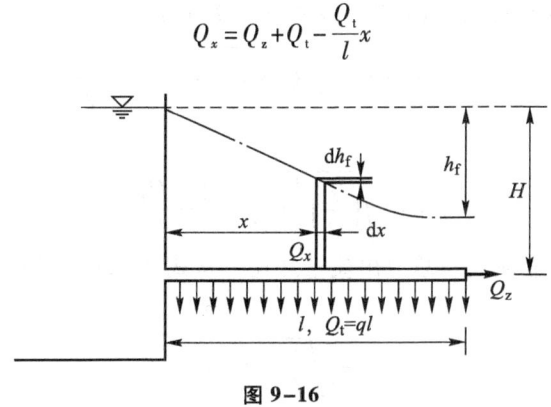

图 9-16

所以

$$dh_f = S_0 \left(Q_z + Q_t - \frac{Q_t}{l}x \right)^2 dx$$

全管长的水头损失为

$$h_f = \int_0^l dh_f = \int_0^l S_0 \left(Q_z + Q_t - \frac{Q_t}{l}x \right)^2 dx$$

当管道的沿程阻力系数及管径不变时,比阻 S_0 为常数,积分上式可得

$$h_f = S_0 l \left(Q_z^2 + Q_z Q_t + \frac{1}{3} Q_t^2 \right) \tag{9-33}$$

当 $Q_z = 0$ 时,上式成为

$$h_f = \frac{1}{3} S_0 l Q_t^2 \qquad (9-34)$$

上式表明,当流量全部为沿程连续均匀泄流时的水头损失,只等于全部流量在管末端泄出时的水头损失的三分之一。

为了简化计算,令沿程均匀泄流的计算流量为 Q_c,即

$$Q_c = \sqrt{Q_z^2 + Q_z Q_t + \frac{1}{3} Q_t^2} \qquad (9-35)$$

将上式代入式(9-33),可得

$$h_f = S_0 l Q_c^2 \qquad (9-36)$$

上式与简单长管道水头损失计算公式相似。所以,均匀泄流的管道可按流量为 Q_c 的简单长管道进行计算,关键在于如何求得 Q_c。可以直接用式(9-35)求解,但惯常使用下面的办法求 Q_c,即

$$Q_c = Q_z + \alpha Q_t \qquad (9-37)$$

式中 α 为待定系数,可由式(9-35)及式(9-37)得出

$$\alpha = \frac{Q_c - Q_z}{Q_t} = \frac{1}{Q_t} \sqrt{Q_z^2 + Q_z Q_t + \frac{1}{3} Q_t^2} - \frac{Q_z}{Q_t}$$

或

$$\alpha = \sqrt{\left(\frac{Q_z}{Q_t}\right)^2 + \frac{Q_z}{Q_t} + \frac{1}{3}} - \frac{Q_z}{Q_t} \qquad (9-38)$$

令 $\eta = Q_z / Q_t$ 为转输流量与总泄出流量之比。从式(9-38)可知,当 $\eta \to 0$ 时, α 具有最大值,即

$$\alpha = \sqrt{\frac{1}{3}} = 0.577$$

改写式(9-38)为

$$\alpha = \sqrt{\eta^2 + \eta + \frac{1}{3}} - \eta$$

$$= \frac{\left(\sqrt{\eta^2 + \eta + \frac{1}{3}} - \eta\right)\left(\sqrt{\eta^2 + \eta + \frac{1}{3}} + \eta\right)}{\sqrt{\eta^2 + \eta + \frac{1}{3}} + \eta}$$

$$= \frac{\eta^2 + \eta + \frac{1}{3} - \eta^2}{\sqrt{\eta^2 + \eta + \frac{1}{3}} + \eta} = \frac{1 + \frac{1}{3\eta}}{\sqrt{1 + \frac{1}{\eta} + \frac{1}{3\eta^2}} + 1}$$

当 $\eta \to \infty$ 时,上式极限值为 $\alpha = 0.5$,可见 α 值随 η 的增加而减少。当 η 增至 100 时,$\alpha = 0.500\ 4$;当 η 增至 1 000 时,$\alpha = 0.500\ 041$。α 值在 0.500~0.577 之间变化,$\alpha = 0.55$ 可视为 α 的近似平均值,所以工程上多采用下式求 Q_c,即

$$Q_c = Q_z + 0.55 Q_t \quad (9-39)$$

在大型给水管道中,当转输流量远远超过沿程连续均匀总泄出流量时,可取 $\alpha = 0.5$。为证明这一点,可改写式(9-38)为

$$\alpha = \frac{Q_z}{Q_t}\left(\sqrt{1 + \frac{Q_t}{Q_z} + \frac{1}{3}\left(\frac{Q_t}{Q_z}\right)^2} - 1\right) \quad (9-40)$$

当 $Q_z \gg Q_t$ 时,$\frac{1}{3}\left(\frac{Q_t}{Q_z}\right)^2 \ll \left(1 + \frac{Q_t}{Q_z}\right)$,则上式可化简为

$$\alpha = \frac{Q_z}{Q_t}\left(\sqrt{1 + \frac{Q_t}{Q_z}} - 1\right) \quad (9-41)$$

将式(9-41)中的根号项按幂级数展开,并取前两项作为近似值,令 $x = \frac{Q_t}{Q_z}$,则有

$$\sqrt{1 + \frac{Q_t}{Q_z}} = (1+x)^{\frac{1}{2}} = 1 + \frac{1}{2}x + \frac{\frac{1}{2}\left(\frac{1}{2}-1\right)}{2!}x^2 + \cdots$$

$$= 1 + \frac{1}{2}x + \left(-\frac{1}{8}\right)x^2 + \cdots \approx 1 + \frac{1}{2}x$$

以此代入式(9-41)得

$$\alpha = \frac{Q_z}{Q_t}\left(1 + \frac{1}{2} \cdot \frac{Q_t}{Q_z} - 1\right) = 0.5$$

与极限值相同。

例 9-12 由水塔供水的铸铁输水管道如图 9-17 所示。已知 $l_1 = 500$ m,$d_1 = 200$ mm,$l_2 = 150$ m,$d_2 = 150$ mm,$l_3 = 200$ m,$d_3 = 125$ mm。节点 B 泄出流量 $q = 0.01$ m³/s,沿程总泄出流量 $Q_t = 0.015$ m³/s,贯通流量 $Q_z = 0.02$ m³/s。求所需的作用水头 H。

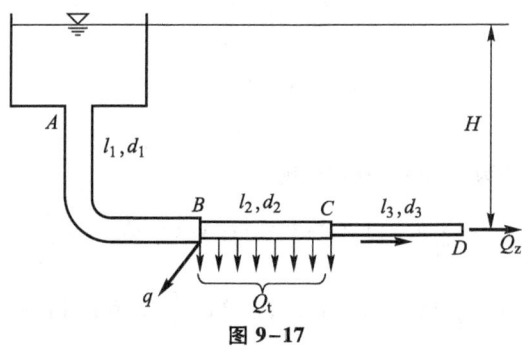

图 9-17

解：首先求各管段的计算流量。管段 3 的 $Q_3 = Q_z = 0.02$ m³/s；管段 2 有沿程均匀泄流，其计算流量 $Q_2 = Q_z + 0.55 Q_1 = (0.02 + 0.55 \times 0.015)$ m³/s $= 0.028\ 3$ m³/s；管段 1 的流量中有泄出流量 q，而没有沿程均匀泄流，所以 $Q_1 = (0.02 + 0.01 + 0.015)$ m³/s $= 0.045$ m³/s。作用水头 H 等于三个串联管段水头损失之和，按湍流粗糙区计算，即

$$H = \sum_{i=1}^{3} h_{fi} = S_{01} l_1 Q_1^2 + S_{02} l_2 Q_2^2 + S_{03} l_3 Q_3^2$$

$$= (9.029 \times 500 \times 0.045^2 + 41.85 \times 150 \times 0.028\ 3^2 + 110.8 \times 200 \times 0.02^2)\ \text{m}$$

$$= 23.034\ \text{m}$$

各管段流速均大于 1.2 m/s，不需校正。

*9-4-2 沿程多孔口等间距等流量出流

沿程多孔口等间距等流量出流管道如图 9-18 所示。这种管道实质上是一种等直径的串联管道，总水头损失等于各段水头损失之和。由于每一管段间距 l 及管径 d 均相等，若其流态均在阻力平方区，则每一管段的阻抗 $S = S_0 l$ 均相等。设进口总流量为 Q，孔口总数为 N，每一孔口的流量 $q = Q/N$，孔口及管段编号自下游向上游递增。每一管段的水头损失为

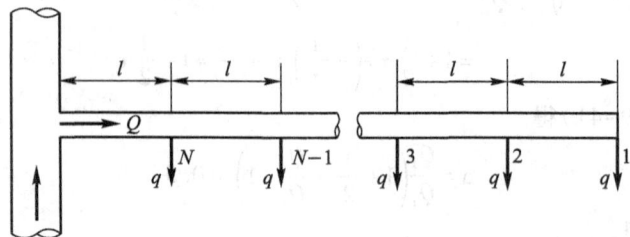

图 9-18

$$h_{f1} = S_0 l q^2$$

$$h_{f2} = S_0 l (2q)^2$$

$$\cdots\cdots\cdots\cdots$$

$$h_{fN-1} = S_0 l (N-1)^2 q^2$$

$$h_{fN} = S_0 l (Nq)^2$$

整个管道的总水头损失为 H，因 $q^2 = Q^2/N^2$，则

$$H = \sum_{i=1}^{N} h_{fi} = [1^2 + 2^2 + 3^2 + \cdots + (N-1)^2 + N^2] S_0 l \frac{Q^2}{N^2}$$

上式括号内的级数 $\sum_{i=1}^{N} i^2 = \frac{1}{6} N(N+1)(2N+1)$，且因 $l = \frac{L}{N}$（L 为总管长），则可得

$$H = \frac{(N+1)(2N+1)}{6N^2} S_0 L Q^2 \qquad (9\text{-}42)$$

令 $f_N = \dfrac{(N+1)(2N+1)}{6N^2}$，称为多孔口出流管道计算沿程损失的多孔口系数，简称多孔系数。因此上式可写为

$$H = f_N \cdot S_0 L Q^2 \qquad (9\text{-}43)$$

上式表明，多孔口出流的管道总水头损失 H 等于以总进口流量计算的简单长管道的水头损失乘多孔系数 f_N。当孔数 $N=1$ 时，$f_N=1$，即为简单管道。当 $N>1$ 时，$f_N<1$，且随孔数不断增加而不断减少；当 $f_N \approx \dfrac{1}{3}$ 时，即变为沿程连续均匀泄流管道[参看式(9-34)]。事实上系数

$$f_N = \frac{(N+1)(2N+1)}{6N^2} = \frac{1}{6}\left(2 + \frac{3}{N} + \frac{1}{N^2}\right)$$

当孔数 $N \to \infty$ 时，即得 $f_N = \dfrac{1}{3}$。例如当 $N=1\,000$ 时，$f_N = 0.333\,8 \approx \dfrac{1}{3}$。

§9-5 管网中的恒定有压流计算基础

9-5-1 枝状管网

枝状管网是由多条管段串联而成的干管和与干管相连的多条支管所组成，如图9-19所示。它的特点是管网内任一点只能由一个方向供水。若在管网内某一点断流，则该点之后的各管段供水就有问题。因此供水可靠性差是其缺点，而节省管道材料、降低造价是其优点。

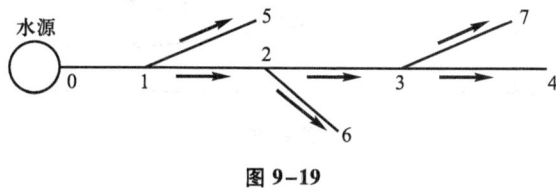

图 9-19

枝状管网的设计，一般先根据工程要求、建筑物布置、地形条件等进行整个管网的管线布置，确定各管段长度和各节点流量，然后由节点流量按连续性方程求出各管段的通过流量。枝状管网的计算，主要是确定水塔水面应有的高度（水泵的扬程）和管径或风机的全压及管径。可分干管和支管来进行计算。

一般取由水塔到最远点通过流量最大的管道作为干管,也常把水头要求最高、通过流量最大的地点称为最不利点或控制点。干管是指从水源开始到供水条件最不利点的管道,其余则为支管。供水条件最不利点一般是指距水源远、地形高、建筑物层数多、需用流量大的供水点,例如图 9-19 中的节点 4。

由于干管是由通过不同流量的各管道串联而成,因此它必须满足串联管道的两个条件:式(9-27)和式(9-28)。为了克服沿程阻力,保证流体(液体)能流到最不利点,同时为了满足供水的其他要求,在流到最不利点地面后应保留一定的剩余水头(称为自由水头 H_z)。因此,干管起点的水塔水面距地面的总水头 H 为

$$H = \sum_{i=1}^{n} h_{fi} + H_z + z - z_0 \qquad (9-44)$$

式中:H 为水塔水面距地面的高度;H_z 为供水条件最不利点地面所需的自由水头,由用户提出需要,对于楼房建筑可参阅表 9-4;z 为最不利点地面高程;z_0 为管网起点水塔处的地面高程,分别如图 9-20 所示。

表 9-4 自由水头 H_z 值

建筑物层数	1	2	3	4	5	6	7	8
自由水头 H_z/m	10	12	16	20	24	28	32	36

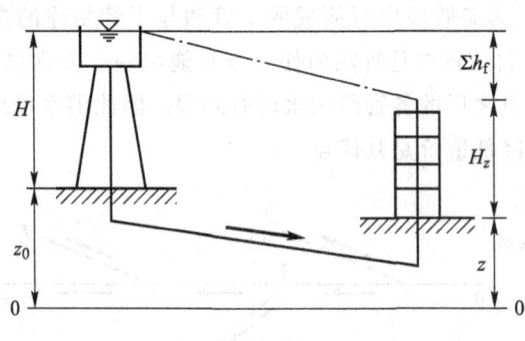

图 9-20

若管径 d 已知,则相应的总水头 H 即可由上式求出。在这种情况下,各管段的管径通常是由管内流速 v 与通过流量 Q 确定,即 $d = \sqrt{\dfrac{4Q}{\pi v}}$。关于管内流速 v,应选择在技术上限定的允许最大、最小流速之间,且尽量采用设计手册中规定的经济流速。允许流速值,随各专业的要求而不同。例如给水管网为防止水击时造成高压,限定最大允许流速小于 2.5~3.0 m/s;为避免水中杂质在管内沉

积,限定最小允许流速为 0.6 m/s。又如暖通热水采暖管道为防止抽吸作用造成支管流量减少,限定干管的最大流速随管径而不同,由 0.6 m/s 至 3.0 m/s。经济流速在设计手册中有详细分析,并附有经济流速表,备查用。

若管径未知,已知总水头 H、管线布置图和各管段通过流量,需求管径 d。在这种情况下,可按下面介绍的支线管径的计算方法求解。

支管起点的水头,由于干管上各节点的水头已求出,所以是已知的。支管终点的水头,则根据工程要求、终点地面高程等确定。当支管起、终点水头及管长已确定后,可按下式求出任一支管的平均水力坡度 $\bar{J}_{ij}$:

$$\bar{J}_{ij} = \frac{H_i - H_j}{l_{ij}} \quad (9-45)$$

式中:i 为某一支管起点的结点编号;j 为同一支管终点的编号;H_i 为同一支管起点的水头,可由干管起点水头减去干管起点至该支管起点间的水头损失求出,也可由干管最不利点的水头加上它至该支管起点的水头损失求出;H_j 为同一支管终点水头,由该支管终点自由水头加上当地地面高程求出;l_{ij} 为该支管的管长。

由支管的平均水力坡度 $\bar{J}_{ij}$ 及该支管的通过流量 Q_{ij} 可求得该支管的比阻 S_{0ij}:

$$S_{0ij} = \frac{\bar{J}_{ij}}{Q_{ij}^2} \quad (9-46)$$

由上式求得的比阻 S_{0ij} 值,查表选择相应支线管径。如果此 S_{0ij} 值与表中标准管径的比阻 S_0 值相差较多,则可考虑选择两种或两种以上的标准管径的管子串联而成,但需保证该串联管道的平均水力坡度与按上式计算的相接近。

例 9-13 某枝状管网各节点的地面高程、建筑物层数及各管编号如图 9-21 所示。设该管道为铸铁管,各管段长度、通过流量列入下表,求各管段管径及管网起点水塔水面距地面高度 H。

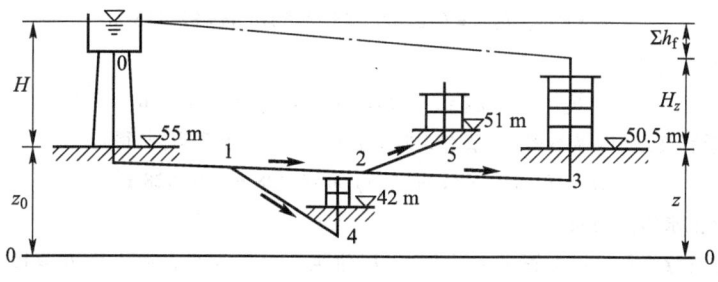

图 9-21

管线	已知值			计算值		
	管段编号	管长/m	通过流量/(L/s)	管径/mm	比阻/(s^2/m^6)	水头损失/m
干管	0-1	1 500	450	700	0.011 50	3.509
	1-2	1 000	350	600	0.026 02	3.187
	2-3	3 000	200	500	0.068 39	8.428
支管	1-4	1 000	100	250		2.752
	2-5	650	150	300		1.025

解：(1) 求干线 0-1-2-3 各管段管径及水头损失。以 0-1 管段为例，选取经济流速 $v=1.2$ m/s，则

$$d=\sqrt{\frac{4Q}{\pi v}}=\sqrt{\frac{4\times 0.45}{\pi \times 1.2}} \text{ m}=0.691 \text{ m}$$

取标准管径 $d=700$ mm，求其流速

$$v=\frac{4Q}{\pi d^2}=\frac{4\times 0.45}{\pi \times 0.7^2} \text{ m/s}=1.17 \text{ m/s}<1.2 \text{ m/s}$$

需校正比阻值，但仍在经济流速与允许流速范围内。由 $v=1.17$ m/s 查表 9-1 得出修正系数 $k=1.004\ 5$；由 $d=700$ mm，查表 9-2 得比阻 $S_{00-1}=0.011\ 50$，因此管段 0-1 的水头损失为

$$h_{f0-1}=kS_{00-1}l_{0-1}Q^2=1.004\ 5\times 0.011\ 50\times 1\ 500\times 0.45^2 \text{ m}=3.509 \text{ m}$$

其余各管段计算已列入表中。

求干管起点水塔水面距地面高度，四层建筑查表 9-4 得自由水头 $H_z=20$ m，则

$$H=\sum_{i=1}^{n}h_{fi}+H_z+z-z_0=(3.509+3.187+8.428+20+50.5-55) \text{ m}$$
$$=30.624 \text{ m}$$

求干管各节点水头，由干管起点 0 开始往下游推算。对结点 1 有

$$H_1=H+z_0-h_{f0-1}=(30.624+55-3.509) \text{ m}=82.115 \text{ m}$$

对节点 2 有

$$H_2=H_1-h_{f1-2}=(82.115-3.187) \text{ m}=78.928 \text{ m}$$

H_2 亦可由干管终点（即最不利点）节点 3 向上游推求，以节点 2 为例，得

$$H_2=H_3+h_{f2-3}=(20+50.5) \text{ m}+8.428 \text{ m}=78.928 \text{ m}$$

它与从起点推求的值相同。

(2) 求支管管径。以支管 1-4 为例，二层建筑查表 9-4 得自由水头 $H_z=12$ m，其水力坡度

$$\bar{J}_{1,4} = \frac{H_1 - H_4}{l_{1-4}} = \frac{82.115 - (42+12)}{1\,000} = 0.028\,12$$

该支管的比阻 S_{01-4} 为

$$S_{01-4} = \bar{J}_{1,4}/Q^2 = \frac{0.028\,12}{0.1^2}\ \text{s}^2/\text{m}^6 = 2.812\ \text{s}^2/\text{m}^6$$

选接近此比阻 S_{01-4} 值的标准管径 $d_{1-4} = 250$ mm,相应的 S_{01-4} 值为 2.752 s^2/m^6;管内流速 $v > 1.2$ m/s,不需修正。按此管径输水,将使节点 4 的自由水头稍大于所需值,偏于安全。同理可求出其余支管的管径,已列入表中。

9-5-2 环状管网

环状管网是由多条管段互相连接成闭合形状的管道系统,或者说是将枝状管网的末端附加管道连通而成的管网,如图 9-1d 所示。它的特点是管网的任一点均可由不同方向供水。若在管网内某一段损坏,可用阀门将其与其余管段隔开检修,水还可以由另一方向流向损坏管段下游的诸管道,这就提高了供水的可靠性。另外,环状管网还可减轻因水击现象而产生的危害。但因环状管网增加了管道总长度,使管网的造价增加。

环状管网的设计与枝状管网类似,一般亦先根据工程要求等进行整个管网的管线布置,管段长度、节点流量均是已知的。环状管网的计算,主要是求管段的通过流量、管径和各管段水头损失;再从供水条件最不利点的地形标高和所需自由水头推求水塔水面高度或水泵的扬程;还要核算在各种运转条件下起点总水头是否满足工程需要。在这些计算工作中,首先要解决的是确定管径和通过流量问题。管径可由通过流量与所选用的经济流速来确定,而通过流量即使在节点流量已知的情况下也可以有不同的分配。因此,与管段数相等的通过流量是待求的未知数。管段数、节点数与环数有下列关系,即

$$n_p = n_j + n_c - 1 \tag{9-47}$$

式中:n_p 为管段总数;n_j 为节点总数;n_c 为环的总数。

现在来探讨一下是否能列出 n_p 个方程以解出 n_p 个未知的通过流量。根据环状管网特性,必须满足下列两个水力计算原则。

(1) 根据连续性方程,流向某节点的流量必须与流出该节点的流量相等。如果流向节点的流量为正,流出节点的流量为负,则任一节点流量的代数和等于零,即

$$\sum_{i=1}^{n} Q_i = 0 \tag{9-48}$$

式中：n 为流入流出某一节点流量总数，环状管网中如有 n_j 个节点，根据上式可列出 n_j-1 个方程，因最后一个节点方程不独立，能从其余 n_j-1 个方程中解出。

（2）任一闭合环路均可看成是在分流点与汇流点之间的并联管道，因此由分流节点沿两个方向至汇流节点的水头损失应相等。如果以顺时针方向流动所引起的水头损失为正，逆时针方向的为负，则任一闭合环路水头损失的代数和为零，即

$$\sum h_{fi} = 0 \tag{9-49}$$

或

$$\sum S_i Q_i^2 = 0 \tag{9-50}$$

式中：S_i 为环内某一管段的阻抗。环状管网中如有 n_c 个环，则由式（9-49）或式（9-50）可列出 n_c 个方程。

根据以上两个原则，可写出 n_j+n_c-1 个方程，正好求解 n_p 个未知流量。当管段数很多时，方程个数很多，计算工作量很大。人们研究了环网方程的各种解法，一般可分为解管段方程、解节点方程、解环方程三类。

解管段方程法，即以管段通过流量为未知数，由前述水力计算两原则列出 n_p 个方程联立求解。

解节点方程法，即以节点水压为未知数，按水力计算第一原则，可写出 n_j-1 个方程，再配合管网中已知水压的节点（例如起点泵站的水压或终点处所需水压），即可求出 n_j 个节点水压。当节点水压已求出时，即可得各管段水头损失从而求出各管段流量

$$Q_i = \left(\frac{h_{fi}}{S_i}\right)^{\frac{1}{2}} = \left(\frac{H_{bi}-H_{ei}}{S_i}\right)^{\frac{1}{2}} \tag{9-51}$$

式中：H_{bi} 为管段起点水头；H_{ei} 为管段终点水头。由于节点个数比管段数目少，求解方程的数目相应减少，而且当用有限元法求解时，便于使用计算机运算。

解环方程法，即以每一环的校正流量为未知数，根据水力计算的第二原则，每环皆可写出一个校正流量方程（该方程写法见后）。环网中有 n_c 个环，即可写出 n_c 个校正流量方程，可解出各环的校正流量。由于环数比管段数或节点数均少，所以求解方程的数目也大为减少。如用手工计算，采用

此法较好。哈代-克罗斯(Hardy-Cross)提出了环方程的近似解法,它在求解校正流量时略去了各环间的相互影响,这使解法简便,获得广泛应用。其具体步骤如下。

(1) 根据用水情况,拟定各管段的水流方向。通常整个管网的供水方向应指向大用户集中的节点。按每一节点均符合 $\sum Q_i = 0$ 的条件分配流量,即得第一次分配的管段通过流量 $Q_i^{(1)}$,脚标代表管段编号,右上角(1)表示流量分配和调整的次数。

(2) 按选用的经济流速和通过流量求管径 $d = \sqrt{\dfrac{4Q}{\pi v}}$,并按此计算值选接近此值的标准管径。

(3) 根据各管段管径和管壁材料或粗糙度求出相应的比阻 S_0 及阻抗 S_i,按 $h_{fi} = S_i Q_i^2$ 式求出各管段水头损失。

(4) 求每一环水头损失的代数和 $\sum h_{fi}^{(1)}$,看其是否为零。如不为零,则其值 $\sum h_{fi}^{(1)} = \Delta h^{(1)}$,称为第一次闭合差。如 $\Delta h^{(1)} > 0$,说明顺时针方向的流量分配太多;反之,如 $\Delta h^{(1)} < 0$,说明逆时针方向的流量分配太多。这样,均需对第一次分配的流量进行校正,为此需导出校正流量方程。

(5) 求各环的校正流量。设校正流量为 ΔQ,如不计及邻环影响,则校正后的单环闭合差应该为零,即

$$\sum h_{fi} = \sum S_i (Q_i + \Delta Q)^2 = 0$$

将上式按二项式定理展开,并略去 ΔQ^2 后得

$$\sum S_i Q_i |Q_i| + 2\Delta Q \sum S_i |Q_i| = 0$$

上式中的第一项为单环的闭合差 Δh,Q_i 加上绝对值的符号是为使水头损失的正负号得以保持,在求总和 $\sum h_{fi}$ 时得出正确的闭合差;ΔQ 放在总和号之外,是因为同一环的校正流量对环内各管段都是相等的。从上式解出校正流量 ΔQ 为

$$\Delta Q = \frac{-\Delta h}{2 \sum S_i |Q_i|} \tag{9-52}$$

或

$$\Delta Q = \frac{-\Delta h}{2 \sum \dfrac{h_{fi}}{Q_i}} \tag{9-53}$$

从上式可看出校正流量的方向与闭合差的方向相反。设校正流量的方向与

管段内通过流量的方向均以顺时针方向为正,逆时针方向为负,则当校正流量与管段内通过流量方向相同时相加,相反时则相减。据此调整各管段的流量,得到第二次的管段通过流量 $Q_i^{(2)}$。需要注意的是,若一管段(例如图9-22 中的管段②)为几个环所共用,则这一管段的校正流量应为上述几个环的校正流量的代数和,求和时应注意正负号的变化,符号由所在环的流动方向确定。

当流量校正后,需从步骤(3)起重复计算,直到每一环的闭合差均小于给定的数值,即可求得各管段的实际流量。不断调整流量,消除闭合差的过程称为管网平差工作。在平差工作结束后,就可求解起点水塔水面高度或水泵的扬程,以及各节点水头。这些计算与枝状管网类似,此处不再详述。关于各种运转条件下的核算工作,可参考有关专业书籍。

例9-14 某环状管网的管长、管段编号、节点流量如图9-22 所示,管道为铸铁管。允许的单环闭合差为 0.2 m,求各管段的通过流量与管径。

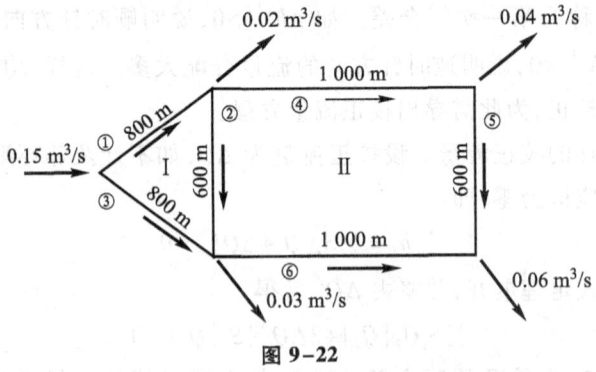

图 9-22

解: 初步计算时,可按管网在湍流粗糙区工作,暂不考虑修正系数 k 的问题。如需精确计算则应考虑过渡区的修正系数。本题按前者计算。

(1) 拟定水流方向如图9-22 所示,按 $\sum Q_i = 0$ 的条件初步分配的流量列入下表。

(2) 根据流量与经济流速确定管径。以管段①为例,初步分配的流量为 0.075 m³/s,经济流速采用 1.2 m/s,代入求管径公式得

$$d = \sqrt{\frac{4 \times 0.075}{3.14 \times 1.2}} \text{ m} = 0.282 \text{ m}$$

选用接近的标准管径 $d = 300$ mm。其余各管段的管径计算已列入表中,其中联络管②和⑤的管径故意采用较大值,因为当干管①和④或③和⑥损坏时,管段②和⑤要转输较大的流量到被损坏的管段以后的地区。

环状管网平差表

环号	管段编号	管径/mm	初步分配 ΔQ/(10⁻³ m³/s)	h_f/Q/(s/m²)	h_f/m	第一次校正 ΔQ/(10⁻³ m³/s)	Q/(10⁻³ m³/s)	h_f/Q/(s/m²)	h_f/m	第二次校正 ΔQ/(10⁻³ m³/s)	Q/(10⁻³ m³/s)	h_f/Q/(s/m²)	h_f/m	最终各管段流量/(10⁻³ m³/s)
I	①	300	75	61.5	4.613	-1.263	73.737	60.458	4.458	-0.717	73.020	59.874	4.372	72.85
	②	150	5	125.60	0.628	-1.263 1.444	5.181	130.091	0.674	-0.717 0.298	4.762	119.488	0.569	4.75
	③	300	-75	61.5	-4.613	-1.263	-76.263	62.534	-4.769	-0.717	-76.980	63.120	-4.859	77.15
			$\Delta h=0.628$ m $\Delta Q=\dfrac{-0.628}{2\times 248.60}\times 10^{-3}$ m³/s $=-1.263\times 10^{-3}$ m³/s			$\Delta h=0.363$ m $\Delta Q=\dfrac{-0.363}{2\times 253.083}\times 10^{-3}$ m³/s $=-0.717\times 10^{-3}$ m³/s				$\Delta h=0.082$ m $\Delta Q=\dfrac{-0.082}{2\times 242.48}\times 10^{-3}$ m³/s $=-0.169\times 10^{-3}$ m³/s				
II	④	250	50	137.6	6.88	-1.444	48.556	133.619	6.488	-0.298	48.258	132.80	6.409	48.10
	⑤	150	10	251.1	2.511	-1.444	8.556	214.820	1.838	-0.298	8.258	207.358	1.712	8.10
	⑥	250	-50	137.6	-6.88	-1.444	-51.444	141.571	-7.283	-0.298	-51.742	142.399	-7.368	51.90
	②	150	-5	125.60	-0.628	-1.444 1.263	-5.181	130.091	-0.674	-0.298 0.717	-4.762	119.488	-0.569	4.75
			$\Delta h=1.883$ m $\Delta Q=\dfrac{-1.883}{2\times 651.9}\times 10^{-3}$ m³/s $=-1.444\times 10^{-3}$ m³/s			$\Delta h=0.369$ m $\Delta Q=\dfrac{-0.369}{2\times 621.10}\times 10^{-3}$ m³/s $=-0.298\times 10^{-3}$ m³/s				$\Delta h=0.184$ m $\Delta Q=\dfrac{-0.184}{2\times 602.045}\times 10^{-3}$ m³/s $=-0.153\times 10^{-3}$ m³/s				

（3）根据管径和管道材料（本题为铸铁管）查相应的表格得出比阻 S_0 值，并求出相应的 h_{fi} 及 h_{fi}/Q_i。仍以管段①为例，$d=300$ mm 在表中查得比阻 S_0 值为 1.025 s^2/m^6，而

$$h_{f1} = 1.025 \times 800 \times 0.075^2 \text{ m} = 4.613 \text{ m}$$

$$h_{f1}/Q_1 = (4.613/0.075) \text{ s/m}^2 = 61.5 \text{ s/m}^2$$

其余各管段计算结果已列入表中。

（4）求闭合差 Δh。以 I 环为例，$\Delta h = (4.613+0.628-4.613)$ m $= 0.628$ m，$\Delta h > 0$ 说明顺时针方向流量分配多了，应减少。

（5）求各环校正流量 ΔQ，仍以第 I 环为例

$$\Delta Q = \frac{-\Delta h}{2\sum h_{fi}/Q_i} = \frac{-0.628}{2 \times 248.60} \times 10^{-3} \text{ m}^3/\text{s} = -0.001\ 263 \text{ m}^3/\text{s}$$

第 I 环的管段①的流量经校正后应为 $(75-1.263) \times 10^{-3}$ m³/s $= 0.073\ 737$ m³/s。其余各管段的计算结果已列入表中。由表中结果可见，经两次校正后，各环闭合差均已小于允许的值（0.2 m）。

当环数很多时，平差工作量很大，而且是一种机械的重复过程，所以宜于采用计算机计算。

9-5-3 电算法求解环状管网简介

前已述及，解环网可以用解管段方程、解节点方程和解环方程等不同方法求解，因此计算机程序也就有不同类型。目前用有限元法解节点方程的程序应用较多，但是对初学者来讲，用哈代-克罗斯方法解环方程的程序更易理解。现将上机前的准备工作及编制程序的框图简介如下。

1. 上机前的准备工作

（1）绘环网平面布置示意图，标出管段长度和节点流量。

（2）初步拟定水流方向和管段流量，并按经济流速定出管径，标于平面布置图上。

（3）由管径查表求比阻值。

（4）管段流量均以正值输入，而其流动方向是用管段所在环的环号（低环号）$I(K)$ 的正负值表示的。如果该管段是两环共用的，则以 $J(K)$ 值的正负表示其在另一环的流动方向。$I(K)$ 及 $J(K)$ 取值时，均以所在环的流动方向是顺时针还是逆时针而定，顺时针方向流动的管段取正值，逆时针方向流动的取负值。当所论管段只属于一环时，则只有 $I(K)$ 值，$J(K)$ 值为零。

经过以上准备，就可以将管长、管径、比阻、流量、环号等以一维下标变量 $L(K)$，$D(K)$，$A(K)$，$Q(K)$，$I(K)$，$J(K)$ 等符号表示，并输入各变量的值。同时

将环数、管段数及允许的闭合差值输入。

2. 编制环状管网平差程序，各种变量符号所代表的意义如下：

简单变量：

E——每一闭合环路允许的闭合差，视所要求的精度而定，一般均小于 0.3 m。

N——全环网环的总数。

M——全环网管段总数。

K——任一管段的编号，$K = 1 \sim M$。

T——任一环的编号，$T = 1 \sim N$。

II——平差的次数，从初步分配流量后的闭合差计算起，此时的 $II = 1$，以后每平差一次，II 增值一次，直至闭合差小于允许值。

一维下标变量：

$L(K)$——任一管段长度。 $D(K)$——管道直径。

$S_0(K)$——管段的比阻。 $Q(K)$——管段通过流量。

$I(K)$——管段所在环的环号(低环号)。

$J(K)$——管段所在环的环号(高环号)。

$S(K)$——管段的阻抗，$S(K) = S_0(K) * L(K)$。

$SQ(T)$——每一环各管段 SQ 之和，即 $\sum S_i |Q_i|$。

$H(K)$——管段水头损失。

$DH(T)$——每一环的闭合差，即 $\Delta h = \sum h_{fi}$。

$DQ(T)$——每一环的校正流量。

$Y(K)$——管段所在环低环号的校正流量。

$Z(K)$——管段所在环高环号的校正流量。

$V(K)$——管段的平均流速。

以例 9-14 所给数据为算例，参看图 9-22。输入数据如下：

$E = 0.1, N = 2, M = 6$

$L(K): 800, 600, 800, 1\ 000, 600, 1\ 000$

$S_0(K): 1.025, 41.85, 1.025, 2.752, 41.85, 2.752$

$D(K): 0.30, 0.15, 0.30, 0.25, 0.15, 0.25$

$Q(K): 0.075, 0.005, 0.075, 0.05, 0.01, 0.05$

$I(K):\quad 1\qquad 1\qquad -1\qquad 2\qquad 2\qquad -2$

$J(K):\quad 0\qquad -2\qquad 0\qquad 0\qquad 0\qquad 0$

3. 框图(供编程时参考)

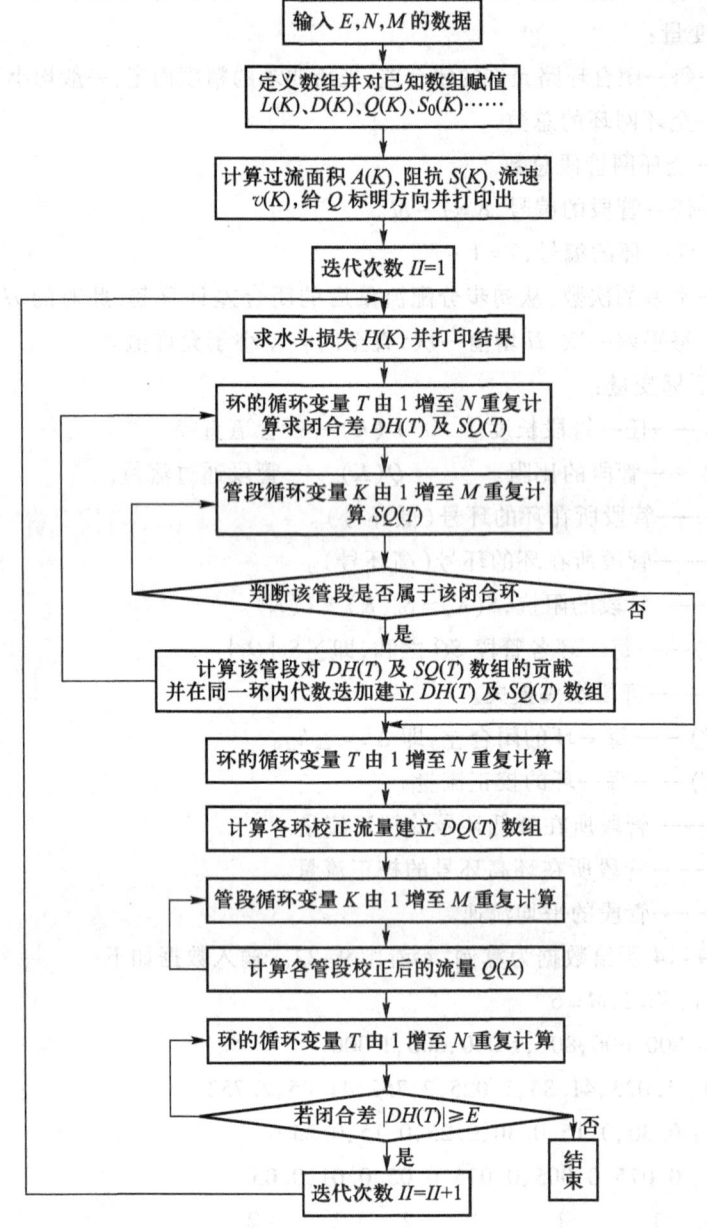

现已开发出许多种管网平差计算机程序、软件,将在后继的专业课中介绍,也可参考有关专著。

§9-6 非恒定有压管流

*9-6-1 一维非恒定流的基本方程

有压管流其沿轴线方向的流长,远大于过流断面的横向尺度,故可简化为一维流动,其轴线方向设为 s 方向。管道横断面上的运动要素也采用断面平均值,如断面平均流速 v。非恒定有压管流的运动要素是随时间而变化的,另一时间变量 t 的引入,使本来只有一个自变量 s 的一维流动变为有两个自变量 s,t 的非恒定一维流动。断面平均流速 $v=v(s,t)$,密度 $\rho=\rho(s,t)$,断面面积 $A=A(s,t)$。描述流体运动的相关方程式,连续性方程,运动方程也均为偏微分方程,使求解的复杂性增加。通常解决非恒定流的方法有两种途径:一种是瞬时恒定法,即对运动要素变化缓慢的流动,在短时间内把非恒定流当作瞬时恒定流来处理,例如将在本章中介绍的非恒定流(变水头)孔口出流问题;另一种是求解非恒定流偏微分方程组,例如第十章将要介绍的非恒定明渠流问题。

1. 一维非恒定流连续性微分方程

在第三章中已导出三维流动的连续性微分方程

$$\frac{\partial \rho}{\partial t} + \frac{\partial (\rho u_x)}{\partial x} + \frac{\partial (\rho u_y)}{\partial y} + \frac{\partial (\rho u_z)}{\partial z} = 0$$

现将上式改写为一维流动的连续性微分方程,并且考虑到过流面积 A 沿流程 s 及随时间 t 的变化,且用断面平均流速 v 代替点流速 u 可得

$$\frac{\partial}{\partial t}(\rho A) + \frac{\partial}{\partial s}(\rho v A) = 0 \qquad (9-54)$$

上式即为一维非恒定流连续性微分方程。当用于密度不改变的一维非恒定流(如明渠非恒定流)时,上式可简化为

$$\frac{\partial A}{\partial t} + \frac{\partial}{\partial s}(vA) = 0 \qquad (9-55)$$

或

$$\frac{\partial A}{\partial t} + \frac{\partial Q}{\partial s} = 0 \qquad (9-56)$$

2. 一维非恒定流运动方程

沿流线 s 方向取一微段元流,如图 9-23 所示。元流的断面为 dA,长为 ds,流动方向与水平线之间的夹角为 θ。先分析作用于该元流段沿流动方向 s 的作用力。

元流微段的重量在 s 方向的分量为

$$G\sin\theta = \rho g dA ds \cdot \sin\theta = -\rho g dA ds \frac{\partial z}{\partial s}$$

两端的压差为

$$pdA - \left(p + \frac{\partial p}{\partial s}ds\right)dA = -\frac{\partial p}{\partial s}dsdA$$

设元流断面的湿周为 χ，作用于四周表面上的平均切应力为 τ，则在 ds 长度上的阻力为 $-\tau\chi ds$，取负号是因阻力方向与流动方向相反。

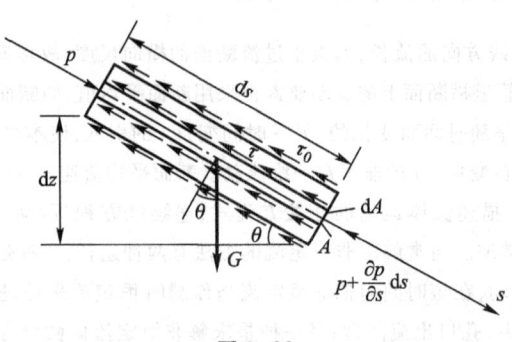

图 9-23

再分析该元流微段的加速度。设 u 为 s 方向上的流速，对非恒定流由于 $u=u(s,t)$，则沿 s 方向的加速度为

$$a = \frac{du}{dt} = \frac{\partial u}{\partial t} + u\frac{\partial u}{\partial s}$$

根据牛顿第二定律得

$$-\rho g dA ds \frac{\partial z}{\partial s} - \frac{\partial p}{\partial s}dsdA - \tau\chi ds = \rho dsdA\left(\frac{\partial u}{\partial t} + u\frac{\partial u}{\partial s}\right)$$

对于单位重量流体而言，将上式除以流体重量 $\rho g dA ds$，得

$$\frac{\partial z}{\partial s} + \frac{1}{\rho g}\frac{\partial p}{\partial s} + \frac{1}{g}\left(\frac{\partial u}{\partial t} + u\frac{\partial u}{\partial s}\right) + \frac{\tau\chi}{\rho g dA} = 0 \quad (9-57)$$

上式为元流的非恒定流运动方程。

现将上式推广到总流。设总流为渐变流，忽略断面上流速分布不均匀的影响，则可得到一维非恒定渐变总流的运动微分方程

$$\frac{\partial z}{\partial s} + \frac{1}{\rho g}\frac{\partial p}{\partial s} + \frac{1}{g}\left(\frac{\partial v}{\partial t} + v\frac{\partial v}{\partial s}\right) + \frac{\tau_0}{\rho g R} = 0 \quad (9-58)$$

式中：z,p,v 分别为总流断面的平均高程、平均压强、平均流速；R 为总流断面的水力半径；τ_0 为总流流段 ds 侧表面的平均切应力。上式表明了作用于总流流段上的重力、压力、惯性力及阻力之间的平衡关系。

*9-6-2 一维非恒定流能量方程

将一维非恒定总流运动微分方程对有压管道任意二过流断面积分，即可得到一维非恒定总流能量方程。对于理想流体,式(9-58)中的 $\tau_0/(\rho g R)$ 项可略去,再将式中各项乘以重力加速度 g,得

$$g\frac{\partial z}{\partial s} + \frac{1}{\rho}\frac{\partial p}{\partial s} + \frac{\partial v}{\partial t} + v\frac{\partial v}{\partial s} = 0$$

或

$$\frac{\partial}{\partial s}\left(gz + \frac{p}{\rho} + \frac{v^2}{2}\right) = -\frac{\partial v}{\partial t}$$

对密度 ρ 不变的流体,将上式对有压管道断面 1 及 2 积分可得

$$g(z_2 - z_1) + \frac{p_2 - p_1}{\rho} + \frac{v_2^2 - v_1^2}{2} = -\int_1^2 \frac{\partial v}{\partial t}ds$$

将上式改写成与恒定总流能量方程对应的形式

$$z_1 + \frac{p_1}{\rho g} + \frac{v_1^2}{2g} = z_2 + \frac{p_2}{\rho g} + \frac{v_2^2}{2g} + \frac{1}{g}\int_1^2 \frac{\partial v}{\partial t}ds \quad (9-59)$$

式(9-59)即为理想流体非恒定总流能量方程。式中最后一项

$$\frac{1}{g}\int_1^2 \frac{\partial v}{\partial t}ds$$

称为惯性水头。其物理意义可说明如下:$\frac{\partial v}{\partial t}$ 为当地加速度,设流体的质量为 m,则 $m\frac{\partial v}{\partial t}$ 为当地加速度引起的惯性力,除以重量 mg,即得 $\frac{1}{g}\frac{\partial v}{\partial t}$,为单位重量流体的当地惯性力,$\frac{1}{g}\frac{\partial v}{\partial t}ds$ 表示单位重量流体的当地惯性力在微元流长 ds 上所作的功,或者称为单位重量流体所具有的惯性能。而 $\frac{1}{g}\int_1^2 \frac{\partial v}{\partial t}ds$,即为从断面 1 流到断面 2 流程长度上单位重量流体所具有的惯性能,以液柱高度表示时称为惯性水头。如果流体加速运动,$\frac{\partial v}{\partial t}>0$,则惯性水头为正值,与水头损失 h_w 一样,是使断面 2 的总水头减少,用以克服流体运动的惯性,使机械能转化为惯性能。反之,如流体减速运动,$\frac{\partial v}{\partial t}<0$,则惯性水头为负值,惯性能又可转化为机械能。

对于实际流体,因有流动阻力,克服阻力要消耗机械能,应将水头损失 h_w 加入式(9-59)中,可得

$$z_1 + \frac{p_1}{\rho g} + \frac{v_1^2}{2g} = z_2 + \frac{p_2}{\rho g} + \frac{v_2^2}{2g} + h_w + \frac{1}{g}\int_1^2 \frac{\partial v}{\partial t}ds \quad (9-60)$$

式(9-60)为实际流体非恒定总流的能量方程。

例 9-15 水由水箱经水平管道流入大气,如图 9-24 所示。管中流速 $v=2.4$ m/s,管长 $L=30$ m,水头 $H=4$ m,管道水头损失 $h_w=2$ m,如

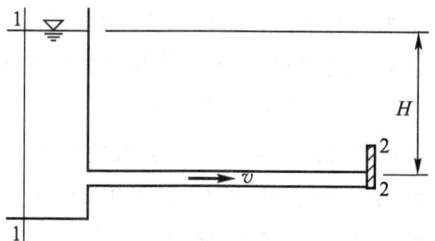

图 9-24

突然将管道末端障碍物拿走,求该瞬间管中水流的加速度 $\dfrac{dv}{dt}$ 及惯性水头。

解: 对断面 1-1 及 2-2 写非恒定流能量方程

$$z_1 + \frac{p_1}{\rho g} + \frac{v_1^2}{2g} = z_2 + \frac{p_2}{\rho g} + \frac{v_2^2}{2g} + h_w + \frac{1}{g}\int_1^2 \frac{\partial v}{\partial t} ds$$

$$H + 0 + 0 = 0 + 0 + \frac{v^2}{2g} + h_w + \frac{1}{g}\int_1^2 \frac{\partial v}{\partial t} ds$$

$$H = \frac{v^2}{2g} + h_w + \frac{1}{g}\frac{dv}{dt} \cdot L$$

$$4 \text{ m} = \frac{2.4^2}{2 \times 9.8} \text{ m} + 2 \text{ m} + \frac{1}{9.8 \text{ m/s}^2} \cdot \frac{dv}{dt} \times 30 \text{ m}$$

$$\frac{dv}{dt} = 0.557 \text{ m/s}^2$$

此时惯性水头

$$\frac{1}{g}\frac{dv}{dt}L = \frac{1}{9.8} \times 0.557 \times 30 \text{ m} = 1.705 \text{ m}$$

9-6-3 有压管流中的水击(水锤)

在有压管道中,由于某种原因(如迅速关闭或开启阀门、水泵机组突然停机等)使得水流速度发生突然变化,从而引起管内压强急剧升高和降低的交替变化,以及水体、管壁压缩与膨胀的交替变化,并以波的形式在管中往返传播,因其声音犹如用锤锤击管道一样,故称为水击(或水锤)。水击可能导致强烈的振动、噪声和气穴,有时甚至引起管道的变形、爆裂或阀门的损坏。因此,水击问题应予重视,它对工程的安全与经济有重要的意义。

水击是非恒定流,液体质点的运动要素不仅随空间位置变化,而且随时间而变化,因此分析这种流动时,需考虑由于运动要素随时间变化所引起的惯性力的作用。这是非恒定流区别于恒定流的一个共同特征。

水击现象产生的外因是边界条件的突然变化,如阀门的突然关闭或开启;内因则是水流的惯性和水体的压缩性,以及管壁的弹性。因此分析水击现象时,要考虑这几方面的因素。这些,将从下面讨论的水击波的发展过程中得到进一步的理解。

1. 水击波的发展过程

图 9-25 为一从水库引水的管道,当其 A 端阀门突然关闭时,在紧靠阀门处长度为 Δs 的微小水体,如图 9-25a 所示,流速突然降低为零。根据动量定律,流速的突然降低,必然导致压强的突然增高。这种增高的压强 Δp 称水击压强。但在 Δs 上游的水流仍以原来的流速 v_0 向下游流动,这将迫使 Δs 段水体受到压

缩,管壁发生膨胀,以容纳由于上、下游流速不同而积存的水量。随后,紧靠 Δs 段的另一微小水体流速降低为零,同时压强增高,水体被压缩,管壁发生膨胀。这样一微段接一微段地将阀门关闭的扰动向上游传播,直到水库为止,致使整个管道压强都增高了 Δp,如图9-25b所示,水体受到同样的压缩、管壁发生同样的膨胀。这种现象,实质上是扰动波在弹性介质中的传播现象。迫使流动发生变化的因素,即阀门开度的变小,称为扰动。若水体和管壁都是刚体,全管道的水体就会立刻感到这种扰动的影响,使全管的流速、压强立刻发生同样的变化。但实际上水体和管壁都是弹性体,在扰动时间短促、压强变化较大的情况下,它们的弹性作用不可忽略,任何扰动不能立刻传播到各处。弹性体中扰动的传播是通过弹性波传播的。阀门关小这一扰动,使阀门旁水体发生一个弹性波,并以一定的波速向上游传播,弹性波传到之处才受到扰动的影响。这种由于水击而产生的弹性波,简称水击波。在上述情况下,水击波的传播是使压强增高,而其传播方向又与恒定流时的流动方向相反,所以称为增压逆波。设水击波的传播速度为 c,传播到管道进口 B 端的时间 $t=\dfrac{L}{c}$。时段 $0<t<\dfrac{L}{c}$,可视为水击的第一阶段。在 $t=\dfrac{L}{c}$ 时,全管流动停止,压强普遍增高,水体密度加大,管壁膨胀。但由于管道上游水库体积很大,水库水位不受管道流动变化的影响,管道进口 B 端的压强 p 受水库水位的制约而保持不变,是管道流动的上游边界条件。在 $t=\dfrac{L}{c}$ 时,分析作用在 B 端水体上的水压力,下游压强为 $p+\Delta p$,上游压强为 p,两边受力不平衡,必然导致一个向水库方向的流动,流速的大小为 v_0。靠近 B 端下游处的压强立刻恢复到原有的压强 p,压缩的水体和膨胀的管壁也立刻恢复原状,以适应该处的边界条件。这样一微段接一微段地向下游传播,直至 $t=\dfrac{2L}{c}$ 时达到阀门为止,致使整个管道压强都恢复到原有的压强 p,水管和管壁都恢复到原状,但整个管道内水流均以 $-v_0$ 流动着。在上述情况下,水击波的传播是使压强降低,而其传播方向又与恒定流时的流动方向相同,所以称为降压顺波,它是第一阶段增压逆波的反射波。时段 $\dfrac{L}{c}<t<\dfrac{2L}{c}$,视作水击波发展的第二阶段,如图9-25c、d所示。降压顺波在 $t=\dfrac{L}{c}$ 时,从 B 端开始以波速 c 向下游传播,在传播过程中将水流分为两段,如图9-25c所示。上游段为反射降压顺波与增压逆波叠加,压强恢复到原有的压强;下游段因降压顺波尚未传播到,仍维持第一阶段的增压逆波所引起的压强。

在 $t=\dfrac{2L}{c}$ 时,虽然全管压强与管壁恢复正常,但管中流速为 $-v_0$,这个流速的存在,和 A 端阀门全关要求 $v=0$ 的边界条件不相符合,且负方向的流速有使水体脱离阀门的趋势,导致压强的突然降低,即出现压强的负增量 $-\Delta p$。同时也使水体膨胀、密度减小,管壁收缩。形成降压逆坡向上游传播,在 $t=\dfrac{3L}{c}$ 时达到管道进口 B 端。整个管内流速由 $-v_0$ 变为 $v=0$,压强降低了 Δp,水体膨胀,管壁收缩。时段 $\dfrac{2L}{c}<t<\dfrac{3L}{c}$,可视作水击的第三阶段,此阶段的发展过程如图 9-25e,f 所示。

在 $t=\dfrac{3L}{c}$ 时,管道进口 B 端下游的压强比上游压强低 Δp,必然导致一个向阀门方向的流动,流速的大小为 v_0。靠近 B 端下游处的压强、膨胀的水体、收缩的管壁都恢复原状,并向下游传播,直至 $t=\dfrac{4L}{c}$ 时达到阀门为止,致使整个管道的压强、水体和管壁都恢复到原状,整个水管中的水流均以 v_0 速度向下游流动着。这一过程中的水击波是第三阶段降压逆波的反射波。时段 $\dfrac{3L}{c}<t<\dfrac{4L}{c}$,可视作水击波传播的第四阶段。此阶段的发展过程如图 9-25g、h 所示。

从阀门关闭 $t=0$ 算起,到 $t=\dfrac{2L}{c}$,称为第一相,即是水击波由阀门到水库来回所需的时间,在水击计算中称为一相,并以 T 表示,即 $T=\dfrac{2L}{c}$。从 $t=\dfrac{2L}{c}$ 到 $t=\dfrac{4L}{c}$ 称为第二相。因为到 $t=\dfrac{4L}{c}$ 时,全管内压强、流速、水体及管壁都恢复到水击发生前的状态,所以把 $t=0$ 到 $t=\dfrac{4L}{c}$,称为一周期。到 $t=\dfrac{4L}{c}$ 时,全管虽然恢复原来状态,但水击现象仍不会停止,而是重复上述过程,周而复始地循环发展下去。如果不考虑水流的阻力,根据上述是不难得出管道各断面压强随时间变化的图形,从而可知阀门处压强最先增高和降低,持续时间长,变幅大;管道进口处的压强增高和降低都只是发生在瞬间;至于管道中任一断面的压强变幅和持续时间都是介于上述两者之间。因此,阀门处的水击压强最为严重,而且总是在每相之末变幅最大。阀门处的压强升降如图 9-26 中实线所示。实际上,由于管壁对水流阻力的作用,水击波的传播是逐渐衰减以至消失,阀门处压强的升降如图 9-26 中的虚线所示。

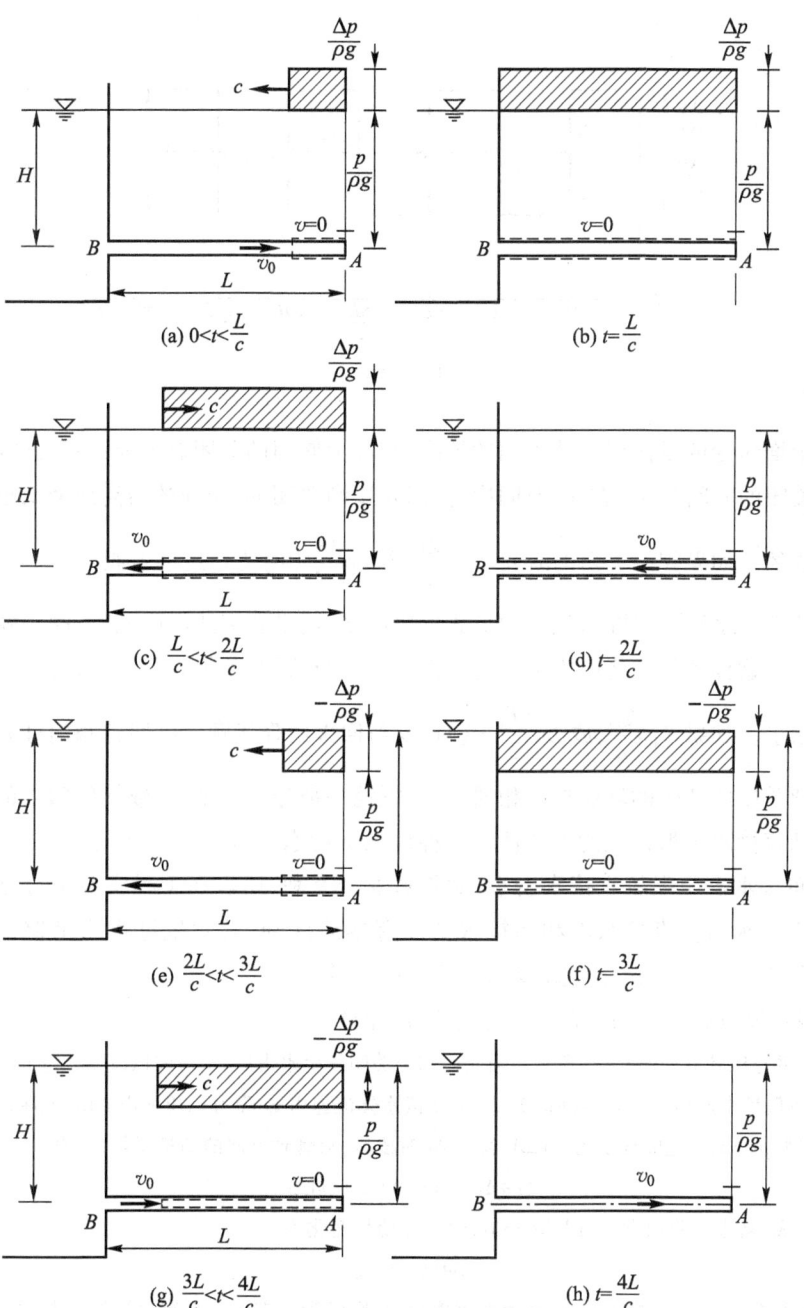

图 9-25

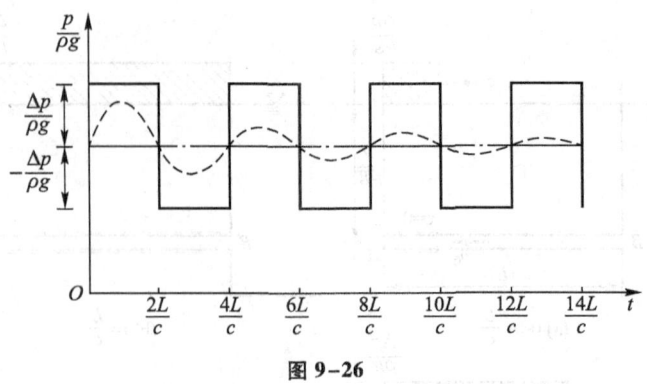

图 9-26

上面讨论的是阀门突然关闭的情况,实际上阀门的关闭总需要一定的时间,设阀门关闭的时间为 T_s,在 T_s 时间内,阀门是逐渐关闭的,压强的增高或降低也是逐渐完成的。如果阀门关闭的时间 $T_s \leqslant \dfrac{2L}{c}$ 或 $L \geqslant \dfrac{cT_s}{2}$,也就是最早由阀门处产生的增压逆波到达水库再以降压顺波的形式反射回来,还没有到达阀门处时,阀门就已全部关闭。这样阀门处将产生最大的压强,与阀门在瞬时关闭时相同,这种水击称为直接水击。如果 $T_s > \dfrac{2L}{c}$,或 $L < \dfrac{cT_s}{2}$,这时,反射回来的降压顺波已回到阀门处并与阀门继续关闭所产生的增压逆波相遇,就会抵消一部分水击增压,致使阀门处的压强达不到直接水击那样大的增压值。这种情况下的水击称为间接水击。

间接水击压强较直接水击小,对管道安全有利,所以在工程实践中总是设法避免直接水击。直接水击和间接水击没有本质区别,其发生过程均是惯性与弹性在起作用。下面先介绍直接水击压强的计算。

*2. 阀门突然关闭时的直接水击压强计算

水平有压管流如图 9-27 所示。当阀门部分关闭发生水击后,水击波以波速 c 向上游传播,经 Δt 时段后由断面 2-2 传至断面 1-1。1-2 段水体流速由 v_0 降为 v,压强由 p 增为 $p+\Delta p$,密度由 ρ 增为 $\rho+\Delta\rho$,过流断面变为 $A+\Delta A$,经过 Δt 时段后,沿管轴方向的动量变化,即为

$$(\rho+\Delta\rho)(A+\Delta A)\Delta sv - \rho A \Delta s v_0$$

展开上式,略去二阶微量,且因 $\Delta s = c\Delta t$,则可得动量变化为

$$\rho A c \Delta t (v - v_0)$$

作用在 1-2 段上的外力,若不考虑摩擦阻力,则沿管轴方向上只有两端的压力,即

$$pA - (p+\Delta p)(A+\Delta A)$$
$$= pA - (pA + p\Delta A + \Delta pA + \Delta p \Delta A)$$

略去上式中的二阶微量,且考虑到 $p\Delta A \ll \Delta pA$,因而略去 $p\Delta A$,则可得外力合力为 $-\Delta pA$。外力合力的冲量为 $-\Delta pA\Delta t$,根据动量定律可得

$$\rho Ac\Delta t(v-v_0) = -\Delta pA\Delta t$$

消去 A 及 Δt 后解出水击压强增高值 Δp,得

$$\Delta p = \rho c(v_0 - v) \qquad (9\text{-}61)$$

若以水柱高度表示水击压强,则有

$$\Delta H = \frac{\Delta p}{\rho g} = \frac{c}{g}(v_0 - v) \qquad (9\text{-}62)$$

式中:v_0 为关阀前恒定流时管中流速,v 为关阀后发生水击时管中的流速,c 为水击波速。上两式即为茹科夫斯基(Н. Е. Жуковский)在 1898 年得出的直接水击压强计算公式。

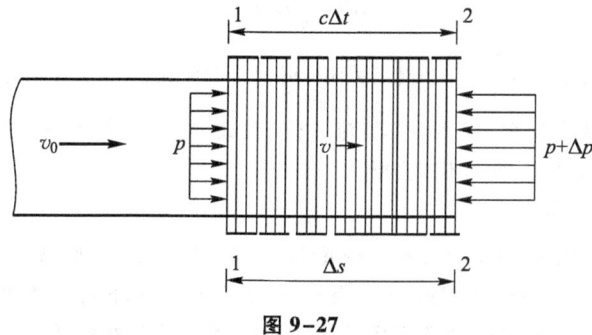

图 9-27

当阀门突然全部关闭,即 $v=0$ 时,得水击压强最大值计算公式为

$$\Delta p = \rho c v_0 \qquad (9\text{-}63)$$

或以水头表示

$$\Delta H = \frac{c}{g} v_0 \qquad (9\text{-}64)$$

上式表明,直接水击压强增高值与水击波速 c 成正比。水击波速 c 可用连续性方程,并考虑到水的压缩性和管壁的弹性而求得(推导过程从略,可参阅有关参考书),即

$$c = \frac{\sqrt{\dfrac{E}{\rho}}}{\sqrt{1+\dfrac{E}{E_0}\dfrac{D}{\delta}}} = \frac{c_0}{\sqrt{1+\dfrac{E}{E_0}\dfrac{D}{\delta}}} \qquad (9\text{-}65)$$

式中:c_0 为液体中声波的传递速度,当水温在 10 ℃ 左右、压强在 1~25 个大气压时,$c_0 = 1\,435$ m/s;E 为液体的弹性模量,水的 E 值可由表 1-1 查得,如在水温 10 ℃、压强为一个标准大气压时 $E = 2.10 \times 10^9$ Pa;E_0 为管壁的弹性模量,铸铁管的 $E_0 = 87.3 \times 10^9$ Pa,钢管的 $E_0 = 206 \times 10^9$ Pa;D 为管道直径;δ 为管壁厚度。对于一般钢管来讲,$\dfrac{D}{\delta} \approx 100$,$\dfrac{E}{E_0} \approx 0.01$,代入式(9-65)可

得 $c \approx 1\,000$ m/s。如关阀前管中流速 $v_0 = 1$ m/s，按茹科夫斯基公式求得水击压强增高值 $\Delta p \approx 10^6$ Pa 或 $\Delta H \approx 102$ m，可见其值是很大的。

*3. 阀门逐渐关闭时的间接水击压强计算

下面介绍阀门逐渐关闭时的间接水击压强计算，即关阀时间 $T_s > \dfrac{2L}{c}$ 时的间接水击压强计算。由于间接水击受到反射波的干涉和边界条件的复杂多变，分析计算较直接水击困难得多。在一般情况下，间接水击压强可按下式估算：

$$\Delta p = \rho c v_0 \frac{T}{T_s} \tag{9-66}$$

或

$$\Delta H = \frac{c}{g} v_0 \frac{T}{T_s} \tag{9-67}$$

式中：T 为水击波相长，$T = \dfrac{2L}{c}$；T_s 为阀门关闭的时间；c 为波速；v_0 为关阀前管中的平均流速。

间接水击准确计算，要用一维非恒定流基本方程式（9-54）、式（9-58）导出水击微分方程组求解，详见有关参考书，此处不再介绍。

*4. 停泵水击简介

因水泵突然停机而引起的水击称为停泵水击。离心泵正常运转时供水均匀，不会发生水击。但由于某种原因（例如突然断电），水泵机组突然停机，泵的转速突降，供水量骤减，在靠水泵处的压水管中的压力降低甚至形成真空。但管道中的水流在停泵最初瞬间，由于惯性，继续向水塔方向流动。其后，在压差与重力作用下，水流开始反向流动，当水流遇到业已关闭的逆止阀时，阀下游面压力急剧升高，于是在输水管内引起高、低压力交替出现的停泵水击（图 9-28）。停泵水击是从压力降低开始的，然后围绕着静水头 H_0 上下摆动，其最大的压强

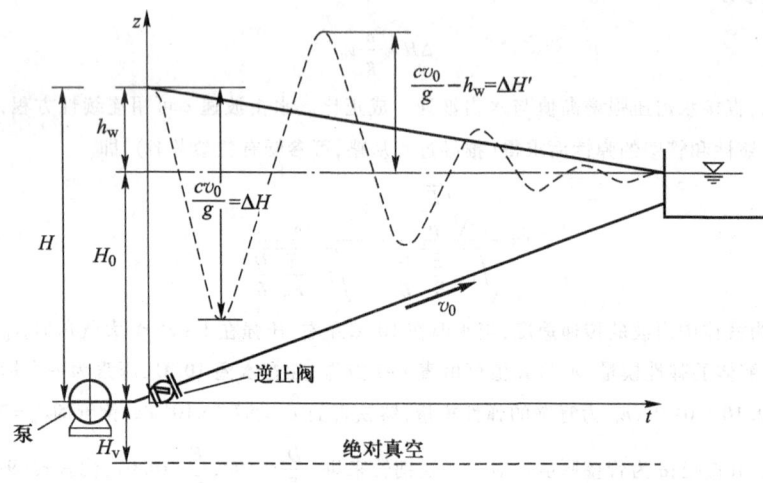

图 9-28

水头降低值为 $\Delta H = \dfrac{cv_0}{g}$。停泵水击的压力降低 ΔH 与水泵的工作水头 H 及允许的真空高度 H_v 的对比关系,对计算停泵水击的压力升高值(指由压力降低摆动回升到静水头 H_0 以上的压力升高,见图 9-28),有重要影响。

当压强水头降低值 $\Delta H = \dfrac{cv_0}{g} < H + H_v$ 时,水泵压水管路逆止阀处停泵水击压强水头的变化示于图 9-28 中。此时,由于停泵水击造成的压强水头降低值 $\Delta H < H + H_v$,不会在管道中形成很大的真空,其压强也没有低于水的汽化压强,因此管内水流还不会出现连续性遭到破坏的水柱断裂现象。多次试验研究证明,在这种情况下发生的停泵水击,其压强水头先从水泵的正常状态下的工作水头 H 突然下降 $\dfrac{cv_0}{g}$ 的数值,然后再摆动回升到静水头 H_0 以上,并以静水头 H_0 为其上下反复震荡的稳定线(图 9-28 中的虚线所示)。第一次摆动到静水头 H_0 以上的水击压强水头升高值 $\Delta H'$ 为停泵水击所产生的最大正压水头升高,以后各次摆动的振幅均小于第一次,而且越来越小,最后稳定在静水头线上,这是由于管道的摩阻力影响的结果。由图 9-28 中水击压强水头波动曲线可看出,压强水头升高值 $\Delta H'$ 可由下式计算:

$$\Delta H' = \dfrac{cv_0}{g} - h_w \tag{9-68}$$

式中:h_w 为管道发生水击前正常运行时的总水头损失;v_0 为管道发生水击前恒定流时的断面平均流速;c 为水击波传播速度。水管在发生水击时所承受的最大压强水头为 $H_0 + \Delta H'$,即

$$H_{\max} = H_0 + \Delta H' = H_0 + \dfrac{cv_0}{g} - h_w \tag{9-69}$$

此最大水头 $H_{\max}$ 如果超过了管道所能承受的安全值,则可能使管道遭到破坏,发生事故。

当水击压强降低值 $\Delta H > H + H_v$ 时,管内形成很大的真空,当其低于水的汽化压强时,不但原先溶解于水中的气体逸出,而且有一部分低压区的水汽化为蒸汽,遂在依靠惯性继续向水池流去的水股后面留下一个充满逸出气体和蒸汽的空间,造成管内水股断裂致使水流的连续性遭到破坏。断裂后的水股,在高位水池压力与重力作用下,开始向水泵方向回流,迫使断裂的水股重新弥合。而在水股弥合时,管内将产生附加的水击压强水头,并与由负压摆动到静水位以上的水击压强水头相叠加,使水击压强的计算较前复杂。有些学者对此进行了专门研究,此处不拟介绍其结果,请参阅有关的专门文献。

如果水泵的压水管路上不设逆止阀,则回冲水流将冲动水泵带动电动机反转。此时管路内压强升高较小,有利于防止停泵水击的危害。但是,如水泵反转速度过高,可能引起机组振动,甚至造成机组部件的损坏。所以,无论是有逆止阀的停泵水击,还是无逆止阀的停泵水击,均对输水系统不利,特别是前者,往往能造成损坏输水系统的重大事故,所以必须研究防止水击危害的问题。

5. 水击危害的预防

随着工程实践经验的积累和科学技术的不断发展,人们对水击问题的认识

不断深化,现在已经能够提出防止水击危害的原则和各种具体措施。一般说来,可以从延长关闭阀门的时间,缩短水击波传播长度,减少管内流速,以及在管路上设置减压、缓冲装置等方面着手。

防止水击危害的具体措施是多种多样的,归纳起来大约有以下几方面。

(1) 在管道的适当地点设置一缓冲空间,用以减缓水击压强升高。同时,这也缩短了水击波的传播长度,使增压逆波遇到缓冲装置(如调压井)时尽快以降压顺波反射回到阀门处,以抵消阀门处因关阀而引起的增压水击波,亦即使其发生压强较小的间接水击。例如,可在阀门上游设置空气室、气囊、调压井等(图 9-29)。

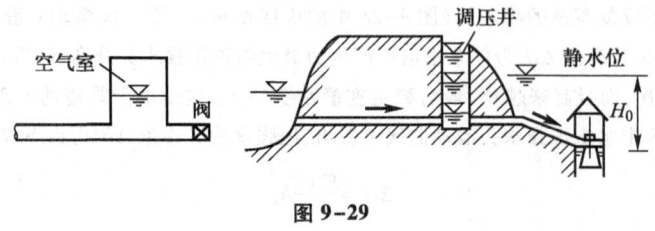

图 9-29

(2) 在泵的压水管路上设置缓慢关闭的逆止阀,用以延长关阀时间,若能使关闭阀门的时间 $T_s > \dfrac{2L}{c}$,则可避免直接水击的发生。这类措施有油阻尼逆止阀等。

(3) 使水击发生时的高压水流在给定的位置有控制地释放出去,避免水管爆裂,或者在压强突然降低时往管内负压区注水,以免水股断裂,连续性遭破坏。这一类具体措施有水击消除器、减压阀、金属膜覆盖的放水孔等。

目前,我国给水工程上为防止停泵水击,多用下开式水击消除器。其基本的工作原理是,当管道正常工作时,管内压力大于水击消除器阀瓣的自重及平衡重锤的下压力,消除器的阀瓣与密封圈密合,消除器处于关闭状态。一旦发生停泵水击,管内压强首先突然下降,上托力随压强下降而突然减少,阀瓣由于自重及平衡重锤下压之力而迅速下落入分水锥,打开了放水孔,呈准备释放状态。当回冲水流来到时,即从消除器的排水孔中将高压水释放出管外,从而减少了水击压力升高。

水击扬水机,可利用水击压强将水提升到高处,是一种变害为利的巧用水击特性的水力机械。

§9-7 恒定薄壁孔口出流

孔口是工程上用来控制流动、调节流量的装置,孔口出流的核心问题是应用流体运动的连续性原理和总流能量方程,以及流体流动的能量损失规律,计算给定条件下通过孔口的流量,也就是它的过流能力。由于孔口沿流动方向的边界长度很短,一般说来,能量损失主要考虑局部水头损失,沿程水头损失通常可以忽略。

9-7-1 孔口出流分类

根据孔口出流的特征,可做如下分类:

(1) 按孔口高度 e(圆形为 d,矩形为 e)与孔口断面形心点处水头 H 比值的大小,分为小孔口出流与大孔口出流。若孔口高度 $e < \dfrac{H}{10}$,称为小孔口出流(如图 9-30 所示);作用于孔口断面上各点的水头可近似地认为与形心处的水头 H 相等。若孔口高度 $e \geq \dfrac{H}{10}$,则称为大孔口出流(如图 9-33 所示),作用于大孔口断面的上部和下部的水头有明显的差别,不能视为同一数值。

(2) 按孔口作用水头是否恒定,分为定(常)水头(恒定)孔口出流和变水头(非恒定)孔口出流。

(3) 按孔口出流后周围介质的条件,分为自由(非淹没)出流和淹没出流。液体经孔口流入大气中的出流为自由出流,如图 9-30 所示;液体经孔口流入下游液面以下的出流,称为淹没出流,这时下游液位将影响孔口的出流量。气体经孔口流入大气中,当可略去两者物理性质的差异时,亦称为淹没出流。

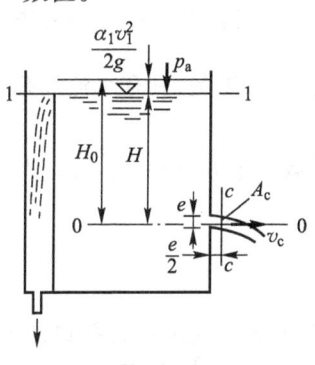

图 9-30

(4) 按孔壁厚度及形状对出流的影响,分为薄壁孔口和厚壁孔口出流。若孔口具有锐缘,或孔壁厚度 δ 小于孔径或孔高的三倍时,流经孔口的流体与孔口周界几乎只有线的接触,这种孔口称为薄壁孔口。若孔壁厚度和形状促使流体先收缩后扩张,与孔壁接触形成面而不是线,称这种孔口为厚壁孔口。当孔壁厚度 δ 达到孔径或孔高的 3~4 倍时,出流充满孔壁的全部周界,此时便是管嘴出流。

9-7-2 薄壁小孔口自由出流

我们先对液体(以水为例)经过薄壁小孔口自由出流的流动现象进行分析，以便确立流动计算图式，建立孔口出流的基本公式。如图9-30所示，孔口出流时，水流由各方向向孔口汇集。由于水流的惯性作用，流出孔口的水流的流线仍保持着一定的曲度；随后，这种曲度减小并趋于平行。此时，水流的过流断面面积也逐渐收缩到最小面积，这一过流断面 $c-c$ 称为收缩断面。收缩断面的位置，对圆形小孔口约位于孔口断面出口 $\frac{e}{2}$ 处。水流过收缩断面后，液体在重力作用下下落。

若孔口面积为 A，收缩断面面积为 A_c，对圆形完善收缩的薄壁小孔口，按实验资料，孔口直径为 d，收缩断面处射流直径 $d_c \approx 0.8d$，因此，收缩系数

$$\varepsilon = \frac{A_c}{A} = \left(\frac{d_c}{d}\right)^2 = \left(\frac{0.8d}{d}\right)^2 = 0.64$$

选通过孔口中心的水平面为基准面，取容器水面 1-1 和收缩断面 $c-c$，写总流伯努利方程得

$$H + \frac{p_a}{\rho g} + \frac{\alpha_1 v_1^2}{2g} = 0 + \frac{p_c}{\rho g} + \frac{\alpha_c v_c^2}{2g} + h_w$$

对开敞容器的孔口自由出流，$p_c = p_a$；水流经容器中的微小沿程水头损失忽略不计，于是，只有水流经孔口的局部损失，即 $h_w = h_j = \zeta_c \frac{v_c^2}{2g}$，$\zeta_c$ 为孔口局部阻力系数。令 $H_0 = H + \frac{\alpha_1 v_1^2}{2g}$，上式整理为 $H_0 = (\alpha_c + \zeta_c) \frac{v_c^2}{2g}$，得

$$v_c = \frac{1}{\sqrt{\alpha_c + \zeta_c}} \cdot \sqrt{2gH_0} = \varphi\sqrt{2gH_0} \tag{9-70}$$

式中：$\varphi = \frac{1}{\sqrt{\alpha_c + \zeta_c}}$ 为孔口的流速系数。一般情况下取 $\alpha_c \approx 1.0$，当 $\zeta_c = 0$（即作为理想流体考虑）时，$\varphi = 1.0$。可见，φ 值是收缩断面的实际流速 v_c 与理想液体流速 $\sqrt{2gH_0}$ 的比值。根据前人的研究，在大雷诺数情况下，圆形小孔口的流速系数 $\varphi = 0.97 \sim 0.98$，由式(9-70)可得薄壁小孔口自由出流的流量公式为

$$Q = v_c \cdot A_c = \varphi \varepsilon A \sqrt{2gH_0} = \mu A \sqrt{2gH_0} \tag{9-71}$$

式中 $\mu = \varphi\varepsilon$ 为孔口的流量系数。对薄壁圆形小孔口，一般认为 $\mu = 0.60 \sim 0.62$。

由以上分析可以看出,水股的收缩条件对孔口出流流量具有重要的影响。孔口出流时,液体质点沿器壁流动,并以某一曲线轨迹趋向孔口。若孔口离容器的其他各个壁面均具有较远的距离,这时,水股在各方向均达到充分的收缩。而当孔口距某侧壁较近,则沿该器壁的流线曲率较小,因而水股在该方向的收缩较小。某孔口的某边缘紧贴某一器壁,则在该器壁方向上水股不发生收缩。由此,将水股在孔口全部周界上都收缩的称为全部收缩,如图 9-31 中孔口 I。水股不能在全部周界上都发生收缩的则称为不(非)全部收缩,如图 9-31 中孔口 II 和 III。全部收缩的水股又根据器壁对流线的弯曲有无影响而分为完善收缩与不完善收缩。实验表明,当孔口任一边缘到容器侧壁的距离大于该方向孔口宽度的 3 倍,即如图 9-31 中孔口 I,当 $L_1>3a, L_2>3b$ 时,器壁对出流性质没有影响,这时水股的收缩为完善收缩。反之,孔口任一边缘到容器侧壁的距离小于在同一方向上孔口宽度的 3 倍,即如图 9-31 中孔口 I,当 $L_1<3a$ 或 $L_2<3b$ 时,器壁对出流发生影响,这时水股的收缩称为不完善收缩。

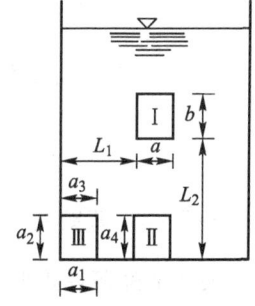

图 9-31

不全部收缩时的流量系数 μ' 值比全部收缩的 μ 值大,对孔口 III 可按下式计算,即

$$\mu'=\mu\left(1+c\frac{s}{\chi}\right) \tag{9-72}$$

式中:c 为一系数,对于圆孔为 0.13,对于方形孔为 0.15;s 为未收缩部分的长度 (a_1+a_2);χ 为孔口的全周长 $(a_1+a_2+a_3+a_4)$。

全部收缩中,不完善收缩的流量系数 μ'' 值比完善收缩的 μ 值大,可按下式计算:

$$\mu''=\mu\left[1+0.64\left(\frac{A}{A_0}\right)^2\right] \tag{9-73}$$

式中:A 为孔口面积,A_0 为孔口所在壁面的有水部分面积。

例 9-16 设液体经薄壁孔口自由出流,如图 9-32 所示,已知孔口直径 $d=10$ mm,孔口水头 $H=2$ m。现测得射流 b-b 断面形心的横距 $x=1.06$ m,纵距 $y=0.15$ m,流量 $Q=0.305\times10^{-3}$ m³/s。若不计空气阻力,试求该孔口的流速系数 φ、流量系数 μ、收缩系数 ε 和局部阻力系数 ζ。

解:根据自由落体定律,得

$$x=v_c t$$

$$y=\frac{1}{2}gt^2$$

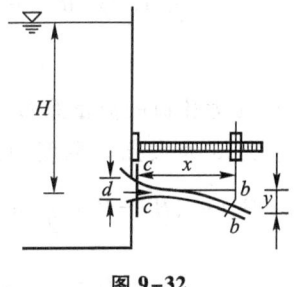

图 9-32

从上两式中消去 t，得

$$v_c = x\sqrt{\frac{g}{2y}}$$

将上式代入式(9-70)，得

$$x^2 = 4\varphi^2 Hy$$

此式为抛物线方程。

当行进流速水头略去不计时

$$\varphi = \frac{x}{2\sqrt{yH}} = \frac{1.06}{2\sqrt{0.15 \times 2}} = 0.97$$

$$\mu = \frac{Q}{A\sqrt{2gH}} = \frac{4 \times 0.305}{1\,000 \times \pi \times 0.01^2 \sqrt{2 \times 9.8 \times 2}} = 0.62$$

$$\varepsilon = \frac{\mu}{\varphi} = \frac{0.62}{0.97} = 0.64$$

$$\zeta = \frac{1}{\varphi^2} - 1 = \frac{1}{0.97^2} - 1 = 0.06$$

9-7-3 薄壁大孔口自由出流

液体流经薄壁矩形大孔口的自由出流，如图 9-33 所示。大孔口出流的流量可认为是各具有一固定水头的孔高为 dh 的水平小孔口出流流量的总和。每一小孔口出流的流量

$$dQ = \mu b\, dh \sqrt{2gh_0}$$

假设流量系数 μ 值沿大孔口全部高度不变，且出流收缩断面的高度近似地等于孔口高度，则大孔口出流的流量

$$Q = \mu b \sqrt{2g} \int_{H_{01}}^{H_{02}} \sqrt{h_0}\, dh$$

$$Q = \frac{2}{3}\mu b \sqrt{2g}\left(H_{02}^{\frac{3}{2}} - H_{01}^{\frac{3}{2}}\right) \tag{9-74}$$

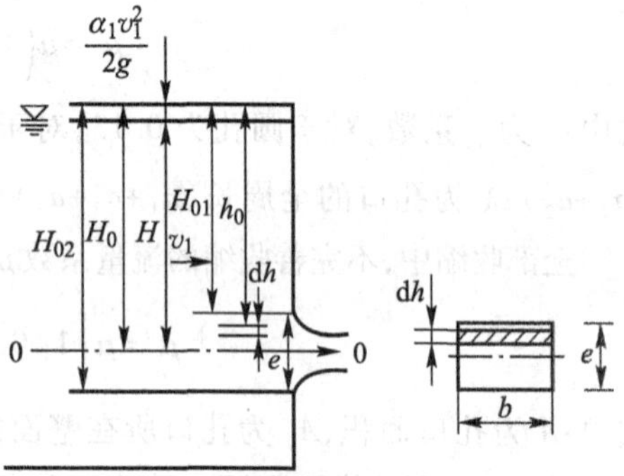

图 9-33

式中：μ 为孔口的流量系数，为 $0.70 \sim 0.85$；H_{01}，H_{02} 分别为大孔口上、下缘处的总水头；b 为大孔口宽度，孔口高度为 e，大孔口断面形心处的总水头为 H_0，则 $H_{02} = H_0 + \frac{e}{2}$，$H_{01} = H_0 - \frac{e}{2}$，$A = be$，代入式(9-74)得

$$Q = \frac{2}{3}\mu b \sqrt{2g}\, H_0^{3/2}\left[\left(1+\frac{e}{2H_0}\right)^{3/2} - \left(1-\frac{e}{2H_0}\right)^{3/2}\right]$$

将上式方括号内的表达式，按牛顿二项式定理展开级数，并取前四项，则

$$Q = \mu b e \sqrt{2gH_0}\left[1 - \frac{1}{96}\left(\frac{e}{H_0}\right)^2\right]$$

当 $\frac{e}{H_0} = 1 \sim 1.5$ 时，$\frac{1}{96}\left(\frac{e}{H_0}\right)^2 = 0.01 \sim 0.023$，在工程计算中可忽略不计，则上式可近似化简为

$$Q = \mu A \sqrt{2gH_0} \qquad (9-75)$$

类似于上式的推导，可得与式(9-75)相同形式的圆形大孔口自由出流的流量公式

$$Q = \mu A \sqrt{2gH_0} \qquad (9-76)$$

式中：$A = \frac{\pi}{4}d^2$，d 为圆形大孔口直径。

由此可见，大孔口自由出流的流量公式在形式上同小孔口流量公式(9-71)，仅是流量系数的大小不同。实际工程中，大孔口出流几乎都是非全部收缩和不完善收缩的，因此流量系数往往大于小孔口的流量系数。现将巴甫洛夫斯基试验所得的部分大孔口流量系数 μ 值列于表 9-5，供参考选用，更详细的可参阅有关计算手册。

表 9-5 大孔口流量系数 μ 值

序号	孔口类型	流量系数
1	全部收缩的孔口（宽达 2 m）	0.65
2	不完善收缩的大型孔口（宽 5~6 m）	0.70
3	底边无收缩孔口：	
	（1）侧面收缩显著影响	0.65~0.70
	（2）侧面收缩影响不大	0.70~0.75
	（3）具有平滑侧面进口	0.80~0.85
	（4）其他各周界均有极平滑进口	0.90

9-7-4　薄壁孔口淹没出流

薄壁孔口淹没出流如图 9-34 所示。由于作用于孔口断面上各点的水头差

均相等，因此，不论大孔口出流还是小孔口出流，其计算方法相同。

对上、下游过流断面 1-2、2-2 写伯努利方程得

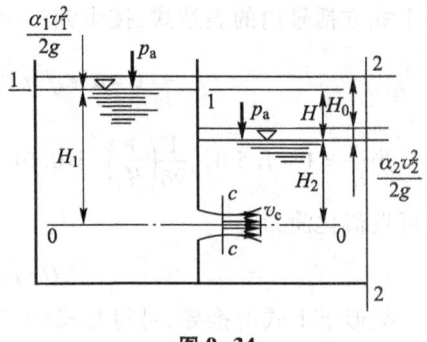

图 9-34

$$H_1 + \frac{p_a}{\rho g} + \frac{\alpha_1 v_1^2}{2g} = H_2 + \frac{p_a}{\rho g} + \frac{\alpha_2 v_2^2}{2g} + h_j$$

式中：$H_1 - H_2 = H$，为上、下游水面差；h_j 为局部水头损失，包括水流流经孔口的局部水头损失和经收缩断面后突然扩大的局部水头损失两项，即

$$h_j = (\zeta_1 + \zeta_2)\frac{v_c^2}{2g}$$

令 $H_0 = H + \frac{\alpha_1 v_1^2}{2g} - \frac{\alpha_2 v_2^2}{2g}$，则由上式可得

$$H_0 = (\zeta_1 + \zeta_2)\frac{v_c^2}{2g}$$

因 2-2 断面面积 A_2 远大于孔口收缩断面面积 A_c，故取 $\zeta_2 = 1.0$，于是可得

$$v_c = \frac{1}{\sqrt{1+\zeta_1}}\sqrt{2gH_0} = \varphi\sqrt{2gH_0} \tag{9-77}$$

$$Q = v_c A_c = \varphi \varepsilon A \sqrt{2gH_0} = \mu A \sqrt{2gH_0} \tag{9-78}$$

上式在形式上与薄壁孔口自由出流的基本公式相同，流量系数 μ 值也基本相等，所不同的是淹没出流的 H_0 为孔口上、下游的总水头差；当上、下游断面的流速水头均可忽略时，H_0 即为上、下游水面差 H；而自由出流公式中的 H_0 为孔口形心处的上游总水头。

在工程实践中，经常遇到气体经孔口流入大气的流动问题，这是一种典型的淹没孔口出流。在气体孔口出流计算中，常以压强差代替水头差，并将式(9-78)改写成如下形式：

$$Q = \mu A \sqrt{\frac{2\Delta p_0}{\rho}} \tag{9-79}$$

式中：Δp_0 为孔口前后气体的全压差，

$$\Delta p_0 = (p_1 - p_2) + \frac{\rho(\alpha_1 v_1^2 - \alpha_2 v_2^2)}{2}$$

式中：ρ 为气体的密度。

例 9-17 为测定某气体管路中的流量,在管路中装设一孔板流量计,如图 9-35 所示。已知 1-1、2-2 两断面间的压差 $\Delta p = p_1 - p_2 = 50$ mmH$_2$O,管道直径 $D = 200$ mm,孔板直径 $d = 80$ mm,气体密度 $\rho = 1.2$ kg/m^3,孔板流量计的流量系数 $\mu = 0.61$,求管道通过的气体流量 Q。

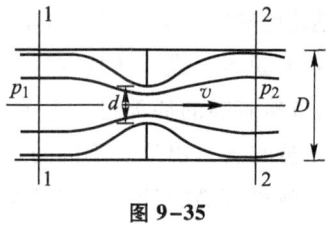

图 9-35

解: 本题孔板流量计中的气体流动为淹没孔口出流,可直接应用式(9-79)计算。这时

$$v_1 = v_2, \quad \Delta p_0 = p_1 - p_2 = 50 \text{ mmH}_2\text{O}(相当于 50 \times 9.8 \text{ Pa} = 490 \text{ Pa})$$

$$Q = \mu A \cdot \sqrt{\frac{2\Delta p_0}{\rho}} = 0.61 \times \frac{\pi \times 0.08^2}{4} \times \sqrt{\frac{2 \times 490}{1.2}} \text{ m}^3/\text{s} = 0.0876 \text{ m}^3/\text{s}$$

§9-8 管嘴出流

若厚壁孔口的壁厚为孔口直径的 3~4 倍,或在薄壁孔口外接一段管长 $L = (3 \sim 4)d$ 的短管,此时的出流即可能为管嘴出流。按管嘴的形状及其连接方式可做如下分类:

(1) 圆柱形管嘴。按连接方式又分为圆柱形外管嘴和圆柱形内管嘴,分别如图 9-36a,b 所示。

(2) 圆锥形管嘴。根据圆锥沿出流方向的收敛或扩张又分为圆锥形收敛管嘴和圆锥形扩张管嘴,分别如图 9-36c、d 所示。

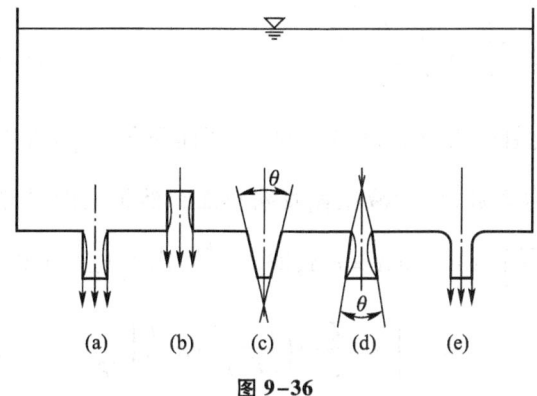

图 9-36

(3) 流线型管嘴,如图 9-36e 所示。

液体经圆柱管嘴或扩张管嘴流出时,由于液体的惯性作用,在管嘴内形成收缩断面,然后扩大并充满管嘴全断面流出。实验观察表明,在收缩断面处,液流与管壁脱离形成环状真空区。由于真空区的存在,相当于增大了管嘴的作用水头,虽然管嘴的局部阻力大于孔口的,但还是提高了管嘴的过流能力。这也是管嘴出流与孔口出流所不同的。

各种管嘴的计算方法基本相同,这里首先就有代表性的圆柱形外管嘴出流的计算进行较详细的讨论。

9-8-1 圆柱形外管嘴出流

1. 圆柱形外管嘴自由出流

圆柱形外管嘴出流分自由出流和淹没出流两种情况,先介绍自由出流的情况。如图 9-37 所示,以管嘴中心所在平面为基准面,对过流断面 1-1、2-2 写伯努利方程,得

$$H+\frac{p_a}{\rho g}+\frac{\alpha_1 v_1^2}{2g}=0+\frac{p_a}{\rho g}+\frac{\alpha_2 v_2^2}{2g}+h_{w1-2}$$

式中:h_{w1-2} 为管嘴出流的能量损失,包括液流经孔口的局部损失和经收缩断面后突然扩大的局部损失,以及短管的沿程损失,即

$$h_{w1-2}=\zeta_1\frac{v_c^2}{2g}+\zeta_2\frac{v_2^2}{2g}+\lambda\frac{l}{d}\frac{v_2^2}{2g}$$

令 $H_0=H+\frac{\alpha_1 v_1^2}{2g}$,则由上式可得

$$H_0=\zeta_1\frac{v_c^2}{2g}+\zeta_2\frac{v_2^2}{2g}+\lambda\frac{l}{d}\frac{v_2^2}{2g}+\frac{\alpha_2 v_2^2}{2g}$$

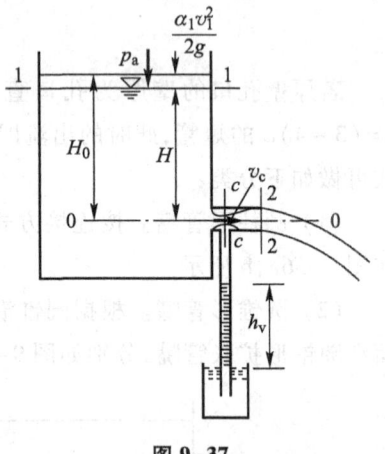

图 9-37

因 $\varepsilon=\frac{A_c}{A}$,$A$ 为管嘴出口面积,A_c 为收缩断面面积,λ 为管嘴沿程阻力系数,ζ_1 为孔口局部阻力系数,ζ_2 为液流经收缩断面突然扩大的局部阻力系数,所以

$$\zeta_2=\left(\frac{A}{A_c}-1\right)^2=\left(\frac{1-\varepsilon}{\varepsilon}\right)^2;又因 v_c A_c=v_2 A,即 v_c=\frac{v_2}{\varepsilon},代入上式可得$$

$$H_0=\left[\alpha_2+\frac{\zeta_1}{\varepsilon^2}+\left(\frac{1-\varepsilon}{\varepsilon}\right)^2+\lambda\frac{l}{d}\right]\frac{v_2^2}{2g}$$

$$v_2=\frac{1}{\sqrt{\alpha_2+\frac{\zeta_1}{\varepsilon^2}+\left(\frac{1-\varepsilon}{\varepsilon}\right)^2+\lambda\frac{l}{d}}}\cdot\sqrt{2gH_0} \qquad (9-80)$$

取 $\alpha_2 = 1.0$；令 $\varphi = \dfrac{1}{\sqrt{1 + \dfrac{\zeta_1}{\varepsilon^2} + \left(\dfrac{1-\varepsilon}{\varepsilon}\right)^2 + \lambda \dfrac{l}{d}}}$ 为管嘴的流速系数，则

$$v_2 = \varphi \sqrt{2gH_0} \tag{9-81}$$

流量 Q 为

$$Q = v_2 A = \varphi A \sqrt{2gH_0} = \mu A \sqrt{2gH_0} \tag{9-82}$$

上式在形式上与孔口出流公式(9-71)相同。管嘴出流时，水流充满出口全部周界，因而收缩系数等于1，故管嘴出流的流速系数 φ 等于流量系数 μ。

实验研究表明，管嘴阻力系数通常趋于一稳定数值，即 $\dfrac{\zeta_1}{\varepsilon^2} + \left(\dfrac{1-\varepsilon}{\varepsilon}\right)^2 + \lambda \dfrac{l}{d} \approx$ 0.5，因此 $\varphi = \mu = \dfrac{1}{\sqrt{1+0.5}} = 0.82$。所以，与孔口出流相比，在作用水头和过流断面面积都相同的情况下，圆柱形外管嘴出流流量比薄壁圆形孔口的大 32% $\left(\dfrac{0.82 - 0.62}{0.62}\right)$。

管嘴内的真空值可确定如下：对图9-37过流断面1-1、收缩断面 c-c 写伯努利方程，得

$$H + \dfrac{p_a}{\rho g} + \dfrac{\alpha_1 v_1^2}{2g} = \dfrac{p_c}{\rho g} + \dfrac{\alpha_c v_c^2}{2g} + h_{w1-c}$$

式中：p_c 为收缩断面 c-c 形心处压强，h_{w1-c} 为管嘴入口的局部损失 $\zeta_1 \dfrac{v_c^2}{2g}$。令 $H_0 = H + \dfrac{\alpha_1 v_1^2}{2g}$，并取 $v_c = \dfrac{v_2}{\varepsilon}$，$\alpha_c \approx 1.0$，代入上式，得 $\dfrac{p_a - p_c}{\rho g} = (1 + \zeta_1) \dfrac{v_2^2}{2g\varepsilon^2} - H_0$。由式(9-81)知 $\dfrac{v_2^2}{2g} = \varphi^2 H_0$，代入上式得真空度为

$$\dfrac{p_v}{\rho g} = \dfrac{p_a - p_c}{\rho g} = \left[(1+\zeta_1)\left(\dfrac{\varphi}{\varepsilon}\right)^2 - 1\right] H_0$$

已知 $\zeta_1 = 0.06$，$\varepsilon = 0.64$，$\varphi = 0.82$，代入上式得

$$\dfrac{p_v}{\rho g} = h_v = 0.75 H_0 \tag{9-83}$$

由上式可知，收缩断面处的真空度在一定范围内与作用水头 H_0 成正比，H_0 愈大，h_v 也愈大。研究表明，当 $\dfrac{p_v}{\rho g} = h_v > 7 \text{ mH}_2\text{O}$ 时，管嘴内液体将发生汽化，并有

可能自管嘴出口处将空气吸入，从而使收缩断面处真空遭到破坏。因此，为保持管嘴正常出流，一般使 $\dfrac{p_v}{\rho g}=0.75H_0\leqslant 7\ \mathrm{mH_2O}$，上游作用水头 $H_0\leqslant\dfrac{7}{0.75}\approx 9\ \mathrm{mH_2O}$。此外，管嘴长度 l 应为 $(3\sim 4)d$，使液流经收缩断面后能充满管嘴全部断面流出。

2. 圆柱形外管嘴淹没出流

液体经圆柱形外管嘴淹没出流，如图 9-38 所示。对过流断面 1—1、2—2 写伯努利方程，类似于前面的讨论可得管嘴淹没出流的流速为

$$v=\varphi\sqrt{2gH_0} \quad (9\text{-}84)$$

流量 Q 为

$$Q=\mu A\sqrt{2gH_0} \quad (9\text{-}85)$$

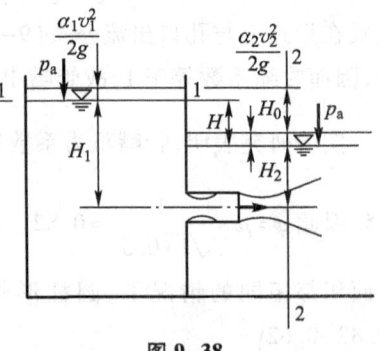

图 9-38

式中：流速系数 φ 及流量系数 μ 的数值均同于管嘴自由出流。淹没出流时，管嘴内收缩断面形心处的真空度为

$$\dfrac{p_v}{\rho g}\approx 0.75H_0-H_2-\dfrac{\alpha_2 v_2^2}{2g} \quad (9\text{-}86)$$

式中：H_0 所代表的是上、下游总水头差。类似于上述推导，可得气体经管嘴流入大气的流量公式为

$$Q=\mu A\sqrt{\dfrac{2\Delta p_0}{\rho}} \quad (9\text{-}87)$$

式中：Δp_0 为管嘴前后气体的全压差，ρ 为气体的密度，其他符号同前。

9-8-2 其他类型管嘴的出流

其他类型管嘴出流的基本公式，在形式上与圆柱形外管嘴出流相同，不同的是有各自的流速系数 φ 和流量系数 μ。表 9-6 列出了几种常用的孔口和管嘴的 $\zeta,\varepsilon,\varphi,\mu$ 值。例如：圆锥形收敛管嘴，流速系数 φ 值随收敛角 θ 的增大而增大，主要是由于管内收缩后液流扩张时的能量损失减小所致；当 $\theta=13°24'$ 时，μ 值达到最大值 $\mu=0.94$；θ 继续增大，φ 值虽然也增大；但由于管嘴出口液流产生附加收缩，致使 μ 值减小；由于它具有较大的出口流速，所以常用于消防水枪、冲击式水轮机的喷射管等。圆锥形扩张管嘴，流速系数 φ、流量系数 μ 值都决定于扩张角 θ 和管嘴的进口形状；当 $\theta=5°\sim 7°$ 时，$\varphi=\mu=0.45\sim 0.50$；当 $\theta>8°$ 时，由于液流的扩张角小于管嘴本身的扩张角，液流将不能完全充满管嘴，出现类似于薄壁

孔口的流动状态；由于它的管嘴内具有较大的真空度和较小的出口流速，所以常用于喷射泵、水轮机尾水管和人工降雨器等。流线型管嘴，由于液流在管嘴内无收缩和扩大现象，因而能量损失最小，流速系数和流量系数均大于其他各类型管嘴，一般 $\varphi = \mu = 0.98$。

表 9-6 孔口和管嘴的 ζ、ε、φ、μ 值

序号	孔口、管嘴类型	示意图	损失系数 (ζ)	收缩系数 (ε)	流速系数 (φ)	流量系数 (μ)
1	薄壁圆形孔口	（见图 9-30）	0.06	0.64	0.97	0.62
2	圆柱形外管嘴	（见图 9-36）	0.5	1.0	0.82	0.82
3	圆柱形内管嘴	（见图 9-36）	1.0	1.0	0.71	0.71
4	圆锥形收敛管嘴 ($\theta = 13°24'$)	（见图 9-36）	0.09	0.98	0.96	0.94
5	圆锥形扩张管嘴 ($\theta = 5° \sim 7°$)	（见图 9-36）	4.0~3.0	1.0	0.45~0.50	0.45~0.50
6	流线型管嘴	（见图 9-36）	0.04	1.0	0.98	0.98

除了以上这些类型的管嘴外，在工业企业冷却设备中还常采用螺旋管嘴，借助离心力使水舌向大气中扩散，以加速水的冷却；在公园喷水池中采用各种管嘴以造成形态各异的射流，供游人观赏等。

例 9-18 设有一隔板将水箱分为左、右两室，如图 9-39 所示。隔板和右室底部各有一完善收缩的薄壁小孔口和圆柱形外管嘴，直径分别为 $d_1 = 6$ cm，$d_2 = 3$ cm，管嘴长度 $l = 0.1$ m，左室水深 $H_1 = 2.23$ m。试求流出水箱的流量 Q 和右室水深 H_2，以及管嘴收缩断面处的真空度 $\dfrac{p_v}{\rho g}$。

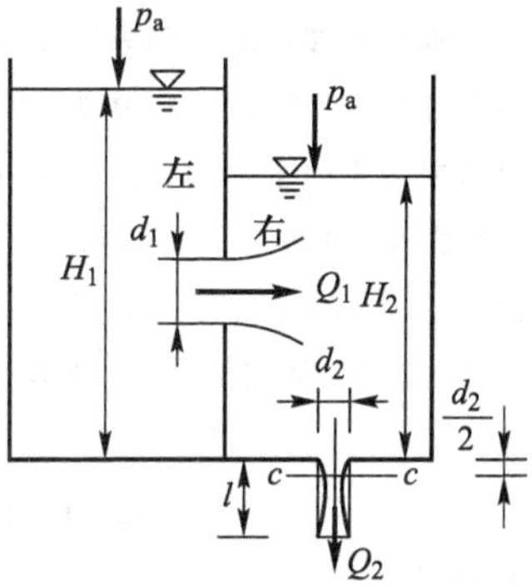

解：水流由左室流向右室的流量为 $Q_1 = \mu_1 A_1 \sqrt{2gH_{01}}$，式中 $H_{01} = H_1 - H_2 + \dfrac{\alpha_1 v_1^2}{2g} - \dfrac{\alpha_2 v_2^2}{2g}$。因水箱面积很大，$\dfrac{\alpha_1 v_1^2}{2g}$ 和 $\dfrac{\alpha_2 v_2^2}{2g}$ 可略去不计，则

$$Q_1 = \mu_1 A_1 \sqrt{2g(H_1 - H_2)} \tag{1}$$

水流由右室流出水箱的流量为

$$Q_2 = \mu_2 A_2 \sqrt{2g(H_{02} + l)}$$

图 9-39

式中 $H_{02}=H_2+\dfrac{\alpha_2 v_2^2}{2g}$,因 $\dfrac{\alpha_2 v_2^2}{2g}$ 可略去不计,则

$$Q_2=\mu_2 A_2\sqrt{2g(H_2+l)} \qquad (2)$$

因 $Q_1=Q_2$,所以由式(1)、式(2)得

$$\mu_1 A_1\sqrt{2g(H_1-H_2)}=\mu_2 A_2\sqrt{2g(H_2+l)}$$

因 $\mu_1=0.62,\mu_2=0.82$,将已知值代入上式,得 $H_2=2.0$ m,代入式(1)得

$$Q_1=0.62\times\frac{\pi}{4}\times 0.06^2\times\sqrt{2\times 9.8\times(2.23-2.0)}\ \text{m}^3/\text{s}$$

$$=0.0037\ \text{m}^3/\text{s}$$

$$\frac{p_v}{\rho g}=0.75(H_2+l)+\left(l-\frac{d_2}{2}\right)$$

$$=\left[0.75\times(2.0+0.1)+\left(0.1-\frac{0.03}{2}\right)\right]\text{m}=1.66\ \text{m}$$

*§9-9 非恒定孔口、管嘴出流

在孔口或管嘴出流过程中,如作用水头随时间变化(升高或降低),则出流流量也将随时间而变化,这时的孔口或管嘴出流为非恒定出流,又称变水头孔口或管嘴出流。变水头孔口或管嘴出流的情形多种多样,可以是入流流量不变的情况,也可以是入流流量可变的情况;可以是自由出流,也可以是淹没出流,出流孔口面积还可以因闸门启闭条件不同而随时间变化,等等。本节所涉及的问题只限于容器内液面高度变化缓慢,在每一个微小时段内可近似地认为不变,因而忽略惯性力(水头)的影响,采用恒定孔口出流的基本公式。非恒定孔口或管嘴出流所要解决的主要问题是充水或泄水所需要的时间。

如图9-40所示,设液体由器壁孔口流出,孔口面积为 A,出流流量为 q;同时,有流量 Q 流入容器。如果流出流量恰好等于流入流量,则在容器内将有一个高出孔口的水头 H_a,使满足

$$Q=\mu A\sqrt{2gH_a} \qquad (9\text{-}88)$$

从而得到

$$H_a=\frac{Q^2}{(\mu A)^2 2g} \qquad (9\text{-}89)$$

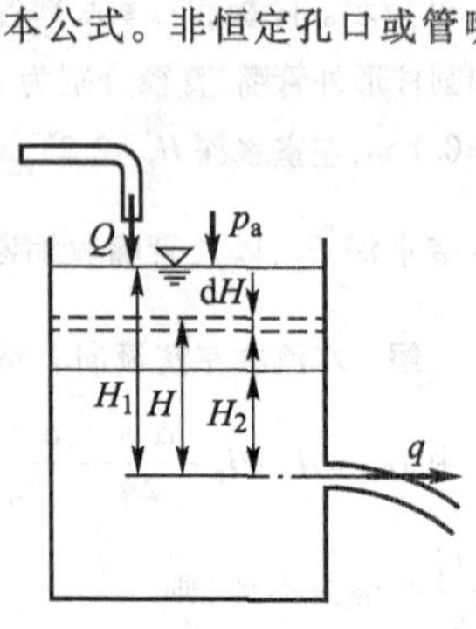

图 9-40

若在已知时刻容器中水头 $H_1\ne H_a$,则:

(1) $H_1<H_a$ 时,流过孔口的流量 $q<Q$,容器内液体逐渐增加(充水),水头相应升高并在达到 H_a 时变为恒定出流 $q=Q$。

(2) $H_1 > H_a$ 时,实际出流流量 $q > Q$,因而液面逐渐下降(泄水),直至水头 H_1 降至 H_a 时出现恒定出流 $q = Q$。

现在推导不同水力条件下容器内水头变化所需时间的微分方程式。为此,采用恒定流运动方程式讨论微段时间 dt 内在水头 H 作用下的出流。

在 dt 时间内,流入容器的液体体积为 Qdt,由孔口流出的液体体积为 $dV = q \cdot dt = \mu A \sqrt{2gH} dt$,因此,容器中液体体积的变化量为

$$Q \cdot dt - \mu A \sqrt{2gH} dt = (Q - \mu A \sqrt{2gH}) dt$$

由于液体体积的改变,使容器中液面在时段 dt 终了时上升或下降一个微小高度 dH。以 A_H 表示水位为 H 时容器的横断面面积,则有关系式

$$A_H dH = (Q - \mu A \sqrt{2gH}) dt$$

即

$$dt = \frac{A_H dH}{Q - \mu A \sqrt{2gH}} \tag{9-90}$$

此即变水头下容器内水头变化与时间关系的一般微分方程式,通过在不同水力条件下积分,可导出适合具体出流条件的计算式。以下就棱柱体容器中的几种主要情况进行讨论。

1. 有恒定入流时的自由出流

此时,Q = 常数,A = 常数,A_H = 常数,并且可以认为式(9-88)中 μ 也是常数。因此,将式(9-88)代入式(9-90)可得

$$dt = \frac{A_H dH}{\mu A \sqrt{2gH_a} - \mu A \sqrt{2gH}} = \frac{A_H}{\mu A \sqrt{2g}} \frac{dH}{\sqrt{H_a} - \sqrt{H}} \tag{9-91}$$

积分时,令上式分母 $\sqrt{H_a} - \sqrt{H} = y$,则 $dH = -2(\sqrt{H_a} - y) dy$,积分变量 y 的积分区间为 $y_1 = \sqrt{H_a} - \sqrt{H_1}$,$y_2 = \sqrt{H_a} - \sqrt{H_2}$,于是积分得

$$t = \frac{2A_H}{\mu A \sqrt{2g}} \left(\sqrt{H_1} - \sqrt{H_2} + \sqrt{H_a} \ln \frac{\sqrt{H_a} - \sqrt{H_1}}{\sqrt{H_a} - \sqrt{H_2}} \right) \tag{9-92}$$

上式可用于计算有恒定入流量 Q 时容器内液面由孔口中心以上水头 H_1 变到 H_2 所需要的时间 t。

2. 无入流的自由出流(泄空)和上游液面恒定,而下游液位变动的出流

无入流时的液体自由出流,如图 9-41a 所示。在出流过程中,因无液体补充,故作用水头不断减小,容器逐渐泄空至孔口底边;图 9-41b 为自液面恒定的容器 A 经器壁小孔向容器 B 充满的情况,属于淹没出流。此两种情况下,作用水头均随时间而变化,可作为式(9-92)的出流的特例情况来分析。此时,$Q = 0$,A_H = 常数。在式(9-92)的基础上取 $H_a = 0$,$H_2 = 0$,则可求得容器完全泄空或充满到两容器中液面齐平所需的时间 t 为

$$t = \frac{2A_H \sqrt{H_1}}{\mu A \sqrt{2g}} \tag{9-93}$$

或

$$t = \frac{2A_H H_1}{\mu A \sqrt{2gH_1}} = \frac{2V}{\mu A \sqrt{2gH_1}} \qquad (9\text{-}94)$$

式中：$V = A_H H_1$ 为时间 t 内由图 9-41a 中容器及图 9-41b 中 A 容器流出的液体体积，A_H 是图 9-41a 中容器及图 9-41b 中容器 B 的横断面面积；$\mu A \sqrt{2gH_1}$ 是相当于水头为 H_1 时恒定孔口出流的液体流量。由于 $\dfrac{V}{\mu A \sqrt{2gH_1}} = t_1$ 为恒定水位 H_1 时由容器流出体积 V 的液体所需要的时间，因此 $t = 2t_1$，表明在变水头和没有入流情况下的泄空或充满所需的时间为恒定水头下等量流体流出时间的 2 倍。

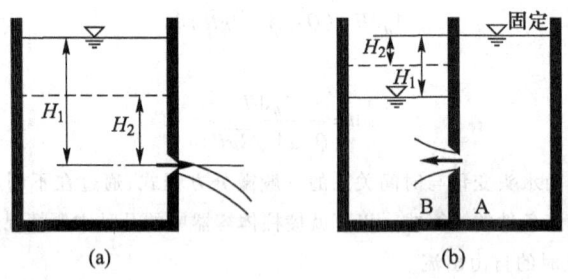

图 9-41

3. 上、下游均为变水位时的出流

如图 9-42 所示，有两个横断面面积不等的棱柱体容器，以一短管相连通。在某瞬时，两容器的液面分别位于 CD 和 $C'D'$ 处，这时的作用水头为 H_1。液体由横断面面积为 A_{H_1} 的容器 A 经短管流入横断面面积为 A_{H_2} 的容器 B 中，这时，容器 A 中液面下降，而容器 B 中液面上升，结果，使开始时的作用水头 H_1 逐渐减小，最终达到两容器液面齐平，作用水头 H_1 降至零，流动停止。

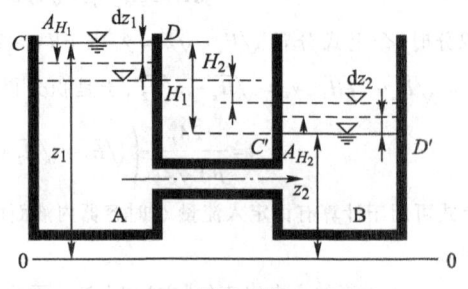

图 9-42

设在某瞬时的作用水头为 H，并近似地认为在微小时段 dt 内作用水头不变，从而应用恒定流公式可得 dt 时间内由 A 容器流入 B 容器的液体体积为

$$dV = \mu_c A \sqrt{2gH}\, dt \qquad (9\text{-}95)$$

式中：μ_c 为计入液体由 A 容器流入 B 容器过程中所有能量损失的流量系数。这时，A 中液面下降 dz_1，B 中液面则升高 dz_2，由于两容器中液面变化而引起作用水头 H 的减小为

$$dH = dz_1 - dz_2 \qquad (9\text{-}96)$$

又因为两容器中液体体积的改变量相同，即

$$-A_{H_1}\mathrm{d}z_1 = A_{H_2}\mathrm{d}z_2 = \mathrm{d}V \tag{9-97}$$

将式(9-95)代入式(9-97),得

$$\mu_c A \sqrt{2gH}\,\mathrm{d}t = -A_{H_1}\mathrm{d}z_1$$

即

$$\mathrm{d}t = \frac{-A_{H_1}\mathrm{d}z_1}{\mu_c A \sqrt{2gH}} \tag{9-98}$$

式中:A_{H_1}为常数,z_1,H均为变量,由式(9-97)得 $\mathrm{d}z_2 = \dfrac{-A_{H_1}}{A_{H_2}}\mathrm{d}z_1$,代入式(9-96)得

$$\mathrm{d}z_1 = \frac{A_{H_2}}{A_{H_1}+A_{H_2}}\mathrm{d}H \tag{9-99}$$

将式(9-99)代入式(9-98),从H_1到H_2进行积分,得

$$t = \frac{-A_{H_1}A_{H_2}}{\mu_c A \sqrt{2g}\,(A_{H_1}+A_{H_2})}\int_{H_1}^{H_2}\frac{\mathrm{d}H}{\sqrt{H}}$$

$$= \frac{2A_{H_1}A_{H_2}}{A_{H_1}+A_{H_2}} \cdot \frac{\sqrt{H_1}-\sqrt{H_2}}{\mu_c A \sqrt{2g}} \tag{9-100}$$

令式(9-100)中$H_2=0$,可得两容器达到液面齐平所需要的时间t为

$$t = \frac{2A_{H_1}A_{H_2}\sqrt{H_1}}{(A_{H_1}+A_{H_2})\mu_c A \sqrt{2g}} \tag{9-101}$$

如果两容器中的某容器的横断面面积远大于另一容器的横断面面积,例如$A_{H_2}\gg A_{H_1}$,则式(9-101)将变为式(9-93)的形式:

$$t = \frac{2A_{H_1}\sqrt{H_1}}{\mu_c A \sqrt{2g}}$$

例9-19 如图9-41b所示,左侧水池长30 m,宽10 m,右侧水池水深7 m,水位固定。孔口位于右侧液面下4 m,孔口直径$d=0.3$ m,池壁厚度0.4 m,试估算左侧水池从空池到充水至两池水位齐平所需的时间t。

解:池壁厚度与孔口直径之比0.4/0.3<3,属孔口出流,又$\dfrac{d}{H}=\dfrac{0.3}{4}<\dfrac{1}{10}$属小孔口出流,取$\mu_c=0.64$。

左侧水池从空池充水至孔口高度,再充水至两池水位相平,在工程计算上可不考虑孔口高度的影响,分定水头自由出流和变水头淹没出流两个阶段,分别计算充水时间。

空池充水至孔口高度所需的时间:

$$t_1 = \frac{V}{Q} = \frac{(30\times10)(7-4)}{0.64\times\frac{\pi}{4}\times0.3^2\sqrt{2\times9.8\times4}}\,\mathrm{s} = 2\,248\text{ s}$$

水池水位从孔口高度至两池齐平水位的充水时间：

$$t_2 = \frac{2A_{H_1}\sqrt{H_1}}{\mu_c A\sqrt{2g}} = \frac{2\times 30\times 10\times \sqrt{4}}{0.64\times \frac{\pi}{4}\times 0.3^2\times \sqrt{2\times 9.8}}\ \text{s} = 5\,995\ \text{s}$$

总充水时间 $t = t_1 + t_2 = (2\,248 + 5\,995)\text{s} = 8\,243\ \text{s}$

思考题

9-1　什么是有压管流？什么是孔口出流？什么是管嘴出流？举例说明实际工程中的上述三种流动现象。

9-2　如何区别长管和短管？其管道水力计算分别有何特点？

9-3　简单短管中恒定有压流的计算有哪几类基本问题和方法？

9-4　有压管流的简单管道和复杂管道的概念是什么？

9-5　简单长管恒定有压流常用哪几种公式计算？

9-6　长管串联管道和并联管道的水力计算必须满足的两个条件分别是什么？

9-7　沿程连续均匀泄流与沿程多孔口等间距等流量出流的水头损失应分别如何计算？两者有何区别？

9-8　枝状管网和环状管网的概念是什么？分别有什么优缺点？它们设计、计算的主要内容是什么？

9-9　水击的概念是什么？如何预防水击的危害？

9-10　简述水击波的发展过程。

9-11　直接水击压强计算公式的物理意义是什么？

9-12　什么是小孔口、大孔口？各有什么特点？孔口的完善收缩和全部收缩是指什么？

9-13　孔口自由出流和淹没出流的流量计算公式有何异同点？

9-14　圆柱形外接管嘴正常工作的条件是什么？为什么必须要有这几个限制条件？

9-15　为什么圆柱形外接管嘴的出流量比圆形薄壁孔口的出流量大？

习题

9-1　水自水库经短管引入水池中，然后又经另一短管流入大气，如图所示。已知 $l_1 = 25\ \text{m}$，$d_1 = 75\ \text{mm}$，$l_2 = 150\ \text{m}$，$d_2 = 50\ \text{mm}$，水头 $H = 8\ \text{m}$，管道沿程阻力系数 $\lambda = 0.03$，管道进口的局部阻力系数均为 0.5，出口的局部阻力系数为

1.0,阀门的局部阻力系数为 3.0。试求流量 Q 和水面高差 h。

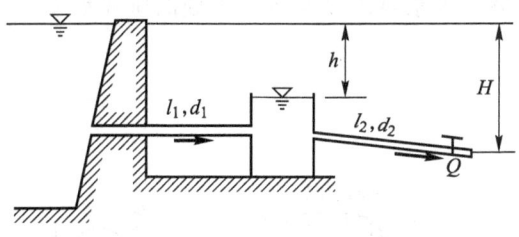

题 9-1 图

9-2 虹吸滤池的进水虹吸管如图所示。管长 $l_1 = 2.0$ m,$l_2 = 3.0$ m,管径 $d = 0.3$ m,沿程阻力系数 $\lambda = 0.025$,进口局部阻力系数 $\zeta_1 = 0.6$,弯头局部阻力系数 $\zeta_2 = 1.4$,出口局部阻力系数 $\zeta_3 = 1.0$。若通过流量 $Q = 0.2$ m³/s,求水头 H。

9-3 一正方形有压涵管,如图所示。管内充满流体,上、下游水位差 $H = 1.5$ m,试求涵管的边长 b。管长 $L = 15$ m,沿程阻力系数 $\lambda = 0.04$,$\sum \zeta = 1.5$,流量 $Q = 2.5$ m³/s。

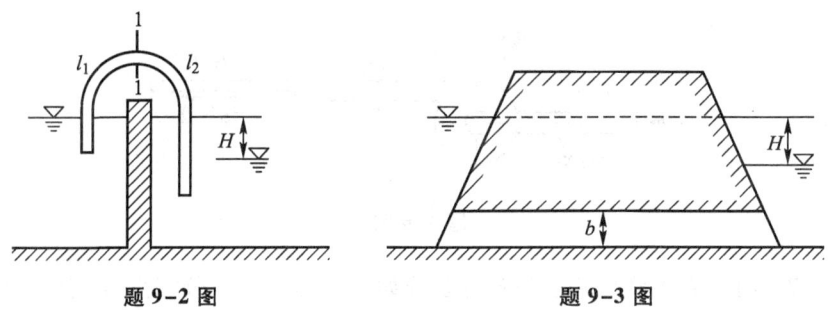

题 9-2 图   题 9-3 图

9-4 排水管在穿过河道时需修倒虹吸管,如图所示。已知通过的总流量 $Q = 0.2$ m³/s。现铺设两条管径 $d = 300$ mm、管长 $l = 26$ m 的倒虹吸管,沿程阻力系数 $\lambda = 0.03$,倒虹吸管上游检查井内的行进流速 v_0 可忽略不计,下游检查井后排水管中的流速 $v_2 = 0.7$ m/s。倒虹吸管进口的局部阻力系数为 0.6,每个弯头的局部阻力系数为 0.3。求倒虹吸管上、下游水面的高差 H。(提示:检查井 2 中突然放大局阻可用 $\dfrac{(v_1 - v_2)^2}{2g}$ 求得。)

9-5 水泵中心线至水泵压水管出口的高度 $H = 20$ m,如图所示。已知流量 $Q = 113$ m³/h,管长 $l_1 = 15$ m,管径 $d_1 = 200$ mm,管长 $l_2 = 10$ m,管径 $d_2 = 100$ mm,

沿程阻力系数 $\lambda_1 = \lambda_2 = 0.025$，每个弯头的局部阻力系数 $\zeta_1 = 0.2$，突然缩小的局部阻力系数 $\zeta_2 = 0.38$。求水泵出口断面 1—1 处的压强水头。

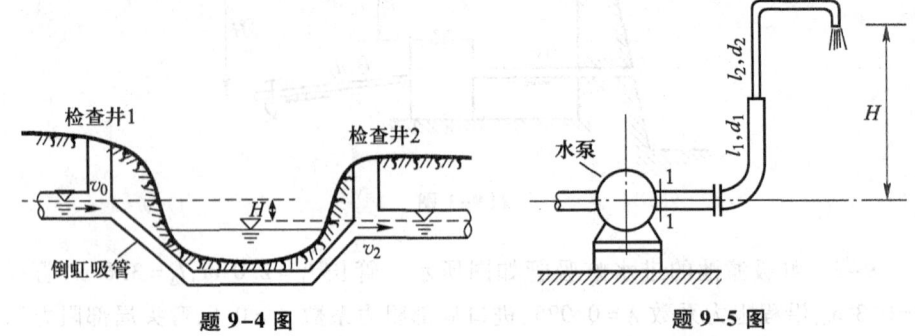

题 9-4 图　　　　　　题 9-5 图

9-6　一水平安置的风机吸风管及送风管，如图所示。吸风管径 $d_1 = 200$ mm，管长 $l_1 = 10$ m；送风管由两段直径不同的管道串联组成，管径 $d_2 = 200$ mm，$d_3 = 100$ mm，管长 $l_2 = 50$ m，$l_3 = 50$ m；各管沿程阻力系数 λ 均为 0.02，局部阻力不计。空气密度 $\rho = 1.2$ kg/m³，风量 $Q = 0.15$ m³/s，求风机应产生的总压强。

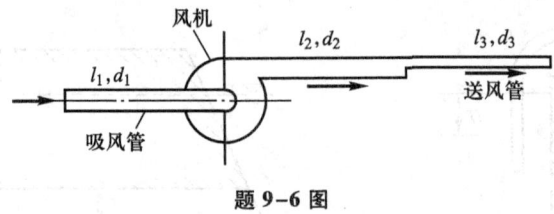

题 9-6 图

9-7　有一先串联后并联的管道系统如图所示。已知分流点 A 前的干管流量 $Q = 0.16$ m³/s，各支管管长分别为 $l_1 = 600$ m，$l_2 = 700$ m，$l_3 = 800$ m，$l_4 = 900$ m，各支管管径分别为 $d_1 = 200$ mm，$d_2 = 300$ mm，$d_3 = 250$ mm，$d_4 = 350$ mm，粗糙系数均为 $n = 0.012$。求支管内流量，以及分流点 A 与汇流点 B 之间的水头损失（按湍流粗糙区计算）。

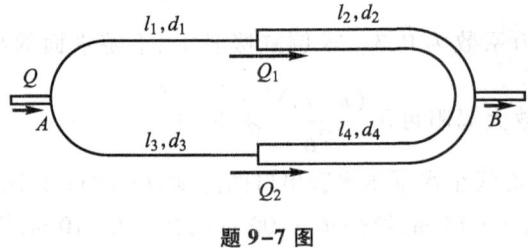

题 9-7 图

9-8 上游水箱的水由两条并联支管引至中间干管,再由干管经另两条并联支管把水引入下游水箱,如图所示。已知各管段长分别为 $l_1 = l_2 = l = 300$ m, $l_3 = 600$ m, $l_4 = 800$ m;各段管径分别为 $d_1 = 200$ mm, $d_2 = d_3 = d_4 = 300$ mm, $d = 500$ mm。求由上游水箱流入下游水箱的总流量 Q。设管壁粗糙系数 $n = 0.013$,上、下游水面差 $H = 10$ m。

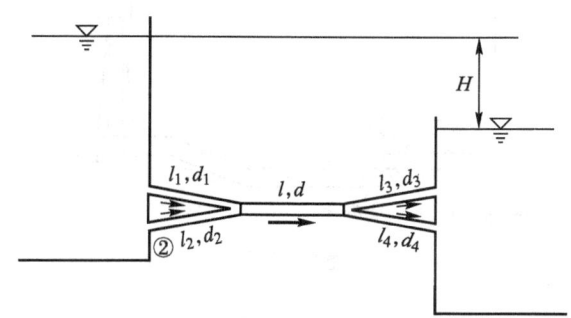

题 9-8 图

9-9 上题中若已知管段②中的流速 $v_2 = 1.6$ m/s,求上、下游水头差 H,以及各管段内流量。

9-10 供水系统如图所示。已知各管段长度分别为 $l_1 = 500$ m, $l_2 = 700$ m, $l_3 = 350$ m, $l_4 = 300$ m,管径分别为 $d_1 = 250$ mm, $d_2 = 150$ mm, $d_3 = 150$ mm, $d_4 = 200$ mm,由节点 B 流出的流量 $Q_B = 0.045$ m³/s,由节点 D 流出的流量 $Q_D = 0.02$ m³/s,管段 CD 为沿程均匀泄流,其比流量 $q = 0.1 \times 10^{-3}$ m²/s,D 点所需之自由水头为 8 m,地面高程已示于图中。若采用铸铁管,求水塔水面所需要的高度 H。

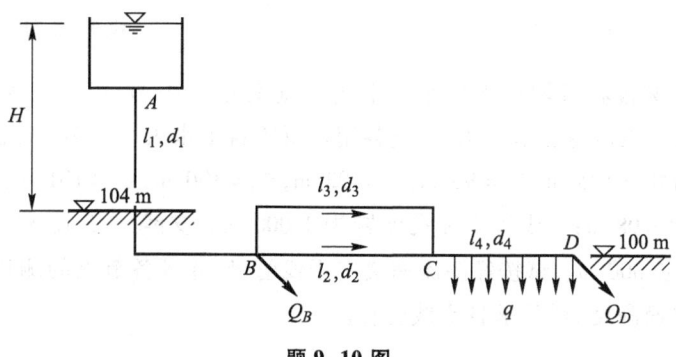

题 9-10 图

9-11 用水泵把吸水池中的水抽送到水塔上去,如图所示。抽水量为 $0.07 \text{ m}^3/\text{s}$,管路总长(包括吸水管和压水管)为 1 500 m,管径 $d=250$ mm,沿程阻力系数 $\lambda=0.025$,局部阻力系数之和 $\sum\zeta=6.72$,吸水池水面到水塔水面的液面高差 $H_1=20$ m,求水泵的扬程 H。

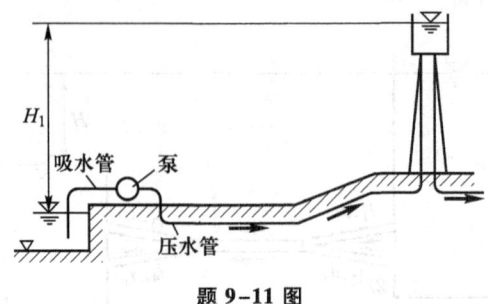

题 9-11 图

9-12 在长为 $2l$、直径为 d 的管道上,并联一根直径相同,长度为 l 的支管,如图中虚线所示。若水头不变,求并联前后流量的比(不计局部损失)。

9-13 供热系统的凝结水箱回水系统如图所示。试写出水泵应具有的作用水头的表达式。

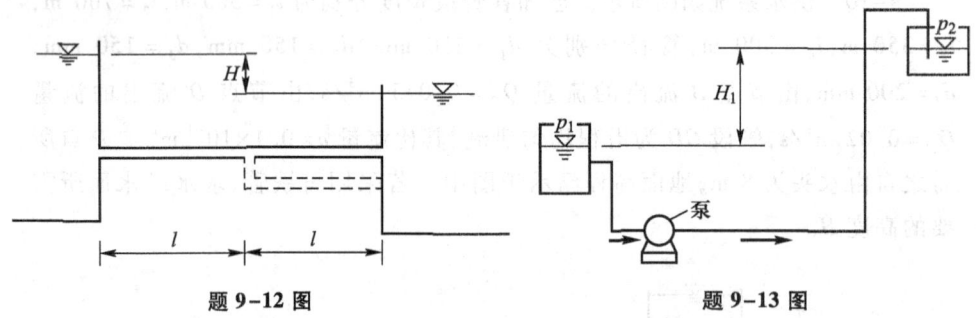

题 9-12 图   题 9-13 图

9-14 某枝状管网如图所示。干线节点编号为 0—1—2—3—4,其余为支线节点。各节点流量已示于图中,设各用户所需自由水头均为 20 m,各节点地面高程分别为 $\nabla_0=105$ m,$\nabla_1=90$ m,$\nabla_2=93$ m,$\nabla_3=100$ m,$\nabla_4=101$ m,$\nabla_5=89$ m,$\nabla_6=91$ m,$\nabla_7=98$ m;干线各管段长度皆为 1 000 m。支线 1-5 长 500 m,2-6 长 700 m,3-7 长 300 m。试按经济流速决定干线管径,并求各节点的测压管水头和起点水塔水面高度,最后求各支线管径。

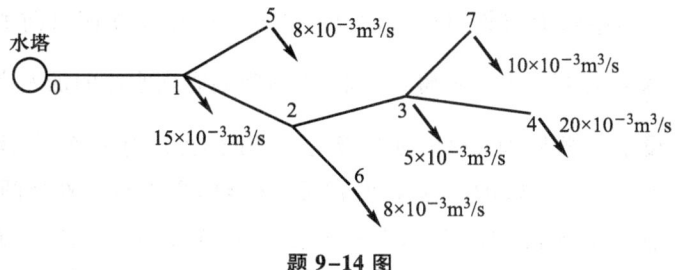

题 9-14 图

9-15 环状管网如图所示。管长、管径及各节点流量均示于图中。若水源 A 处的地面标高 $z_A=109$ m,水源处泵的扬程为 46 m,最不利点 D 处的地面高程 $z_D=122$ m,自由水头为 20 m。试对该环状管网进行平差,并复核最不利点自由水头是否满足要求。

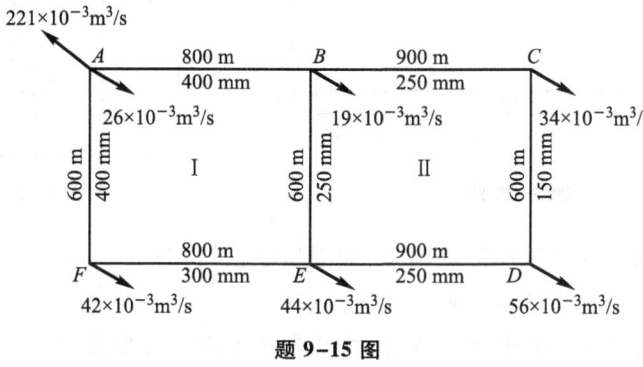

题 9-15 图

9-16 若仍用上题所给条件,试自己编制计算机程序,计算上题的环网平差问题。

9-17 压力钢管的直径 $D=1.2$ m,管壁厚度 $\delta=15$ mm,水的弹性模量 $E=2.03\times10^9$ Pa,管长 $l=2\,000$ m,管末端阀门的关闭时间 t_s 分别为 2 s 及 6 s,试判别各产生何种水击。设管中恒定流时的流速 $v_0=1.5$ m/s。试求直接水击压强值,并估算间接水击压强值。

9-18 有一水平铺设的低压煤气管道,煤气密度 $\rho=0.45$ kg/m³,管道直径 $d=400$ mm,通过流量 $Q=2$ m³/s,沿程阻力系数 $\lambda=0.028$,不计局部阻力,求输气 1 000 m 远的该气体管道的阻抗 S' 及压强损失 Δp。

9-19 水由水箱经水平管道流入大气,如图所示。已知管中流速 $v=2.4$ m/s,

管长 $L=50$ m,箱中水面与管道出口的高差 $H=5$ m,出口断面以前的水头损失 $h_w=2$ m。如突然将管道末端障碍物拿走,求该瞬间管内水流的加速度 $\dfrac{\mathrm{d}v}{\mathrm{d}t}$。

9-20 设某容器附有隔墙,如图所示。隔墙上开有一个方形和两个圆形的薄壁小孔口,方孔口的一边紧贴器底,$A_1=0.001$ m²,两个圆孔孔口均为全部且完善收缩孔口,$A_2=0.0025$ m²,$A_3=0.004$ m²;设各孔口水头稳定不变,容器右侧壁孔口 3 为自由出流,$H=4$ m。试求通过流量 Q 和水位差 h_1,h_2,h_3。

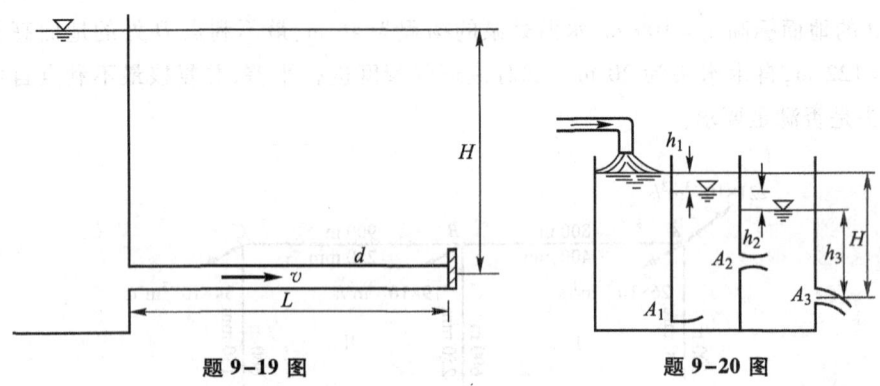

题 9-19 图   题 9-20 图

9-21 某小水库采用卧管泄流,如图所示,孔口直径 $d=0.2$ m。试求孔上水深 H 为 2.0 m 和 2.2 m 时两孔总泄流量。

9-22 某房间通过天花板用若干个小孔送风,如图所示。孔口直径 $d=1$ cm,天花板夹层风压为 300 Pa。试求每个小孔的出流量和流速(空气密度 $\rho=1.2$ kg/m³,孔口流量系数 $\mu=0.6$,流速系数 $\varphi=0.97$)。

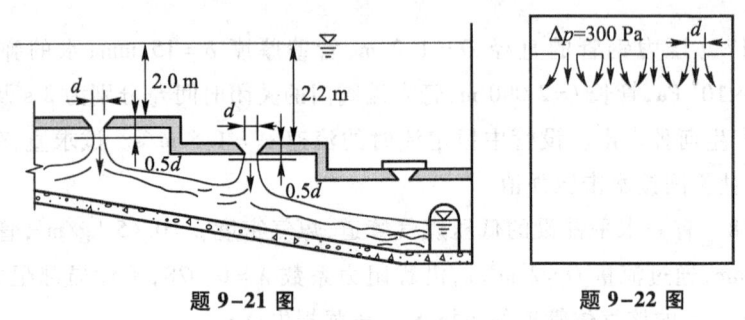

题 9-21 图   题 9-22 图

9-23 某厂房上、下部各开有 8 m² 的窗口,两窗口的中心高程差为

7 m,如图所示。室内空气温度为 30 ℃,室外空气温度为 20 ℃,气流在自然压头下流动,窗口的流量系数 $\mu=0.64$。试求车间自然通风换气量(质量流量)。

9-24 水由上游左水箱经过直径 $d=10$ cm 的小孔口流入下游右水箱,如图所示。孔口流量系数 $\mu_c=0.62$,上游水箱的水面高程 $H_1=3$ m 且保持不变,水面压强为大气压强。试求:(1)右水箱无水时,通过孔口的流量;(2)右水箱水面高程 $H_2=2$ m 时通过孔口的流量;(3)左水箱水面相对压强为 2 000 Pa,右水箱水面相对压强为零,$H_2=2$ m 时通过孔口的流量。

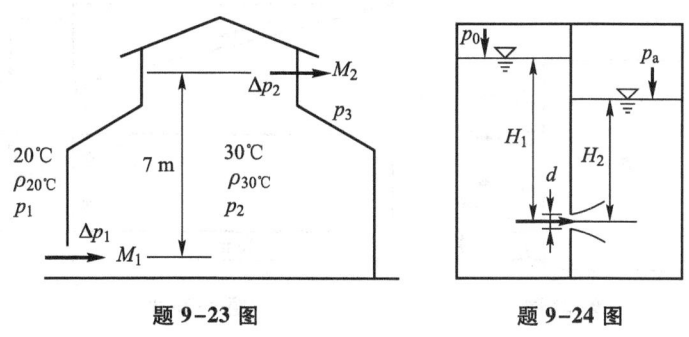

题 9-23 图　　　　题 9-24 图

9-25 水箱侧壁一完善收缩的薄壁小圆孔外接圆柱形外管嘴,如图所示。已知直径 $d=2$ cm,水头 $H=2.0$ m,试求流量及管嘴内的真空度。

9-26 设注入左水箱的恒定流量 $Q=0.08$ m³/s,隔板上的小孔口和两管嘴的小孔口均为完善收缩,且直径均为 $d=10$ cm,管嘴长 $l=40$ cm,如图所示。试求流量 Q_1、Q_2、Q_3。

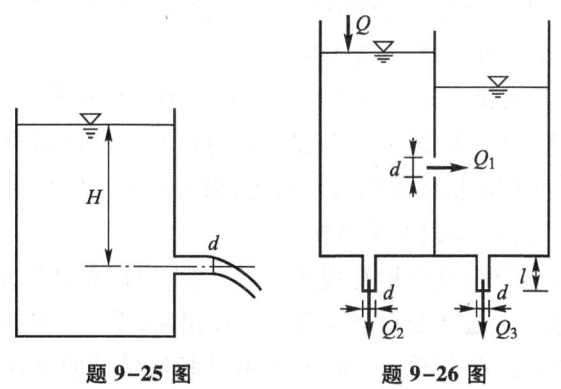

题 9-25 图　　　　题 9-26 图

9-27 某空调诱导器的静压箱上装有一组直径 $d=10$ mm 的圆柱形管嘴,管

嘴长度 $l=40$ mm,如图所示。试求管嘴出口流速为 20 m/s、总风量为 0.338 m³/s,空气温度为 20 ℃时静压箱内的静压值 p_0 和管嘴个数 n。

9-28 某游泳池,如图所示,池长 36 m,宽 12 m,底部倾斜,池深由 1.2 m 均匀变化到 2.1 m,在底部最深端有两个泄水孔,一为孔口,一为管嘴,直径均为 22.5 cm,流量系数分别为 $\mu_1=0.62$ 和 $\mu_2=0.82$,试求游泳池放空所需时间 t。

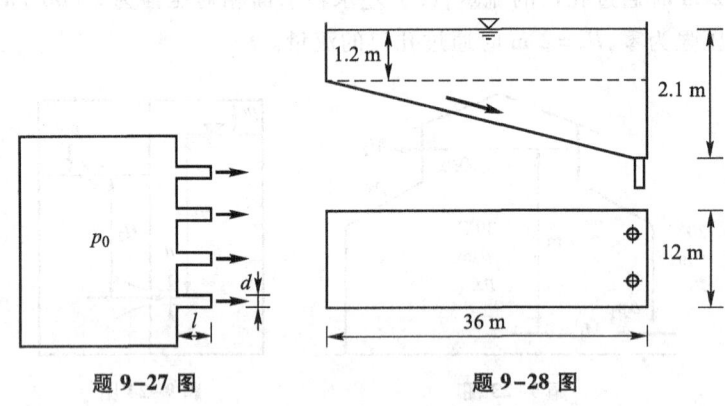

题 9-27 图　　　　　　题 9-28 图

9-29 有一长 10 m,宽 4 m 的沉淀池,设在池壁靠底部处开一直径 $d=300$ mm 的孔口,孔口中心线以上水深 $H=2.8$ m,孔口的流量系数 $\mu=0.60$,试求泄空(水面降至孔口中心)所需要的时间 t。

9-30 一矩形箱式船闸,宽 $b=6$ m,长 $L=50$ m,上、下游水面高差 $H=4$ m,在闸室下游壁面上开有 $d=400$ mm 的圆形孔口,如图所示。当瞬时打开孔口时,水自孔口泄出,试求需有几个这样的孔口才能使闸室中水位在 10 min 内降至下游水位。(注:下游水位不变,上游不再进水。)

9-31 一个具有铅垂轴的圆柱形水箱,内径为 0.6 m,高 1.5 m,底部开一直径为 5 cm 的孔口与大气相通,孔口流量系数为 0.6。箱顶部敞开并且是空的,若以 $Q_0=0.014$ m³/s 的流量将水流入水箱内,求需多长时间可将此水箱充满,此期间由孔口流出的水的体积 V 是多少?

9-32 测量管道流量常用孔板流量计,用水银压差计测量孔板两面的压差,如图所示。水流流过孔板可视为孔口淹没出流,设孔口的阻力系数为 ζ,收缩系数为 ε,管道流速水头不能忽略,试推导孔板流量计的流量表达式。(以圆形孔口面积 A_0 表示。)

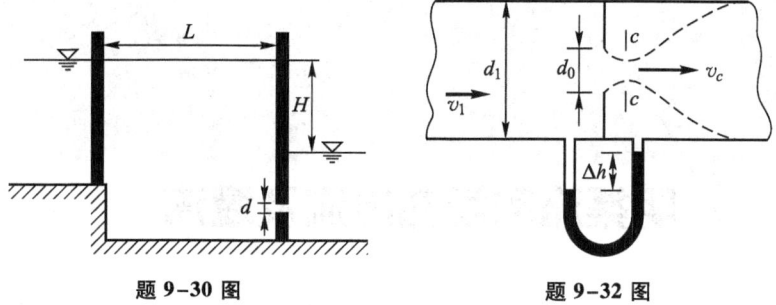

题 9-30 图   题 9-32 图

A9　习题答案

第十章

明渠流和闸孔出流及堰流

水体的部分边界与大气接触,具有自由表面的流动称为明渠流;水从闸门部分开启的孔口出流,称为闸孔出流;水流受到堰体或两侧边墙束窄的阻碍,上游水位壅高,水流从堰顶自由下泄,水面线为一条连续的降落曲线,这种水流现象称为堰顶溢流,简称堰流。给水排水工程、市政工程、环境工程中取水、输水、配水、泄水闸孔、小桥或涵洞孔径的水力计算、通风工程中空气通过门窗的流量计算和流体流量的量测,有许多明渠流、闸孔出流和堰流的问题。

学习和掌握明渠流、闸孔出流和堰流的运动规律和计算方法,对于解决实际工程问题,具有重要的意义。

§10-1 恒定明渠均匀流

10-1-1 明渠流的分类

明渠流随着边界条件的不同,一定的流量可以在渠中形成各式各样的水面和流动现象。渠道的渠身是明渠流边界条件的重要组成部分,对明渠流有很大的影响,因此先介绍一下渠身的形式。在实际工程中,渠道渠身的形式很多,可按不同的特征加以分类。

(1) 按渠道横断面形状和尺寸是否沿程变化,分棱柱体和非棱柱体渠道。横断面形状和尺寸沿程不改变的长直渠道称为棱柱体渠道,如图10-1a所示。这种渠道的各过流断面面积 A 仅是水深 h 的函数,即 $A=f(h)$。横断面形状和尺寸沿程不断改变的渠道称为非棱柱体渠道,如图10-1b所

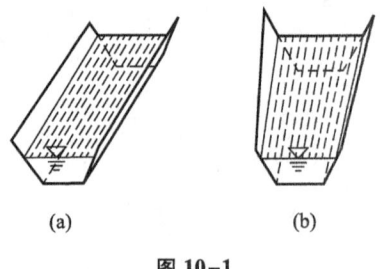

图 10-1

示。非棱柱体渠道的各过流断面面积 A 为水深 h 及流程 s 两个变量的函数,即 $A=f(h,s)$,$\frac{\partial A}{\partial s}\neq 0$。连接两条断面形状和尺寸不同的渠道的过渡段渠道,是典型的非棱柱体渠道。

(2) 按渠道横断面形状的不同,分规则断面渠道和不规则断面渠道。横断面的各水力要素(如过流断面面积 A、湿周 χ、水力半径 R、水面宽度 B 等)在水深 h 的全部变化范围内,均为水深的连续函数的渠道称为规则断面渠道,如图 10-2a,b,c,d 所示的矩形、梯形、三角形、圆形等横断面的渠道。横断面的各水力要素,在水深 h 的全部变化范围内,不为水深 h 的连续函数的渠道,称为不规则断面渠道,如图 10-2e,f 所示的复式断面渠道。

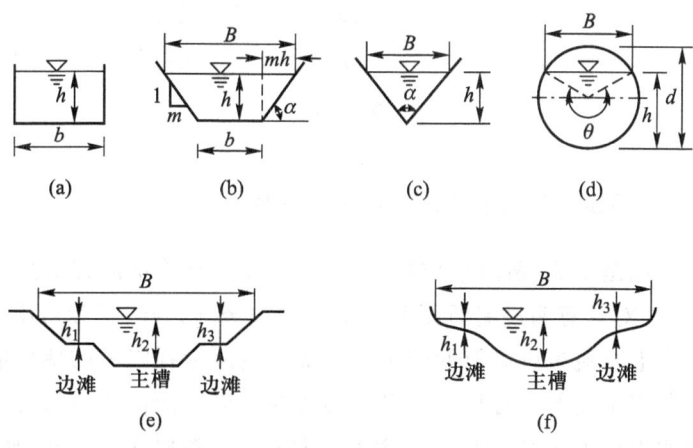

图 10-2

(3) 按渠道底坡的不同,分顺(正)坡、平坡和逆(负)坡渠道。人工渠道的渠底一般是个倾斜平面,它与渠道纵剖面的交线称为渠底线,如图 10-3 所示。该渠底线与水平线交角 θ 的正弦称为渠底坡度,用 i 表示,即

$$i=\sin\theta=\frac{z_1-z_2}{l}=\frac{\Delta z}{l} \quad (10-1)$$

在一般情况下,θ 角很小(如土渠 $i\leqslant 0.01$),渠底线长度 l 在实用上可认为与其水平投影长度 l_x 相等,$\sin\theta\approx\tan\theta$,即

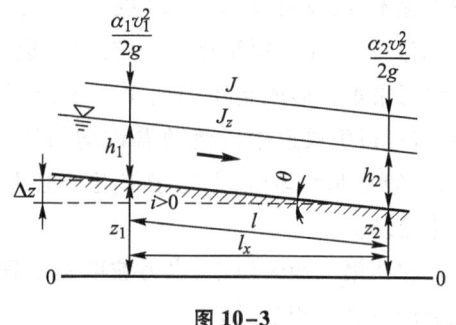

图 10-3

$$i = \frac{\Delta z}{l_x} = \tan \theta \tag{10-2}$$

同样,因渠道底坡很小,可用铅垂断面代替实际的过流断面,用铅垂水深 h 代替过流断面水深,从而给工程计算和测量提供了方便。

渠底坡度 $i>0$(即 $z_1>z_2$)时的渠道称为顺(正)坡渠道,如图 10-4a 所示。$i=0$ 的渠道称为平坡渠道,如图 10-4b 所示。$i<0$ 的渠道称为逆(负)坡渠道,如图 10-4c 所示。河道的底坡陡坦相间,参差不一,进行水力计算时,可分段计算,或在一定的段落上取平均坡度。

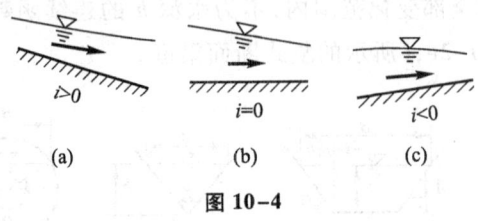

图 10-4

10-1-2 明渠均匀流的特性与其发生条件

明渠均匀流是水深、断面平均流速、断面流速分布等都沿程不变的流动,如图 10-3 所示。对任意两过流断面 1—1、2—2 列伯努利方程,不难得出 $z_1-z_2=h_f$,即在一定距离上水流单位势能的减少恰好等于克服沿程阻力的单位能量损失,沿程损失是沿程不变的。若将上式等号两边同除以两断面间的长度,即可得出明渠均匀流水力坡度 J、水面坡度 J_z 和渠底坡度 i 三者相等的结论,即

$$J = J_z = i \tag{10-3}$$

根据上述特性,要形成均匀流必须满足下述条件:明渠流为恒定流,流量沿程不变;渠道是长直的棱柱体顺坡渠道;渠道壁面(与水流接触部分)的粗糙系数沿程不变;没有局部阻力(损失)。上述条件只有在人工渠道中才有可能满足,而且只有在离渠道进口一定距离,边界层充分发展以后才能形成均匀流。大多数明渠难以形成真正的明渠均匀流,但在实际工作中,如果这些条件基本满足,就可以把渠道中的流动看作均匀流,从而简化水力计算。天然河道中的水流,一般是非均匀流,但对于接近于上述条件的顺直河段,也可近似地作为均匀流来处理。

在明渠非均匀流中,水力坡度是沿程不断改变的,水力坡度、水面坡度和渠底坡度三者不相等,即

$$J \neq J_z \neq i \tag{10-4}$$

显然,在非棱柱体渠道和平坡或逆坡渠道中,只能发生非均匀流动。

10-1-3 明渠均匀流的基本公式——谢才公式

本章研究的明渠流是湍流流态,明渠均匀流的基本公式为第七章所介绍的谢才公式(7-75),即

$$v = C\sqrt{RJ}$$

因明渠均匀流的水力坡度与渠底坡度相等,所以上式可写为

$$v = C\sqrt{Ri} \tag{10-5}$$

为了与非均匀流水深加以区别,一般称明渠均匀流水深为正常水深,以 h_0 表示。相应于正常水深的过流断面面积、水力半径、谢才系数等均标以下标"0",表示为 A_0, R_0, C_0。在实际使用时,为了简便起见,除 h_0 外其他的物理量常省去下标"0"。在不引起混淆的情况下,h_0 亦常省去下标"0"。

根据连续性方程可得明渠均匀流的流量 Q 为

$$Q = AC\sqrt{Ri} = K\sqrt{i} \tag{10-6}$$

式中:K 为流量模数,具有流量的单位(量纲)。它表示在一定断面形状和尺寸的棱柱体渠道中,当底坡 i 等于 1 时通过的流量。式中 C 可按曼宁公式(7-79)计算,即 $C = \frac{1}{n}R^{1/6}$,n 为渠道的粗糙系数。

K 值可以预先按照渠道的已知断面形状和尺寸及渠道的粗糙系数来计算,从而简化实际问题的解决,给以后计算带来方便。

式(10-5)、式(10-6)即为明渠均匀流的计算公式,反映了 Q, A, R, i, n 等几个物理量间的相互关系。明渠均匀流的水力计算,就是应用这些公式由某些已知量推求一些未知量。当然,在实际计算时,还须考虑渠道的工作条件、施工条件等因素,进行必要的技术经济比较。例如,在设计渠道断面时,要考虑输水性能最优的水力最优断面和在既定流量情况下通过渠道的允许流速等问题。

10-1-4 明渠的水力最优断面和允许流速

1. 水力最优断面

在设计渠道断面尺寸时,往往是在流量、渠底坡度和粗糙系数等已知的情况下,希望得到最小的过流断面面积,以减少工程量,节省投资。或者是在一定的

过流断面面积、渠底坡度和粗糙系数等条件下,使渠道通过的流量最大。水力学中把满足上述条件的断面形式称为水力最优断面。

明渠均匀流的计算公式可改写为

$$Q = AC\sqrt{Ri} = A\left(\frac{1}{n}R^{1/6}\right)\sqrt{Ri} = \frac{1}{n}i^{1/2}A^{5/3}\chi^{-2/3} \quad (10-7)$$

由上式可以看出:在 i、n 及 A 给定的情况下,水力半径 R 最大,即湿周 χ 最小的断面可以通过最大的流量。在所有面积相等的几何图形中,圆形具有最小的周边,因而管道的断面形式通常为圆形,对渠道来讲则为半圆形。但是,半圆形断面施工困难,只适用于钢筋混凝土等渠道。在天然土壤中开挖的渠道,一般都采用梯形断面,如图 10-5 所示。最接近半圆形的是半个正六边形,$\alpha = 60°$,边坡系数 $m = \cot \alpha = \cot 60° = 0.577$。但是,对于一般性土壤来讲,边坡过陡,易造成土坡坍塌,所以要根据土壤种类等,确定边坡系数。下面讨论梯形断面的水力最优条件。

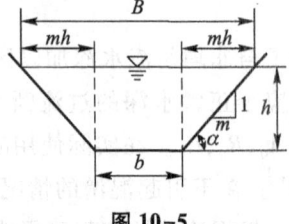

图 10-5

梯形过流断面如图 10-5 所示,断面各水力要素间的关系为

$$\left.\begin{array}{l} A = (b+mh)h \\ \chi = b+2h\sqrt{1+m^2} \\ R = \dfrac{A}{\chi} = \dfrac{(b+mh)h}{b+2h\sqrt{1+m^2}} \\ B = b+2mh \end{array}\right\} \quad (10-8)$$

式中:$m = \cot \alpha$ 为边坡系数,其值取决于土壤性质或铺砌形式。根据室外排水设计规范规定,用砖或混凝土铺砌的渠道,取 $m = 0.75 \sim 1.0$。无铺砌的渠道可参考表 10-1 选用。

表 10-1 梯形渠道边坡系数 m 值

序号	地质种类	边坡系数 m 值
1	粉砂	3.0~3.5
2	松散的细砂、中砂和粗砂	2.0~2.5
3	密实的细砂、中砂、粗砂和黏质粉土	1.5~2.0
4	粉质黏土或黏土、砾石或卵石	1.25~1.5
5	半岩性土	0.5~1.0

续表

序号	地质种类	边坡系数 m 值
6	风化岩石	0.25 ~ 0.5
7	岩石	0.1 ~ 0.25

由 $A=(b+mh)h$ 得 $b=\dfrac{A}{h}-mh$，代入 $\chi=b+2h\sqrt{1+m^2}$ 可得

$$\chi=\dfrac{A}{h}-mh+2h\sqrt{1+m^2} \tag{10-9}$$

若边坡系数 m 不受限制，将上式对边坡系数 m 取一阶导数，并令 $\dfrac{d\chi}{dm}=0$，可解得 $m=\dfrac{\sqrt{3}}{3}$，即水力最优断面为正六边形下半部分，边坡角 $\alpha=60°$，$B=2b$。若边坡系数 m 受限制被取定后，由上式可知湿周仅随水深而变化。这样，求梯形断面渠道水力最优断面，成为求湿周为最小的数学问题，即 $\dfrac{d\chi}{dh}=0$。将上式对水深 h 取导数，并令 $\dfrac{d\chi}{dh}=0$，即

$$\dfrac{d\chi}{dh}=-\dfrac{A}{h^2}-m+2\sqrt{1+m^2}=0 \tag{10-10}$$

取二阶导数

$$\dfrac{d^2\chi}{dh^2}=2\dfrac{A}{h^3}>0$$

故有极小值 $\chi_{\min}$ 存在。解式(10-10)，并以 $A=(b+mh)h$ 代入，可得以宽深比 $\beta_h=\dfrac{b}{h}$ 表示的梯形断面水力最优条件为

$$\beta_h=\dfrac{b}{h}=2(\sqrt{1+m^2}-m) \tag{10-11}$$

不同 m 值的水力最优断面宽深比 β_h 值列于表 10-2。

表 10-2　不同 m 值的水力最优断面宽深比 β_h 值

m	0	0.5	0.75	1.0	1.25	1.5	2.0	3.0
β_h	2.0	1.24	1.0	0.83	0.7	0.61	0.47	0.32

将式(10-11)式依次代入 A, χ 关系式中,得

$$A = 2(\sqrt{1+m^2}-m)h^2 + mh^2 = (2\sqrt{1+m^2}-m)h^2$$

$$\chi = 2(\sqrt{1+m^2}-m)h + 2h\sqrt{1+m^2} = 2(2\sqrt{1+m^2}-m)h$$

$$R = \frac{A}{\chi} = \frac{h}{2} \tag{10-12}$$

说明梯形水力最优断面的水力半径等于水深的一半,且与边坡系数无关。

对于矩形断面来讲,以 $m=0$ 代入式(10-11)得 $\beta_h=2$,即 $b=2h$,说明矩形水力最优断面的底宽 b 为水深 h 的两倍。

应当指出,上述水力最优断面的概念只是从水力学角度提出的,在实际工程中还必须依据造价、施工技术、管理要求和养护条件等来综合考虑和比较,选择最经济合理的断面形式。对于小型渠道,工程造价主要取决于土方量,因此水力最优断面可以是渠道的经济断面,按水力最优断面设计是合理的。对于较大型渠道,按水力最优条件设计的渠道断面往往是渠底窄而水深深的。例如当 $m=2$ 时,$b/h=0.47$,最优断面 $b=6$ m 时,$h=12.76$ m。这类渠道的施工需要深挖高填,因此工程造价除取决于土方量外,还决定于其开挖深度。挖土愈深,土方单价就愈高,且渠道的施工、养护也较困难。因此,对这类渠道来讲,水力最优断面就未必是渠道的经济断面。

2. 渠道的允许流速

渠道中流速过大,会引起渠道的冲刷和破坏;流速过小,会使水中悬浮泥砂沉淀下来产生淤积,土质河床将滋生杂草,影响输水能力。所以,在设计渠道时应使过水断面的平均流速在上述各种允许流速的范围内,这样的渠道流速称为允许流速,即

$$v_{min} < v < v_{max} \tag{10-13}$$

式中:v_{max} 为渠道的最大允许流速,又称不冲流速;v_{min} 为渠道的最小允许流速,又称不淤流速。最大允许流速取决于渠道土壤或人工加固材料的性质及其抵抗冲刷的能力。最小允许流速取决于悬浮泥砂的性质。对于最大、最小允许流速有不同的规定和数值,现将《室外排水设计规范》(GB 50014—2006)中规定的数值摘录于下,供参考用。

最大允许流速:

(1) 管道:金属管为 10 m/s,非金属管为 5 m/s。

(2) 渠道:水深 $h=0.4\sim1.0$ m 时,如表 10-3 所列数值。当水深在 0.4~1.0 m 范围以外时,将表 10-3 中的流速乘以系数 k 值后作为该水深下的最大允

许流速。$h<0.4$ m,$k=0.85$;1.0 m$<h<2.0$ m,$k=1.25$;$h\geqslant 2.0$ m,$k=1.4$。排洪沟的最大设计流速则按防洪工程的规定采用。

表 10-3 明渠最大允许流速

序号	明渠类别	最大允许流速 v_{max}/(m/s)
1	粗砂或低塑性粉质黏土	0.8
2	粉质黏土	1.0
3	黏土	1.2
4	草皮护面	1.6
5	干砌块石	2.0
6	浆砌块石或浆砌砖	3.0
7	石灰岩或中砂岩	4.0
8	混凝土	4.0

最小允许流速:

(1) 污水管道在设计充满度下为 0.6 m/s;

(2) 雨水管道和合流管道在满流时为 0.75 m/s;

(3) 明渠为 0.4 m/s。

河渠中的流速还要考虑运行管理的要求,如航运的要求等。

10-1-5 明渠均匀流水力计算的基本问题和方法

下面,分别介绍工程中常遇的梯形断面、圆形断面和复式断面的水力计算的基本问题和方法。

1. 梯形断面明渠均匀流的水力计算

由均匀流基本公式(10-7)可以看出,对于梯形断面渠道来讲,各水力要素间存在以下的函数关系,即

$$Q = AC\sqrt{Ri} = f(b, h_0, m, n, i) \tag{10-14}$$

在一般情况下,边坡系数 m 值取决于土壤性质或铺砌方式,通常是预先确定的。因此,梯形断面渠道的水力计算主要解决以下几类问题。

第一类问题:已知 b、h_0、m、n、i,要求渠道的输水能力,即流量 Q。这类问题往往是针对已有渠道进行的。解决的方法比较简单,可用公式直接求解。由各已知值求出过流断面面积 A、水力半径 R 及谢才系数 C,代入式(10-7)即可求得流量 Q。流量求出后,按允许流速的要求进行校核,判断是否会发生冲刷或淤积。

例 10-1 设有一梯形断面的黏土渠道,如图 10-5 所示,已知渠道底宽 $b=5$ m,水深 $h_0=2.5$ m,边坡系数 $m=1.5$,渠底坡度 $i=0.0004$,粗糙系数 $n=0.025$。试求水渠中流量 Q,并校核是否会产生冲刷或淤积。

解: 由梯形断面的水力要素

$$A = (b+mh_0)h_0 = (5+1.5\times 2.5)\times 2.5 \text{ m}^2 = 21.875 \text{ m}^2$$

$$\chi = b+2h_0\sqrt{1+m^2} = (5+2\times 2.5\sqrt{1+1.5^2}) \text{ m} = 14.01 \text{ m}$$

$$R = \frac{A}{\chi} = \frac{21.875}{14.01} \text{ m} = 1.56 \text{ m}$$

$$C = \frac{1}{n}R^{\frac{1}{6}} = \frac{1}{0.025}\times 1.56^{\frac{1}{6}} \text{ m}^{\frac{1}{2}}/\text{s} = 43.08 \text{ m}^{\frac{1}{2}}/\text{s}$$

$$Q = AC\sqrt{Ri} = 21.875\times 43.08\times \sqrt{1.56\times 0.0004} \text{ m}^3/\text{s} = 23.54 \text{ m}^3/\text{s}$$

$$v = \frac{Q}{A} = \frac{23.54}{21.875} \text{ m/s} = 1.08 \text{ m/s}$$

校核: 根据规范要求,$v_{\min}=0.4$ m/s,$v_{\max}=1.2$ m/s,$v_{\min}<v=1.08$ m/s$<v_{\max}$,满足允许流速要求,不会产生冲刷或淤积问题。

第二类问题:已知 Q,b,h_0,m,i,求渠道的粗糙系数 n。这类问题往往亦是针对已有渠道进行的,解决的方法可由各已知值,求出 A,R,然后根据式(10-7)求得粗糙系数 n 值。

例 10-2 已知梯形渠道底宽 $b=1.5$ m,边坡系数 $m=1.0$,底坡 $i=0.0006$;当流量 $Q=1.0$ m³/s 时,测得正常水深 $h_0=0.86$ m。试求渠道粗糙系数 n。

解: 过流断面面积

$$A = (b+mh_0)h_0 = (1.5+1\times 0.86)\times 0.86 \text{ m}^2 = 2.03 \text{ m}^2$$

湿周

$$\chi = b+2h_0\sqrt{1+m^2} = (1.5+2\times 0.86\times \sqrt{1+1^2}) \text{ m} = 3.93 \text{ m}$$

水力半径

$$R = \frac{A}{\chi} = \frac{2.03}{3.93} \text{ m} = 0.517 \text{ m}$$

$$n = \frac{A}{Q}R^{2/3}i^{1/2} = \frac{2.03}{1.0}\times 0.517^{2/3}\times 0.0006^{1/2} = 0.032$$

第三类问题:已知 Q,b,m,n,h_0,设计渠道底坡 i。解决这类问题的方法是:先求出 A,χ,R,C,然后代入式(10-7),求出 i。

例 10-3 设有一梯形断面的半岩性土渠道,其宣泄流量 $Q=2.28$ m³/s,渠道底宽 $b=2.5$ m,正常水深 $h_0=1.0$ m,$m=1.0$,$n=0.0225$,试求渠道底坡 i。

解:
$$A = (b+mh_0)h_0 = (2.5+1.0\times 1.0)\times 1.0 \text{ m}^2 = 3.5 \text{ m}^2$$

$$\chi = b + 2h_0\sqrt{1+m^2} = (2.5+2\times 1.0\sqrt{1+1^2})\ \text{m} = 5.33\ \text{m}$$

$$R = \frac{A}{\chi} = \frac{3.5}{5.33}\ \text{m} = 0.66\ \text{m}$$

$$C = \frac{1}{n}R^{\frac{1}{6}} = \frac{1}{0.0225}\times 0.66^{\frac{1}{6}}\ \text{m}^{\frac{1}{2}}/\text{s} = 41.47\ \text{m}^{\frac{1}{2}}/\text{s}$$

由 $Q = AC\sqrt{Ri}$ 得

$$i = \frac{Q^2}{A^2C^2R} = \frac{2.28^2}{3.5^2\times 41.47^2\times 0.66} = 0.00037$$

校核流速：$v = \dfrac{Q}{A} = \dfrac{2.28}{3.5}$ m/s $= 0.65$ m/s，满足允许流速要求。

实际设计渠底坡度时，往往不是根据简单的计算来确定，而是综合考虑地形条件、土壤条件、施工费用等因素。例如为了减少挖土深度，某些排水渠道设计底坡常取为地面坡度。一般情况，$i>0.003$ 可保证正常的排水条件；$i<0.01$ 则不需人工加固。

第四类问题：已知 Q, m, n, i，设计渠道的过流断面尺寸 b 和 h。这时，基本公式(10-7)中有两个未知数，可能有多组 b 与 h 的组合同时满足方程的解。为了使问题有唯一确定的解，须结合工程要求和经济条件，先定出其中一个 b 或 h 的数值，或是宽深比 β_h；有时，还可根据渠道的最大允许流速 $v_{\max}$ 来进行设计。现就这四种情况分析如下。

（1）设定渠道底宽 b，求相应的正常水深 h_0。如果 b 本来已知，那么就不必设定，而循此方法进行计算。

由式(10-6)得

$$K = \frac{Q}{\sqrt{i}} = AC\sqrt{R} = \frac{1}{n}A^{5/3}\chi^{-2/3}$$

$$= \frac{1}{n}[bh+mh^2]^{5/3}\cdot [b+2h\cdot\sqrt{1+m^2}]^{-2/3}$$

这是一个较复杂的隐函数，不易直接求解，可用数值计算方法（电算法）求解。在这里介绍用试算作图法求解。

假定一系列 h 值，求出相应的流量模数 K 值，作出 $K=f(h)$ 曲线，如图10-6所示。其次，按公式求出 $K_0 = \dfrac{Q}{\sqrt{i}}$，在曲线上找出对应于此 K_0 值的 h 值，即为所求的正常水深 h_0。用试算法求解时宜列表进行，使步骤清楚，便于验算。也可利用有关图表求解，近年来已较少采用，本书不再介绍。

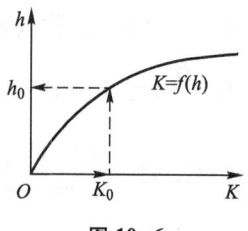

图 10-6

例 10-4 有一梯形断面渠道,已知底坡 $i=0.0006$,边坡系数 $m=1.0$,粗糙系数 $n=0.03$,底宽 $b=1.5$ m,求通过流量 $Q=1$ m³/s 时的正常水深 h_0。

解:
$$K_0 = \frac{Q}{\sqrt{i}} = \frac{1}{\sqrt{0.0006}} \text{ m}^3/\text{s} = 40.82 \text{ m}^3/\text{s}$$

$$A = (b+mh)h = (1.5 \text{ m}+1.0 \ h)h = 1.5 \text{ m} \times h + h^2$$

$$\chi = b+2h\sqrt{1+m^2} = 1.5 \text{ m}+2h \cdot \sqrt{1+1.0^2} = 1.5 \text{ m}+2.83h$$

假定一系列 h 值,由基本公式 $K = AC\sqrt{R} = \frac{1}{n}A^{5/3}\chi^{-2/3} = f(h)$,可得对应的 K 值。计算结果列于表内,并绘出 $K=f(h)$ 曲线,如图 10-7 所示。当 $K_0 = 40.82$ m³/s 时,得 $h_0 = 0.80$ m。

h/m	0	0.2	0.4	0.6	0.8	1.0
$K/(\text{m}^3/\text{s})$	0	6.08	14.62	25.92	40.22	57.78

(2) 设定正常水深 h_0,求相应的渠道底宽 b。这种情况与上面的情况一样,亦可用试算作图法求解。假定一系列 b 值,求出相应的 K 值,作出 $K=f(b)$ 曲线。按公式求出 $K_0 = \frac{Q}{\sqrt{i}}$,在 $K=f(b)$ 曲线上找出对应于此 K_0 值的 b 值,即为所求的底宽 b。

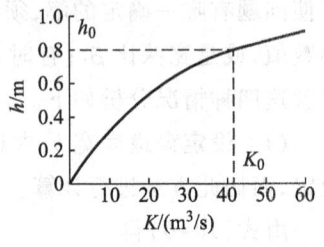

图 10-7

(3) 设定宽深比 $\beta_h = \frac{b}{h}$,求相应的 h_0 和 b 值。

这种情况实际上与上面两种情况相同。由于补充了一个条件,设定了 β_h,使 h_0 和 b 转变成相互依赖的一个变数,使方程有确定的解。按上面介绍的方法,求得 h_0 或 b 后,由 $\beta_h = \frac{b}{h}$ 即可求得 b 或 h_0。

(4) 根据最大允许流速 v_{max},设计渠道的过流断面尺寸 b 或 h_0。解决这类问题的方法是将 v_{max} 作为被设计渠道的实际断面平均流速来考虑。由连续性方程式 $A = \frac{Q}{v_{max}}$,可求得对应的过流断面面积 A;由谢才公式 $v_{max} = C\sqrt{Ri} = \frac{i^{1/2}}{n}A^{2/3}\chi^{-2/3}$

可求得湿周 $\chi = \left(\frac{i^{1/2}A^{2/3}}{nv_{max}}\right)^{3/2}$。将所得 A、χ 值代入梯形断面的

$$A = (b+mh)h = f_1(b,h) \quad \text{及} \quad \chi = b+2h\sqrt{1+m^2} = f_2(b,h)$$

中,联立求解,可得 b 和 h_0。

§10-1 恒定明渠均匀流

例 10-5 有一梯形断面渠道，通过流量 $Q=3$ m³/s，底坡 $i=0.0036, m=1.0, n=0.025$。（1）按最大允许流速 $v_{max}=1.4$ m/s，设计渠道断面尺寸 b 和 h；（2）按水力最优断面设计渠道断面尺寸 b 和 h。

解：(1) 按允许流速设计。

$$A=\frac{Q}{v_{max}}=\frac{3}{1.4} \text{ m}^2=2.14 \text{ m}^2$$

$$\chi=\left(\frac{i^{1/2}A^{2/3}}{nv_{max}}\right)^{3/2}=\left(\frac{0.0036^{1/2}\times 2.14^{2/3}}{0.025\times 1.4}\right)^{3/2} \text{ m}=4.81 \text{ m}$$

由梯形断面条件得

$$A=(b+m\times h)h=(b+1.0\times h)h=2.14 \text{ m}^2$$

$$\chi=b+2\times h\sqrt{1+m^2}=b+2h\sqrt{1+1.0^2}=4.81 \text{ m}$$

联立解上两式得

$b=-1.01$ m, $h=2.06$ m，不合题意舍去；

$b=3.2$ m, $h=0.57$ m。

校核：当 $h=0.57$ m, $b=3.2$ m, $A=(b+m\times h)h=2.15$ m², $v=\frac{Q}{A_0}=\frac{3}{2.15}$ m/s $=1.4$ m/s $=v_{max}$，满足要求。

渠道有水部分断面尺寸为 $b=3.2$ m, $h_0=0.57$ m, $m=1.0$，渠道的总高度应为正常水深加保护高度（规范规定的超过水面的高度）。

(2) 按水力最优断面设计

$$\beta_h=\frac{b}{h}=2(\sqrt{1+m^2}-m)=2(\sqrt{2}-1)=0.83$$

$$b=0.83h$$

$$A=(b+mh)h=(0.83h+h)h=1.83h^2$$

$$\chi=b+2h\sqrt{1+m^2}=0.83h+2\sqrt{2}h=3.66h$$

$$R=0.5h$$

因为 $Q=\frac{1}{n}AR^{\frac{2}{3}}i^{\frac{1}{2}}$ 将 A、R、i、n 等代入上式有

$$3=\frac{1}{0.025}\times(1.83h^2)\times(0.5h)^{\frac{2}{3}}\times 0.0036^{\frac{1}{2}}$$

解之得 $h=1.03$ m, $b=0.83h=0.85$ m。

校核：$A=1.83h^2=1.94$ m², $v=\frac{Q}{A}=1.55$ m/s $>v_{max}=1.4$ m/s。

因为 $v>v_{max}$，需对设计计算进行调整。一种方法，对渠底、边坡采取加固措施，增加防冲刷能力；因 n 值发生了变化，需复核水力条件。另一种方法，调整过水断面的边坡系数 m，减小过水断面流速，满足允许流速的要求。后一种方法简介如下。因为

$$A = (b+mh)h = \left(\frac{b}{h}+m\right)h^2 = [2(\sqrt{1+m^2}-m)+m]h^2$$
$$= (2\sqrt{1+m^2}-m)h^2$$
$$v = \frac{1}{n}R^{\frac{2}{3}}i^{\frac{1}{2}}$$

最优水力断面 $R=0.5h$ 对应 v_{max},有
$$1.4 = \frac{1}{0.025} \times (0.5h)^{\frac{2}{3}} \times 0.0036^{\frac{1}{2}}$$

解得 $h_0 = 0.89$ m,则
$$A = \frac{Q}{v_{max}} = (2\sqrt{1+m^2}-m) \times (0.89 \text{ m})^2 = \frac{3}{1.4} \text{ m}^2$$

解得 $m_1 = 2.28, m_2 = -0.48$(舍去)。取 $m = m_1 = 2.3$,可满足允许流速要求。调整 m 值,实质是改变了过流断面的形状和尺寸。

第五类问题:最不利情况的校核。在工程实践中,常以正常流量 Q(设计流量)来设计渠道,从而确定 m, n, i, b, h_0, v 等值;同时还要校核最大流量 Q_{max}、最小流量 Q_{min} 时的过水断面水深 h_{max}, v'_{max} 和 h_{min}, v'_{min}。据此确定渠道的超高,判别 v'_{max}, v'_{min} 是否在允许范围内。最大流量可根据不同设计重现期的洪水流量(按防洪标准决定)、供水渠道的近远期输水能力变化等情况来考虑决定。最小流量可根据不同保证率下的枯水流量、排水渠道的最小流量等情况来考虑决定。渠道的修筑实际高度高出正常水深的高出部分称为超高(保护高度)。一般的渠道超高为 $0.2 \sim 0.3$ m,波浪高度影响较大时,可采用更大的数值。根据校核结果可以调整设计参数;如是已建工程,则考虑采取适当的工程措施;水力计算方法如前所述。

2. 圆形断面无压均匀流的水力计算

工程中的管道常为圆形,它具有节省材料,便于预制、运输、受力性能好等特点。城市污水管为了通风、防爆、排除有害气体及适应污水量变化,设计时使圆管内水流不充满整个管道横断面,管道水流具有自由表面,表面压强为大气压,这种管内水流称为不满管流;城市污水、雨水合流管道或单一的雨水管道,设计时使圆管内水流恰好充满整个管道横断面,但断面顶端压强仍为大气压,这种管内水流称为满管流。不满管流和满管流都是无压流,均可按明渠均匀流进行水力计算。

如图 10-8 所示,定义管内水深与管道直径的比值 $\alpha = \frac{h}{d}$ 为充满度,θ 称为充满角(弧度)。由几何关系可得各水力要素间关系如下:

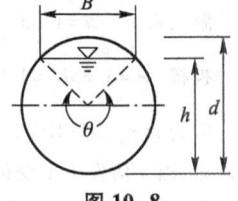

图 10-8

过水断面面积 $\qquad A = \dfrac{d^2}{8}(\theta - \sin\theta) \qquad$ (10-15)

湿周 $\qquad \chi = \dfrac{d}{2}\theta \qquad$ (10-16)

水力半径 $\qquad R = \dfrac{d}{4}\left(1 - \dfrac{\sin\theta}{\theta}\right) \qquad$ (10-17)

水面宽度 $\qquad B = d\sin\dfrac{\theta}{2} \qquad$ (10-18)

充满度 $\qquad \alpha = \dfrac{h}{d} = \sin^2\dfrac{\theta}{4} \qquad$ (10-19)

《室外排水设计规范》(GB 50014—2006)规定污水管道的最大设计充满度按表 10-4 数据采用。

表 10-4 污水管渠最大设计充满度

管径或渠高/mm	最大设计充满度
200~300	0.55
350~450	0.65
500~900	0.70
≥1 000	0.75

排水管道的最大设计流速：金属管道 10 m/s，非金属管道 4 m/s。

排水管道的最小设计流速：污水管道(不满管流)在设计充满度下为 0.60 m/s，而雨水管道和合流管道在满管流时为 0.75 m/s。

圆形断面无压均匀流若按公式(10-7)直接进行计算往往相当繁复，因此，在实际工作中，常用预先作好的图表来进行计算。现介绍图的制作及其使用方法。为了使图在应用上更具有普遍意义，能适用于不同管径、不同粗糙系数的情况，坐标采用量纲一的数来表示。

若满管流时的流量为 Q_d，不满管流时的流量为 Q，它们的比值(流量比)

$$A = \dfrac{Q}{Q_d} = \dfrac{K\sqrt{i}}{K_d\sqrt{i}} = f_1\left(\dfrac{h}{d}\right) = f_1(\alpha) \qquad (10\text{-}20)$$

满管流时的流速为 v_d，不满管流时的流速为 v，它们的比值(流速比)

$$B = \dfrac{v}{v_d} = \dfrac{C\sqrt{Ri}}{C_d\sqrt{R_d \cdot i}} = f_2\left(\dfrac{h}{d}\right) = f_2(\alpha) \qquad (10\text{-}21)$$

设一个 α 值，即可求得相应的 A、B 值，绘制成如图 10-9 所示的曲线。

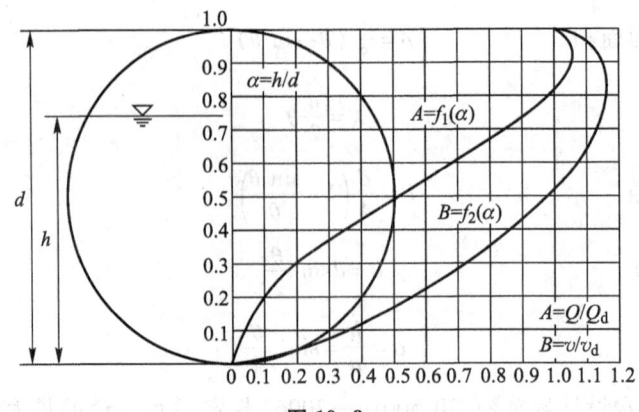

图 10-9

在求解具体问题时,不满管流的流量可按下式计算

$$Q = AQ_d = f(\alpha, d, i) \tag{10-22}$$

公式涉及 Q, α, d, i 四个变量间的关系,在管道材料一定(即 n 值确定)的情况下,圆形断面无压均匀流的水力计算,主要解决以下四类问题。

(1) 已知 d, α, i,求 Q。这类问题的求解可在图 10-9 的曲线上查得相应于 α 值的 A 值,由 d, n, i 求得 Q_d,再由 $A = \dfrac{Q}{Q_d}$ 求得 Q。也可直接应用公式计算,见例 10-6。

(2) 已知 Q, d, α,求 i。

(3) 已知 Q, d, i,求 α,即求 h。

(4) 已知 Q, α, i,求 d。

由图可见,流量比 A 及流速比 B 的最大值均不在满管流情况。当 $\alpha \approx 0.94$ 时,得流量比的最大值 $A_{max} \approx 1.08$;当 $\alpha \approx 0.81$ 时,得流速比的最大值 $B_{max} \approx 1.14$。亦即最大流量发生在 $h = 0.94d$ 时,且 $Q_{max} = 1.08Q_d$;最大流速发生在 $h = 0.81d$ 时,且 $v_{max} = 1.14v_d$。这是由于圆形断面上部充水时,经过某一水深后,其湿周比水流过流断面面积增长得快,水力半径开始减小,从而导致流量和流速减小。当 $\alpha = 0.8$ 时,$A \approx 1$,即管内水深达到 80% 管径时,流量接近满管流时的流量;当 $\alpha = 0.5$ 时,$B \approx 1$,即管内水深达到直径一半时,流速接近满管流时的流速。

例 10-6 某圆形污水管管径 $d = 1\,000$ mm,管壁粗糙系数 $n = 0.014$,管道底坡 $i = 0.002\,4$,求最大设计充满度时的流速及流量。

解: 由表 10-4 查得管径 1 000 mm 的污水管的最大设计充满度为 $\alpha = \dfrac{h}{d} = 0.75$,代入

$$\alpha = \frac{h}{d} = \sin^2 \frac{\theta}{4}, 解得 \theta = \frac{4}{3}\pi. 则$$

$$A = \frac{d^2}{8}(\theta - \sin\theta) = \frac{1.0^2}{8}\left(\frac{4}{3}\pi - \sin\frac{4\pi}{3}\right) \text{ m}^2 = 0.63 \text{ m}^2$$

$$\chi = \frac{d}{2}\theta = \left(\frac{1.0}{2} \times \frac{4}{3}\pi\right) \text{ m} = 2.09 \text{ m}$$

$$R = \frac{A}{\chi} = \frac{0.63}{2.09} \text{ m} = 0.30 \text{ m}$$

$$C = \frac{1}{n}R^{1/6} = \left(\frac{1}{0.014} \times 0.30^{\frac{1}{6}}\right) \text{ m}^{\frac{1}{2}}/\text{s} = 58.44 \text{ m}^{\frac{1}{2}}/\text{s}$$

因而

$$v = C\sqrt{Ri} = 58.44 \times \sqrt{0.3 \times 0.0024} \text{ m/s} = 1.57 \text{ m/s}(在允许流速范围内)$$

$$Q = vA = 1.57 \times 0.63 \text{ m}^3/\text{s} = 0.99 \text{ m}^3/\text{s}$$

钢筋混凝土管道($n=0.014$)的排水管道已编成水力计算表,可查阅有关手册。

3. 复式断面明渠均匀流的水力计算

以上介绍的梯形、圆形等断面形式均为单式断面。在实际工程中,为了适应通过最大流量 $Q_{\max}$ 和最小流量 $Q_{\min}$ 相差很大的需要,常将两个或两个以上的单式断面组合起来,形成具有主槽和边滩(边槽)的复式断面渠道,如图 10-10 所示。它与单式断面比较,能更好地控制淤积、减少开挖量。

在复式断面渠道中,由于各部分粗糙系数不同(通常主槽的 n 值小于边滩的)、水深不一,断面上各部分流速相差较大,而且断面面积和湿周都不是水深的单一函数。因此,应用单式断面的

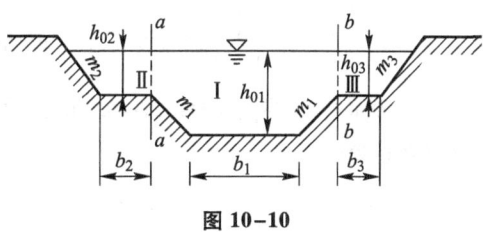

图 10-10

计算方法来进行复式断面的水力计算,必然产生较大的误差。为此,必须采取分别计算的办法,即将复式断面划分为若干个单式断面(如图中铅垂线 $a-a$ 和 $b-b$ 将断面分为主槽 Ⅰ 和边滩 Ⅱ、Ⅲ),分别计算各部分的过流断面面积、湿周、水力半径、谢才系数、流速、流量等。复式断面的流量为各部分流量的总和,即

$$Q = \sum_{i=1}^{n} A_i v_i = \sum_{i=1}^{n} Q_i = \sum_{i=1}^{n} K_i \sqrt{i} \qquad (10-23)$$

在计算中必须遵循下列原则:

(1)作为同一条渠道,渠道整体和各部分的水力坡度、水面坡度、渠底坡度

均相等，即 $J_1 = J_2 = \cdots = J_{z_1} = J_{z_2} = \cdots = i_1 = i_2 = \cdots = i$，这是水面在同一过流断面上形成水平水面的保证。否则，将出现交错的水面，显然这是不可能的。

(2) 各部分的湿周仅考虑水流与固体壁面接触的周界。两相邻部分水流在加速或减速时的相互作用可以不计。各单式断面间的水流交界线，如图中 a-a，b-b，在计算时不计入湿周内。

例10-7 某一复式断面渠道如图 10-10 所示，已知底坡 $i = 0.0004$，主槽粗糙系数 $n = 0.025$，滩地粗糙系数 $n_2 = n_3 = 0.03$，$m_1 = 3$，$m_2 = m_3 = 2$，$h_{01} = 4$ m，$h_{02} = h_{03} = 1.5$ m，$b_1 = 50$ m，$b_2 = b_3 = 25$ m，求渠道中流量 Q。

解： 将复式断面渠道分成主槽和左右两边滩地部分，如图所示，分别计算各个部分断面的流量。

主槽部分：

$$A_1 = b_1 h_{01} + \frac{1}{2}(h_{01} + h_{02}) \times m_1(h_{01} - h_{02}) \times 2$$

$$= \left[50 \times 4 + \frac{1}{2}(4 + 1.5) \times 3(4 - 1.5) \times 2\right] \text{m}^2 = 241.25 \text{ m}^2$$

$$\chi_1 = b_1 + 2\sqrt{(h_{01} - h_{02})^2 + [m_1(h_{01} - h_{02})]^2}$$

$$= \left[50 + 2\sqrt{(4-1.5)^2 + [3(4-1.5)]^2}\right] \text{m} = 65.81 \text{ m}$$

$$R_1 = \frac{A_1}{\chi_1} = \frac{241.25}{65.81} \text{ m} = 3.67 \text{ m}$$

$$C_1 = \frac{1}{n_1} R_1^{\frac{1}{6}} = \frac{1}{0.025} \times 3.67^{\frac{1}{6}} \text{ m}^{\frac{1}{2}}/\text{s} = 49.70 \text{ m}^{\frac{1}{2}}/\text{s}$$

$$Q_1 = A_1 C_1 \sqrt{R_1 i_1} = 241.25 \times 49.70 \times \sqrt{3.67 \times 0.0004} \text{ m}^3/\text{s} = 459.4 \text{ m}^3/\text{s}$$

左边滩部分：

$$A_2 = b_2 h_{02} + \frac{1}{2} m_2 h_{02}^2 = \left(25 \times 1.5 + \frac{1}{2} \times 2 \times 1.5^2\right) \text{m}^2 = 39.75 \text{ m}^2$$

$$\chi_2 = b_2 + \sqrt{h_{02}^2 + (m_2 \cdot h_{02})^2} = (25 + \sqrt{1.5^2 + (2 \times 1.5)^2}) \text{ m} = 28.35 \text{ m}$$

$$R_2 = \frac{A_2}{\chi_2} = \frac{39.75}{28.35} \text{ m} = 1.40 \text{ m}$$

$$C_2 = \frac{1}{n_2} R_2^{\frac{1}{6}} = \frac{1}{0.03} \times 1.40^{\frac{1}{6}} \text{ m}^{\frac{1}{2}}/\text{s} = 35.26 \text{ m}^{\frac{1}{2}}/\text{s}$$

$$Q_2 = A_2 C_2 \sqrt{R_2 i_2} = 39.75 \times 35.26 \times \sqrt{1.40 \times 0.0004} \text{ m}^3/\text{s} = 33.2 \text{ m}^3/\text{s}$$

右边滩部分：

$$Q_3 = Q_2 = 33.2 \text{ m}^3/\text{s}$$

$$Q = Q_1 + Q_2 + Q_3 = (459.4 + 2 \times 33.2) \text{ m}^3/\text{s} = 525.8 \text{ m}^3/\text{s}$$

§10-2 恒定明渠流的流动形态和若干基本概念

在明渠中,由于水工建筑物的修建、渠底坡度的改变,或是渠道断面的扩大、缩小等,都会导致均匀流条件的破坏,而发生非均匀流动。例如在河渠中建桥(涵)后,由于河渠过流断面被束窄,为了使其仍能通过原有流量,必然是桥下流速增大,桥前出现壅水和流速减缓,并且这种影响会延续至离桥一定距离,如图 10-11 所示。在工程实践中,正确地分析非均匀流的水面曲线类型,确定水深沿程变化的规律,对于估计淹没的影响范围是非常重要的。所以,分析水面曲线的类型及其沿程水深的计算是明渠非均匀流所需解决的问题。明渠非均匀流要比均匀流复杂。在正式讨论之前,我们先就明渠流的流动形态和若干基本概念做一些介绍。

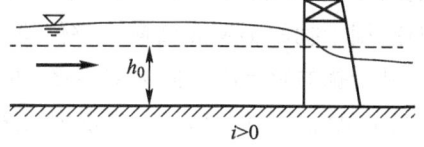

图 10-11

10-2-1 缓流和急流

仔细观察明渠中的水流在遇到障碍物之后的流动现象,可以发现,在不同条件下的明渠流具有两种不同的形态。在底坡陡峻、水流湍急的溪涧中,涧底若有大块孤石阻水,则水流或是跳跃而过,或因跳跃过高而激起浪花,孤石的存在对上游的水流没有影响,如图 10-12a 所示,这是一种形态。又如在平原地区的河段中,若有大块孤石阻水,由于底坡平坦、水流徐缓,孤石对水流的影响向上游传播,使较长一段距离的上游水流受到影响,如图 10-12b 所示,这又是另一种形态。在上述河段中建桥后,在桥前发生的壅水现象,如图 10-11 所示,也是属于后一种明渠流的形态。为了区别这两种流态,我们分别称之为急流和缓流。障碍物的影响(即干扰波)能够向上游传播的明渠水流称为缓流;而障碍物的影响只能对附近水流引起局部扰动,不能向上游传播的明渠水流称为急流。因而在实际观测中,有时我们可以通过人为地施加一干扰波,借以定性了解明渠水流的形态。既然明渠中的两种流态对障碍物有不同的流动现象,显然,明渠非均匀流水面曲线的类型及其沿程水深的变化是与明渠中的两种流态有关。下面我们从干扰波的传播和能量的观点分析两种流态的实质和判别标准。

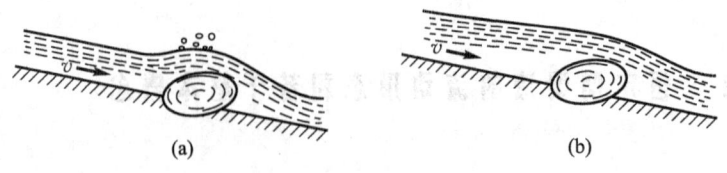

图 10-12

10-2-2 微波的波速·弗劳德数

1. 微波的波速

事实上,任何障碍物的存在都无时无刻不给运动水流以干扰,这种干扰以等速微(幅)波的波速均等地向各个方向传播。在这种情况下,如果水流流速大于波速,则干扰的影响无法向上游传播,而只能向下游传播;如果水流流速小于波速,则干扰的影响既可向下游传播,也可向上游传播。因此,要正确地判别明渠水流是急流还是缓流,必须先求出波速 c。

明渠水流遇到障碍物所受到的干扰与连续不断地搅动水流所形成的干扰在性质上是相同的。搅动一下明渠水流,将形成波动,并以一定的速度向四周各方传播。设一任意形状的水平底面棱柱体渠道,如图 10-13a、b 所示。渠内水体处于静止状态,水深为 h,水面宽度为 B,过流断面面积为 A。当薄板由 N 位置以一定的速度向左移至 N' 位置时,在板的左侧激起一个微幅波,波高为 Δh,并以波速 c 向左传播。如果没有摩擦力的影响,那么,微波将保持它的形状传到无穷远处。实际上由于摩擦力的存在,在传播过程中波高将逐渐减小,最后消失在有限的范围内。观察微波的传播过程,微波所到之处将带动渠内水体一起运动。这时,各空间点的水流速度对于固定在地球上的坐标系来讲,都将随时间而变化,为非恒定流动。为了简化问题的处理,我们通过把坐标系取在微波上,以此动坐标来观察渠中未受扰动的水流运动,如图 10-13c 所示。这时,观察到的波形是固定不动的,而渠中过水断面 1-1 处的水体则相对地以速度 c 自左向右运动,过水断面 2-2 处的水体则以 v_2 向右运动。这时,渠内水流是不随时

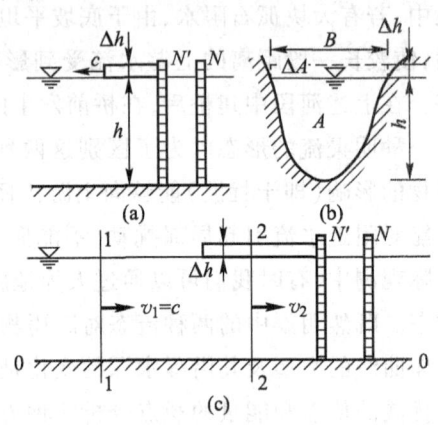

图 10-13

间而改变的恒定流,而水深则沿流程改变,为非均匀流动。这样,可把非恒定流的问题转化为恒定流的问题处理。

以渠底为基准面,取相距很近的过水断面 1-1、2-2,如图 10-13c 所示。这时可得

$$z_1 + \frac{p_1}{\rho g} = h, \quad z_2 + \frac{p_2}{\rho g} = h + \Delta h, \quad v_1 = c$$

由总流连续性方程得 $v_2 = c \cdot \dfrac{A}{A + \Delta A}$;对断面 1-1 和 2-2 写总流伯努利方程,忽略摩擦力的影响,并令 $\alpha_1 = \alpha_2 = 1.0$,得

$$h + \frac{c^2}{2g} = h + \Delta h + \frac{c^2}{2g}\left(\frac{A}{A + \Delta A}\right)^2$$

将 $\Delta A \approx B \cdot \Delta h$ 代入上式,分子、分母均除以 B^2,经整理后可得静水中干扰微波的波速为

$$c = \pm \sqrt{\frac{2g\left(\dfrac{A}{B} + \Delta h\right)^2}{\dfrac{2A}{B} + \Delta h}} = \pm \sqrt{\frac{2g(\overline{h} + \Delta h)^2}{2\overline{h} + \Delta h}} \tag{10-24}$$

式中:$\overline{h} = \dfrac{A}{B}$ 为断面平均水深。因微波波高 $\Delta h \ll \overline{h}$,故上式可简化为

$$c = \pm \sqrt{g\overline{h}} \tag{10-25}$$

对于矩形断面来讲,$A = Bh$,则

$$c = \pm \sqrt{gh} \tag{10-26}$$

在实际渠道中,如果水体不是处于静止状态而是具有速度 v 时,微波的绝对速度为

$$c' = v \pm c = v \pm \sqrt{gh} \tag{10-27}$$

式中:取"+"号表示微波顺流传播的绝对速度;取"-"号为微波逆流传播的绝对速度。

当水流速度 $v > c$ 时,c' 恒为正,微波只能向下游传播,而不能向上游传播,这时渠中水流为急流;当 $v < c$ 时,c' 可正可负,微波能向下游传播,又能向上游传播,渠中水流为缓流。当 $v = c$ 时,c' 为零,渠中水流为缓、急流的分界状态,称为临界流。这时的流速称为临界流速,以 v_{cr} 表示,即

$$v_{cr} = \sqrt{g\overline{h}} \tag{10-28}$$

因此，我们可用波速来判别明渠流的形态，即

$$\left.\begin{array}{l} v > \sqrt{g\bar{h}} \quad \text{为急流} \\ v < \sqrt{g\bar{h}} \quad \text{为缓流} \\ v = \sqrt{g\bar{h}} \quad \text{为临界流} \end{array}\right\} \quad (10-29)$$

2. 弗劳德数 Fr——缓流和急流的判别标准

式(10-29)可改写成 $\dfrac{v}{\sqrt{g\bar{h}}} = 1$，等号左边量纲一的数即为第六章介绍的弗劳德数 Fr，它反映了惯性力与重力之比值，因此式(10-29)可改写为

$$\left\{\begin{array}{l} Fr > 1 \quad \text{为急流} \\ Fr < 1 \quad \text{为缓流} \\ Fr = 1 \quad \text{为临界流} \end{array}\right.$$

$$Fr = \frac{v}{\sqrt{g\bar{h}}} = \sqrt{\frac{2\dfrac{v^2}{2g}}{\bar{h}}} \quad (10-30)$$

上式说明弗劳德数表示水流所蕴藏的能量中动能和势能的比值情况；$Fr<1$，水流中的能量，势能是主要的，即是缓流；$Fr>1$，水流中的能量，动能是主要的，即是急流；$Fr=1$ 是临界流。所以，在实际工程中常用 $Fr=1$ 来作为判别渠中水流形态的标准。

10-2-3　断面单位能量·临界水深·临界底坡

1. 断面单位能量

明渠中的流态，还可从能量的观点来分析和判别。在明渠流的任一过流断面上，单位重量液体相对于某一基准面 0-0（如图 10-14 所示）的总机械能为

$$E = z + \frac{p}{\rho g} + \frac{\alpha v^2}{2g} \quad (10-31)$$

$$E = a + h + \frac{\alpha v^2}{2g} \quad (10-32)$$

式中：a 为过流断面最低点到基准面的铅垂距离；h 为过流断面的最大水深。如果取通过过流断面最低点的水平面 $0'$-$0'$ 为基准面，则上述单位总机械能为

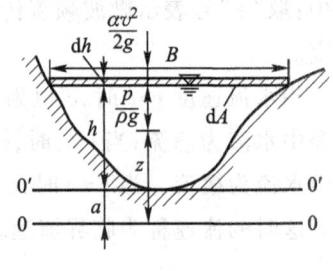

图 10-14

$$E_s = h + \frac{\alpha v^2}{2g} = h + \frac{\alpha Q^2}{2gA^2} \tag{10-33}$$

式中：E_s 称为断面单位能量或比能，它是相对于过水断面最低点而言的总流的单位重量液体所具有的能量。在均匀流中，水深 h 及流速 v 均沿程不变，因而断面单位能量沿程不变；在非均匀流中，水深 h 及流速 v 均沿程改变，因而断面单位能量也沿程变化，且可能增大也可能减小。但是，在均匀流和非均匀流中，单位总机械能 E 则永远是沿程减小的，即 $\frac{\mathrm{d}E}{\mathrm{d}s}<0$。因此，断面单位能量 E_s 和单位总机械能 E 是两个有区别的概念。

在渠道通过的流量固定不变、断面形状和尺寸确定的棱柱体规则断面的情况下，由式(10-33)可知，断面单位能量是水深的连续函数。现在分析一下，在所给断面中断面单位能量 E_s 值是怎样随水深而变化的。为了清楚地表明能量的组成情况及其随水深的变化规律，我们将式(10-33)改写成下列形式

$$E_s = E_{s1} + E_{s2} = f(h) \tag{10-34}$$

式中：$E_{s1} = h = f_1(h)$ 为断面单位势能；$E_{s2} = \frac{\alpha v^2}{2g} = \frac{\alpha Q^2}{2gA^2} = f_2(h)$ 为断面单位动能。依次将 E_{s1}，E_{s2} 的函数关系绘在以水深 h 为纵坐标和以断面单位能量 E_s，E_{s1}，E_{s2} 为横坐标的坐标纸上。在 h、E_s 采用同一比例尺的情况下，可以得到与横轴成 $45°$ 角的直线 Oa 和曲线 bc（虚线），如图 10-15 所示。Oa 直线与纵坐标轴间的部分代表断面单位能量中的势能部分，反映了势能随水深的变化规律；bc 曲线与纵坐标轴间的部分则代表断面单位能量中的动能部分，反映了动能随水深的变化规律。将每一水深 h 时的 E_{s1}、E_{s2} 叠加起来，可得断面单位能量 E_s 随水深变化的关系曲线 def，该曲线以斜直线 Oa 和横坐标轴为渐近线，并且在 e 点取得断面单位能量的最小值 $E_{s\min}$。当在渠道流量一定、断面形状和尺寸确定的情况下，断面单位能量为最小时的水深称为临界水深，并以 h_{cr} 表示。由图可见，临界水深 h_{cr} 将 $E_s = f(h)$ 曲线分成上、下两支。在上支，即 $h>h_{cr}$ 时，断面单位能量随水深增大而增大，$\frac{\mathrm{d}E_s}{\mathrm{d}h}>0$；这时，断面单位能量中的势能 E_{s1} 占主要地位，断面单位能量的变化主要表现为势能的变

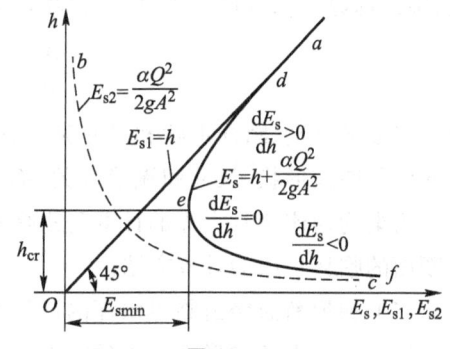

图 10-15

化,即水深的变化;这种水流遇到障碍物干扰所引起的变化,主要表现为水位的壅高或降低,即前面所称的缓流。在下支,即 $h<h_{cr}$ 时,断面单位能量随水深增大而减小,$\dfrac{dE_s}{dh}<0$;这时,断面单位能量中的动能 E_{s2} 占主要地位,断面单位能量的变化主要表现为动能的变化,即流速的变化;这种水流遇到障碍物干扰所引起的变化,主要表现为水流的局部隆起,即前面所称的急流。在上、下支的交点,即 $h=h_{cr}$ 时,$\dfrac{dE_s}{dh}=0$,这时的流态即为临界流。这就是从能量观点来探讨明渠中两种流态的本质;并且可以看出,可用临界水深来判别明渠流的形态,即

$$\left.\begin{array}{l} h>h_{cr}, \dfrac{dE_s}{dh}>0 \quad 为缓流 \\[6pt] h<h_{cr}, \dfrac{dE_s}{dh}<0 \quad 为急流 \\[6pt] h=h_{cr}, \dfrac{dE_s}{dh}=0 \quad 为临界流 \end{array}\right\} \tag{10-35}$$

明渠流除符合连续性方程、伯努利方程外,也要符合此规律(特殊规律)。

2. 临界水深

为了判别流态和完成以后将要讨论的一系列水力计算问题,须对临界水深加以确定。根据临界水深的定义,对式(10-33)求导等于零,即可确定临界水深,即

$$\frac{dE_s}{dh}=\frac{d}{dh}\left(h+\frac{\alpha Q^2}{2gA^2}\right)=1-\frac{\alpha Q^2}{gA^3}\cdot\frac{dA}{dh}=0$$

式中:dA/dh 为过流断面面积随水深的变化率,可近似地以水面宽度 B 代替,即 $\dfrac{dA}{dh}=B$。这时,断面各水力要素均对应于所求的临界水深 h_{cr},为了区别于其他情况,则均标以下标"cr"。于是,可得临界水深的计算公式为

$$\frac{A_{cr}^3}{B_{cr}}=\frac{\alpha Q^2}{g} \tag{10-36}$$

当给定渠道流量、断面形状和尺寸时,就可由上式求得 h_{cr} 值。由上式可知,临界水深仅与断面形状、尺寸和流量有关,而与渠底坡度 i 及壁面粗糙系数 n 无关;这与明渠均匀流正常水深的计算公式是不同的。下面介绍常见的梯形、矩形、圆形断面的临界水深的计算方法。

(1) 梯形断面渠道临界水深的计算方法

用二分法求解梯形断面中的临界水深,是一个有效的方法,可参阅有关数值

计算方法参考书。在这里介绍用试算作图法求解。先根据已知流量求出 $\dfrac{A_{cr}^3}{B_{cr}}=\dfrac{\alpha Q^2}{g}$ 值;然后假设一系列 h 值,求出相应的 $\dfrac{A^3}{B}$ 值,作出 $\dfrac{A^3}{B}=f(h)$ 曲线,如图 10-16 所示;最后在曲线上找出对应于 $\dfrac{\alpha Q^2}{g}$ 值的 h 值,即为所求的临界水深 h_{cr}。

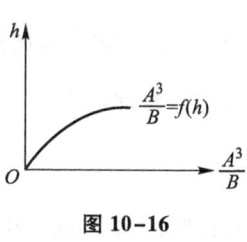

图 10-16

例 10-8 设有一梯形断面渠道,底宽 $b=5$ m,边坡系数 $m=1.0$,当通过流量 $Q=20$ m³/s 时,试求渠道的临界水深 h_{cr}。

解: $\dfrac{A_{cr}^3}{B_{cr}}=\dfrac{\alpha Q^2}{g}=\dfrac{1.0\times 20^2}{9.8}$ m⁵ $=40.8$ m⁵。假设 $h=1.5$ m,则

$$A=(b+mh)h=(5+1.0\times 1.5)\times 1.5 \text{ m}^2=9.75 \text{ m}^2$$
$$B=b+2mh=(5+2\times 1.0\times 1.5) \text{ m}=8.0 \text{ m}$$
$$\dfrac{A^3}{B}=\dfrac{9.75^3}{8} \text{ m}^5=115.86 \text{ m}^5>40.8 \text{ m}^5$$

另设 $h=1.2$ m,1.09 m,1.0 m,0.8 m,相应的 A,B,A^3,$\dfrac{A^3}{B}$ 值列入下表内。

h/m	A/m²	B/m	A^3/m⁶	$\dfrac{A^3}{B}$/m⁵	附 注
1.5	9.75	8.00	926.86	115.86	
1.2	7.44	7.40	411.83	55.65	
1.09	6.64	7.18	292.75	40.77	$\dfrac{A_{cr}^3}{B_{cr}}=40.8$ m⁵
1.0	6.00	7.00	216.0	30.86	
0.8	4.64	6.60	99.90	15.14	

根据上表数值绘制 $\dfrac{A^3}{B}-h$ 曲线,如图 10-17 所示。由曲线可求得相应于 $\dfrac{A_{cr}^3}{B_{cr}}=\dfrac{\alpha Q^2}{g}=40.8$ m⁵ 的值 $h_{cr}=1.09$ m。

(2) 矩形断面渠道临界水深的计算方法

这种情况可用公式直接求解。因为式(10-36)具有下列形式: $\dfrac{\alpha Q^2}{g}=\dfrac{A_{cr}^3}{B_{cr}}=\dfrac{B^3 h_{cr}^3}{B}=B^2 h_{cr}^3$,所以

$$h_{cr}=\sqrt[3]{\dfrac{\alpha Q^2}{gB^2}}=\sqrt[3]{\dfrac{\alpha q^2}{g}} \qquad (10-37)$$

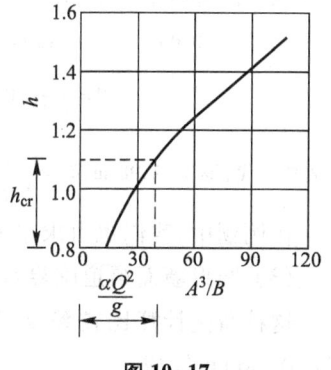

图 10-17

式中：$q=\dfrac{Q}{B}$ 称为单宽流量，单位为 m²/s。在此附带说明一下，由于 $q=v_{cr}h_{cr}$，代入上式加以整理可得

$$h_{cr}=\frac{\alpha v_{cr}^2}{g}=2\cdot\frac{\alpha v_{cr}^2}{2g} \tag{10-38}$$

上式说明，当矩形断面渠道中出现临界流时，临界水深为流速水头的 2 倍。将上式代入式(10-33)，可得矩形断面渠道临界水深与临界流时断面单位能量的关系为

$$E_{smin}=h_{cr}+\frac{\alpha v_{cr}^2}{2g}=\frac{3}{2}h_{cr} \tag{10-39}$$

或

$$h_{cr}=\frac{2}{3}E_{smin} \tag{10-40}$$

若令 $\alpha=1.0$，式(10-38)可写成 $v_{cr}=\sqrt{gh_{cr}}=c$（c 为波速），即在临界流时流速等于波速。

例 10-9 设有一块石砌体矩形水槽，已知流量 $Q=2$ m³/s，$n=0.020$。(1) 若槽底坡度为 0.09，按最优水力断面试求水槽的临界水深 h_{cr}、正常水深 h_0，并判别其流态；(2) 若水槽底宽不变，槽底坡度为 0.000 9，槽中水流流态又如何？

解：(1) 若 $i=0.09$，由式(10-11)得，$\beta_h=\dfrac{B}{h_0}=2$。

$$Q=\frac{1}{n}i^{\frac{1}{2}}A^{\frac{5}{3}}\chi^{-\frac{2}{3}}, \quad A=Bh_0=2h_0^2, \quad \chi=B+2h_0=4h_0$$

则

$$2=\frac{1}{0.02}\times 0.09^{\frac{1}{2}}\times(2h_0^2)^{\frac{5}{3}}(4h_0)^{-\frac{2}{3}}$$

解得

$$h_0=0.43 \text{ m}, \quad B=2h_0=0.86 \text{ m}$$

所以

$$h_{cr}=\sqrt[3]{\frac{\alpha Q^2}{gB^2}}=\sqrt[3]{\frac{1\times 2^2}{9.8\times 0.86^2}} \text{ m}=0.82 \text{ m}$$

$h_0<h_{cr}$，水槽中水流为急流。

(2) 若 $i=0.000\ 9$，$B=0.86$ m，则 $A=Bh=0.86h$，$\chi=(0.86+2h)$。所以

$$2=\frac{1}{0.02}\times 0.000\ 9^{\frac{1}{2}}\times(0.86h)^{\frac{5}{3}}(0.86+2h)^{-\frac{2}{3}}$$

经试算迭代，得 $h=2.98$ m，$h_{cr}=\sqrt[3]{\dfrac{\alpha Q^2}{gB^2}}=\sqrt[3]{\dfrac{1\times 2^2}{9.8\times 0.86^2}}$ m $=0.82$ m，$h>h_{cr}$，水槽中水流为缓流。

在例题中，我们也可求出 Q，n，B 不变，$h_0=h_{cr}$ 时的渠道底坡 i 值。

(3) 圆形断面渠道临界水深的计算方法

这种情况计算比较繁复，因此常用预先作好的图或表来进行计算。这时，式(10-36)可写成

$$\frac{\alpha Q^2}{g} = \frac{A_{cr}^3}{B_{cr}} = f(d, h_{cr})$$

其中 $A_{cr} = \frac{d^2}{8}(\theta - \sin\theta)$，$B_{cr} = d\sin\frac{\theta}{2}$，$\theta = 4\arcsin\left(\frac{h_{cr}}{d}\right)^{\frac{1}{2}}$。

将上式等号两边同除以 d^5，得量纲一的数关系式为

$$\frac{\alpha Q^2}{gd^5} = \frac{A_{cr}^3}{B_{cr}d^5} = f\left(\frac{h_{cr}}{d}\right) \tag{10-41}$$

根据上式可绘出 $\frac{A_{cr}^3}{B_{cr}d^5} - \frac{h_{cr}}{d}$ 曲线，如图 10-18 所示。求解时，先根据流量 Q、管径 d，求出

$$\frac{A_{cr}^3}{B_{cr}d^5} = \frac{\alpha Q^2}{gd^5}$$

然后在曲线上找出对应于 $\frac{\alpha Q^2}{gd^5}$ 值的 $\frac{h_{cr}}{d}$ 值，即可求出 h_{cr}。图 10-19 是根据有关资料制成的辅助计算曲线，供实际计算时查用。

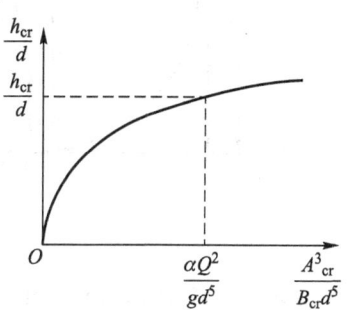

图 10-18

例 10-10 设有一无压圆形断面涵管，已知通过流量 $Q = 1.6 \text{ m}^3/\text{s}$，管径 $d = 1.0 \text{ m}$，试查表计算临界水深 h_{cr}。

解：
$$\frac{A_{cr}^3}{B_{cr}d^5} = \frac{\alpha Q^2}{gd^5} = \frac{1.0 \times 1.6^2}{9.8 \times 1.0^5} = 0.261$$

由图 10-19 查得相应的 $\frac{h_{cr}}{d} = 0.73$，所以 $h_{cr} = 0.73 \times 1.0 \text{ m} = 0.73 \text{ m}$。

3. 临界底坡

从例 10-9 中可以看出，当已知流量 Q，在一定断面形状、渠壁粗糙系数的棱柱体渠道中作均匀流动时，正常水深 h_0 将随渠底坡度 i 的不同而变化。当正常水深恰好等于临界水深 h_{cr} 时的渠底坡度称为临界底坡，并以 i_{cr} 表示。当正常水深等于临界水深时，明渠均匀流计算公式可写为

$$Q = A_{cr} C_{cr} \sqrt{R_{cr} i_{cr}} \tag{1}$$

同时，这个均匀流又是临界流动，即

$$\frac{\alpha Q^2}{g} = \frac{A_{cr}^3}{B_{cr}} \tag{2}$$

联立解以上两式，可得

$$i_{cr} = \frac{g\chi_{cr}}{\alpha C_{cr}^2 B_{cr}} \tag{10-42}$$

式中：χ_{cr}，B_{cr} 分别为对应于临界水深 h_{cr} 的湿周、水面宽度。

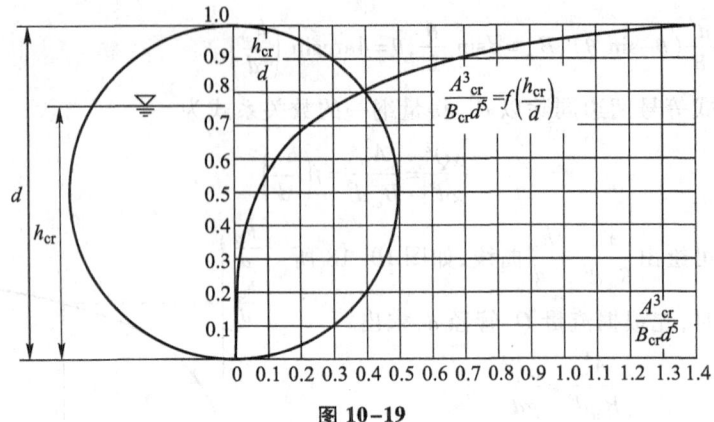

图 10-19

将求得的临界底坡 i_{cr} 与渠道的实际底坡 i 相比较，可以得出可能的正常水深与临界水深之间的关系，即

$$\left.\begin{array}{ll} i<i_{cr}, & h_0>h_{cr} \\ i>i_{cr}, & h_0<h_{cr} \\ i=i_{cr}, & h_0=h_{cr} \end{array}\right\} \tag{10-43}$$

根据上面的判别关系式，在流量、渠道断面形状、尺寸和粗糙系数一定时，渠道底坡若小于临界底坡，将有可能发生缓流状态的均匀流动，这种渠道称为缓坡渠道；渠道底坡若大于临界底坡，将有可能发生急流状态的均匀流动，这种渠道称为陡坡渠道；渠道底坡等于临界底坡时，将有可能发生临界状态的均匀流动，这种渠道称为临界坡渠道。随着 Q 的变化，缓、急坡可互相转化。上述渠底坡度的概念，将在分析明渠非均匀渐变流的水面曲线时得到应用。

§10-3　恒定明渠流流态转换时的局部水力现象——水跃和跌水

10-3-1　水跃

1. 水跃现象

水跃是明渠水流从急流状态过渡到缓流状态时水面突然跃起的局部水力现

§10-3 恒定明渠流流态转换时的局部水力现象——水跃和跌水

象。例如在陡槽下游,下泄水流的大部分势能转变为动能,流速大而水深浅,呈现急流状态。如果下游的水流条件保证在同一流量下为缓流状态,那么,水流将经过水跃而使上游的急流与下游的缓流连接起来,如图10-20所示。从侧面观察,水跃可分为上、下两部分:上部为急流冲入缓流时激起的表面水滚,翻腾涌动饱掺空气,很不透明;下部为表面水滚之下的主流。由于缓流具有较大的势能,对冲进来的急流起遏制作用,就在水跃区内使主流流速大为减缓,水深迅速增加,在比较短的距离上完成了从急流到缓流的过渡。主流与表面水滚间并无明显的分界,两者不断地进行着质量交换,即主流质点被卷入表面水滚,同时,表面水滚内的质点又不断地回到主流中。通常将表面水滚的首端称为跃首(或跃前),尾端称为跃尾(或跃后),首尾间的距离称为跃长,跃首与跃尾之高差称为跃高,由于跃首与跃尾的水深有一定的关系,故称其为共轭水深。跃首、跃尾的位置不断地沿水流方向前后移动。这说明,作为一个局部水力现象,水跃是个不稳定的现象。但是,从时间平均的意义上来讲,它又是围绕着一个时均位置在摆动,还是占有一定的位置的。

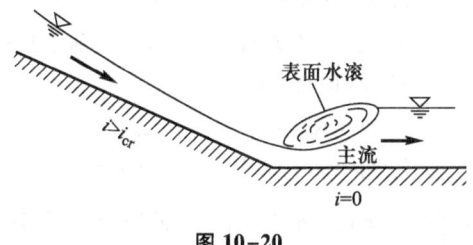

图 10-20

水流从急流到缓流,非但流态发生了变化,水流的内部结构也发生了剧烈的变化,这种变化消耗了水流的大量能量,据以往的研究表明,有时可达跃前断面能量的 60%~70%。因此,在实际工程中,水跃常作为重要的消能手段。人们通过人工措施促成水跃在指定范围内发生,消除余能以减免下泄水流对河床的冲刷。我们研究水跃问题,既是分析明渠非均匀流水面曲线的需要,也是分析其他实际问题(如消能措施)的需要。

按照引起水跃的条件的不同,水跃有着各种不同的形式和名称。完整水跃是一种常见的水跃形式,如图10-21a所示。它发生在具有普通粗糙系数,有均一断面和坡度的渠道中,具有明显的主流与表面水滚。完整水跃的一些规律常是某些水跃水力计算的依据。波状水跃无明显表面水滚,如图10-21b所示。

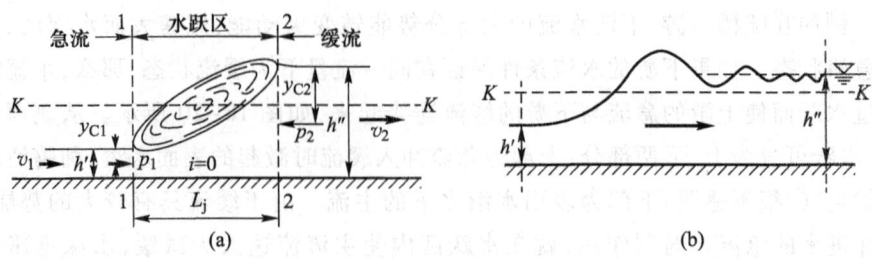

图 10-21

*2. 水跃方程式

在推导水跃方程式时,因为无法确切估计水跃区的能量损失,因此,不能应用总流的伯努利方程,而要用总流的动量方程来推导。为了简便起见,仅就图 10-21a 所示的水平底面、任意断面形状的棱柱体渠道中的完整水跃进行分析,并作如下假设:

(1) 水跃发生在很短距离内,因此摩擦阻力可以忽略不计;

(2) 跃前、跃后两断面的水流符合渐变流条件,因此断面上的动水压强分布可按静水压强分布规律考虑;

(3) 跃前、跃后断面的动量修正系数相等,即 $\beta_1 = \beta_2 = \beta$。

取由跃首、跃尾过流断面 1—1、2—2 和水跃与渠道及大气的接触面为控制面所包围的水体为隔离体,对水流水平方向写总流的动量方程,可得

$$\beta \rho Q(v_2 - v_1) = F_{p_1} - F_{p_2}$$

由式(2-25)知,$F_{p_1} = \rho g y_{C1} A_1$,$F_{p_2} = \rho g y_{C2} A_2$,其中 y_{C1}、y_{C2} 分别为断面 1—1、2—2 形心点在水面下的深度;又因 $v_1 = \dfrac{Q}{A_1}$,$v_2 = \dfrac{Q}{A_2}$。将上述关系代入上式,经适当整理后可得

$$\frac{\beta Q^2}{g A_1} + y_{C1} \cdot A_1 = \frac{\beta Q^2}{g A_2} + y_{C2} \cdot A_2 \tag{10-44}$$

上式即为水平底面棱柱体渠道中恒定水流的水跃方程式。它表明了跃首、跃尾有关水力要素间的关系。对于一定断面形状和尺寸的棱柱体渠道,当流量已知时,$\dfrac{\beta Q^2}{gA} + y_C A$ 为水深 h 的函数,称为水跃函数,并以 $J(h)$ 表示。令 h'、h'' 分别为跃首、跃尾水深,两者互为共轭水深,则式(10-44)可写为

$$J(h') = J(h'') \tag{10-45}$$

绘制水跃函数随水深的变化关系曲线,如图 10-22 所示。由图可见,当 $h \to 0$ 时,$J(h) \to \infty$;当 $h \to \infty$ 时,$J(h) \to \infty$。由连续函数理论可知,必然有一个使水跃函数 $J(h)$ 取得最小值的 h 值。

由 $\dfrac{\mathrm{d}J}{\mathrm{d}h} = 0$ 可得

$$\frac{\beta Q^2}{g} = \frac{A^3}{B} \tag{10-46}$$

上式中 B 为水面宽度。如果近似地认为 $\beta \approx \alpha$，则相应于 J_{min} 的水深恰好也是该流量下已给断面明渠的临界水深。

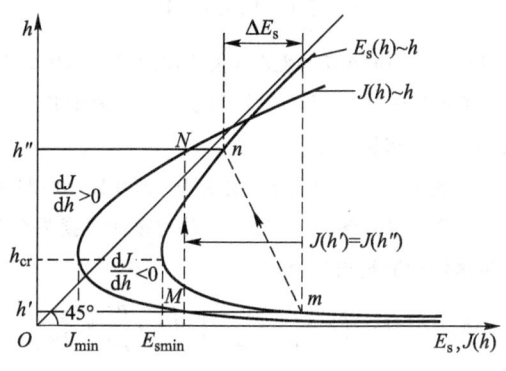

图 10-22

由图 10-22 可以看出，$J(h) \sim h$ 曲线也有上、下两支。当已知共轭水深之一 h'（或 h''），以该水深作水平线交曲线一支于 M（或 N）点，自该点作平行于 h 轴的直线与曲线的另一支交于 N（或 M）点，此点的水深 h''（或 h'）即为所求的另一共轭水深。因此，只要知道了共轭水深之一，即可由水跃函数曲线查出另一共轭水深。

*3. 矩形断面渠道中的水跃共轭水深关系式

在矩形断面情况下，水跃方程式（10-44）可简化，且可直接求得共轭水深。对矩形断面来讲，$A = Bh$，$y_c = \dfrac{h}{2}$，单宽流量 $q = \dfrac{Q}{B}$，将这些关系代入式（10-44），可得

$$\frac{\beta q^2}{gh'} + \frac{h'^2}{2} = \frac{\beta q^2}{gh''} + \frac{h''^2}{2} \qquad (10\text{-}47)$$

取 $\beta \approx \alpha$，以及 $h_{cr}^3 = \dfrac{\alpha q^2}{g}$，则上式可简化为

$$h'h''(h' + h'') = 2h_{cr}^3 \qquad (10\text{-}48)$$

这是一个以共轭水深 h' 及 h'' 为变量的二次方程，由于 h' 与 h'' 互为相关变量，所以令其之一为参变量时，可解得另一变量为

$$h' = \frac{h''}{2}\left[\sqrt{1 + 8\left(\frac{h_{cr}}{h''}\right)^3} - 1\right] \qquad (10\text{-}49)$$

或

$$h'' = \frac{h'}{2}\left[\sqrt{1 + 8\left(\frac{h_{cr}}{h'}\right)^3} - 1\right] \qquad (10\text{-}50)$$

由于 $\dfrac{h_{cr}^3}{h^3} = \dfrac{\alpha q^2}{gh^3} = \dfrac{\alpha v^2}{gh} = Fr^2$，所以上两式可写为

$$h' = \frac{h''}{2}(\sqrt{1+8Fr_2^2}-1) \quad (10-51)$$

$$h'' = \frac{h'}{2}(\sqrt{1+8Fr_1^2}-1) \quad (10-52)$$

上述两式即为矩形断面渠道中的水跃共轭水深关系式,可用来求解共轭水深。按上两式计算的数值和试验所得实际数值极为接近,因而也说明了上述推导过程中的一些假设是允许的。

*4. 水跃的能量损失和水跃长度

研究表明,水跃造成的能量损失主要集中在水跃区,即如图 10-23 所示的断面 1-1、2-2 间的水跃段内,仅有少量分布在跃后流段。因此,目前均按能量损失全部消耗在水跃区来进行计算。这样,单位重量水体的能量损失为

$$\Delta h_w = E_1 - E_2 = \left(z_1 + \frac{p_1}{\rho g} + \frac{\alpha_1 v_1^2}{2g}\right) - \left(z_2 + \frac{p_2}{\rho g} + \frac{\alpha_2 v_2^2}{2g}\right) \quad (10-53)$$

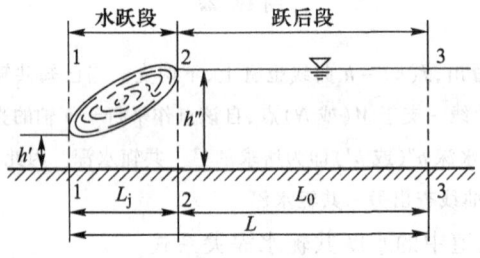

图 10-23

对于底面水平($i=0$)的矩形断面渠道来讲,

$$\Delta h_w = \left(h' + \frac{\alpha_1 v_1^2}{2g}\right) - \left(h'' + \frac{\alpha_2 v_2^2}{2g}\right) = E' - E'' \quad (10-54)$$

将 $h_{cr}^3 = \frac{\alpha q^2}{g}, h'h''(h'+h'') = 2h_{cr}^3$ 代入上式,可得

$$\Delta h_w = \frac{(h''-h')^3}{4h'h''} = E' - E'' \quad (10-55)$$

它们的几何关系可参阅图 10-22。过 M,N 点作水平轴的平行线交 $E_s(h)$ 曲线于 m,n 两点,该两点对应的 $E_s(h)$ 差值 ΔE_s 即为经过水跃的断面比能能量损失。由上式可知,在给定流量下,能量损失的大小与跃高 $h''-h'$ 成正比,跃高愈高则能量损失愈大。

水跃长度是泄水建筑物消能设计的主要依据之一。由于水跃现象比较复杂,目前还无法从理论上求解,主要根据实验,由经验公式来进行计算。计算水平底面矩形断面渠道中的水跃段长度 L_j 的公式很多,常用的有

吴持恭公式(1951 年):

$$L_j = \frac{10(h''-h')}{Fr_1^{0.16}} \quad (10-56)$$

巴甫洛夫斯基公式：
$$L_j = 2.5(1.9h''-h') \tag{10-57}$$

欧勒佛托斯基公式：
$$L_j = 6.9(h''-h') \tag{10-58}$$

水跃区内水流冲刷力强，在跃后一定距离内，水流仍有较大危害，故河床加固长度为水跃长度 L_j 加上跃后段长度 L_0，后者可按下式估计，即
$$L_0 = (2.5 \sim 3.0)L_j \tag{10-59}$$

河床加固长度 L 可按以下公式估计：
$$L = L_0 + L_j = (2.5 \sim 3.0)L_j + L_j$$

一般定义当水跃 $h'' \geq 2h'$ 且有明显表面水滚时，称为完整水跃；当 $h''<2h'$，且无明显表面水滚时，称为波状水跃，如图 10-21b 所示。

例 10-11 设在矩形陡槽下游水平底面渠道中发生水跃，如图 10-23 所示。已知流量 $Q = 2.0 \text{ m}^3/\text{s}$，下游渠底宽度 $b = 0.86$ m，跃前水深 $h' = 0.43$ m，试求跃后水深 h''、跃高 a、水跃长度 L_j，以及水跃区单位水体的能量损失 Δh_w。

解：
$$v_1 = \frac{Q}{A_1} = \frac{2.0}{0.86 \times 0.43} \text{ m/s} = 5.41 \text{ m/s}$$

$$Fr_1^2 = \frac{v_1^2}{gh'} = \frac{5.41^2}{9.8 \times 0.43} = 6.945$$

$$h'' = \frac{h'}{2}(\sqrt{1+8Fr_1^2}-1) = 1.40 \text{ m}$$

则
$$a = h''-h' = (1.40-0.43) \text{ m} = 0.97 \text{ m}$$

$$L_j = 2.5(1.9h''-h') = 2.5 \times (1.9 \times 1.40 - 0.43) \text{ m} = 5.58 \text{ m}$$

$$\Delta h_w = \frac{(h''-h')^3}{4h'h''} = \frac{0.97^3}{4 \times 0.43 \times 1.40} \text{ m} = 0.38 \text{ m}$$

10-3-2 跌水

缓坡（$i<i_{cr}$）渠道中的水流，因下游渠底坡度变陡（$i>i_{cr}$）或渠身断面突然扩大，水面突然跌落。这时，水流以临界流动状态通过突变断面，突变断面处的水深可认为等于临界水深，实际上临界水深在上游 $(3 \sim 4)h_{cr}$ 处。这种由缓流向急流过渡时水面突然跌落的局部水力现象称为跌水（或水跌）。了解跌水现象对分析和计算明渠非均匀流的水面曲线和修筑跌水构筑物具有重要的意义。例如缓坡渠道后接一陡槽，水流经过连接断面时的水深可认为是临界水深，这一断面称为控制断面，其水深称为控制水深；在进行水面曲线分析和计算时可作为已知水深，从而给分析、计算提供了一个已知条件。

§10-4 恒定明渠非均匀渐变流动的基本微分方程

本节将讨论和建立恒定明渠非均匀渐变流动的基本微分方程,以便用以进行水面曲线类型的分析和计算。

为了使问题简化,在不影响结论准确性的前提下作如下假设:

(1) 沿程流速变化缓慢,符合渐变流条件,可应用总流伯努利方程;

(2) 只有沿程损失,不考虑局部损失;

(3) 不均匀流微小流程上的沿程损失可按均匀流计算。

设有一顺坡非棱柱体渠道中的恒定非均匀渐变流动,如图 10-24 所示,流量为 Q。取相距 ds 的两过流断面 1-1、2-2,断面 1-1 到某起始断面的距离为 s。令 z,v 为断面 1-1 的水面到基准面 0-0 的高度及断面平均流速,

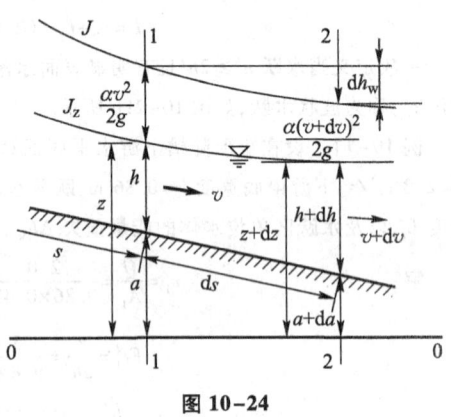

图 10-24

$z+dz,v+dv$ 为断面 2-2 的水面到基准面 0-0 的高度及断面平均流速。对两断面写总流的伯努利方程,且认为 $\alpha_1=\alpha_2=\alpha$,则可得

$$z+\frac{p_a}{\rho g}+\frac{\alpha v^2}{2g}=z+dz+\frac{p_a}{\rho g}+\frac{\alpha(v+dv)^2}{2g}+dh_w$$

式中:$\frac{(v+dv)^2}{2g}=\frac{v^2}{2g}+d\left(\frac{v^2}{2g}\right)+\frac{(dv)^2}{2g}$,略去二阶无穷小量 $\frac{(dv)^2}{2g}$,得 $\frac{\alpha(v+dv)^2}{2g}=\frac{\alpha v^2}{2g}+d\left(\frac{\alpha v^2}{2g}\right)$。另外在渐变流动中,局部损失很小可以忽略不计,即 $dh_w=dh_f$。将这些关系式代入上式,可得

$$-dz=d\left(\frac{\alpha v^2}{2g}\right)+dh_f \tag{10-60}$$

上式即为恒定明渠非均匀渐变流动的基本微分方程。它说明水流单位势能的改变,等于单位动能的改变与单位能量损失之和。克服阻力所损失的能量总是正值,但是非均匀流动有加速和减速运动之分,动能的改变可以是正值或负值。在

加速流动中，除克服阻力损失能量外，水流的一部分势能必将转化为动能，水面势必降落较大。在减速流动中，水流的一部分动能将恢复成为势能，因而水面降落比较少，甚至在一定条件下，水面可能沿程有所抬高。

将上式等号两边各项除以 ds，得

$$-\frac{dz}{ds} = \frac{d}{ds}\left(\frac{\alpha v^2}{2g}\right) + \frac{dh_f}{ds}$$

式中：$-\frac{dz}{ds}$ 为明渠流的水面坡度 J_z，$\frac{dh_f}{ds}$ 为摩阻坡度 J_f（由于局部损失忽略不计，所以又可视为水力坡度）。因此，上式可写为

$$J_z = \frac{d}{ds}\left(\frac{\alpha v^2}{2g}\right) + J_f \quad (10-61)$$

对于具有平整渠底的非棱柱体渠道来讲，水面坡度可借渠底坡度 i 与水深变化率 $\frac{dh}{ds}$ 表示为

$$J_z = -\frac{dz}{ds} = -\frac{da}{ds} - \frac{dh}{ds} = i - \frac{dh}{ds}$$

考虑到 $h + \frac{\alpha v^2}{2g} = E_s$，因此，式（10-61）可写为

$$\frac{dE_s}{ds} = i - J_f \quad (10-62)$$

上式为恒定明渠非均匀渐变流动基本微分方程的另一表达式。可用于棱柱体或非棱柱体渠道中水面曲线的分析和计算。

式（10-62）虽是在顺坡渠道情况下推导得出，但是对平坡、逆坡渠道亦适用，平坡时 $i=0$，逆坡时 $i<0$。

§10-5 棱柱体渠道中恒定非均匀渐变流水面曲线类型的分析

10-5-1 棱柱体渠道中恒定非均匀渐变流动的微分方程

本节只讨论棱柱体规则断面渠道中非均匀渐变流动的水面曲线类型。分析水面曲线，要解决两个问题：一是水面曲线的水深沿程变化的趋势，二是水面曲线两端变化的情况。为了便于分析，先将式（10-62）改写为表示水流水深沿程变化的关系式。对于棱柱体渠道，断面形状沿程不变，过流断面面积仅为水深 h

的函数。因此,断面单位能量的沿程变化取决于断面单位能量随水深的变化和水深的沿程变化,即 $\dfrac{\mathrm{d}E_s}{\mathrm{d}s}=\dfrac{\mathrm{d}E_s}{\mathrm{d}h}\cdot\dfrac{\mathrm{d}h}{\mathrm{d}s}$,代入式(10-62)得 $\dfrac{\mathrm{d}E_s}{\mathrm{d}s}=\dfrac{\mathrm{d}E_s}{\mathrm{d}h}\cdot\dfrac{\mathrm{d}h}{\mathrm{d}s}=i-J_\mathrm{f}$,从而得 $\dfrac{\mathrm{d}h}{\mathrm{d}s}=\dfrac{i-J_\mathrm{f}}{\dfrac{\mathrm{d}E_s}{\mathrm{d}h}}$。又由于 $E_s=h+\dfrac{\alpha v^2}{2g}=h+\dfrac{\alpha Q^2}{2gA^2}$,$\dfrac{\mathrm{d}A}{\mathrm{d}h}=B$,$\dfrac{\mathrm{d}E_s}{\mathrm{d}h}=1-\dfrac{\alpha Q^2 B}{gA^3}=1-Fr^2$,所以上式可写成

$$\frac{\mathrm{d}h}{\mathrm{d}s}=\frac{i-J_\mathrm{f}}{1-\dfrac{\alpha Q^2 B}{gA^3}}=\frac{i-J_\mathrm{f}}{1-Fr^2} \tag{10-63}$$

式中:摩阻坡度 J_f 随水流流速、渠道断面形状及尺寸而改变,对每一微小流段,可近似地按均匀流公式计算,即 $J_\mathrm{f}=\dfrac{v^2}{C^2 R}=\dfrac{Q^2}{K^2}$,代入上式可得

$$\frac{\mathrm{d}h}{\mathrm{d}s}=\frac{i-\dfrac{Q^2}{K^2}}{1-Fr^2} \tag{10-64}$$

上式即为棱柱体渠道中非均匀渐变流动的微分方程,可用于顺坡、平坡、逆坡渠道中水面曲线的分析。

式(10-64)表明,当 $h\to h_{\mathrm{cr}}$ 时,$1-Fr^2\to 0$,$\dfrac{\mathrm{d}h}{\mathrm{d}s}\to\pm\infty$。即在非均匀流中,当水深趋近于临界水深时,水面曲线与临界水深线正交,出现前节分析过的局部水力现象。水流由小于临界水深过渡到大于临界水深时,出现水跃现象;水流由大于临界水深过渡到小于临界水深时,出现跌水现象;$\dfrac{\mathrm{d}h}{\mathrm{d}s}>0$,水流出现壅水;$\dfrac{\mathrm{d}h}{\mathrm{d}s}<0$,水流出现降水;$\dfrac{\mathrm{d}h}{\mathrm{d}s}=0$,水流为均匀流。式(10-64)还说明,非均匀流水深的沿程变化率与渠底坡度 i 有关,渠道底坡有顺坡、平坡、逆坡之分,现分别讨论如下。

(1)顺坡渠道($i>0$)

在顺坡渠道中,非均匀流有向均匀流过渡的可能,因此,作为极限情况考虑,式(10-64)中的流量可用均匀流流量 $Q=K_0\sqrt{i}$ 代入,可得

$$\frac{\mathrm{d}h}{\mathrm{d}s}=i\,\frac{1-\left(\dfrac{K_0}{K}\right)^2}{1-Fr^2} \tag{10-65}$$

由上式可以看出，当 $h \to h_0$ 时，$K \to K_0$，$\dfrac{dh}{ds} \to 0$，即非均匀流水面曲线在水深接近正常水深时以均匀流水面线为渐近线。

（2）平坡渠道（$i=0$）

这时，公式（10-64）变为 $\dfrac{dh}{ds} = -\dfrac{\dfrac{Q^2}{K^2}}{1-Fr^2}$。由于平坡渠道中不可能发生均匀流动，因此正常水深 h_0 失去意义。但临界水深依然存在，并且临界水深与渠道底坡无关。由临界底坡概念有 $Q = A_{cr} C_{cr} \sqrt{R_{cr} i_{cr}} = K_{cr} \sqrt{i_{cr}}$，代入上式得

$$\frac{dh}{ds} = -i_{cr} \frac{\left(\dfrac{K_{cr}}{K}\right)^2}{1-Fr^2} \tag{10-66}$$

（3）逆坡渠道（$i<0$）

逆坡渠道中也不可能发生均匀流动。为了便于分析，不妨引入与此逆坡渠道断面形状相同、坡度相等的顺坡渠道 $i' = -i$，于是借用均匀流公式 $Q = K_0' \sqrt{i'}$，代入式（10-64）得

$$\frac{dh}{ds} = -i' \frac{1+\left(\dfrac{K_0'}{K}\right)^2}{1-Fr^2} \tag{10-67}$$

式（10-65）、（10-66）、（10-67）分别为棱柱体顺坡、平坡、逆坡渠道中非均匀渐变流基本方程的具体表达式，可直接用于各相应底坡渠道中水面曲线的分析。式中 K_0，K_{cr}，K 依次为水深 h_0，h_{cr}，h 的函数，因此，可将上述基本方程表达为下列函数形式

$$\frac{dh}{ds} = f\left[i(i'), \frac{h}{h_0}, \frac{h}{h_{cr}}, Fr\right] \tag{10-68}$$

上式说明，对一定底坡的棱柱体渠道中的恒定非均匀渐变流动，水深的沿程变化规律与水深 h 和正常水深 h_0、水深 h 和临界水深 h_{cr} 的对比关系，以及水流的 Fr 数相关。实际问题中，根据实际水深与正常水深、临界水深的关系，可将渠底以上的流动空间以 h_{cr} 的轨迹线 K-K 和 h_0 的轨迹线 N-N 分为 a，b，c 三个区。N-N 线与 K-K 线以上的区域为 a 区，N-N 线与 K-K 线之间的区域为 b 区，N-N 线与 K-K 线以下的区域为 c 区，如图 10-25 所示。

由前面的分析可以知道，渠道按底坡的不同可以分为顺坡、平坡和逆坡三种渠道，而顺坡渠道又包括缓坡、陡坡和临界坡。在缓坡和陡坡渠道中，正常水深

与临界水深同时存在,即 N-N 线与 K-K 线共存,因此各有 a,b,c 三个区;在临界坡渠道中,正常水深与临界水深相等,即 N-N 线与 K-K 线重合,这时,相当于两水深线之间的 b 区被排挤出去,只剩下 a,c 两个区;平坡和逆坡渠道中,不能发生均匀流动,因此,只有 K-K 线。在这种情况下,如果按 h_0 为无穷大,即 N-N 线位于无穷远处的假定考虑,则相当于排挤出了 a 区,仅剩下 b,c 两个区。这样,棱柱体渠道中的恒定非均匀渐变流动共有五种底坡渠道、12 个区,每个区中有一条唯一的水面曲线,共有 12 条水面曲线类型。具体进行水面曲线分析时,应首先标出一定底坡渠道中的 N-N 线和 K-K 线,以便根据实际水深所处的区域来确定水面曲线类型。

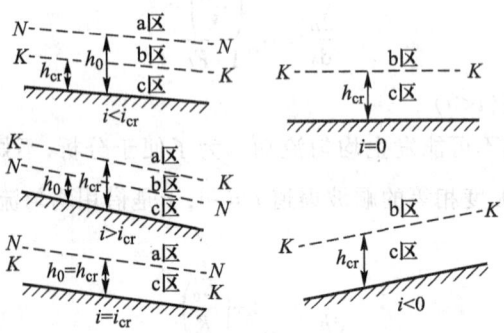

图 10-25

分析水面曲线的任务在于:根据底坡、水深与正常水深、水深与临界水深的关系及 Fr 数确定水面曲线的沿程变化规律,即是水深沿程递升的壅水曲线,还是沿程递降的降水曲线;此外,指出曲线两端的变化趋势,即 $\dfrac{dh}{ds}$ 的极限情况。下面,将依次对各种底坡渠道中的非均匀流动,结合实际的进流或出流条件,分析其水面曲线类型。

10-5-2 各种底坡渠道中水面曲线的分析

分析水面曲线需知棱柱体渠道断面形状、尺寸和粗糙系数以及渠道底坡,渠道长度要足够长,水面曲线在渠中可以充分展延。

1. 顺坡渠道($i>0$)

顺坡渠道水面曲线的分析主要依据式(10-65)进行。顺坡渠道因流量大小及渠身几何条件的不同,可有缓坡、陡坡、临界坡三种情况,现分别进行讨论。

(1) 缓坡渠道（$i<i_{cr}$）

在缓坡渠道中，正常水深大于临界水深（$h_0>h_{cr}$），因此，$N-N$ 线在 $K-K$ 线之上，如图 10-26 所示。视渠道渠首（或渠尾）的进流（或出流）条件，实际水深有三种情况，即 $h>h_0>h_{cr}$，$h_0>h>h_{cr}$，$h_0>h_{cr}>h>0$。

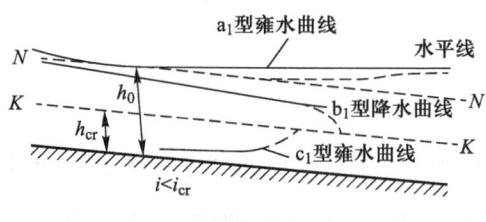

图 10-26

(a) $h>h_0>h_{cr}$，水面曲线位于 a 区。这时，$h>h_0$，$K>K_0$，并因 $h>h_{cr}$，$Fr^2<1$，所以，$\dfrac{dh}{ds}>0$，说明水深沿程递升，因为位于 a 区，所以称为 a_1 型壅水曲线。水面曲线两端的变化是：上游端，当 $h\rightarrow h_0$ 时，$K\rightarrow K_0$，$Fr^2<1$，$\dfrac{dh}{ds}\rightarrow 0$，以 $N-N$ 线为渐近线；下游端，当 $h\rightarrow\infty$ 时，$K\rightarrow\infty$，$\dfrac{K_0}{K}\rightarrow 0$，$v\rightarrow 0$，$Fr^2\rightarrow 0$，$\dfrac{dh}{ds}\rightarrow i$，单位长度上的水深增加等于同一长度上渠底高程的降低，以水平线为渐近线。a_1 型壅水曲线在实际工程中极为普遍，如在缓坡河渠中修建桥、闸、堰坝及其他束窄水流的建筑物后，都可能在上游出现 a_1 型壅水曲线，如图 10-27a、b 所示，上游端常以 $(1.01\sim 1.05)h_0$ 的断面作为壅水范围的界点。

(b) $h_0>h>h_{cr}$，水面曲线位于 b 区。因为 $h_0>h$，$K_0>K$，并因 $h>h_{cr}$，$Fr^2<1$，所以，$\dfrac{dh}{ds}<0$，说明水深沿程递降，为 b_1 型降水曲线。上游端，$h\rightarrow h_0$ 时，$K\rightarrow K_0$，$Fr^2<1$，$\dfrac{dh}{ds}\rightarrow 0$，以 $N-N$ 线为渐近线；下游端，当 $h\rightarrow h_{cr}$ 时，$Fr^2\rightarrow 1$，$\dfrac{dh}{ds}\rightarrow -\infty$，水面曲线与 $K-K$ 线正交，将出现跌水现象。在缓坡渠道末端修建

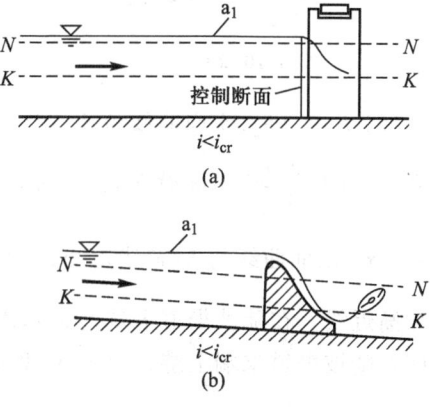

图 10-27

陡槽或跌坎后，都可能在缓坡渠道中出现 b_1 型降水曲线，如图 10-28a,b 所示。

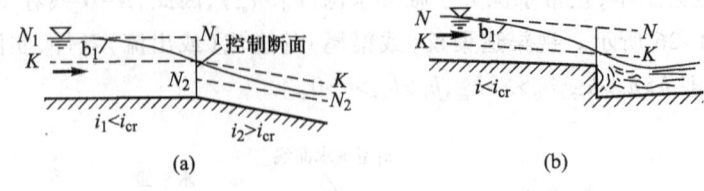

图 10-28

(c) $h_0>h_{cr}>h$，水面曲线位于 c 区。这时，$K_0>K_{cr}>K$，并因 $Fr^2>1$，所以，$\dfrac{dh}{ds}>0$，说明水深沿程递升，为 c_1 型壅水曲线。上游端，起始于某一已知的控制断面水深（如收缩断面水深 h_c）；下游端，$h \to h_{cr}$ 时，$Fr^2 \to 1$，$\dfrac{dh}{ds} \to +\infty$，水面曲线与 $K-K$ 线正交，将出现水跃与下游水面曲线衔接。在坝顶泄流与坝后缓坡渠道连接，或闸下出流与缓坡渠道连接处，均可能出现 c_1 型壅水曲线，如图 10-29 所示。

(2) 陡坡渠道（$i>i_{cr}$）

在陡坡渠道中，正常水深小于临界水深（$h_0<h_{cr}$），因此 $N-N$ 线在 $K-K$ 线之下，如图 10-30 所示。实际水深也有三种情况，即 $h>h_{cr}>h_0$，$h_{cr}>h>h_0$，$h_{cr}>h_0>h>0$。

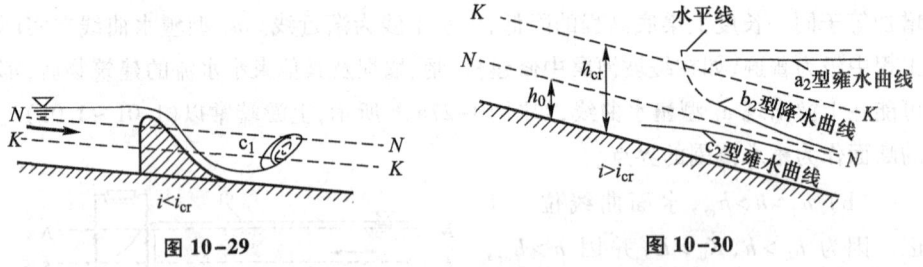

图 10-29　　　　　　　　　图 10-30

(a) $h>h_{cr}>h_0$，水面曲线位于 a 区。仿照前面的分析方法，由式（10-65）知 $K>K_0$，$Fr^2<1$，$\dfrac{dh}{ds}>0$ 水深沿程递升，为 a_2 型壅水曲线。上游端，$h \to h_{cr}$ 时，$Fr^2 \to 1$，$\dfrac{dh}{ds} \to +\infty$，水面曲线与 $K-K$ 线正交，将发生水跃；下游端，$h \to \infty$ 时，$\dfrac{dh}{ds} \to i$，以水平线为渐近线。在陡坡渠道末端连接水库、缓坡渠道或修建堰、闸等建筑物时，均可能在陡坡渠道末端上游处出现 a_2 型壅水曲线，如图 10-31a,b 所示。

(b) $h_{cr}>h>h_0$，水面曲线位于 b 区。由式（10-65）知，$K>K_0$，$Fr^2>1$，$\dfrac{dh}{ds}<0$，水

面曲线沿程递降,为 b_2 型降水曲线。上游端,$h\to h_{cr}$ 时,$Fr^2\to 1$,$\dfrac{dh}{ds}\to -\infty$,水面曲线与 $K\text{-}K$ 线正交,将发生跌水;下游端,$h\to h_0$ 时,$\dfrac{dh}{ds}\to 0$,以 $N\text{-}N$ 线为渐近线。在缓坡渠道与陡坡渠道连接的下游陡坡渠道中,可能出现 b_2 型水面曲线,如图 10-32 所示。

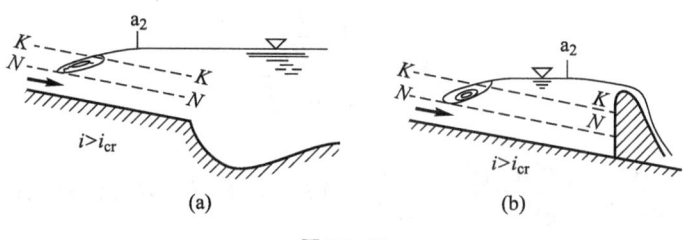

图 10-31

(c) $h_{cr}>h_0>h>0$,水面曲线位于 c 区。由式(10-65)知,$K<K_0$,$Fr^2>1$,$\dfrac{dh}{ds}>0$,水深沿程递升,为 c_2 型壅水曲线。上游端,起始于某一控制断面水深;下游端,$h\to h_0$ 时,$K\to K_0$;$\dfrac{dh}{ds}\to 0$,以 $N\text{-}N$ 线为渐近线。两个陡坡渠道相连接,并且 $i_1>i_2$,这时,在下游陡坡渠道中,或闸下出流进入陡坡渠道处,将可能出现 c_2 型壅水曲线,如图 10-33a,b 所示。

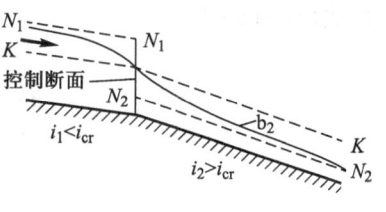

图 10-32

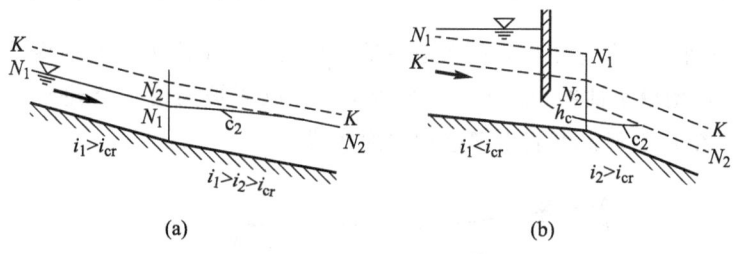

图 10-33

(3) 临界坡渠道($i=i_{cr}$)

因为正常水深与临界水深相等($h_0=h_{cr}$),所以 $N\text{-}N$ 线与 $K\text{-}K$ 线重合,如图 10-34 所示。实际水深有两种情况,即 $h>h_0=h_{cr}$ 和 $h_0=h_{cr}>h>0$。

(a) $h > h_0 = h_{cr}$,水面曲线位于 a 区。$\dfrac{dh}{ds} > 0$,水深沿程递升,为 a_3 型壅水曲线。

为了分析上游端水面曲线的变化情况,需将式(10-64)改写,以 i_{cr} 代替 i,于是

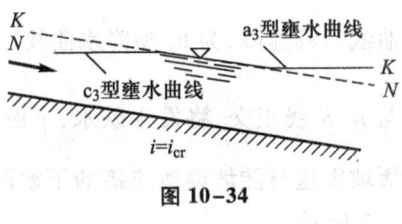

图 10-34

$$\frac{dh}{ds} = i_{cr} \frac{1 - \dfrac{Q^2}{K^2 i_{cr}}}{1 - \dfrac{\alpha Q^2 B}{g A^3}} \quad (10-69)$$

式中 $\dfrac{\alpha Q^2 B}{g A^3} = \dfrac{Q^2}{A^2 C^2 R} \cdot \dfrac{\alpha C^2 B}{g\chi} = \dfrac{Q^2}{K^2} \cdot \dfrac{\alpha C^2 B}{g\chi}$。当 $h \to h_{cr}$ 时,$B \to B_{cr}$,$\chi \to \chi_{cr}$,$C \to C_{cr}$,结合式(10-42)有

$$\frac{g\chi}{\alpha C^2 B} \to \frac{g\chi_{cr}}{\alpha C_{cr}^2 B_{cr}} = i_{cr}$$

因此式(10-69)为

$$\frac{dh}{ds} \to i_{cr} \frac{1 - \dfrac{Q^2}{K^2 i_{cr}}}{1 - \dfrac{Q^2}{K^2 i_{cr}}} = i_{cr}$$

即 $\dfrac{dh}{ds} \to i_{cr}$。这说明,在上游端,当 $h \to h_{cr}$ 时,水面曲线以水平线为渐近线。下游端,$h \to \infty$ 时,$\dfrac{K_0}{K} \to 0$,$Fr^2 \to 0$,因此 $\dfrac{dh}{ds} \to i = i_{cr}$,同样以水平线为渐近线。这种水面曲线的曲率很不显著,实际上几乎是一条水平线。在水库上游的临界坡渠道中,可能出现 a_3 型壅水曲线,如图 10-35 所示。在临界坡渠道中修建桥、涵等水工建筑物后,在其上游也可能出现这种水面曲线。

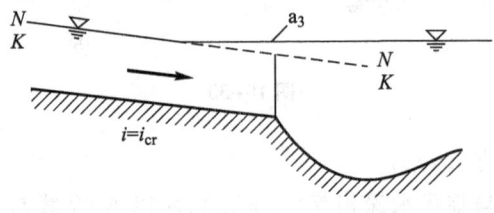

图 10-35

(b) $h_0 = h_{cr} > h > 0$，水面曲线位于 c 区。$K < K_0$, $Fr^2 > 1$, $\dfrac{dh}{ds} > 0$，水深沿程递升，为 c_3 型壅水曲线。上游端，起始于某一已知控制断面水深（如收缩断面水深 h_c）；下游端，当 $h \to h_{cr}$ 时，仿上分析过程可得 $\dfrac{dh}{ds} \to i_{cr}$，以水平线为渐近线。这种水面曲线实际上可以认为几乎是水平的。在无压力式涵洞底坡 $i = i_{cr}$，进口收缩断面水深 $h_c < h_{cr}$ 时，在涵洞内将出现 c_3 型壅水曲线，如图 10-36 所示。

2. 平坡渠道（$i = 0$）

平坡渠道水面曲线的分析，依据式（10-66）来进行。在平坡渠道中，不可能发生均匀流动，因此没有 N-N 线，只有 K-K 线，如图 10-37 所示。实际水深有两种情况，即 $h > h_{cr}$ 和 $h < h_{cr}$。

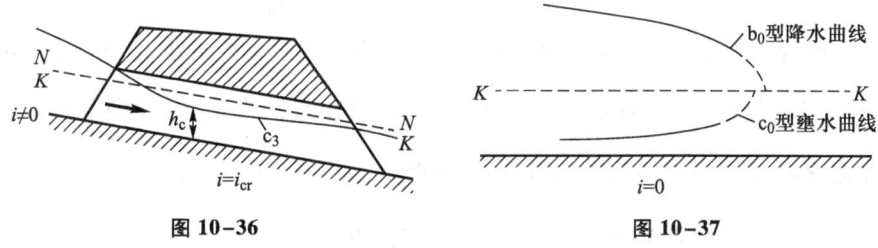

图 10-36   图 10-37

(a) $h > h_{cr}$，水面曲线位于 b 区。由式（10-66）知，$Fr^2 < 1$, $\dfrac{dh}{ds} < 0$，水深沿程递降，为 b_0 型降水曲线。上游端，$h \to \infty$ 时，$K \to \infty$，$Fr^2 \to 0$, $\dfrac{dh}{ds} \to 0$，以水平线为渐近线；下游端，$h \to h_{cr}$ 时，$Fr^2 \to 1$, $\dfrac{dh}{ds} \to -\infty$，水面曲线与 K-K 线正交，将出现跌水现象。在平坡渠道中修建跌坎后，将在跌坎上游出现 b_0 型降水曲线，如图 10-38 所示。

(b) $h < h_{cr}$，水面曲线位于 c 区。$Fr^2 > 1$, $\dfrac{dh}{ds} > 0$，水深沿程递升，为 c_0 型壅水曲线。上游端，起始于某一控制断面水深（如收缩断面 h_c）；下游端，$h \to h_{cr}$ 时，$Fr^2 \to 1$, $\dfrac{dh}{ds} \to +\infty$，水面曲线与 K-K 线正交，将出现水跃现象。平底渠道中的闸下出流，在收缩断面下游可能出现 c_0 型壅水曲线，如图 10-39 所示。

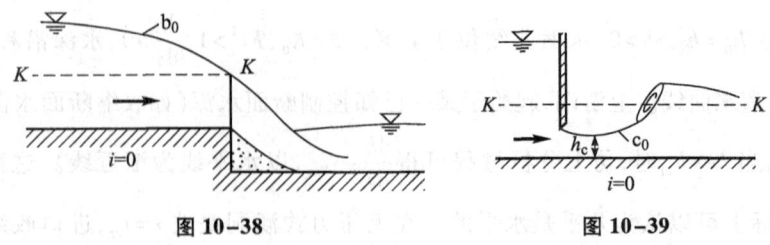

图 10-38　　　　　　　　　图 10-39

3. 逆坡渠道（$i<0$）

逆波渠道水面曲线的分析依据式（10-67）来进行。在逆坡渠道中，不可能发生均匀流动，因此只有 K-K 线，如图 10-40 所示。实际水深有两种情况，即 $h>h_{cr}$ 和 $h<h_{cr}$。

（a）$h>h_{cr}$，水面曲线位于 b 区。由式（10-67）知 $\frac{dh}{ds}<0$，水深沿程递降，为 b′ 型降水曲线。上游端，$h\to\infty$ 时，$K\to\infty$，$Fr^2\to 0$，以水平线为渐近线；下游端，$h\to h_{cr}$ 时，$Fr^2\to 1$，$\frac{dh}{ds}\to -\infty$，水面曲线与 K-K 线正交，将出现跌水现象。在逆坡渠道中修建陡坎后，跌坎上游可能出现 b′ 型降水曲线，如图 10-41 所示。

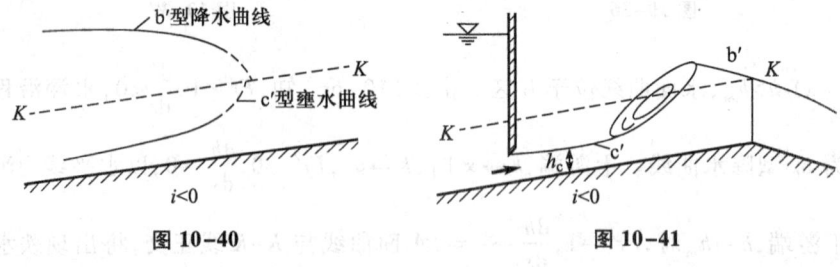

图 10-40　　　　　　　　　图 10-41

（b）$h<h_{cr}$，水面曲线位于 c 区。$\frac{dh}{ds}>0$，水深沿程递升，为 c′ 型壅水曲线。上游端，起始于某一控制断面水深（如收缩断面水深 h_c）；下游端，$h\to h_{cr}$ 时，$Fr^2\to 1$，$\frac{dh}{ds}\to +\infty$，水面曲线与 K-K 线正交，将出现水跃现象。逆坡渠道中的闸下出流，当闸门开度 $e<h_{cr}$ 时，有可能出现 c′ 型壅水曲线，如图 10-41 所示。

10-5-3　水面曲线的特点与分析方法

上面分析的五种底坡棱柱体渠道中 12 条水面曲线类型，其共同特点是：

（1）所有 a 型及 c 型水面曲线都是水深沿程递升的壅水曲线，所有 b 型水面曲线都是水深沿程递降的降水曲线。

（2）除 a_3, c_3 型曲线外，其余的水面曲线都遵循：当水深 $h \rightarrow h_0$ 时，水面曲线以 N-N 线为渐近线；当水深 $h \rightarrow h_{cr}$ 时，水面曲线的连续性发生中断，或与水跌，或与水跃相连接，至于水跃的具体位置需计算确定，跌水可认为在跌坎处开始，或在缓坡变到陡坡的过渡断面处发生；当水深 $h \rightarrow \infty$ 时，水面曲线以水平线为渐近线。

（3）当渠道足够长时，在非均匀流影响不到的地方，水流将形成均匀流，水深为正常水深 h_0，水面曲线为 N-N 线。

（4）对于 a_3, c_3 型曲线，当 $h \rightarrow h_0 = h_{cr}$ 时，$\dfrac{\mathrm{d}h}{\mathrm{d}s} = i = i_{cr}$，水面曲线以水平线为渐近线。

在具体进行水面曲线分析时，必须先由已知水深，即控制断面开始，控制断面是由明渠的具体条件决定的。工程中碰到的主要有以下四种情况：

（1）明渠中修建桥、涵、闸、堰等建筑物，建筑物前壅水水位及下游泄水水位均为设计时已经确定的，也可由水力计算得到。

（2）收缩断面水深，如闸孔出流、无压力式涵洞进口、堰顶下泄水流等收缩断面水深，均可由已知条件计算确定。

（3）缓流到急流（缓坡渠道后接陡坡渠道）的过渡断面，水流出现跌水现象，水深为临界水深 h_{cr}，可由已知条件计算确定。

（4）长直渠道中的正常水深 h_0 可由已知条件计算确定。

由波的传播理论可知，急流时，波的干扰只能向下游传播；缓流时，波可向下游也可以向上游传播。因此，缓流的控制断面在下游找，急流的控制断面在上游找。在以上分析的水面曲线中，a_1, a_2, b_1, b_0 等水面曲线的控制断面位于曲线下游，而 c_1, c_2, c_0, b_2 等水面曲线的控制断面位于曲线的上游。

在具体进行水面曲线分析时，可参照以下步骤进行。

（1）根据已知条件，绘出一定底坡情况下的 N-N 线、K-K 线（或只有 K-K 线）。

（2）找出控制断面位置及其水深。

（3）分析水面曲线所处区域、变化趋势及上、下游的极限情况。

（4）参照前述 12 条水面曲线中某一条对应的水面曲线类型，绘出具体工程中的水面曲线。需要指出，实际工程中的水面曲线类型，有时需通过定量计算后才能确定。例如陡坡渠道末端连接缓坡渠道，如图 10-42 所示。当下游缓坡渠道中水深较大时，将可能在陡坡渠道中出现 a_2 型壅水曲线；当下游水深稍小时，可能恰好在坡度转折点处出现水跃；当下游水深更小时，将在下游渠道中出现 c_1 型壅水曲线，所以，具体问题要作具体分析。

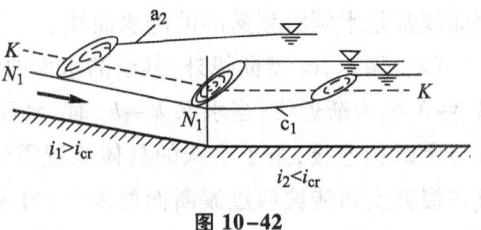

图 10-42

例 10-12 设有一棱柱体渠道，由各种不同底坡的渠段组成（每一渠段均为充分长），渠道上游为水库，末端设有跌坎，如图 10-43 所示。当上游水库水位已知（高于 K-K 线）时，试定性分析并绘制渠道中的水面曲线。

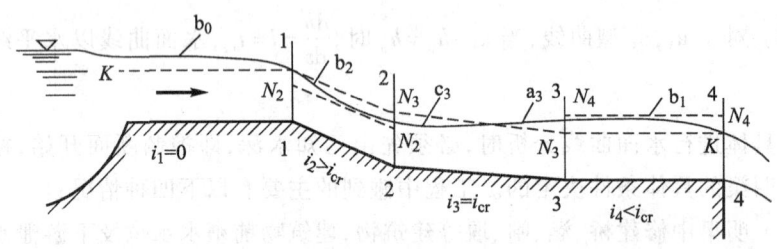

图 10-43

解： 根据已知条件绘出每一渠段上的 N-N 线和 K-K 线，如图 10-43 所示。平坡渠段与陡坡渠段连接处的过流断面 1-1 为控制断面，水深为临界水深 h_{cr}；渠道末端跌坎处的过流断面 4-4 为控制断面，水深为 h_{cr}；另外，上游水库水位为已知。由控制断面 1-1 逆流而上，在 i_1 渠段中为 b_0 型降水曲线，上游端，与水库水位相衔接；顺流而下，在 i_2 渠段中为 b_2 型降水曲线，下游端，以 N_2-N_2 线为渐近线，断面 2-2 处水深为 h_{02}，并且作为下游 i_3 渠段的控制水深。i_3 渠段中的水面曲线，需结合 i_4 渠段中的水面曲线来分析。以控制断面 4-4 水深 h_{cr} 作起点，逆流而上，在 i_4 渠段中为 b_1 型降水曲线，上游端以 N_4-N_4 线为渐近线，断面 3-3 处水深为 h_{04}，为上游 i_3 渠段的控制水深。可判断 i_3 渠段中上游为 c_1 型壅水曲线，然后作均匀流动（视 i_3 渠段长度而定）后，以 a_3 型壅水曲线与 i_4 渠段中的 b_1 型降水曲线平滑地连接起来。全渠道的水面曲线如图 10-43 所示。

§10-6 恒定明渠非均匀渐变流水面曲线的计算

计算水面曲线的方法很多，目前应用较普遍的是分段求和法和数值积分法，以及在这些方法基础上的电算法。

水面曲线的计算是在渠道底坡 i 及粗糙系数 n 已知的情况下进行的，所要解决的问题包括：

(1) 已知流量 Q 和渠道两断面的形状、尺寸及水深 h_1,h_2，求两断面间的渠道长度 L。

(2) 已知流量 Q 和渠道的断面形状、尺寸，以及两断面间的渠段长度和其中一个断面的水深，求另一断面的水深。

10-6-1 分段求和法

水面曲线的计算，关键是求得非均匀渐变流动微分方程式(10-62)的解。由于式中断面单位能量 E_s 和摩阻坡度 J_f 均为水深 h 的复杂函数，所以直接积分有困难。分段求和法是将微分方程改写为差分方程，将整个流动划分为若干微小流段，在每一流段上应用此差分方程来求解。逐段计算并将各段的计算结果累加起来，即可得到整段渠道的水面曲线。

设有一明渠渐变流，如图 10-44 所示。令过流断面 1-1、2-2 间的距离为有限差量 Δs，则式(10-62)可改写为

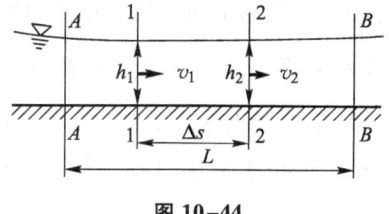

图 10-44

$$\frac{\Delta E_s}{\Delta s} = i - \overline{J}_f \tag{10-70}$$

或

$$\Delta s = \frac{\Delta E_s}{i - \overline{J}_f} \tag{10-71}$$

上式即为恒定明渠非均匀渐变流动微分方程的差分形式，可用来计算不同渠底坡度的棱柱体或非棱柱体渠道中的水面曲线。平坡时以 $i=0$、逆坡时以 $i<0$ 代入。式中 ΔE_s 为断面单位能量在 Δs 距离上的变化量，可由下式计算，即

$$\Delta E_s = \left(h_2 + \frac{\alpha_2 v_2^2}{2g} \right) - \left(h_1 + \frac{\alpha_1 v_1^2}{2g} \right) \tag{10-72}$$

$\overline{J}_f$ 为水流在 Δs 流段上的平均摩阻坡度。对一段长度不大的棱柱体渠道，$\overline{J}_f$ 值可按下式计算，即

$$\overline{J}_f = \frac{\overline{v}^2}{\overline{C}^2 \overline{R}} \tag{10-73}$$

式中 $\overline{v}$、$\overline{C}$、$\overline{R}$ 分别为断面 1-1、2-2 的平均流速、谢才系数、水力半径的平均值，即

$$\bar{v}=\frac{1}{2}(v_1+v_2), \quad \bar{C}=\frac{1}{2}(C_1+C_2), \quad \bar{R}=\frac{1}{2}(R_1+R_2)$$

对非棱柱体渠道，$\bar{J}_f$ 可按下式计算，即

$$\bar{J}_f=\frac{1}{2}(J_{f1}+J_{f2}) \tag{10-74}$$

式中：J_{f1}，J_{f2} 分别为断面 1-1、2-2 的摩阻坡度，即

$$J_{f1}=\frac{v_1^2}{C_1^2 R_1}, \quad J_{f2}=\frac{v_2^2}{C_2^2 R_2}$$

1. 棱柱体渠道中水面曲线的计算

棱柱体渠道水面曲线的计算，往往是由某一控制断面开始，以此为断面 1-1，水深为 h_1；根据水面曲线类型给出相邻断面 2-2 的水深 h_2。由已知条件计算各断面水力要素，求得 ΔE_{s1}，$\bar{J}_{f1}$ 及 Δs_1。计算下一流段时，以上一流段水深 h_2 作为该流段第一断面水深，并给出第二断面水深，求得 ΔE_{s2}，$\bar{J}_{f2}$ 及 Δs_2。如此逐段计算下去，即可求得水面曲线总长 L 和沿程水深的数值。水面曲线总长 L 为

$$L=\sum_{i=1}^{n}\Delta s_i=\sum_{i=1}^{n}\frac{\Delta E_{si}}{i-\bar{J}_{fi}} \tag{10-75}$$

根据计算结果，包括沿程水深的数值，即可按比例绘出水面曲线。

上面所讨论的计算问题，如果变换一下条件，即是前面所提出另一问题，即已知两断面间渠段长度和其中一个断面的水深，求另一断面水深。因为这种情况，ΔE_s 和 $\bar{J}_f$ 都与水深有关，需用试算法求解，可参阅下面介绍的解法。

2. 非棱柱体渠道中水面曲线的计算

在非棱柱体渠道中，渠底坡度 i、粗糙系数 n、流量 Q、水深 h_1 及明渠过流断面面积的沿程变化规律 $A=f(h,s)$ 均为已知。这种情况，仅假设 h_2 还不能求得 A_2，v_2，因此不能求得 Δs，必须同时假设 Δs 和 h_2，用试算法求解，其步骤如下：

(1) 将明渠分为若干小段 Δs；

(2) 由已知控制断面水深 h_1 求出 $\frac{\alpha_1 v_1^2}{2g}$，$E_{s1}$ 及 $J_{f1}=\frac{v_1^2}{C_1^2 R_1}$；

(3) 按给定的 Δs，由控制断面开始向上游（或下游）定出断面 2-2 的形状、尺寸，再假设 h_2；由 h_2 求得 A_2，v_2，$\frac{\alpha_2 v_2^2}{2g}$，$E_{s2}$ 及 J_{f2}。根据 $\bar{J}_f=\frac{1}{2}(J_{f1}+J_{f2})$ 求出 $\bar{J}_f$，将 $\bar{J}_f$，i 及有关数值代入式(10-71)算出 Δs，如算出的 Δs 与给定的 Δs 相等，则认为

所设 Δs 及 h_2 即为所求。否则重新假设 h_2，再求 Δs，直至计算值与给定值相等为止。如此逐段计算。

采用分段求和法计算曲线，分段愈多，计算结果的精度愈高，但计算工作量愈大，因此，分段情况要根据工程要求而定。对于以 h_0 为渐近线的水深，为了减少计算量，不宜取 $h=h_0$，一般规定 a 型曲线，$h>h_0$ 时，取 $h=1.01 h_0$；b，c 型曲线，$h<h_0$ 时，$h=0.99 h_0$。

例 10-13 设有连接上、下渠道的矩形断面陡槽，如图 10-45 所示。已知流量 $Q=2.0 \text{ m}^3/\text{s}$，槽底宽度 $b=0.86 \text{ m}$，底坡 $i=0.09$，粗糙系数 $n=0.02$，槽长 $L=30 \text{ m}$，上、下游渠道中均为缓流。试计算并绘制陡槽中的水面曲线。

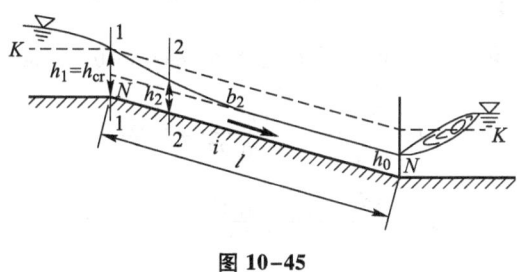

图 10-45

解：(1) 分析陡槽中的水面曲线类型

由例 10-9 计算结果，$h_0=0.43 \text{ m}$，$h_{cr}=0.82 \text{ m}$。因为 $h_0<h_{cr}$，故陡槽为陡坡渠道。从而绘出渠道底坡上的 K-K 线及 N-N 线，如图所示。

由前面的分析可知，上游缓坡渠道与陡槽连接处，水深为 h_{cr}；顺流而下，陡槽中形成 b_2 型降水曲线。当陡槽足够长时，曲线下游渐近于正常水深 h_0。

(2) 按分段求和法计算陡槽中的水面曲线。根据急流的干扰波只能往下游传播的理论，选上游控制断面作为计算的起始断面，以临界水深 h_{cr} 为起始断面水深。将起始断面与终了断面之间渠段按水深差分为若干段。这里设定水深分别为 $h=0.82 \text{ m}(=h_{cr})$，0.70 m，0.60 m，0.43 m（或 $h\approx h_0$），分三段进行计算，现计算第一小段。

$$h_1=0.82 \text{ m}, A_1=bh_1=0.86\times 0.82 \text{ m}^2=0.705 \text{ m}^2$$

$$\chi_1=b+2h_1=(0.86+2\times 0.82) \text{ m}=2.5 \text{ m}$$

$$R_1=\frac{A_1}{\chi_1}=\frac{0.705}{2.5} \text{ m}=0.282 \text{ m}$$

$$C_1=\frac{1}{n}R_1^{1/6}=\frac{1}{0.02}\times 0.282^{1/6} \text{ m}^{1/2}/\text{s}=40.49 \text{ m}^{1/2}/\text{s}$$

$$v_1=\frac{Q}{A_1}=\frac{2.0}{0.705} \text{ m/s}=2.84 \text{ m/s}$$

$$E_{s1} = h_1 + \frac{\alpha_1 v_1^2}{2g} = \left(0.82 + \frac{1.0 \times 2.84^2}{2 \times 9.8}\right) \text{m} = 1.23 \text{ m}$$

$$h_2 = 0.70 \text{ m}, A_2 = bh_2 = 0.86 \times 0.70 \text{ m}^2 = 0.602 \text{ m}^2$$

$$\chi_2 = b + 2h_2 = (0.86 + 2 \times 0.70) \text{ m} = 2.26 \text{ m}$$

$$R_2 = \frac{0.602}{2.26} \text{ m} = 0.266 \text{ m}, C_2 = \frac{1}{0.02} \times 0.266^{1/6} \text{ m}^{1/2}/\text{s} = 40.10 \text{ m}^{1/2}/\text{s}$$

$$v_2 = \frac{2.0}{0.602} \text{ m/s} = 3.32 \text{ m/s}, E_{s2} = \left(0.70 + \frac{1.0 \times 3.32^2}{2 \times 9.8}\right) \text{m} = 1.26 \text{ m}$$

$$\bar{v} = \frac{1}{2}(v_1 + v_2) = \frac{1}{2}(2.84 + 3.32) \text{ m/s} = 3.08 \text{ m/s}$$

$$\bar{C} = \frac{1}{2}(C_1 + C_2) = \frac{1}{2}(40.49 + 40.10) \text{ m}^{1/2}/\text{s} = 40.30 \text{ m}^{1/2}/\text{s}$$

$$\bar{R} = \frac{1}{2}(R_1 + R_2) = \frac{1}{2}(0.282 + 0.266) \text{ m} = 0.274 \text{ m}$$

$$\bar{J}_f = \frac{\bar{v}^2}{\bar{C}^2 \bar{R}} = \frac{3.08^2}{40.30^2 \times 0.274} = 0.0213$$

$$\Delta S_1 = \frac{\Delta E_s}{i - \bar{J}_f} = \frac{1.26 - 1.23}{0.09 - 0.0213} \text{ m} = 0.44 \text{ m}$$

类似于上面的计算,可求得各流段长度 ΔS_i 及非均匀流长度 L,列于下表。

断面	h/m	A/m²	χ/m	R/m	C/ (m$^{1/2}$/s)	v/ (m/s)	$\frac{\alpha v^2}{2g}$/m	E_s/m
1-1	0.82	0.705	2.50	0.282	40.49	2.84	0.41	1.23
2-2	0.70	0.602	2.26	0.266	40.1	3.32	0.56	1.26
3-3	0.60	0.516	2.06	0.251	39.6	3.88	0.77	1.37
4-4	0.43	0.37	1.72	0.215	38.7	5.40	1.49	1.92

断面	ΔE_s/m	$\bar{v}$/ (m/s)	$\bar{C}$/ (m$^{1/2}$/s)	$\bar{R}$/m	$\bar{J}_f$	$i - \bar{J}_f$	ΔS_i/m	$L = \sum_{i=1}^{n} \Delta S_i$/m
1-1 ~ 2-2	0.03	3.08	40.3	0.274	0.0213	0.0687	0.44	
2-2 ~ 3-3	0.11	3.60	39.9	0.258	0.0315	0.0585	1.88	2.32
3-3 ~ 4-4	0.55	4.64	39.2	0.233	0.06	0.03	18.3	20.62

由计算结果可知,$L = \sum_{i=1}^{n} \Delta S_i = 20.62 \text{ m} < 30 \text{ m}$,说明上面的分析是正确的。陡槽长度足以使在到达渠道末端之前,水面曲线达到正常水深 h_0。根据计算结果,按一定比例绘制水面曲

线,如图 10-45 所示。

*10-6-2 数值积分法

对微分方程式(10-64)分离变量可得

$$ds = \frac{1 - \dfrac{\alpha Q^2 B}{gA^3}}{i - \dfrac{Q^2}{K^2}} \cdot dh \tag{10-76}$$

对于某一给定的棱柱体渠道,上式右端的 α, Q, g, i 均为常数,B, A, K 均为水深 h 的函数,因此上式可为

$$ds = \phi(h) \cdot dh \tag{10-77}$$

积分得

$$l = \int_{h_1}^{h_2} \phi(h) \cdot dh \tag{10-78}$$

式中 l 是水深 h_1, h_2 两个断面间的距离。如果绘出 $h \sim \phi(h)$ 关系曲线,则 l 即为横坐标 h_1 和 h_2 之间曲线下面的面积,如图 10-46 所示。由于被积函数 $\phi(h)$ 相当复杂,要准确地绘出 $h \sim \phi(h)$ 曲线是很困难的,因此有必要寻求近似解,进行积分的数值计算。常用的方法有梯形法、矩形法或辛普生(Simpson)法。这里采用梯形法计算,即将积分区间分成 m 个小区间,在每个小区间上以梯形面积代替曲边梯形面积,然后将各个小区间的梯形面积叠加起来,即得式(10-78)积分面积的近似值

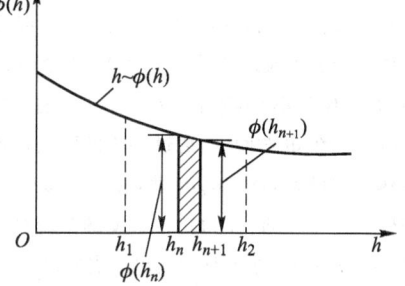

图 10-46

$$l = \int_{h_1}^{h_2} \phi(h) \cdot dh = \sum_{n=1}^{m} \frac{\phi(h_n) + \phi(h_{n+1})}{2}(h_{n+1} - h_n) \tag{10-79}$$

采用这种方法计算结果的精度同样取决于分段数,分段愈多,精度愈高,但计算工作量也愈大,因此,分段情况需根据工程要求而定,例 10-13 也可用此法计算。

恒定明渠非均匀渐变流水面曲线也可采用计算机进行计算。

*§10-7 非恒定明渠流

在工程实践中,常遇到人工渠道或天然河道中的非恒定流动。例如河道中洪水的涨落、潮汐水流、堤坝溃决、闸门的突然启闭、排水工程中雨水管道、取水引渠在水位涨落变化时的水流运动等都是非恒定明渠流。

10-7-1 非恒定明渠流的特性

非恒定明渠流流动与有压管道中的非恒定流动一样，是一种波动现象。但在有压管道中的水击是弹性波，水体的弹性力与惯性力起着主要作用；而非恒定明渠流是重力波，它是由重力和惯性力这两个重要因素决定的，波及之处各过水断面的流速和水深发生变化。

非恒定明渠流流动同样可分为一维流动、二维（平面）流动和三维流动。为简化研究，常将非恒定明渠流动作为一维流动处理，并假定沿垂直方向过水断面压强分布符合静水压强分布规律。在特殊的情况下才考虑平面流动或三维流动。

10-7-2 非恒定明渠渐变流的基本方程——圣维南方程组

1. 非恒定明渠流的连续性方程

在第九章讨论非恒定流时，已经建立了无侧向汇流时非恒定流动的连续性方程。这里将建立有侧向汇流时的连续性方程。假设明渠的断面形式为单式断面，并有侧向流量汇入（如具有分布流量的表面泾流、地下渗流，以及有集中流量的支流入流或出流等）。如图 10-47 所示，取相距 ds 的断面 1-1 和 2-2 间控制体进行分析。在 dt 时间内，通过 1-1 断面流入该控制体的质量为 d$M_1 = \rho Q$dt；由两岸汇入的流量为 d$M_l = \rho q_l \cdot$ds$\cdot$dt（q_l 为单位长度的汇流量）；通过 2-2 断面从该控制体内流出的质量为

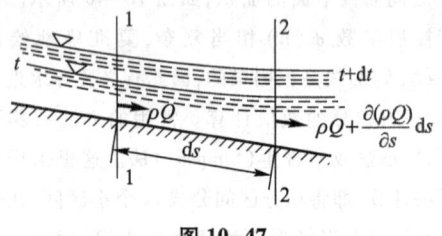

图 10-47

$$dM_2 = \left[\rho Q + \frac{\partial(\rho Q)}{\partial s}ds\right]dt$$

因此，两断面间流体的流进与流出质量差为

$$dM = dM_2 - (dM_1 + dM_l) = \left[\rho Q + \frac{\partial(\rho Q)}{\partial s}ds\right]dt - (\rho Q dt + \rho q_l \cdot ds \cdot dt)$$

$$= \frac{\partial(\rho Q)}{\partial s} \cdot ds \cdot dt - \rho q_l \cdot ds \cdot dt$$

流进流出质量的不相等引起在 ds 流段内流体质量的改变，引起控制体内水位的变化。设在 dt 时间内 ds 段流体的质量改变为 $\frac{\partial(\rho A \cdot ds)}{\partial t} \cdot dt$，于是，根据质量守恒定律可得

$$\frac{\partial(\rho Q)}{\partial s}ds \cdot dt - \rho q_l \cdot ds \cdot dt + \frac{\partial(\rho A ds)}{\partial t} \cdot dt = 0 \tag{10-80}$$

略加整理得

$$\frac{\partial(\rho Q)}{\partial s} + \frac{\partial(\rho A)}{\partial t} = \rho q_l \tag{10-81}$$

由于水的压缩性可忽略,故得

$$\frac{\partial Q}{\partial s}+\frac{\partial A}{\partial t}=q_l \tag{10-82}$$

上式即为有侧向入流时的非恒定明渠流连续性方程,适用于具有任意断面形状的明渠。式(10-82)说明,在微小段上流量的沿程变化率与过流断面面积随时间的变化率之和等于单位长度距离上的侧向入流量。式(10-82)可改写为

$$\frac{\partial Q}{\partial s}-q_l+\frac{\partial A}{\partial t}=0 \tag{10-83}$$

上式表明,在微小流段 ds 内,当流入质量小于流出质量$\left(\frac{\partial Q}{\partial s}-q_l>0\right)$时,过流断面面积随时间而减小$\left(即\frac{\partial A}{\partial t}<0\right)$,这时,明渠中产生落水波;反之,$\frac{\partial Q}{\partial s}-q_l<0$,则$\frac{\partial A}{\partial t}>0$,明渠中产生涨水波。

当无侧向入流时,$q_l=0$,上式变成

$$\frac{\partial Q}{\partial s}+\frac{\partial A}{\partial t}=0$$

对宽度为 b 的矩形断面明渠,$A=bh$,$Q=qb$,代入上式可得

$$\frac{\partial h}{\partial t}+\frac{\partial q}{\partial s}=0 \tag{10-84}$$

进一步以 $q=v \cdot h$ 代入上式得

$$\frac{\partial h}{\partial t}+v\frac{\partial h}{\partial s}+h\frac{\partial v}{\partial s}=0 \tag{10-85}$$

式中 q 为单宽流量;v 为过水断面的平均流速;h 为过水断面水深。

对于规则断面,$\frac{\partial A}{\partial t}=\frac{\partial A}{\partial h}\times\frac{\partial h}{\partial t}=B\frac{\partial h}{\partial t}$,则

$$\frac{\partial Q}{\partial s}+B\frac{\partial h}{\partial t}=0 \tag{10-86}$$

式(10-83)、式(10-84)、式(10-85)和式(10-86)均可选作为非恒定明渠流的连续性方程。

2. 非恒定明渠渐变流的运动方程

在§9-6 中,已经导出非恒定有压管流的运动方程式(9-58)为

$$\frac{\partial z}{\partial s}+\frac{1}{\rho g}\frac{\partial p}{\partial s}+\frac{1}{g}\left(\frac{\partial v}{\partial t}+v\frac{\partial v}{\partial s}\right)+\frac{\tau_0}{\rho g R}=0$$

现考虑非恒定明渠流的特性,将此式改写为非恒定明渠渐变流的运动方程。

对非恒定明渠渐变流,有

$$\frac{\partial z}{\partial s}+\frac{1}{\rho g}\frac{\partial p}{\partial s}=\frac{\partial}{\partial s}\left(z+\frac{p}{\rho g}\right)$$

令渠底高程为 z、水深为 h,则

$$\frac{\partial}{\partial s}\left(z+\frac{p}{\rho g}\right)=\frac{\partial}{\partial s}(z+h)=\frac{\partial z}{\partial s}+\frac{\partial h}{\partial s}=-i+\frac{\partial h}{\partial s}$$

进一步取 $\frac{\tau_0}{\rho g R}=J_f=\frac{v^2}{C^2 R}$（$R$ 为明渠过水断面水力半径，C 为谢才系数），$\frac{v}{g}\frac{\partial v}{\partial s}=\frac{\partial\left(\frac{v^2}{2g}\right)}{\partial s}$，于是可得

$$i-\frac{\partial h}{\partial s}=\frac{1}{g}\frac{\partial v}{\partial t}+\frac{v}{g}\frac{\partial v}{\partial s}+\frac{v^2}{C^2 R} \tag{10-87}$$

或

$$i-\frac{v^2}{C^2 R}=\frac{\partial E_s}{\partial s}+\frac{1}{g}\frac{\partial v}{\partial t} \tag{10-88}$$

式中：$E_s=h+\frac{v^2}{2g}$ 为断面单位能量。

  非恒定明渠流运动方程式(10-87)或(10-88)和连续性方程(10-85)或(10-86)构成一维非恒定明渠渐变流动的基本方程组——圣维南(Saint-Venant)方程组。根据一定的初始条件和边界条件联立求解上述方程组，即可求得非恒定明渠流的流速和水深随流程 s 和时间 t 的变化关系，即 $v=v(s,t)$，$h=h(s,t)$。圣维南方程组属一阶拟线性双曲型偏微分方程，由于数学解析上的困难，目前尚无普遍的积分解，实践中多采用近似计算方法，如特征线法、直接差分法、有限单元法等，这些方法都可以借助于计算机进行数值求解。详细的分析和计算可参阅有关参考书。

§10-8 闸孔出流

  在环境工程、给水排水、市政等工程中，常修建闸、堰等泄水构筑物，以控制水库和河渠中的水位和流量。闸门底坎有无底坎（平坎）、实用堰坎、宽顶堰坎，分别如图10-48a、b、c所示；闸门形式有矩形平板闸门和弧形闸门；水从闸孔部分开启的孔口出流，称为闸孔出流。闸孔出流形式亦分非淹没（自由）出流和淹没出流，若下游水深不影响出流流量，为自由出流；若有影响，为淹没出流。

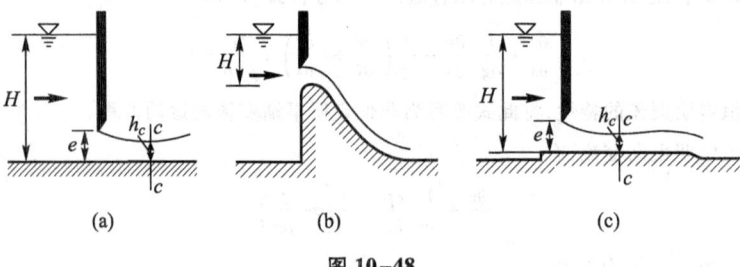

图 10-48

10-8-1 无底坎闸孔出流流动现象的分析

闸门两侧一般设有闸墙,起导流作用,所以水流经闸孔流出时,往往无水平方向的侧向收缩,只有垂直方向的收缩,约在闸门下游$(0.5\sim1)e$(闸门开度)处形成水深最小的收缩断面$c-c$,如图10-49所示。收缩断面可认为是渐变流断面,压强按静水压强规律分布。收缩断面水深h_c,一般小于临界水深h_{cr},而闸孔下游渠道中的水深h_t常大于h_{cr}。所以闸孔后渠道中要发生水跃,与下游水流相衔接。根据h_c所要求的共轭水深h_c''与h_t之间的差异,可能有三种水跃式的衔接。

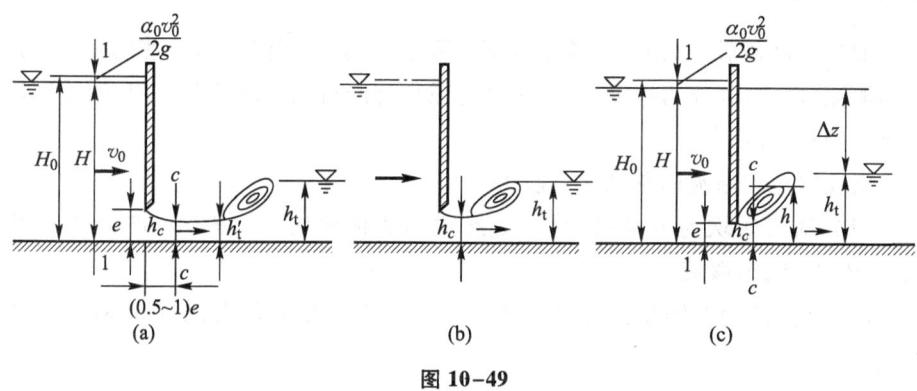

图 10-49

(1) $h_c''>h_t$,如图10-49a所示。对应于h_t的跃前水深$h_t'>h_c$,所以在收缩断面后产生壅水曲线。水深由h_c增至h_t'后再发生水跃,与下游水深h_t相衔接。这种水跃称为远驱式水跃,衔接形式为远驱水跃式衔接。

(2) $h_c''=h_t$,如图10-49b所示,下游水深h_t恰使在收缩断面处发生水跃。这种水跃称临界水跃,衔接形式为临界水跃式衔接。

(3) $h_c''<h_t$,如图10-49c所示。这与上述(1)的情况相反,对应于h_t的跃前水深$h_t'<h_c$,这是不可能的。所以水跃水滚涌向闸门,淹没了收缩断面。这种水跃称为淹没水跃,衔接形式为淹没水跃式衔接。

实验表明,在远驱水跃和临界水跃的情况下,下游水深均不影响闸孔出流流量,为自由出流;在淹没水跃情况下,闸孔出流为淹没出流。

闸孔出流收缩断面水深$h_c=\varepsilon e$,ε为闸孔垂向收缩系数。如果讨论的是二维流动问题,则ε就表示收缩断面面积A_c与闸孔过流断面面积A之比。闸孔垂向收缩系数和闸门底坎、闸门类型,以及闸门相对开度$\frac{e}{H}$有关,H为闸门底坎顶到自由表面的深度,称为闸前水头。表 10-5 是 H. E. 茹科夫斯基用理论分析方法求得的平板闸门收缩系数 ε 随 e/H 的变化关系,它与无侧收缩的实验资料相符合。实际计算时,如果引水渠道宽度大于闸孔,仍可采用表 10-5 中数据。

表 10-5　平板闸门垂向收缩 $\varepsilon=f(e/H)$ 值

e/H	0.10	0.20	0.30	0.35	0.40	0.45	0.50	0.55	0.60	0.65	0.70	0.75
ε	0.615	0.620	0.625	0.628	0.630	0.638	0.645	0.650	0.660	0.675	0.690	0.705

如果 e/H 值较大,由于闸前水面下降而不与闸门底缘接触,致使闸孔出流过渡为堰流;反之,如原为堰流,当闸门开度减少到能对水流起控制作用,致使堰流过渡为闸孔出流。

闸孔出流和堰流的判别式一般为

(1) 闸门底坎为平顶堰(包括无底坎和宽顶堰坎),$e/H \leqslant 0.65$,为闸孔出流;$e/H > 0.65$,为堰流。

(2) 闸门底坎为曲线实用堰坎,$e/H \leqslant 0.75$,为闸孔出流;$e/H > 0.75$,为堰流。

10-8-2　无底坎闸孔自由出流的基本公式

图 10-49a 为无底坎闸孔出流。对过流断面 1-1 及闸孔收缩断面 c-c,写伯努利方程(忽略沿程水头损失)得

$$H + \frac{\alpha_0 v_0^2}{2g} = h_c + \frac{\alpha_c v_c^2}{2g} + \zeta \frac{v_c^2}{2g}$$

式中:H 为闸前水头,ζ 为闸孔局部损失系数;令 $H + \frac{\alpha_0 v_0^2}{2g} = H_0$,称为闸前总水头;$\varphi = \sqrt{\frac{1}{\alpha_c + \zeta}}$ 为流速系数。代入上式可得收缩断面的流速

$$v_c = \varphi \sqrt{2g(H_0 - h_c)}$$

因 $Q = A_c v_c$,$\varepsilon = \frac{A_c}{A}$,$\mu = \varepsilon \varphi$ 为闸孔出流流量系数,$A = Be$(B 为闸孔宽度),$A_c = Bh_c = \varepsilon Be$,可得闸孔出流公式

$$Q = \mu A \sqrt{2g(H_0 - h_c)} = \mu Be \sqrt{2g(H_0 - \varepsilon e)} \qquad (10\text{-}89)$$

为了便于应用上式,可将上式化为更简单的形式,即

$$Q = \mu A \sqrt{1 - \frac{h_c}{H_0}} \times \sqrt{2gH_0}$$

令 $\mu_0 = \mu \sqrt{1 - \frac{h_c}{H_0}} = \varphi \varepsilon \sqrt{1 - \varepsilon \frac{e}{H_0}}$,代入上式可得

$$Q = \mu_0 Be \sqrt{2gH_0} \qquad (10\text{-}90)$$

上式即为无底坎矩形平板闸门闸孔自由出流的基本公式。闸孔流速系数主要决定于闸孔进口的边界条件,无底坎平板闸孔的 $\varphi = 0.95 \sim 1.0$。

对于有边墩或闸墩的闸孔出流,一般不需要考虑侧收缩的影响。实验表明,闸孔上游断面水深较大,流速较小,边墩或闸墩对水流影响不大。

10-8-3 无底坎闸孔淹没出流的基本公式

图 10-49c 为无底坎闸孔淹没出流。对过流断面 1—1 及闸孔收缩断面 c—c,列伯努利方程,因闸后发生淹没水跃,淹没了收缩断面,所以收缩断面处水深实为 h,压强近似按静水压强分布,得

$$H + \frac{\alpha_0 v_0^2}{2g} = h + \frac{\alpha_c v_c^2}{2g} + \zeta \frac{v_c^2}{2g}$$

令 $H + \frac{\alpha_0 v_0^2}{2g} = H_0$,$\varphi = \sqrt{\frac{1}{\alpha_c + \zeta}}$。代入上式,可得收缩断面处的流速 $v_c = \varphi \sqrt{2g(H_0 - h)}$。

因 $Q = A_c v_c$,$\varepsilon = \frac{A_c}{A}$,$\mu = \varepsilon \varphi$,$A = Be$。代入上式得

$$Q = \mu Be \sqrt{2g(H_0 - h)} \qquad (10\text{-}91)$$

式中:μ 为闸孔淹没出流的流量系数,一般认为与闸孔自由出流的流量系数相同。h 需借助动量方程进行专门计算。

取断面 c—c 和下游断面 2—2 间水体作为隔离体,忽略边壁摩擦阻力,并认为两断面上的压强符合静水压强分布规律,列动量方程

$$\rho Q(v_t - v_c) = \frac{1}{2} \rho g B h^2 - \frac{1}{2} \rho g B h_t^2$$

式中:$v_t = \frac{Q}{Bh_t}$,$v_c = \frac{Q}{Bh_c}$,将 v_t、v_c 代入上式,并与式(10-91)联立求解,得

$$h = \frac{M}{2} + \sqrt{h_t^2 - M\left(H_0 - \frac{M}{4}\right)} \qquad (10\text{-}92)$$

式中 $M = \dfrac{4\mu^2 e^2 (h_t - h_c)}{h_t h_c}$，$h_c = \varepsilon e$。若已知 H_0，h_t 及闸门开度 e，即可由上式求得 h，进而由式(10-91)计算流量 Q。

式(10-91)计算较繁，常将式(10-91)改写为一个淹没系数乘以自由出流流量的基本公式。因为

$$Q = \mu A \sqrt{2g(H_0 - h)} = \mu A \sqrt{\left(1 - \frac{h}{H_0}\right)} \sqrt{2gH_0}$$

令 $\mu_s = \mu \sqrt{1 - \dfrac{h}{H_0}}$，所以

$$Q = \mu_s A \sqrt{2gH_0} \qquad (10\text{-}93)$$

若令在相同的出流条件情况下，淹没出流流量与自由出流流量的比值 $\sigma_s = \dfrac{\mu_s}{\mu_0}$，称为淹没系数，式(10-93)可改写为

$$Q = \sigma_s \mu_0 A \sqrt{2gH_0} \qquad (10\text{-}94)$$

σ_s 通常用实验方法研究确定，有一经验公式为

$$\sigma_s = 0.95 \sqrt{\frac{\ln\left(\dfrac{H}{h_t}\right)}{\ln\left(\dfrac{H}{h_c''}\right)}} \qquad (10\text{-}95)$$

式中：H 为闸前水头；h_c'' 为 h_c 的完整水跃跃后水深，单位为 m。由此，闸孔淹没出流计算公式可表达为

$$Q = \sigma_s \mu B e \sqrt{2g(H_0 - \varepsilon e)} \qquad (10\text{-}96)$$

例 10-14 设在矩形断面渠道的水平底面上建造一平板挡水闸门，如图 10-50 所示。已知渠宽 $B = 5$ m，闸前水深 $H = 10$ m，下游水深 $h_t = 6$ m。试求闸门开度 $e = 2$ m 时通过闸孔的流量。

解：(1) 判别堰、闸出流。$e/H = \dfrac{2}{10} = 0.2 < 0.65$，为闸孔出流。查表 10-5，得 $\varepsilon = 0.62$，取 $\varphi = 0.95$，得 $\mu = \varepsilon \varphi = 0.62 \times 0.95 = 0.589$。

(2) 判别出流条件。$h_c = \varepsilon e = 0.62 \times 2$ m $= 1.24$ m，因流

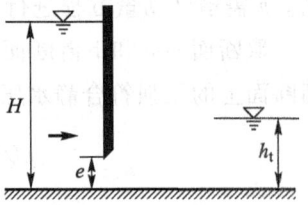

图 10-50

量未知,所以不知道 v_c, v_0。先假定为自由出流,因 H_0 未知,需用试算法。先略去行进流速水头,即 $H_0 = H$,应用式(10-89)计算流量 Q。

$$Q_1 = \mu Be\sqrt{2g(H_0 - \varepsilon e)}$$

$$= 0.589 \times 5 \times 2 \times \sqrt{2 \times 9.8 \times (10 - 1.24)} \text{ m}^3/\text{s} = 77.178 \text{ m}^3/\text{s}$$

$$v_{01} = \frac{Q_1}{B \cdot H} = \frac{77.178}{5 \times 10} \text{ m/s} = 1.544 \text{ m/s}$$

$$H_{01} = H + \frac{\alpha_0 v_{01}^2}{2g} = \left(10 + \frac{1 \times 1.544^2}{2 \times 9.8}\right) \text{ m} = 10.122 \text{ m}$$

$$Q_2 = 0.589 \times 5 \times 2 \times \sqrt{2 \times 9.8 \times (10.122 - 1.24)} \text{ m}^3/\text{s} = 77.714 \text{ m}^3/\text{s}$$

$$v_{02} = \frac{Q_2}{BH} = \frac{77.714}{5 \times 10} \text{ m/s} = 1.554 \text{ m/s}$$

$$H_{02} = \left(10 + \frac{1 \times 1.554^2}{2 \times 9.8}\right) \text{ m} = 10.123 \text{ m}$$

$$Q_3 = 0.589 \times 5 \times 2 \times \sqrt{2 \times 9.8 \times (10.123 - 1.24)} \text{ m}^3/\text{s} = 77.72 \text{ m}^3/\text{s} \approx Q_2$$

$$v_c = \frac{Q_3}{Bh_c} = \frac{77.72}{5 \times 1.24} \text{ m/s} = 12.54 \text{ m/s}$$

$$Fr_c^2 = \frac{v_c^2}{gh_c} = \frac{12.54^2}{9.8 \times 1.24} = 12.94 > 1 \quad (急流)$$

$$h_c'' = \frac{h_c}{2}(\sqrt{1 + 8Fr_c^2} - 1) = \frac{1.24}{2} \times (\sqrt{1 + 8 \times 12.94} - 1) \text{ m}$$

$$= 5.72 \text{ m} < h_t = 6 \text{ m} \quad [为淹没出流,需由式(10-92)计算 h]$$

$$M = \frac{4\mu^2 e^2(h_t - h_c)}{h_t h_c} = 4 \times 0.589^2 \times 2^2 \times \frac{6 - 1.24}{6 \times 1.24} = 3.55$$

$$h = \frac{M}{2} + \sqrt{h_t^2 - M\left(H_0 - \frac{M}{4}\right)}$$

$$= \left[\frac{3.55}{2} + \sqrt{6^2 - 3.55 \times \left(10.123 - \frac{3.55}{4}\right)}\right] \text{ m} = 3.568 \text{ m}$$

按淹没出流计算流量

$$Q = \mu Be\sqrt{2g(H_0 - h)}$$

$$= 0.589 \times 5 \times 2 \times \sqrt{2 \times 9.8 \times (10.123 - 3.568)} \text{ m}^3/\text{s} = 66.762 \text{ m}^3/\text{s}$$

因为 $v_0 = \frac{Q}{BH} = \frac{66.762}{5 \times 10}$ m/s $= 1.335$ m/s,$v_c = \frac{Q}{Bh_c} = \frac{66.762}{5 \times 1.24}$ m/s $= 10.768$ m/s < 12.54 m/s,所以淹没性质不变。

$$H_0 = H + \frac{\alpha_0 v_0^2}{2g} = \left(10 + \frac{1.335^2}{2 \times 9.8}\right) \text{ m} = 10.09 \text{ m}$$

$$h = \frac{M}{2} + \sqrt{h_t^2 - M\left(H_0 - \frac{M}{4}\right)}$$

$$= \left[\frac{3.55}{2} + \sqrt{6^2 - 3.55 \times \left(10.09 - \frac{3.55}{4}\right)}\right] \text{m} = 3.6 \text{ m}$$

$$Q_1 = 0.589 \times 5 \times 2 \times \sqrt{2 \times 9.8 \times (10.09 - 3.6)} \text{ m}^3/\text{s} = 66.43 \text{ m}^3/\text{s}$$

$$v_{01} = \frac{Q_1}{BH} = \frac{66.43}{5 \times 10} \text{ m/s} = 1.329 \text{ m/s}$$

$$H_{01} = \left(10 + \frac{1 \times 1.329^2}{2 \times 9.8}\right) \text{m} = 10.09 \text{ m} = H_0, h_1 = 3.6 \text{ m} = h$$

因此,闸孔淹没出流的流量 $Q = 66.43 \text{ m}^3/\text{s}$。

§10-9 堰流

水流受到堰体或两侧边墙束窄的阻碍,上游水位壅高,水流从堰顶自由下泄,水面线为一条连续的降落曲线,这种水流现象称为堰顶溢流,简称堰流。在环境工程、给水排水工程、道桥工程中,堰常作为泄水构筑物和流量测量设备而被广泛采用。另外,在小桥、涵洞孔径设计及消能设施的水力计算中,也需应用这方面的知识。根据水流特征的不同,堰有各种不同的分类。首先,依堰顶的厚度可分为薄壁堰、实用堰和宽顶堰,分别如图10-51a、b、c所示。其判别标准是:$\delta/H < 0.67$ 为薄壁堰;$0.67 < \delta/H < 2.5$ 为实用堰;$2.5 < \delta/H < 10$ 为宽顶堰。当 $\delta/H > 10$ 以后,堰顶的沿程损失不能略去不计,需按明渠流理论进行计算。

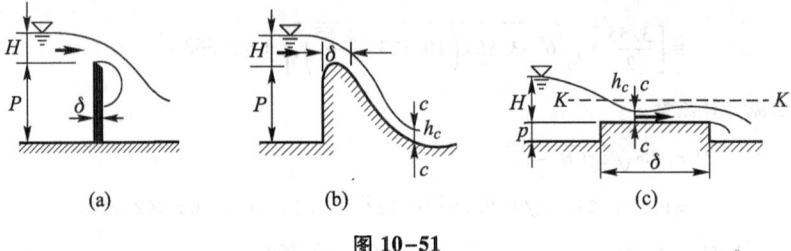

图 10-51

上述三种堰又可按以下特征进行分类:

(1) 按堰槛在平面上的位置分为:垂直于水流轴线方向的正交堰(或称直堰),与水流斜交的斜堰,与水流相平行的侧堰,分别如图10-52a、b、c所示。

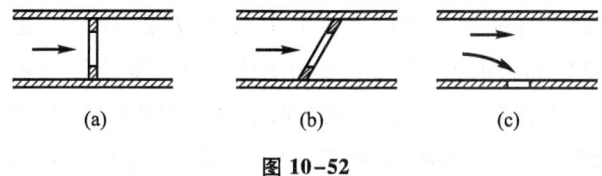

图 10-52

（2）按堰口的形状分为矩形堰、三角形堰、梯形堰及曲线形堰，分别如图 10-53a,b,c,d 所示。

（3）按水流行近堰体的条件分为无侧收缩堰和有侧收缩堰。例如，当矩形堰宽度 b 等于引渠宽度 B_0 时为无侧收缩堰，否则为有侧收缩堰，分别如图 10-54a,b 所示。

（4）按下游出流是否影响泄流能力而分为非淹没堰和淹没堰。如下游水位不影响过堰流量，为非淹没堰，否则为淹没堰，分别如图 10-55a,b 所示。

工程中应用较多的是正交矩形堰，今后讨论中如没有特别说明，即指这种堰。

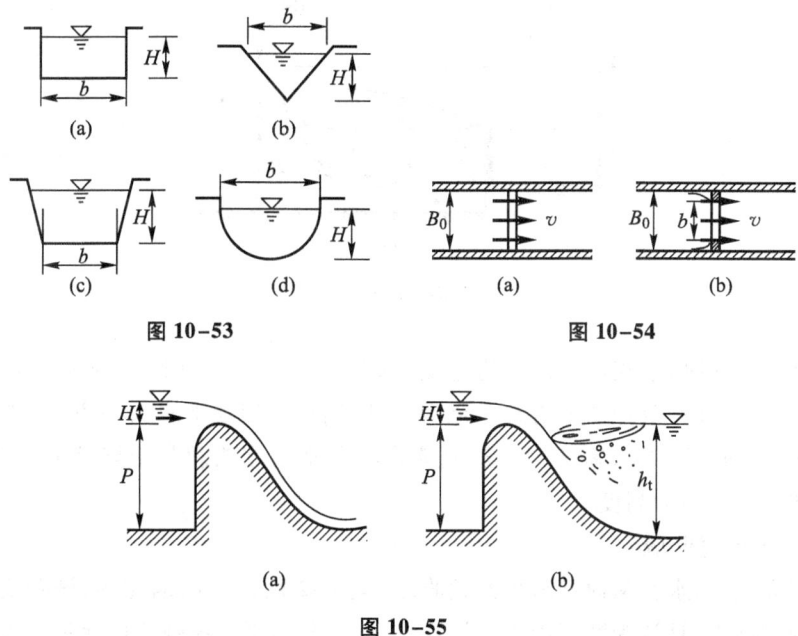

图 10-53　　　　图 10-54

图 10-55

10-9-1　薄壁堰溢流

由于薄壁堰的堰壁很薄，堰顶厚度对溢流的性质没有影响，水流在重力作用下越过堰顶，水面具有较大的弯曲。当堰上水头 H 很小时，因受表面张力的作用，溢流水股（以后称为水舌）将贴附壁面下泄，如图 10-56a 所示。当堰上水头增大到一定程度，水舌在惯性力的作用下收缩并脱离堰壁下泄，形成完善的溢流状态，如图 10-56b 所示。此时，如果水舌与堰壁间通气不充分，则因水舌不断地将该空间的空气带走，致使压强降低，甚至出现负压，水舌在外表面大气压强的作用下迫向堰壁，再次出现类似图 10-56a 的贴壁下泄的不完善堰流，影响泄流能力。此种状态极不稳定，周期性摆动极易造成堰体破坏。因此，通常需保证水舌下方通气充分，以保证在一定作用水头下稳定溢流。

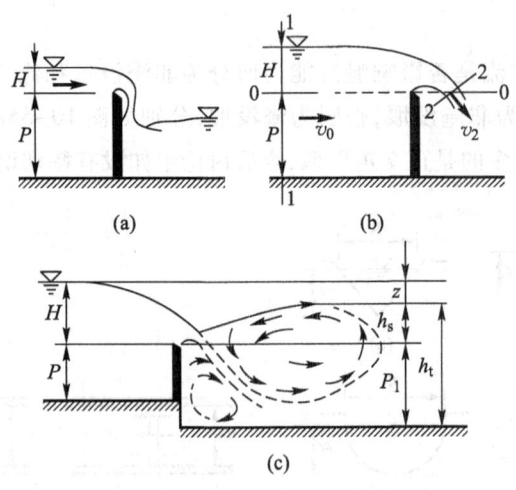

图 10-56

水股下泄时，水流由缓流变为急流，部分势能转化为动能，加之局部阻力损失，使水面下降并延伸至上游某一范围。研究表明，当堰上水头为 H 时，距堰顶上游 $3H$ 处水面下降 $3‰H$。因此，通常所说的堰上水头就是指堰壁上游 $3H$ 以上处堰顶到水面的高度。

1. 矩形薄壁堰

研究表明，水舌从薄壁堰顶开始收缩，至 2-2 断面处收缩完善，该断面可作为渐变流断面，且认为断面中心与堰顶齐平，全断面平均压强近似地等于大气压强。取图 10-56b 中 1-1、2-2 断面，写伯努利方程可得

$$H + \frac{\alpha_0 v_0^2}{2g} = \frac{\alpha_2^2 v_2^2}{2g} + \zeta \frac{v_2^2}{2g}$$

令 $H_0 = H + \dfrac{\alpha_0 v_0^2}{2g}$，则由上式可得

$$v_2 = \varphi \sqrt{2gH_0} \tag{10-97}$$

式中：$\varphi = \dfrac{1}{\sqrt{\alpha_2 + \zeta}}$ 为薄壁堰的流速系数。设断面 2-2 水舌厚度为 kH_0，堰顶溢流宽为 B，则薄壁堰流的流量 Q 为

$$Q = mB\sqrt{2g}\, H_0^{3/2} \tag{10-98}$$

因薄壁堰常作为测量流量的设备，根据堰上水头 H 来求流量较方便，为此可把上式写成下列形式：

$$Q = m_0 B \sqrt{2g}\, H^{3/2} \tag{10-99}$$

上两式中 $m = k\varphi$，$m_0 = m\left[1 + \dfrac{\alpha_0 v_0^2}{2gH}\right]^{3/2}$，均为薄壁堰的流量系数，$m_0$ 中包含了行进流速 v_0 的影响。研究表明，两者均与水舌的垂向收缩程度、堰顶断面的流速分布及堰前作用水头以及表面张力的作用有关。实际工程中，常以法国科学家巴赞提出的经验公式进行计算，即

$$m_0 = \left(0.405 + \dfrac{0.002\,7}{H}\right)\left[1 + 0.55\left(\dfrac{H}{H+P}\right)^2\right] \tag{10-100}$$

式中水头 H 及上游堰高 P 均以 m 计，$\dfrac{0.002\,7}{H}$ 项反映表面张力的作用，方括号内的反映行进流速水头的影响；该式的适用范围为：$0.2\text{ m} < B < 2.0\text{ m}$，$0.24\text{ m} < P < 1.13\text{ m}$，$0.05\text{ m} < H < 1.24\text{ m}$，流量范围 $0.05 \sim 0.1\text{ m}^3/\text{s}$。若以式(10-98)计算流量，则流量系数为

$$m = 0.405 + \dfrac{0.002\,7}{H} \tag{10-101}$$

有侧收缩的矩形薄壁堰，在以式(10-99)计算流量时，流量系数 m_0 按下式计算：

$$m_0 = \left[0.405 + \dfrac{0.002\,7}{H} - 0.03\dfrac{B-b}{B}\right] \times$$

$$\left[1 + 0.55\left(\dfrac{b}{B}\right)^2\left(\dfrac{H}{H+P}\right)^2\right] \tag{10-102}$$

式中：b 为堰顶溢流宽度；B 为引渠宽度；H, P, b, B 均以 m 计。

当下游水位高出堰顶，且在堰下游发生淹没水跃，见图 10-56c，即 $\dfrac{z}{P_1} < 0.7$

(z 为堰上、下游水位差，P_1 为下游堰高)时，发生淹没堰流。矩形薄壁堰淹没出流的流量可按下式计算：

$$Q = \sigma m_0 B \sqrt{2g} H^{3/2} \tag{10-103}$$

式中：σ 为考虑下游水位淹没影响的系数，称为淹没系数，可用下式计算：

$$\sigma = 1.05\left(1+0.2\frac{h_s}{P_1}\right)^3 \sqrt{\frac{z}{H}} \tag{10-104}$$

式中：h_s 为下游水面高出堰顶的高度。

淹没使堰的过流能力降低，且水面波动较大，所以，作为出水堰和测量流量设备的薄壁堰，不宜在淹没条件下工作。

2. 三角形薄壁堰

当测量和排泄较小流量($Q<0.1~\text{m}^3/\text{s}$)时，常采用有侧收缩的堰口顶角为 θ 的三角形薄壁堰，如图 10-57 所示。通过三角堰的流量可认为是各具有一固定水头、堰宽为 $\text{d}b$ 的铅垂矩形薄壁堰自由出流流量的总和。每一矩形薄壁堰的流量为

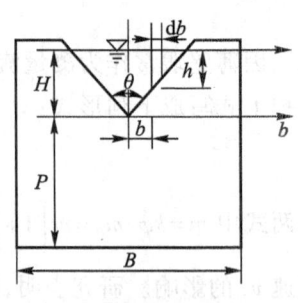

图 10-57

$$\text{d}Q = m_0 \text{d}b \sqrt{2g} h^{3/2}$$

式中：h 为 $\text{d}b$ 宽度上的平均作用水头。

由几何关系知

$$b = (H-h)\cdot\tan\frac{\theta}{2}, \quad \text{d}b = -\tan\frac{\theta}{2}\cdot\text{d}h$$

代入上式得

$$\text{d}Q = -m_0 \tan\frac{\theta}{2}\cdot\sqrt{2g}\, h^{3/2}\text{d}h。$$

假设 m_0 为常数，对上式积分可得三角形薄壁堰的流量为

$$Q = -2m_0 \tan\frac{\theta}{2}\cdot\sqrt{2g}\int_H^0 h^{3/2}\text{d}h$$

$$Q = \frac{4}{5}m_0 \tan\frac{\theta}{2}\cdot\sqrt{2g}\, H^{5/2} = MH^{5/2} \tag{10-105}$$

式中：M 称三角形堰流量系数。

实用上，θ 角常为直角，根据实验资料，当 $H=0.05\sim0.25~\text{m}$ 时，$m_0=0.396$，得直角三角形薄壁堰流量公式为

$$Q = 1.4H^{5/2} \tag{10-106}$$

式中：H 以 m 计，流量 Q 以 m^3/s 计。该式适用于 $H = 0.05 \sim 0.25$ m，$P \geqslant 2H$，$B \geqslant (3 \sim 4)H$ 范围。当 $Q < 0.1$ m^3/s 时，具有足够高的精度。另外，还有一个更为精确的经验公式为

$$Q = 1.343H^{2.47} \tag{10-107}$$

式中符号及单位均同前。

例 10-15 计量三角形薄壁堰的顶角 θ 为 $90°$，堰上水头 $H = 0.10$ m，求通过此堰的流量？若流量增加 1 倍，堰上水头变化如何？

解：直角三角形薄壁堰自由出流的流量公式为

$$Q = 1.4H^{5/2}$$

代入数据得

$$Q_1 = 1.4H^{5/2} = 1.4 \times 0.1^{5/2} \ m^3/s = 0.0044 \ m^3/s$$

$$Q_2 = 2 \times 0.0044 \ m^3/s = 0.0088 \ m^3/s = 1.4H_2^{5/2}$$

$$H_2 = 0.13 \ m$$

3. 梯形薄壁堰的计算

当测量较大流量（$Q > 0.1$ m^3/s）时，常用有侧收缩的梯形薄壁堰，如图 10-58 所示。梯形薄壁堰的流量可认为是中间矩形堰的流量与两侧三角形堰的流量的叠加，即

$$Q = m_0 B\sqrt{2g}H^{3/2} + MH^{5/2}$$
$$= m_t B\sqrt{2g}H^{3/2} \tag{10-108}$$

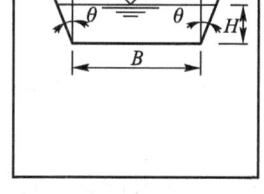

图 10-58

式中：m_t 称为梯形堰流量系数，$m_t = m_0 + \dfrac{M}{\sqrt{2g}}\dfrac{H}{B}$。

1897 年，意大利工程师西波利地（Cipoletti）的研究表明，对 $\tan\theta = \dfrac{1}{4}$（即 $\theta = 14°$）的梯形堰，当 $B > 3H$ 时，m_t 不随 H 和 B 而变化，可取 $m_t = 0.42$，即有计算公式

$$Q = 0.42B\sqrt{2g}H^{3/2} = 1.86BH^{3/2} \tag{10-109}$$

式中：流量 Q 以 m^3/s 计；B，H 均以 m 计。$\theta = 14°$ 的梯形堰又称西波利地堰。

10-9-2 实用堰溢流

实用堰 $\left(0.67 < \dfrac{\delta}{H} < 2.5\right)$ 溢流时，水舌下缘与堰面接触，上表面具有明显的

曲度。根据工程要求,实用堰的剖面可加工成曲线形或折线形(堰口形状矩形或梯形),分别如图 10-59a、b、c 所示。曲线形实用堰又根据溢流时堰表面是否出现真空而分为非真空剖面堰和真空剖面堰。非真空剖面堰的剖面外形作成与薄壁堰自由溢流的水舌下缘曲线相吻合,以保证在设计水头下达到最大的过流能力,又不至于造成堰面负压。当堰面曲线轮廓低于水舌下缘时,在设计水头下,水舌将在局部范围与堰面脱离并形成真空区,即成为真空剖面堰,如图 10-59b 所示。真空的存在相当于增大了上、下游的有效作用水头,因而可以提高过流能力;但若负压区和负压值过大,会导致堰表面的气蚀破坏。为此,需对真空堰的最大允许真空值加以限制,目前提出的最大允许真空高度为 3～5 mH$_2$O。

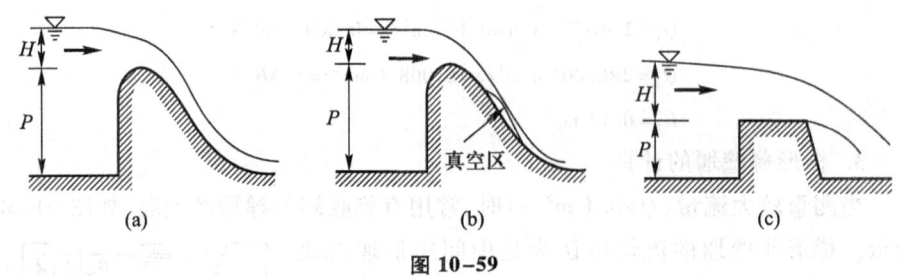

图 10-59

类似于对薄壁堰流的分析,可得无侧收缩、非淹没实用堰流的基本公式为

$$Q = mB\sqrt{2g}H_0^{3/2} \tag{10-110}$$

式中各项符号的意义同薄壁堰公式(10-108)。实用堰的流量系数 m 主要决定于堰顶的几何形状及上游的作用水头。对曲线形剖面堰,$m=0.43～0.50$;折线形剖面堰,$m=0.35～0.43$。具体计算时,可根据不同情况查阅有关水力计算手册。

对有侧收缩和淹没堰流,在上式的基础上分别乘以侧收缩系数 ε 和淹没系数 σ,对流量加以修正,即流量公式为

$$Q = \sigma m \varepsilon B\sqrt{2g}H_0^{3/2} \tag{10-111}$$

实用堰的侧收缩系数可按奥菲采洛夫(Н. С. Офичеров)公式计算

$$\varepsilon = 1 - 0.2[\zeta_k + (n-1)\zeta_0]\frac{H_0}{nb} \tag{10-112}$$

式中:ζ_k 为边墩形状系数,ζ_0 为闸墩形状系数,n 为实用堰孔数,b 为每孔净宽。ζ_0,ζ_k 可按闸墩和边墩的头部形状由表 10-6 和表 10-7 查得。上式的适用条件

是:$\frac{H_0}{b} \leqslant 1.0$;$\left(当\frac{H_0}{b}>1.0 时按 1.0 计\right)$;$B_0 \geqslant B+(n-1)d$,式中 B_0 为堰上游引渠宽度,$B=nb$ 为实用堰净宽,d 为闸墩宽度。

表 10-6 闸墩形状系数 ζ_0 值

闸墩头部平面形状	$\frac{h_s}{H_0}$ $\leqslant 0.75$	$\frac{h_s}{H_0}$ $=0.80$	$\frac{h_s}{H_0}$ $=0.85$	$\frac{h_s}{H_0}$ $=0.90$	$\frac{h_s}{H_0}$ $=0.95$	附 注
矩形 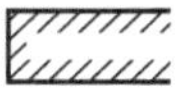	0.80	0.86	0.92	0.98	1.00	1) h_s 为下游水面高出堰顶的高度; 2) 闸墩尾部形状与头部相同; 3) 顶端与上游壁面齐平
尖角形  $\theta=90°$	0.45	0.51	0.57	0.63	0.69	
半圆形 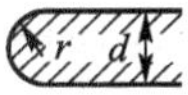 $r=\frac{d}{2}$	0.45	0.51	0.57	0.63	0.69	
尖圆形 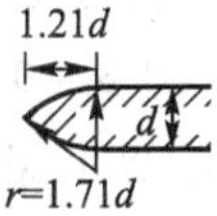 $1.21d$, $r=1.71d$	0.25	0.32	0.39	0.46	0.53	

表 10-7 边墩形状系数 ζ_k 值

边墩平面形状	ζ_k
直角形 	1.00
斜角形  45°	0.70
圆弧形 	0.70

实用堰的淹没条件同于薄壁堰,必须同时满足以下两个条件,即下游水面高出堰顶和在堰下游形成淹没式水跃。非真空剖面堰的淹没系数与 $\frac{h_s}{H}$(淹没度)有关,可由表 10-8 查得。

表 10-8 非真空剖面堰的淹没系数 σ 值

h_s/H	0.05	0.10	0.20	0.30	0.40	0.50	0.60	0.65	0.70	0.75	0.80
σ	0.997	0.995	0.985	0.972	0.957	0.935	0.906	0.879	0.856	0.823	0.776
h_s/H	0.85	0.90	0.91	0.92	0.93	0.94	0.95	0.96	0.97	0.98	0.99	0.995	1.00
σ	0.710	0.621	0.596	0.570	0.540	0.506	0.470	0.421	0.357	0.274	0.170	0.100	0

10-9-3 宽顶堰溢流

1. 无侧收缩、非淹没宽顶堰溢流

根据实验资料,当 $2.5<\dfrac{\delta}{H}<4$ 时,无侧收缩、非淹没水平顶面宽顶堰流在堰顶水面只有一次跌落,在堰坎末端偏上游处的水深为临界水深 h_{cr},如图 10-60a 所示。当 $4<\dfrac{\delta}{H}<10$ 时,堰顶水面有两次跌落,如图 10-60b 所示。这种情况,堰坎首端水面跌落是由于水流经过堰坎时,在纵向受到边界的约束,过流断面减小,流速增大,势能减小。水面最大跌落处形成收缩断面 $c-c$,水深 $h_c=(0.8\sim 0.92)h_{cr}$;而后,由于堰顶阻力,使水面形成壅水曲线,逐渐接近堰顶断面的临界水深 h_{cr}。如果下游水位较低,在堰坎末端再次出现跌落。工程中常遇的是 $4<\dfrac{\delta}{H}<10$ 的宽顶堰,下面给予讨论。这种堰流的基本公式可近似地应用于 $2.5<\dfrac{\delta}{H}<4$ 的宽顶堰。

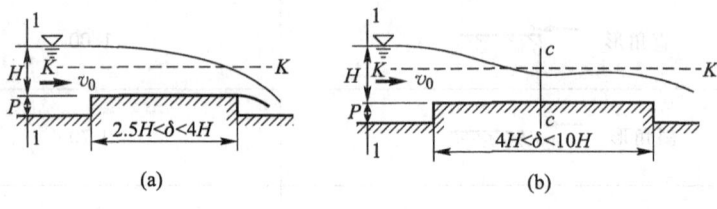

图 10-60

宽顶堰溢流如图 10-60b 所示,对过流断面 1-1 及收缩断面 $c-c$ 写伯努利方程。因断面 $c-c$ 在流线的凹曲处,各点压强比静水压强有所增加,如以收缩断面 $c-c$ 水深 h_c 表示该断面的势能,应乘以一修正系数 β_0,所以得

$$H+\frac{\alpha_0 v_0^2}{2g}=\beta_0 h_c+\frac{\alpha_c v_c^2}{2g}+\zeta\frac{v_c^2}{2g}$$

式中：ζ 为宽顶堰进口局部损失系数；令 $H + \dfrac{\alpha_0 v_0^2}{2g} = H_0$，称为堰上总水头；

$\varphi = \sqrt{\dfrac{1}{\alpha_c + \zeta}}$；代入上式可得收缩断面的流速

$$v_c = \varphi \sqrt{2g(H_0 - \beta_0 h_c)} \qquad (10\text{-}113)$$

因 $Q = A_c v_c$，$A_c = Bh_c$，B 为堰宽；令 $\dfrac{h_c}{H_0} = k$，为一比例系数。$\varphi k \sqrt{1 - \beta_0 k} = m$，$m$ 称为流量系数，代入流速公式得无侧收缩、非淹没宽顶堰的基本公式为

$$Q = mB\sqrt{2g}\, H_0^{3/2} \qquad (10\text{-}114)$$

式中宽顶堰的流量系数 m 与作用水头 H、堰高 P、堰顶入口、边缘形状和顶面粗糙程度有关，通常可用下列经验公式计算。

对具有直角前沿的宽顶堰：

$$m = 0.32 + 0.01 \dfrac{3 - P/H}{0.46 + 0.75 P/H} \qquad (10\text{-}115)$$

对具有圆弧形前沿的宽顶堰：

$$m = 0.36 + 0.01 \dfrac{3 - P/H}{1.2 + 1.5 P/H} \qquad (10\text{-}116)$$

上式适用于进口圆弧半径 $r \geqslant 0.2H$ 的情况。上两式中，当 $P/H > 3.0$ 时，堰高所引起的垂向收缩达到最大，m 值将不再随 P/H 而变化，故仍用 $P/H = 3.0$ 代入计算，由此得宽顶堰流量系数的最小值分别为 0.32 和 0.36。式中 r、P、H 以 m 计。

当 $\varphi = 1.0$，$\beta_0 = 1.0$，流量最大，而 m 亦最大，此时 $h_c = h_{cr}$。$h_c = h_{cr} = \sqrt[3]{\dfrac{\alpha Q^2}{gB^2}} = kH_0$，如取 $\alpha = 1.0$，可解得 $k = \dfrac{2}{3}$，$m_{max} = 0.385$。

在初步计算时，对具有直角前沿的宽顶堰，可取 $m = 0.32$；对具有圆弧形前沿的宽顶堰，可取 $m = 0.36$。

2. 有侧收缩的宽顶堰溢流

当渠中设有闸墩，宽顶堰宽度小于进水渠宽度，水流受水平方向的约束，堰顶水流出现横向收缩，如图 10-61 所示。由于宽顶堰溢流的实际宽度小于堰宽 B，且水流阻力因此加大，所以受侧收缩影响的宽顶堰过流能力要比同样堰宽但不受侧

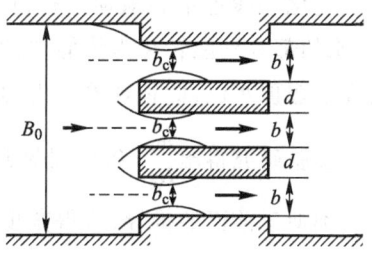

图 10-61

收缩影响的宽顶堰的流量要小,需要加以修正。有侧收缩的非淹没宽顶堰流量公式为

$$Q = mB_c\sqrt{2g}H_0^{3/2}$$
$$= m\varepsilon B\sqrt{2g}H_0^{3/2} \tag{10-117}$$

式中:B_c 为宽顶堰的有效宽度(m),$B_c = nb_c$,n 为宽顶堰孔数,b_c 为每孔宽顶堰的有效宽度(m);B 为宽顶堰净宽(m),$B = nb$,b 为每孔宽顶堰净宽(m);ε 称为侧收缩系数,$\varepsilon = \dfrac{B_c}{B}$,由式(10-112)确定,中墩形状系数 ζ_0 值和边墩形状系数 ζ_k 值分别见表 10-6 和表 10-7。

3. 宽顶堰淹没出流

由于宽顶堰的泄流特性,$h_c < h_{cr}$,收缩断面为急流,下游水位 h_t 小于堰高 P',堰流为自由出流。当 $h_t > P'$,随下游水位超过堰顶水深 h_s 的增大,堰顶在收缩断面后发生波状水跃,但这时下游水深并不影响 h_c;当 h_s 大于堰顶水深 h_c 的跃后共轭水深时,成为淹没出流,下游水深将影响堰顶水位变化,堰上水位被壅高,堰顶呈缓流,如图 10-62 所示。如果上游水位不变,则泄流能力下降。

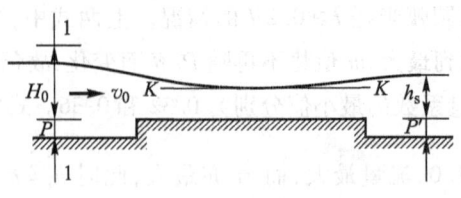

图 10-62

这种堰顶呈缓流,泄水能力受下游水位影响的宽顶堰流,为淹没出流。下游水位高出堰顶 $h_s > 0$ 是淹没出流的必要条件,但不是充分条件。淹没出流的水面曲线变化平缓近乎和堰顶平行,由于下游水深的抬托,堰过流断面扩大,流速减小,水的部分动能转化为势能,在堰出口处,下游水深稍有回升,所以堰下游水位稍高于堰顶水位,此种现象称为动能恢复。

实验研究得出 $\dfrac{h_s}{H_0} = 0.8$,是宽顶堰是否淹没的判别条件。

类似于前面的推导,可得宽顶堰淹没出流的基本公式

$$Q = \sigma m B \sqrt{2g} H_0^{\frac{3}{2}} \tag{10-118}$$

式中：σ 为宽顶堰的淹没系数，它的大小与 $\dfrac{h_s}{H_0}$ 成反比，实验所得宽顶堰淹没系数列于表 10-9。

表 10-9　宽顶堰淹没系数 σ 值

h_s/H_0	0.80	0.81	0.82	0.83	0.84	0.85	0.86	0.87	0.88
σ	1.00	0.995	0.99	0.98	0.97	0.96	0.95	0.93	0.90
h_s/H_0	0.89	0.90	0.91	0.92	0.93	0.94	0.95	0.96	0.97	0.98
σ	0.87	0.84	0.82	0.78	0.74	0.70	0.65	0.59	0.50	0.40

4. 无坎宽顶堰

以上介绍的是有坎宽顶堰流的计算。工程实践中还有许多属于无坎宽顶堰流的问题，如水流经过平底引水闸、桥、涵、跌水、陡槽进口等的流动。无坎宽顶堰虽然没有底坎的阻碍作用，但因受到平面上的束窄而引起水面跌落，其流动现象与有坎宽顶堰流相似，并且流量计算公式也完全相同，只是流量系数 m 不同。此种情况下，侧收缩的影响不必单独计算，而将其包含在流量系数 m 中。流量系数 m 可由表 10-10 中选用。当下游水位大于 $1.3h_{cr}$ 或 $0.8H_0$ 时，按淹没出流考虑，淹没系数 σ 仍可由表 10-9 选用。

表 10-10　无坎宽顶堰流量系数 m

$\beta=b/B_0$ \ $\cot\theta$	0	0.5	1.0	2.0	3.0
0.0	0.320	0.343	0.350	0.353	0.350
0.1	0.322	0.344	0.351	0.354	0.351
0.2	0.324	0.346	0.352	0.355	0.352
0.3	0.327	0.348	0.354	0.357	0.354
0.4	0.330	0.350	0.356	0.358	0.356
0.5	0.334	0.352	0.358	0.360	0.358
0.6	0.340	0.356	0.361	0.363	0.361
0.7	0.346	0.360	0.364	0.366	0.364
0.8	0.355	0.365	0.369	0.370	0.369
0.9	0.367	0.373	0.375	0.376	0.375
1.0	0.385	0.385	0.385	0.385	0.385

续表

β=b/B₀ \ r/b	0.00	0.05	0.10	0.20	0.30	0.40	≥0.50
0.0	0.320	0.335	0.342	0.349	0.354	0.357	0.360
0.1	0.322	0.337	0.344	0.350	0.355	0.358	0.361
0.2	0.324	0.338	0.345	0.351	0.356	0.359	0.362
0.3	0.327	0.340	0.347	0.353	0.357	0.360	0.363
0.4	0.330	0.343	0.349	0.355	0.359	0.362	0.364
0.5	0.334	0.346	0.352	0.357	0.361	0.363	0.366
0.6	0.340	0.350	0.354	0.360	0.363	0.365	0.368
0.7	0.346	0.355	0.359	0.363	0.366	0.368	0.370
0.8	0.355	0.362	0.365	0.368	0.371	0.372	0.373
0.9	0.367	0.371	0.373	0.375	0.376	0.377	0.378
1.0	0.385	0.385	0.385	0.385	0.385	0.385	0.385

翼墙形式示意图

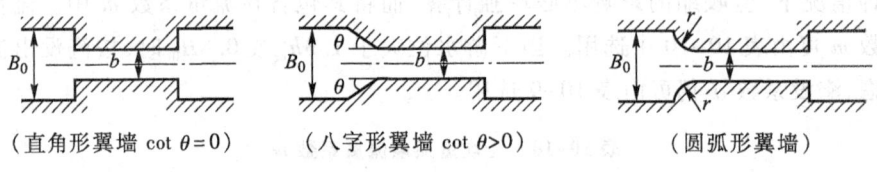

（直角形翼墙 cot θ=0）　　（八字形翼墙 cot θ>0）　　（圆弧形翼墙）

由以上分析可以看出，无论是薄壁堰，实用堰还是宽顶堰，尽管流动特征各有所别，但所要解决的基本问题大体相同。在基本公式 $Q = mB\sqrt{2g}H_0^{3/2}$ 中，有三个基本变量 Q, B, H，因此，构成所需解决的三类基本问题：

(1) 已知 B, H，求流量 Q；

(2) 已知 H, Q，求堰宽 B；

(3) 已知 B, Q，求堰前水头 H。

例 10-16 设一单孔引水闸，具有直角前沿的矩形宽顶堰底坎，如图 10-63 所示。(1) 已知堰上水头 $H=1.8$ m，堰高 $P=P'=0.5$ m，堰宽 $b=2$ m，矩形引水渠宽 $B_0=3$ m，边墩头部为圆角形，下游水深 $h_t=1$ m。试求通过宽顶堰的流量 Q。(2) 若下游水深 $h_t'=2$ m，其他条件和(1)相同，试求通过宽顶堰流量 Q'。

解：(1) 当下游水深 $h_t=1$ m 时，先判别堰流是否淹没。因 H_0 未知，暂略去行进流速水头，即 $H_0 = H$，$\dfrac{h_t - P'}{H} = \dfrac{1-0.5}{1.8} = 0.28 < 0.8$，为非淹没宽顶堰流。

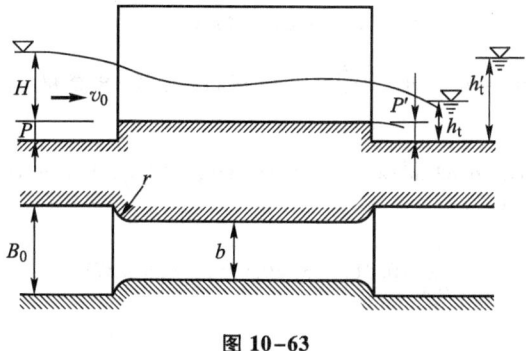

图 10-63

按非淹没宽顶堰流计算。流量系数

$$m = 0.32 + 0.01 \frac{3 - \frac{P}{H}}{0.46 + 0.75 \frac{P}{H}} = 0.361$$

流量

$$Q = m\varepsilon b \sqrt{2g} H_0^{\frac{3}{2}}$$

用试算法。在第一次近似计算时,令 $H_0 = H$;另外,侧收缩系数 $\varepsilon = 1 - 0.2\zeta_k \frac{H_0}{b}$。

因

$$\frac{H_0}{b} = \frac{H}{b} = \frac{1.8}{2} = 0.9 < 1.0, \quad B_0 = 3 \text{ m} > b = 2 \text{ m}, \quad \zeta_k = 0.7$$

所以得

$$\varepsilon_1 = 0.874; \quad Q_1 = 6.75 \text{ m}^3/\text{s}, \quad v_{01} = \frac{Q_1}{B_0(P+H)} = 0.978 \text{ m/s}$$

$$H_{01} = H + \frac{\alpha_{01} v_{01}^2}{2g} = 1.849 \text{ m} > H$$

第二次近似计算时,以 $H_0 = H_{01}$,进行计算。可得

$$\zeta_k = 0.7, \quad \varepsilon_2 = 0.871, \quad Q_2 = 7 \text{ m}^3/\text{s}, \quad v_{02} = 1.015 \text{ m/s}, \quad H_{02} = 1.853 \text{ m} > H_{01}$$

第三次近似计算时,以 $H_0 = H_{02}$ 进行计算。可得

$$\zeta_k = 0.7, \quad \varepsilon_3 = 0.871, \quad Q_3 = 7.02 \text{ m}^3/\text{s}, \quad v_{03} = 1.02 \text{ m/s}, \quad H_{03} = 1.853 \text{ m} = H_{02}$$

所以

$$Q = Q_3 = 7.02 \text{ m}^3/\text{s}, \quad H_0 = H_{03} = 1.853 \text{ m}, \quad v_0 = v_{03} = 1.02 \text{ m/s}$$

(2) 当下游水深 $h_t' = 2$ m 时,暂令 $H_0 = H$,则 $\frac{h_t' - P'}{H} = 0.83 > 0.8$,为淹没宽顶堰流。

流量

$$Q' = \sigma_1 m\varepsilon b \sqrt{2g} H_0^{3/2}$$

用试算法。令 $H_0 = H$；另外，当 $\dfrac{h_s}{H} = 0.83$ 时，由表 10-9 查得 $\sigma_1 = 0.98$；$\varepsilon_1 = 0.874$，$m = 0.361$。所以得

$$Q_1' = 6.62 \text{ m}^3/\text{s}, \quad v_{01}' = 0.96 \text{ m/s}, \quad H_{01}' = 1.847 \text{ m} > H$$

以 $H_0 = H_{01}'$ 进行计算

$$\dfrac{h_s}{H_{01}'} = 0.81, \quad \sigma_2 = 0.995, \quad \varepsilon_2 = 0.871$$

所以得

$$Q_2' = 6.96 \text{ m}^3/\text{s}, \quad v_{02}' = 1.01 \text{ m/s}, \quad H_{02}' = 1.852 \text{ m} > H_{01}'$$

以 $H_0 = H_{02}'$ 进行计算

$$\dfrac{h_s}{H_{02}'} = 0.81, \quad \sigma_3 = 0.995, \quad \varepsilon_3 = 0.871$$

所以得

$$Q_3' = 6.96 \text{ m}^3/\text{s}, v_{03}' = 1.01 \text{ m/s}, \quad H_{03}' = 1.852 \text{ m} = H_{02}'$$

所以堰流流量

$$Q' = Q_3' = 6.96 \text{ m}^3/\text{s}$$

§10-10　小桥、涵洞孔径的水力计算

在给水排水、市政、公路与城市道路等工程中，常需修筑小桥、涵洞等建筑物。它们孔径的水力计算，基本上是应用宽顶堰流理论进行的。

10-10-1　小桥孔径的水力计算

小桥孔径 B（或净跨径 L'）系指在垂直于水流方向之平面内泄水孔口的最大水平距离。对于单孔矩形桥孔断面的桥梁而言，就是指桥台内壁之间的距离，如图 10-64 所示。在设计小桥时，为了缩短桥长，降低造价，常使小桥孔径小于设计洪水位（设计流量）时河渠的水面宽度，使水流受到挤束。在这里将讨论这种情况的水力计算。

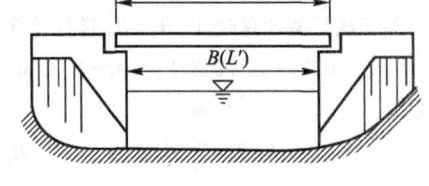

图 10-64

1. 小桥水流现象（水面形状）的分析

从河渠中流向小桥的水流基本是非恒定流动，但当作恒定流动来处理。水

流流过小桥的流动现象与宽顶堰流相似,可看作是有侧收缩的无坎宽顶堰流。水流过桥孔可分为自由(非淹没)出流和淹没(非自由)出流两种情况,如图10-65a、b 所示。它们的判别条件和宽顶堰类似,实验表明,当下游河渠水深 $h_t \leq 1.3 h_{cr}$ 时,为自由出流;当 $h_t > 1.3 h_{cr}$ 时,为淹没出流,且假设桥下水深即为下游河渠水深,其间差别不予考虑。这里的 h_{cr} 为桥孔内水流的临界水深,它和桥前河渠中水流的临界水深在数值上是不等的。

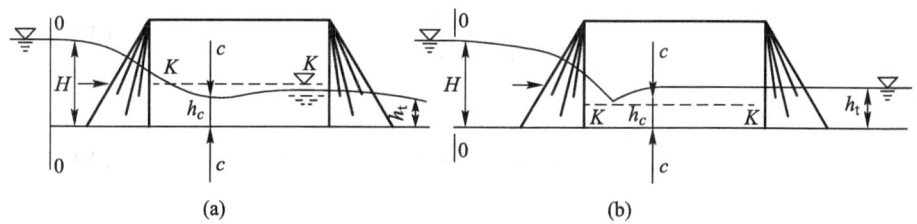

图 10-65

小桥孔径可以应用前述诸宽顶堰流公式来进行计算,但是,在实践中往往采用另一种途径较为方便。因为设计小桥孔径的原则,就是要保证在通过设计流量 Q 时,桥下不发生冲刷,即桥下流速 v 小于最大允许流速(最大不冲流速)v_{max};同时桥前壅水高度(水深)H 不能超过某一规定的允许值等。因此在设计时,常从最大不冲流速 v_{max} 出发来计算小桥孔径,核算桥前壅水高度 H 是否满足规定;同时还要考虑到选用小桥定型设计的标准跨径问题。下面介绍常遇的矩形桥孔断面的小桥孔径的水力计算步骤和方法。

2. 小桥孔径水力计算的步骤和方法

(1) 河渠下游水深 h_t 和桥孔下临界水深 h_{cr} 的计算

因为小桥孔径的水力计算首先要判别是否淹没,即要先确定下游水深 h_t 和临界水深 h_{cr}。下游水深可根据设计流量,根据水文资料的流量-水位曲线,求出下游水深 h_t。当缺乏这种资料时,运用明渠均匀流理论计算出河渠断面的正常水深 h_0 来代替 h_t,如图10-65a 所示。

临界水深可由式 $h_{cr} = \sqrt[3]{\dfrac{\alpha Q^2}{g B^2}} = \sqrt[3]{\dfrac{\alpha q^2}{g}}$ 计算,但式中含有桥孔宽度 B,所以无法直接求得。如前所述,设计小桥孔径的原则是:要保证在通过设计流量 Q 时,桥下不发生冲刷,即桥下流速 v 小于最大不冲流速 v_{max},现依此来计算临界水深。因

$$h_c = \psi h_{cr} \tag{10-119}$$

式中：ψ 为进口形状系数，非平滑进口 $\psi = 0.75 \sim 0.80$，平滑进口 $\psi = 0.80 \sim 0.85$。考虑到侧收缩，又有

$$Q = A_{cr} v_{cr} = \varepsilon B h_{cr} v_{cr} = A_c v_c = \varepsilon B \psi h_{cr} v_c$$

式中：ε 为侧收缩系数，数据见表 10-11。v_{cr}, v_c 分别为桥孔下临界水深和收缩断面水深时的流速。根据设计原则，v_c 应小于 v_{max}，则可得

$$h_{cr} = \frac{\alpha v_{cr}^2}{g} \tag{10-120}$$

或

$$h_{cr} = \frac{\alpha \psi^2 v_{max}^2}{g} \tag{10-121}$$

表 10-11 小桥侧收缩系数 ε 及流速系数 φ

桥台形状	ε	φ
1. 单孔桥，锥坡填土	0.90	0.90
2. 单孔桥，有八字翼墙	0.85	0.90
3. 多孔桥；或无锥坡，或桥台伸出锥坡之外	0.80	0.85
4. 拱脚淹没的拱桥	0.75	0.80

根据上述求得的 h_t 和 h_{cr} 的比较，即可判别是自由出流还是淹没出流。

（2）小桥孔径的确定

若为自由出流，因为 $v_c = v_{max} = \dfrac{1}{\psi} v_{cr}$，$B = \dfrac{Q}{\varepsilon h_{cr} v_{cr}} = \dfrac{gQ}{\alpha \varepsilon v_{cr}^3}$，式中 B 即为临界流时的桥孔宽度。同理可得

$$B = \frac{gQ}{\alpha \varepsilon \psi^3 v_{max}^3} \tag{10-122}$$

式中：B 即为桥孔宽度（小桥孔径）。

若为淹没出流，则为

$$B = \frac{Q}{\varepsilon h_t v_{max}} \tag{10-123}$$

式中：B 即为小桥孔径。

为了减少小桥上部构造的计算工作量，常采用标准跨径 L 的定型设计，可参阅有关部门制订的图表和资料。

一般为使桥下流速 $v<v_{max}$，常采用标准跨径的桥孔净跨径 $L'>B$。在这里需指出，当 $L'>B$ 时，桥下水流状态原来是自由出流可能变成淹没出流，因此需进行复核。这时的临界水深 h'_{cr} 应按式 $h'_{cr}=\sqrt[3]{\dfrac{\alpha Q^2}{(\varepsilon L')^2 g}}$ 计算，并判别水流状态，校核桥下过流断面流速和桥前壅水高度。

(3) 桥前壅水高度的计算

若为自由出流，如图 10-65a 所示，对过流断面 0-0 与 c-c 列伯努利方程得

$$H+\dfrac{\alpha_0 v_0^2}{2g}=h_c+(\alpha+\zeta)\dfrac{v_c^2}{2g}=h_c+\dfrac{v_c^2}{2g\varphi^2}$$

因 $h_c=\psi h_{cr}$，$v_c=v_{max}=\dfrac{v_{cr}}{\psi}$，所以上式可表达为

$$H=\psi h_{cr}+\dfrac{v_{cr}^2}{2g\varphi^2\psi^2}-\dfrac{\alpha_0 v_0^2}{2g} \tag{10-124}$$

或

$$H=\psi h_{cr}+\dfrac{v_{max}^2}{2g\varphi^2}-\dfrac{\alpha_0 v_0^2}{2g} \tag{10-125}$$

式中：$\varphi=\sqrt{\dfrac{1}{\alpha+\zeta}}$ 为流速系数，数据见表 10-11；α，α_0 为动能修正系数，常取 $\alpha=\alpha_0=1.0$；v_0 为桥前壅水高度为 H 时的桥前水流速度；当 $v_0\leq 1.0$ m/s 时，行进流速水头 $\dfrac{\alpha_0 v_0^2}{2g}$ 可略去不计，当 $v_0>1.0$ m/s 时，由于 v_0 随 H 而改变，上式可用试算法求解。一般行进流速水头项略去不计，计算结果偏于安全。

例 10-17 设公路跨越河道，需修筑一小桥。根据实测资料，已知设计流量 $Q=10$ m³/s，小桥下游水深 $h_t=0.90$ m，桥前允许壅水高度 $H'=1.50$ m。现桥下加固拟采用碎石垫层上铺片石（最大允许流速 $v_{max}=3.5$ m/s），桥孔为单孔，并有八字翼墙和较为平滑的进口，可参阅图 10-64。试确定小桥标准跨径及桥前壅水高度。

解：由表 10-11 查得取 $\varepsilon=0.85$，$\varphi=0.90$；另取 $\psi=0.80$，$\alpha=\alpha_0=1.0$。因此，桥孔内临界水深为

$$h_{cr}=\dfrac{\alpha\psi^2 v_{max}^2}{g}=\dfrac{1\times 0.8^2\times 3.5^2}{9.8}\text{ m}=0.8\text{ m}$$

$1.3h_{cr}=1.3\times 0.80$ m $=1.04$ m$>h_t=0.90$ m，小桥为自由出流。由式(10-122)得

$$B=\dfrac{gQ}{\alpha\varepsilon\psi^3 v_{max}^3}=\dfrac{9.8\times 10}{1.0\times 0.85\times 0.8^3\times 3.5^3}\text{ m}=5.25\text{ m}$$

如采用标准桥孔跨径 $L=6$ m，装配式钢筋混凝土矩形板式桥的上部构造，配用轻型桥台，

其净跨径 $L' = 5.4$ m,则

$$h_{cr} = \sqrt[3]{\frac{\alpha Q^2}{(\varepsilon \times L')^2 g}} = \sqrt[3]{\frac{10^2}{(0.85 \times 5.4)^2 \times 9.8}} \text{ m} = 0.79 \text{ m}$$

$1.3 h_{cr} = 1.3 \times 0.79$ m $= 1.03$ m $> h_t = 0.90$ m 仍为自由出流。此时桥下流速

$$v_c = \frac{Q}{\varepsilon L' \psi h_{cr}} = \frac{10}{0.85 \times 5.4 \times 0.8 \times 0.79} \text{ m/s} = 3.45 \text{ m/s} < v_{\max} = 3.5 \text{ m/s}$$

满足要求。不考虑行进流速水头（偏于安全），计算桥前水深。

$$H = \psi h_{cr} + \frac{v_c^2}{2g\varphi^2}$$

$$= \left(0.8 \times 0.79 + \frac{3.45^2}{2 \times 9.8 \times 0.90^2} \right) \text{ m} = 1.38 \text{ m} < H' = 1.50 \text{ m}$$

最后选定小桥标准跨径为 6 m。

*10-10-2 涵洞孔径的水力计算

涵洞孔径（或净跨径）是指在垂直于水流方向之平面内泄水孔口的最大水平距离,例如对于单孔圆管涵而言,就是指圆管涵内（直）径。在设计涵洞时,由于涵壁允许流速很大,所以一般都使水流受到很大的挤束。在这里讨论这种情况的公路下涵洞孔径的水力计算。

涵洞根据其水流特征分为无压力式、半压力式、有压力式涵洞,分别如图 10-66 所示。设涵前水深为 H,涵洞内壁高度为 h_n。当进水口洞口形式为普通式样（一字式、八字式等）,且 $H \leq 1.2 h_n$ 时；或当进水口洞口形式为流线形（喇叭形、抬高式等）,且 $H \leq 1.4 h_n$ 时,水流在涵洞内的全部长度上都未与洞顶相接触,水面各点压强等于大气压强,即具有自由表面,都属于无压力式涵洞,如图 10-66a 所示。当进水口洞口形式为普通式样,而 $H > 1.2 h_n$ 时,水流在涵洞进水口断面处与洞顶相接触一段,水流与洞顶接触处的压强不等于大气压强,涵洞内的其余部分则为自由表面的,都属于半压力式涵洞,如图 10-66b 所示。当进水口洞口形式为流线形,$H > 1.4 h_n$,涵洞坡度 $i < i_w$ （i_w 称为摩擦坡度,它等于涵洞满管流的坡度,$i_w = \frac{Q^2}{A_d^2 C_d^2 R_d}$） 时,水流（除在某些情况下的出水口处的降水段外）在涵洞内的全部长度上都与洞顶相接触,水流与洞顶接触处的压强不等于大气压强,即不具有自由表面的,都属于有压力式涵洞,如图 10-66c 所示。

无压力式、半压力式、有压力式涵洞,类似小桥的分类,都可按下游水位的条件分为自由（非淹没）出流和淹没出流。因为涵洞对水流的挤束很大,出水口处流速都很大,所以一般都是自由出流。

在工程中,一般不采用有压力式涵洞（如遇这种情况,例如对于倒虹吸管的设计,则可参阅第九章）。半压力式涵洞的水流状态是一种不稳定的过渡情况,对涵洞过水能力和涵洞的安全都有不利影响,在实际工程中要尽可能避免。如遇这种情况,需进行涵洞孔径的水力计算（水流经过半压力式涵洞进水口的水流现象基本上与闸下出流相似）,可根据已学知识和

下述无压力式涵洞的孔径水力计算的介绍,也不难自行解决。下面讨论无压力式涵洞孔径的水力计算问题。

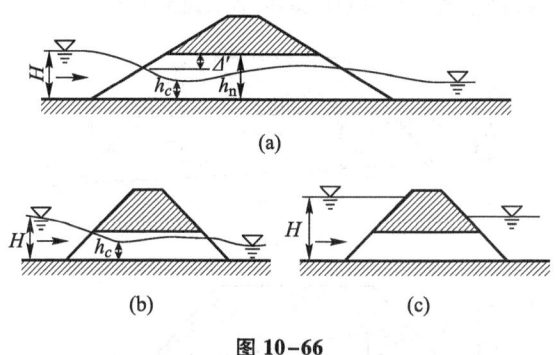

图 10-66

在工程中最常遇的是无压力式涵洞自由出流的情况。无压力式涵洞在绝大多数情况下是按照等于或大于临界坡度敷设的,这主要是为了尽量减小涵前水深,降低涵洞高度,防止涵洞淤积等。所以,对涵洞底坡等于或大于临界坡度的无压力式涵洞自由出流情况的水流现象(水面形状)作进一步的分析,并确立其水力计算的方法是有实用意义的。

1. 涵洞水流现象(水面形状)的分析。

水流经过上述涵洞进水口的水流现象基本上与宽顶堰自由出流相似,水面发生跌落,如图 10-67 所示。水面最大跌落处形成收缩断面 $c-c$,该处水深 $h_c = 0.9 h_{cr}$。水流进入洞口后的侧收缩则被认为大部分或完全为采用的普通式样洞口建筑所消除,即 $\varepsilon = 1.0$,这和小桥有所不同。断面 $c-c$ 后的水面曲线类型和涵洞底坡 i 有关。当 $i = i_{cr}$ 时,由本章水面曲线类型的分析可以得出为 c_3 型壅水曲线,如图 10-67a 所示;当水深由小而大,趋近临界水深时,水面曲线以水平线为渐近线,涵洞出水口水深为临界水深 h_{cr}。由断面 $c-c$ 水深 h_c 至涵洞出水口水深为 h_{cr} 间的最小长度 l_{min},因 c_3 型壅水曲线以水平线为渐近线,且

$$\sin \alpha = i_{cr} = \frac{h_{cr} - h_c}{l_{min}} = \frac{h_{cr} - 0.9 h_{cr}}{l_{min}}$$

所以

$$l_{min} = \frac{h_{cr}}{10 i_{cr}} \tag{10-126}$$

当 $i_{cr} < i \leqslant i_c$ 时,由本章水面曲线类型的分析可以得出为 c_2 型壅水曲线,如图 10-67b 所示;在下游,水面曲线以正常水深线 $N-N$ 为渐近线,涵洞出水口水深为正常水深 h_0(当 $i = i_0$ 时, $h = h_0$)。当 $i > i_c$ 时,由本章水面曲线类型的分析可以得出为 b_2 型降水曲线,如图 10-67c 所示;在下游水面曲线以正常水深 $N-N$ 为渐近线,涵洞出水口水深为正常水深 h_0。

从以上的分析中,可以得出以下结论:

(1) 经过涵洞进出水口的水流,其流动现象与宽顶堰自由出流相似。收缩断面 $c-c$ 以下

水流运动都是由于重力及收缩断面中积蓄的能量之作用所产生。在这种情况下，涵洞内的（沿程）阻力并不影响涵前水深大小。因此，涵洞孔径、涵前水深的确定不需要考虑涵洞内阻力的影响，只需考虑水流流经涵洞的进水口条件（进口段的阻力）。

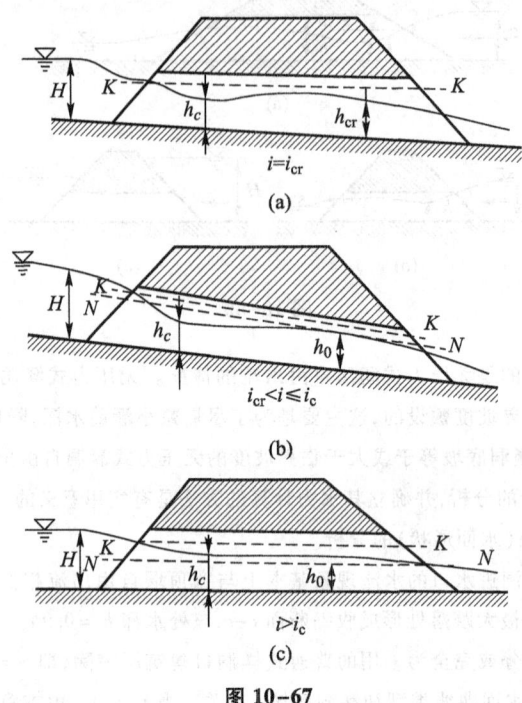

图 10-67

(2) 经过涵洞出水口的水流，其流速与涵洞出水口的水深有关，它随涵洞底坡 i 而不同。当 $i=i_{cr}$ 时，为临界水深 h_{cr}；当 $i>i_{cr}$ 时，为正常水深 h_0。涵洞出水口流速是下游河渠加固工程设计的依据，一般不大于 6 m/s，即 $v_{max} \leq$ 6 m/s。

2. 无压力式涵洞孔径水力计算的方法

因为经过涵洞进水口的水流，其流动现象与宽顶堰自由出流相似。可以用类似分析宽顶堰流的方法得到涵洞的流量方程式。取涵洞前过流断面 0-0，涵内收缩断面 c-c，如图 10-67a 所示，列总流的伯努利方程（略去两断面间由于底坡 i 引起的位置高差），得

$$H + \frac{\alpha v_0^2}{2g} = h_c + \frac{\alpha v_c^2}{2g} + \zeta \frac{v_c^2}{2g}$$

令 $H_0 = H + \dfrac{\alpha v_0^2}{2g}$，$\varphi = \sqrt{\dfrac{1}{\alpha + \zeta}}$，因 $Q = A_c v_c$，则可得

$$Q = \varphi A_c \sqrt{2g(H_0 - h_c)} \tag{10-127}$$

式中：φ 为流速系数，与洞口形式有关，普通式样 $\varphi=0.85$，流线形 $\varphi=0.95$；A_c 为收缩断面 c-c

处水深为 h_c 时的过流断面面积。

涵洞孔径、涵前水深的计算,可按上式进行。在计算方法上,原则上也可按小桥孔径水力计算的方法进行。但是因涵洞的允许流速很大,如果按小桥孔径计算方法进行,将得到窄而高的涵洞断面尺寸,这是很不经济的。在实际工程中,常采用圆管涵和箱涵。圆管涵的宽和高是一致的;箱涵的宽度(跨径)L 和高度 h_n 有一定的经济比例(一般取 $0.8\sim1.50$),另外,还要满足涵洞水面与洞顶间需留一定的净空 $\Delta' = \dfrac{1}{6}h_n$。所以,一般以先设一孔径,然后核算涵前水深 H 等是否满足要求(由实验得知涵洞进水口断面处水深 $H_n = 0.87H$)。下面举例介绍箱涵孔径的水力计算。

例 10-18 设公路跨越某河沟需建造一矩形箱涵。已知设计流量 $Q = 1.97 \text{ m}^3/\text{s}$。试进行无压力式非淹没出流涵洞孔径的水力计算,并确定采用涵洞定型设计的标准跨径 L(指净跨径)。

解:根据技术经济比较,采用不抬高式进水口洞口形式的石盖板箱涵,如图 10-68 所示,出水洞口允许流速 $v_{\max} = 4.5 \text{ m/s}$,$\varphi$ 取 0.85。设定涵洞孔径 $L = 1 \text{ m}$。涵洞的临界水深 h_{cr} 及其临界流速 v_{cr} 为

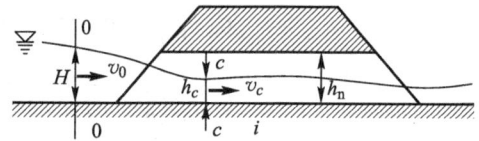

图 10-68

$$h_{\text{cr}} = \sqrt[3]{\dfrac{aq^2}{g}} = \sqrt[3]{\dfrac{1 \times \left(\dfrac{1.97^2}{1}\right)}{9.8}} \text{ m} = 0.73 \text{ m}$$

$$v_{\text{cr}} = \dfrac{Q}{A_{\text{cr}}} = \dfrac{Q}{Lh_{\text{cr}}} = \dfrac{1.97}{1 \times 0.73} \text{ m/s} = 2.70 \text{ m/s}$$

涵洞内收缩断面 c-c 处水深 h_c 及其流速 v_c 为

$$h_c = 0.9 h_{\text{cr}} = 0.9 \times 0.73 \text{ m} = 0.66 \text{ m}$$

$$v_c = \dfrac{Q}{A_c} = \dfrac{Q}{Lh_c} = \dfrac{1.97}{1 \times 0.66} \text{ m/s} = 2.98 \text{ m/s}$$

涵前水深 H(不考行进流速水头)为

$$H = H_0 = h_c + \dfrac{Q^2}{2g\varphi^2 A_c^2} = h_c + \dfrac{v_c^2}{2g\varphi^2}$$

$$= 0.66 \text{ m} + \dfrac{2.98^2}{2 \times 9.8 \times 0.85^2} \text{ m} = 1.29 \text{ m}$$

涵洞进水口断面处水深 $H_n = 0.87H$,涵洞水面与洞顶间需留净空 $\Delta' = \dfrac{1}{6}h_n$,所以

$$0.87H + \Delta' = h_n = 0.87H + \dfrac{1}{6}h_n$$

则

$$h_n = 0.87H \times \dfrac{6}{5} = 0.87 \times 1.29 \times \dfrac{6}{5} \text{ m} = 1.35 \text{ m}$$

校核涵洞宽高经济比例：

$\dfrac{h_n}{L} = \dfrac{1.35}{1.0} = 1.35$，在经济比例（0.8~1.50）范围内。

确定涵洞临界坡度 i_{cr} 为

$$i_{cr} = \dfrac{g\chi_{cr}}{\alpha c_{cr}^2 B_{cr}}, \quad A_{cr} = B_{cr}h_{cr} = 1 \times 0.73 \text{ m}^2 = 0.73 \text{ m}^2$$

$$\chi_{cr} = B_{cr} + 2h_{cr} = (1 + 2 \times 0.73) \text{ m} = 2.46 \text{ m}$$

$$R_{cr} = \dfrac{A_{cr}}{\chi_{cr}} = \dfrac{0.73}{2.46} \text{ m} = 0.297 \text{ m}$$

$$C_{cr} = \dfrac{1}{n} R_{cr}^{1/6}$$

由表 7-2 查得粗糙系数 $n = 0.017$，则

$$C_{cr} = \dfrac{1}{0.017} \times 0.297^{1/6} \text{ m}^{\frac{1}{2}}/\text{s} = 48.03 \text{ m}^{\frac{1}{2}}/\text{s}$$

$$i_{cr} = \dfrac{g\chi_{cr}}{\alpha c_{cr}^2 B_{cr}} = \dfrac{9.8 \times 2.46}{1 \times 48.03^2 \times 1} = 0.0105$$

确定出水洞口允许流速 $v_{max} = 4.5$ m/s 的最大坡度 i_{max} 为 $i_{max} = \dfrac{Q^2}{K_0^2} = \dfrac{Q^2}{A_0^2 C_0^2 R_0}$，涵洞出口处水深

$$h_0 = \dfrac{Q}{Lv_{max}} = \dfrac{1.97}{1 \times 4.5} \text{ m} = 0.44 \text{ m}, \quad A_0 = Lh_0 = (1 \times 0.44) \text{ m}^2 = 0.44 \text{ m}^2$$

$$\chi_0 = L + 2h_0 = (1 + 2 \times 0.44) \text{ m} = 1.88 \text{ m}, \quad R_0 = \dfrac{A_0}{\chi_0} = \dfrac{0.44}{1.88} \text{ m} = 0.234 \text{ m}$$

$$C_0 = \dfrac{1}{n} R_0^{1/6} = \dfrac{1}{0.017} \times 0.234^{1/6} \text{ m}^{\frac{1}{2}}/\text{s} = 46.15 \text{ m}^{\frac{1}{2}}/\text{s}$$

所以

$$i_{max} = \dfrac{Q^2}{A_0^2 C_0^2 R_0} = \dfrac{1.97^2}{0.44^2 \times 46.15^2 \times 0.234} = 0.0402$$

根据水力条件而定的最小填土高度 $(H_填)_{min}$ 为

$$(H_填)_{min} = H + \Delta = (1.29 + 0.5) \text{ m} = 1.79 \text{ m}$$

最后确定采用不抬高式进水洞口形式的石盖板箱涵标准跨径 $L = 1$ m，$h_n = 1.35$ m 的定型设计。

从上例中可以看出，设定不同的涵洞孔径 L，可得不同的 h_n, H, v 等。所以，在计算时为了使涵洞宽高比在经济比例范围内，需进行繁琐的计算，因此常编成图表备查用。对于圆管涵孔径的水力计算，设定不同的涵洞孔径 d，可得不同的 H, v 等，所以，在计算时为了能既充分利用涵洞孔径有效断面，又要满足一些规定的要求，也需进行繁琐的试算，因此也常编成图表供查用。

思考题

10-1　明渠均匀流的特性和形成条件是什么？

10-2　明渠水力最优断面的概念是什么？它是否一定是渠道的经济断面？

10-3　渠道的允许流速概念是什么？设计时如何考虑？

10-4　梯形断面渠道的水力计算有哪几类问题？正常水深的概念是什么？如何设计、计算？

10-5　不满管流、满管流的概念是什么？它们的水力计算有哪几类问题？最大流量、最大流速为什么不出现在满管流情况？

10-6　复式断面明渠均匀流的水力计算，须遵循哪两个原则？

10-7　急流、缓流、临界流的概念是什么，它们的判别标准是什么？

10-8　断面单位能量、临界水深、临界底坡的概念是什么？如何计算梯形、矩形、圆形断面的临界水深？

10-9　水跃、跌水的概念是什么？矩形断面渠道中完整水跃的共轭水深、长度如何计算？

10-10　棱柱体渠道中的恒定非均匀渐变流动的微分方程的形式是怎样的？它说明哪些问题？

10-11　分析水面曲线一般要解决哪两个问题？各种底坡棱柱体渠道中的水面曲线类型是怎样的？有什么共同特点？具体分析时可参考什么步骤？

10-12　计算水面曲线的方法有哪几种？如何运用分段求和法来计算？

10-13　非恒定明渠流的特性是什么？

10-14　闸孔出流的概念是什么？无底坎闸孔自由出流和淹没出流的基本公式有什么不同？

10-15　堰流的概念是什么？闸孔出流与堰流如何判别？

10-16　根据水流特性，堰分哪几类？矩形、三角形、梯形薄壁堰的流量公式是怎样的？与哪些因素有关？

10-17　实用堰的流量公式与薄壁堰的流量公式有什么异同？

10-18　无侧收缩、非淹没宽顶堰上的水面曲线是怎样的？它的流量公式是怎样的？有侧收缩和淹没出流及无坎宽顶堰溢流分别如何考虑？

10-19　小桥水流现象（水面形状）与宽顶堰流有什么相似？小桥孔径水力计算的步骤和方法是怎样的？

10-20 涵洞水流现象、孔径计算是怎样的？

习题

10-1 某梯形断面粉质黏土渠道中的均匀流动，如图所示。已知渠底宽度 $b=2.0$ m，水深 $h_0=1.2$ m，边坡系数 $m=1.0$，渠道底坡 $i=0.0008$，粗糙系数 $n=0.025$，试求渠中流量 Q 和断面平均流速 v，并校核该渠道是否会被冲刷或淤积。

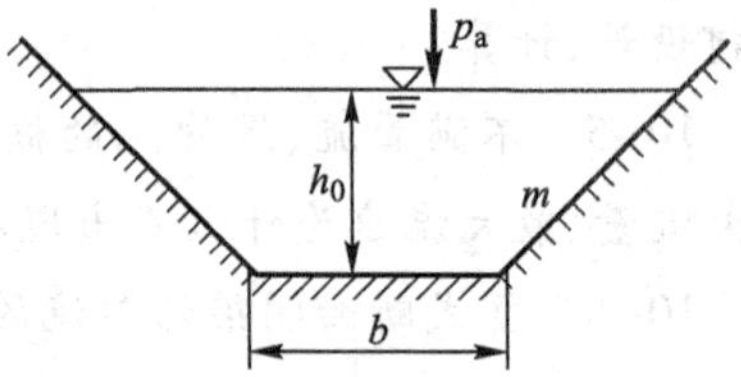

10-2 设有半正方形和半圆形两种过流断面形状的渠道，具有相同的 $n=0.02$，$A=1.0$ m^2，$i=0.001$，试比较它们在均匀流时流量 Q 的大小。

题 10-1 图

10-3 某梯形断面渠道中的均匀流动，流量 $Q=20$ m^3/s，渠道底宽 $b=5.0$ m，水深 $h_0=2.5$ m，边坡系数 $m=1.0$，粗糙系数 $n=0.025$，试求渠道底坡 i。

10-4 为测定某梯形断面渠道的粗糙系数 n 值，选取 $L=1500$ m 长的均匀流段进行测量。已知渠底宽度 $b=10$ m，边坡系数 $m=1.5$，水深 $h_0=3.0$ m，两断面的水面高差 $\Delta z=0.3$ m，流量 $Q=50$ m^3/s，试计算 n 值。

10-5 某梯形断面渠道底坡 $i=0.004$，底宽 $b=5.0$ m，边坡系数 $m=1.0$，粗糙系数 $n=0.02$，求流量 $Q=10$ m^3/s 时的正常水深 h_0 及断面平均流速 v。

10-6 某梯形断面渠道中的均匀流，流量 $Q=3.46$ m^3/s，渠底坡度 $i=0.0008$，边坡系数 $m=1.5$，粗糙系数 $n=0.020$，正常水深 $h_0=1.25$ m，试设计渠底宽度 b。

10-7 设有一块石砌体矩形陡槽，陡槽中为均匀流。已知流量 $Q=2.0$ m^3/s，底坡 $i=0.09$，粗糙系数 $n=0.020$，断面宽深比 $\beta_h=\dfrac{b}{h_0}=2.0$，试求陡槽的断面尺寸 h_0 及 b。

10-8 试拟定某梯形断面均匀流渠道的水力最优断面尺寸。已知边坡系数 $m=1.5$，粗糙系数 $n=0.025$，底坡 $i=0.002$，流量 $Q=3.0$ m^3/s。

10-9 需在粉质黏土地段上设计一条梯形断面渠道。已知均匀流流量 $Q=3.5$ m^3/s，渠底坡底 $i=0.005$，边坡系数 $m=1.5$，粗糙系数 $n=0.025$，试分别按(1)允许不冲流速 v_{max} 及(2)水力最优条件设计渠道断面尺寸，并确定采用哪种方案设计的断面尺寸和分析是否需要加固。

10-10 某圆形污水管道，如图所示。已知管径 $d=1000$ mm，粗糙系数

$n=0.016$,底坡 $i=0.01$,试求最大设计充满度时的均匀流流量 Q 及断面平均流速 v。

10-11 有一圆形排水管,已知底坡 $i=0.005$,粗糙系数 $n=0.014$,充满度 $\alpha=0.75$ 时的流量 $Q=0.2 \text{ m}^3/\text{s}$,试求该管的管径 d(管内为均匀流)。

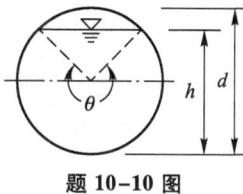

题 10-10 图

10-12 直径 $d=1.2 \text{ m}$ 的无压排水管,$n=0.017$,$i=0.008$,求通过流量 $Q=2.25 \text{ m}^3/\text{s}$ 时的管内水深 h_0。管内为均匀流。

10-13 设一复式断面渠道中的均匀流动,如图所示。已知主槽底宽 $B=20 \text{ m}$,正常水深 $h_{01}=2.6 \text{ m}$,边坡系数 $m_1=1.0$,渠底坡度均为 $i=0.002$,粗糙系数 $n_1=0.023$;左右两滩地对称,底宽 $b=6 \text{ m}$,$h_{02}=1.0 \text{ m}$,$m_2=1.5$,$n_2=0.025$,试求渠道通过的总流量 Q。

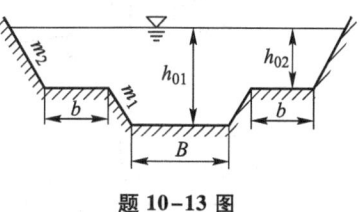

题 10-13 图

10-14 某矩形断面渠道,渠宽 $b=1.0 \text{ m}$,通过流量 $Q=2.0 \text{ m}^3/\text{s}$,试判别水深各为 1 m 及 0.5 m 时渠中水流是急流还是缓流。

10-15 有一长直矩形断面渠道,底宽 $b=5 \text{ m}$,粗糙系数 $n=0.017$,均匀流时的正常水深 $h_0=1.85 \text{ m}$,通过的流量 $Q=10 \text{ m}^3/\text{s}$,试分别以临界水深、临界底坡、波速、弗劳德数判别渠中水流是急流还是缓流。

10-16 设有一直径 $d=0.8 \text{ m}$ 的无压力式圆形输水管道,试求通过流量 $Q=1.4 \text{ m}^3/\text{s}$ 时的临界水深 h_{cr}。

10-17 有一矩形断面变坡棱柱体渠道,通过流量 $Q=30 \text{ m}^3/\text{s}$,底宽 $b_1=b_2=6.0 \text{ m}$,粗糙系数 $n_1=n_2=0.02$,底坡 $i_1=0.001$,$i_2=0.0065$,试:(1) 求各渠段的临界水深;(2) 判断各渠段均匀流的流态;(3) 求变坡断面处的水深。

10-18 设恒定水流在水平底面棱柱体梯形断面渠道中发生水跃,如图所示。已知流量 $Q=6.0 \text{ m}^3/\text{s}$,渠底宽度 $b=2.0 \text{ m}$,边坡系数 $m=1.0$,跃前水深 $h'=0.4 \text{ m}$,试求跃后水深 h''、跃高 a 及水跃长度 L_j。

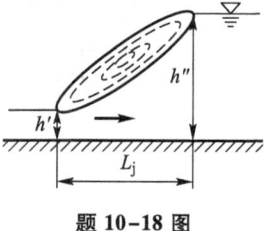

题 10-18 图

10-19 设恒定水流在水平底面棱柱体矩形断面渠道中发生水跃。已知渠道宽度 $b=12 \text{ m}$,流量 $Q=60 \text{ m}^3/\text{s}$,跃后水深 $h''=3.5 \text{ m}$,试求跃前水深 h' 及水跃区消耗的单位能量损失 Δh_w。

10-20 试定性分析并绘制下图中各棱柱体矩形渠道中的水面曲线。

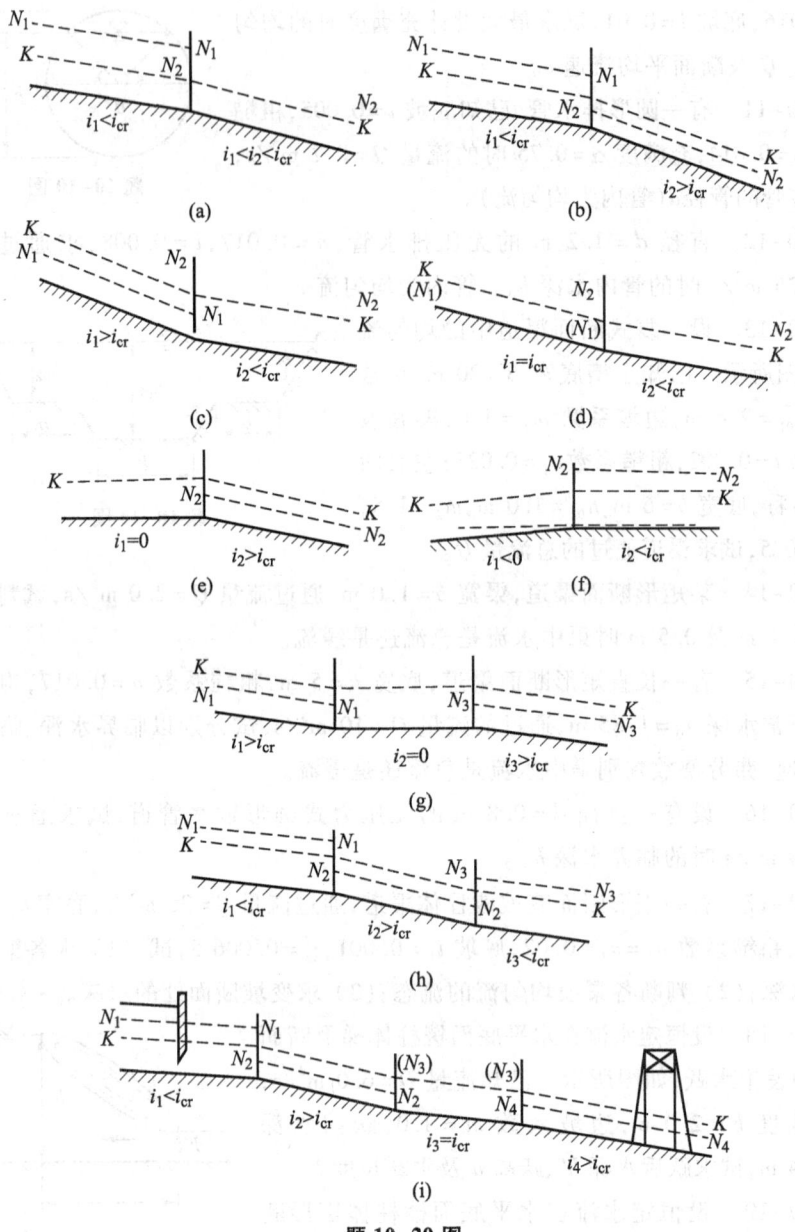

题 10-20 图

10-21 设有一棱柱体梯形断面渠道,底坡 $i=0.0003$,底宽 $b=10$ m,粗糙系数 $n=0.02$,边坡系数 $m=1.5$,流量 $Q=31.2$ m³/s,现于下游修建一挡水低坝,如图所示。修坝后坝前水深变为 $H=4.0$ m,试分析水面曲线类型,并用分段求和法计算筑坝前水位抬高的影响范围 L(水位抬高不超过均匀流水深的 1% 即可认为已无影响)。

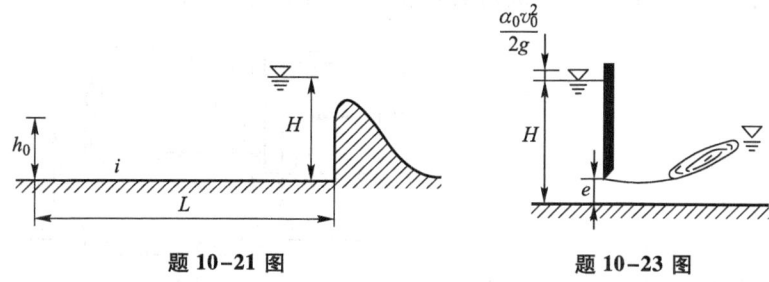

题 10-21 图   题 10-23 图

10-22 试以数值积分法计算例 10-13 所给矩形断面连接陡槽中的水面曲线,并与原有分段求和法计算结果进行比较。

10-23 设一平板闸门下的自由出流,如图所示。闸宽 $b=10$ m,闸前水头 $H=8$ m,闸门开度 $e=2$ m,试求闸孔出流流量。(取闸孔流速系数 $\varphi=0.97$。)

10-24 无侧收缩的矩形薄壁堰,堰宽 $b=0.6$ m,堰上水头 $H=0.3$ m,堰高 $P=0.5$ m,不计淹没影响,试求泄流量 Q。

10-25 有一铅垂三角形薄壁堰,夹角 $\theta=90°$,通过流量 $Q=0.05$ m³/s,试求堰上水头 H。

10-26 有一无侧收缩宽顶堰,堰前缘修圆,水头 $H=0.85$ m,堰高 $P=P_1=0.5$ m,堰宽 $B=1.28$ m,下游水深 $h_t=1.12$ m,试求过堰流量 Q。又当下游水深 $h_t'=1.30$ m,试求过堰流量 Q'。

10-27 某具有直角前沿的单孔宽顶堰。已知泄流量 $Q=6.99$ m³/s,堰上水头 $H=1.8$ m,堰高 $P=P_1=0.5$ m,堰上游引渠宽 $B_0=3$ m,边墩端部为圆弧形,下游水深 $h_t=1.0$ m,试求堰宽 B。

10-28 设有一单孔无坎宽顶堰,如图所示,已知泄流量 $Q=8.04$ m³/s,上游引渠宽度 $B_0=3.0$ m,堰宽 $b=2.0$ m,边墩端部为圆弧形,下游水深 $h_t=1.0$ m,求单孔无坎宽顶堰的堰上水头 H。

10-29 一具有圆弧形前缘的宽顶堰的三孔进水闸,如图所示。已知闸门全开时上游水深 $H_1=3.1$ m,下游水深 $h_t=2.625$ m,上游坎高 $P_1=0.6$ m,下游坎高 $P_2=0.5$ m,孔宽 $b=2$ m,闸墩与边墩头部均为半圆形,墩厚 $d=1.2$ m,引渠宽 $B_0=9.6$ m,试求过堰流量 Q。

10-30 某矩形河渠中建造的曲线实用堰溢流坝,如图所示。下游坝高

$P_1=6$ m,溢流宽度 $B=60$ m,通过流量 $Q=480$ m³/s,坝的流量系数 $m=0.45$,流速系数 $\varphi=0.95$。(1)用试算法求收缩断面水深 h_c;(2)如下游水深分别为 $h_{t1}=5$ m、$h_{t2}=3$ m、$h_{t3}=1$ m,试判别各水深时水流的衔接形式。

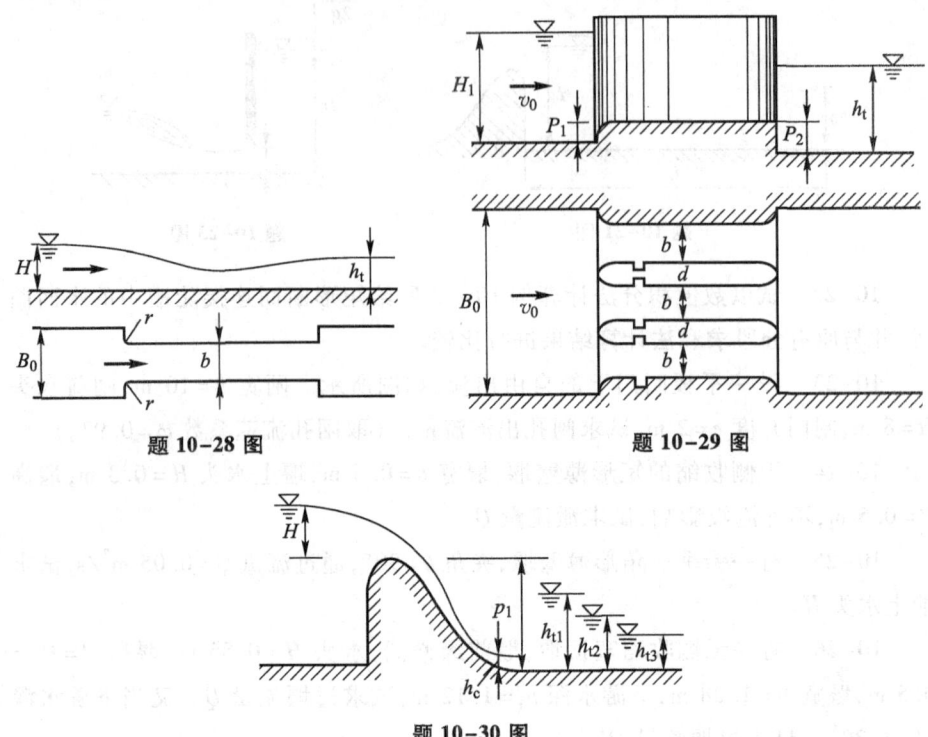

题 10-28 图　　　　　　　　　题 10-29 图

题 10-30 图

10-31　小桥过水设计流量 $Q=12$ m³/s,桥前允许壅水高度 $H'=1.50$ m,桥下铺砌的允许不冲流速 $v_{max}=3.5$ m/s,桥下游水深 $h_t=0.90$ m,$\varepsilon=0.85$,$\varphi=0.90$,$\psi=0.8$,试求小桥孔径 B。

A10　习题答案

第十一章　渗流

流体在孔隙介质中的流动称为渗流。当流体是水,孔隙介质是土壤或岩石时的渗流又称为地下水流动。本章研究以地下水流动为代表的渗流运动规律及其在工程中的应用。渗流理论在环境保护、给水排水、水利、石油、地质、采矿等工程部门得到广泛应用,例如环境工程、给水排水工程中水源井、集水廊道出水量的计算,以滤池为代表的各种过滤设备中多孔介质的渗流速度、渗流系数的确定,以及合理开发利用地下水资源、防治地下水污染等方面,均需应用渗流理论的有关知识。

地下水流动是受多种因素影响的复杂流体运动,它的运动规律既和水在土壤中的存在状态有关,又和土壤介质的渗流特性有关。下面先对这两方面作些简单介绍。

水在土壤中的存在状态可分为气态水、附着水、薄膜水、毛细水和重力水。以水蒸气的状态散逸于土壤孔隙中的水称为气态水。由于分子力的作用而吸附于土壤颗粒周围、其厚度为最薄分子层的水,称为附着水;当其厚度在分子作用半径以内时,则称为薄膜水;在研究宏观的渗流运动时,一般不考虑气态水、附着水、薄膜水对工程实际问题的影响。由于毛细力(即表面张力)的作用而保持在土壤细小孔隙中的水称为毛细水。由于重力作用而在土壤孔隙中运动的水称为重力水。毛细水在毛细力的作用下可以移动,可以传递静水压强,但重力不起主要作用;除特殊情况外,一般亦可忽略其对工程实际问题的影响。从工程实用观点看,参与地下水流动的主要是重力水。本章将研究重力水在土壤中的运动规律。

影响渗流运动规律的土壤性质称为土壤的渗流特性,例如土壤的透水性即是其重要的渗流特性。土壤的透水性与土壤孔隙的大小、多少、形状、分布等有关,也与土壤颗粒的粒径、形状、均匀程度、排列方式等有关。

土壤孔隙的多少(紧密度)用孔隙率 n 来反映。孔隙率是表示一定体积的

土壤中,孔隙体积 ω 与土壤的总体积 V(包含孔隙体积)的比值,即

$$n = \frac{\omega}{V} \quad (11-1)$$

一般讲,孔隙率大土壤透水性也大,而且其容纳水的能力也大。几种土壤类型的孔隙率 n 值见表 11-1。

表 11-1 几种土壤类型的孔隙率 n 值

土壤类型	砂土	细砂土	砂壤土	沉积壤土	砂石土	壤土	沉积土	轻黏土
孔隙率	0.435	0.377	0.496	0.430	0.250	0.420	0.449	0.495

土壤颗粒的均匀程度,常用土壤的不均匀系数 η 表示,即

$$\eta = \frac{d_{60}}{d_{10}} \quad (11-2)$$

式中:d_{60} 表示土壤经过筛分后,占 60% 重量的土粒所能通过的筛孔直径;d_{10} 表示筛分后,占 10% 重量的土粒所能通过的筛孔直径。一般 η 值总是大于 1,η 值越大,表示土粒越不均匀。均匀颗粒组成的土壤,不均匀系数 $\eta = 1$。一般讲,颗粒均匀的土壤透水性大于颗粒不均匀的土壤。

实际土壤的孔隙形状和分布是相当复杂的,从渗流特性的角度,可将土壤分类。渗流特性不随空间位置而变化的土壤,称为均质土壤;反之,称为非均质土壤。各个方向渗流特性相同的土壤称为各向同性土壤或等向土壤;反之,称为各向异性土壤或非等向土壤。例如,由等径的球形颗粒有规则地排列的土壤,就是均质的各向同性土壤;而由同样大小和同样方位排列的平行六面体颗粒所组成的土壤,则是均质的各向异性土壤。本章主要讨论均质各向同性土壤中的恒定渗流问题。

土壤的渗流特性除了透水性之外,尚有土壤容纳水的特性和保持水的特性等。容纳水的特性以容水度表示,即土壤能容纳水的最大体积和土壤总体积之比,数值上与土壤孔隙率相等,孔隙率愈大,土壤容纳水的性能愈好。土壤保持水的性能以持水度表示,即在重力作用下土壤所能保持的水体积与土壤总体积之比,土壤颗粒愈细,持水度愈大。所谓给水度的概念,是指在重力作用下,土壤所释放出来的可资利用的水体积与总体积之比,给水度在数值上等于容水度减去持水度。土壤按水的存在状态分饱和带与非饱和带,饱和带中土壤孔隙全部为水所充满,主要为重力水区,非饱和带中的土壤孔隙为水和空气所充满。本章仅介绍饱和带重力水的运动规律。

§11-1 渗流模型

水在土壤孔隙中的流动,是极不规则的迂回曲折运动,要详细考察每一孔隙中的流动状况是非常困难的,一般也无此必要。工程中所关心的主要是宏观的平均效果。为了研究方便,常用简化的渗流模型来代替实际的渗流运动。所谓渗流模型,是设想流体作为连续介质连续地充满渗流区的全部空间,包括土壤颗粒骨架所占据的空间;渗流的运动要素可作为渗流区全部空间的连续函数来研究。以渗流模型取代实际渗流,必须遵循这几个原则:(1)通过渗流模型某一断面的流量必须与实际渗流通过该断面的真实流量相等;(2)渗流模型某一确定作用面上渗流压力要与实际渗流在该作用面上的真实压力相等;(3)渗流模型的阻力与实际渗流的阻力相等,即能量损失相等。

渗流模型中的渗流流速 u 为渗流模型中微小过流断面面积 ΔA 除通过该断面面积的真实渗流流量 ΔQ,即

$$u = \frac{\Delta Q}{\Delta A} \tag{11-3}$$

因为上式中 ΔA 内有一部分面积为土粒所占据,所以孔隙的过流断面面积 $\Delta A'$ 要比 ΔA 小,$\Delta A' = n\Delta A$,n 为土壤的孔隙率。因此,孔隙中真实渗流速度 u' 为

$$u' = \frac{\Delta Q}{\Delta A'} = \frac{\Delta Q}{n\Delta A} = \frac{u}{n} \tag{11-4}$$

由于孔隙率 $n<1$,所以 $u'>u$。

引入渗流模型之后,把渗流视为连续介质运动,前面各章关于分析连续介质空间场运动要素的各种方法和概念就可直接应用于渗流中。例如按运动要素是否随时间变化,可分为恒定渗流与非恒定渗流;按运动要素是否沿程变化,可分为均匀渗流与非均匀渗流;非均匀渗流又可分为渐变渗流和急变渗流;从有无地下自由液面可分为有压渗流和无压渗流等。本章只讨论恒定渗流。

§11-2 渗流基本定律——达西定律

流体在孔隙介质中流动,有能量损失。1852—1855 年,达西在大量实验的

基础上,总结得出了渗流能量损失与渗流流速之间的基本关系式,后人称之为达西定律,是渗流理论中最基本的、重要的关系式。

11-2-1 达西定律

达西实验装置由一上端开口的直立圆筒所构成,筒侧壁有多支测压管,如图 11-1 所示。由进水管 a 自上部灌入一定流量的水,靠溢流管 b 保持筒内水位恒定。在距筒底部一定距离处,安装一滤板 c,上盛均质砂土;在滤板 c 与筒底之间装泄水管 e,用以排泄通过土壤试样后的水。泄水经管 e 流入体积为 V 的容器中,据此可测得渗流流量 Q。经一定时间后,当由管 a 流入流量与管 e 流出流量相等、测压管中水面恒定时,则筒中已是恒定渗流。此时,可观测到筒壁各测压管中水位处于不同高程上;测压管位置愈低其中水位也愈低。因渗流流速是一很小的量,所以渗流流速水头可略去不计,则两断面间测压管水头差即为水头损失 h_w。设水头损失在沿土壤试样之长度上均匀分布,则两断面间的水力坡度 J(即测压管水头线坡度)为

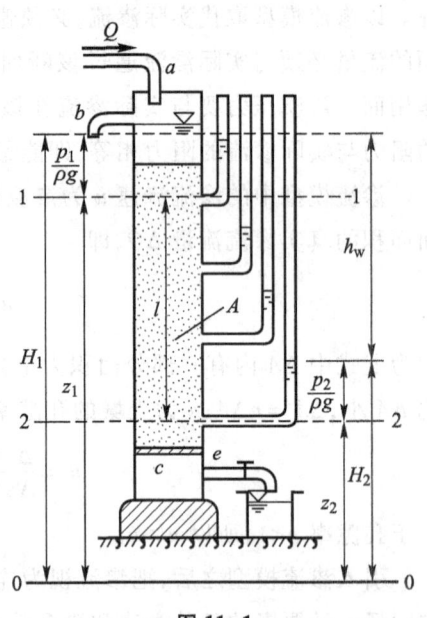

图 11-1

$$J = \frac{h_w}{l} = \frac{H_1 - H_2}{l} \quad (11-5)$$

式中:l 为过流断面 1-1、2-2 间的距离;h_w 为上述两断面间的水头损失;H_1、H_2 分别为断面 1-1 及 2-2 的测压管水头。

令圆筒中土壤试样的过流断面面积为 A,渗流流量为 Q,则得

$$Q = kA \frac{h_w}{l} = kAJ \quad (11-6)$$

式中:k 为渗透系数,表示土壤在透水方面的物理性质,具有速度的量纲。

渗流的断面平均流速为

$$v = \frac{Q}{A} = kJ \quad (11-7)$$

上述两式即为达西定律的表达式。上式表明渗流的水力坡度即单位距离上的水头损失与渗流速度的一次方成正比,并与土壤的透水性质有关。由此得知,地下

水遵循层流运动的规律,所以达西定律也称为渗流线性定律。

对于均质土壤的试样,其中产生的是均匀渗流,可认为各点的流动状态相同,点流速 u 与断面平均流速 v 相同,所以达西定律也可写为

$$u = kJ \tag{11-8}$$

该式中的 u 为点流速,J 为该点的水力坡度。对于非均质土壤中的非均匀渗流,u 及 J 均与位置有关,达西定律只能以式(11-8)的形式来表示。

11-2-2 达西定律的适用范围

达西定律是由均质砂土试验中得到的,由此总结出来的规律必有其局限性,只能在服从线性渗流规律的范围内使用。其他学者进行了范围更为广泛的试验后发现,当土壤颗粒较大,孔隙增大时,就不遵循线性渗流的规律,而演变为非线性渗流。由于实际土壤的渗流特性非常复杂,对于线性渗流与非线性渗流,很难找到一确切的判别标准。有人提出用颗粒直径来确定达西定律的适用范围,认为平均粒径在 0.01～3.0 mm 范围内的土壤适用达西定律。大多数人认为用雷诺数来判别线性渗流与非线性渗流更为适当。很多研究结果表明,由线性渗流到非线性渗流,其判别准数即临界雷诺数不是一个固定常数,而是随粒径、孔隙等因素而变化。巴甫洛夫斯基给出渗流临界雷诺数 $Re_{cr} = 7 \sim 9$,当 $Re < Re_{cr}$ 时为线性渗流。他给出的雷诺数 Re 计算公式,考虑了土壤孔隙的影响,即

$$Re = \frac{1}{0.75n + 0.23} \frac{v \cdot d}{\nu} \tag{11-9}$$

式中:n 为土壤的孔隙率;d 为土壤的有效粒径,可用 d_{10} 来代表;v 为渗流断面平均流速;ν 为水的运动黏度。如果用不计及孔隙率的雷诺数公式计算,则为

$$Re = \frac{v \cdot d}{\nu} \tag{11-10}$$

式中符号所代表的意义同上。按上式计算的雷诺数临界值 $Re_{cr} = 1 \sim 10$,即当 $Re \leq 1 \sim 10$ 时为线性渗流。为安全起见,可把 $Re_{cr} = 1$ 作为渗流线性定律适用范围的上限值。

在工程中所遇到的渗流问题,大多数属于线性渗流,只有在砾石、碎石等大孔隙介质中,才不符合线性渗流定律。在极细颗粒的土壤中是否适用达西定律,尚有待进一步研究。

1901 年福希海梅(Forchheimer)提出渗流水力坡度的一般表示式为

$$J = au + bu^2 \tag{11-11}$$

式中：a、b 分别为需由实验确定的系数。当 $b=0$ 时，上式即为达西定律，适用于线性渗流；当 $a=0$ 时，渗流进入阻力平方区；当 a 及 b 均不等于零时，则为处于上述两种情况之间的非线性渗流，上式即为一般的渗流非线性定律。

本章讨论的内容，仅限于符合达西定律的渗流。

11-2-3 渗透系数及其确定方法

渗透系数 k 是反映土壤透水性的一个综合指标，其值受多种因素之影响，例如土壤颗粒之大小、形状、均匀程度，以及水的温度、地质构造等。渗透系数可用下述方法之一确定。

1. 经验公式估算。这些公式中往往包含着上述影响 k 值的因素，大多带有经验性，有其局限性，只能作为粗略估算用，在此就不介绍了。

2. 实验室测定法。实验室中测定渗透系数的方法常用恒定水位法和变水位法。恒定水位法测定渗透系数 k 值的装置已示于图 11-1 中。只要把需测试的未受扰动的土样放入其中，用体积法测出装置中达到恒定流时的流量 Q 及水头损失 h_w，按式（11-6）即可反求出渗透系数 k 值，即

$$k = \frac{Ql}{Ah_w}$$

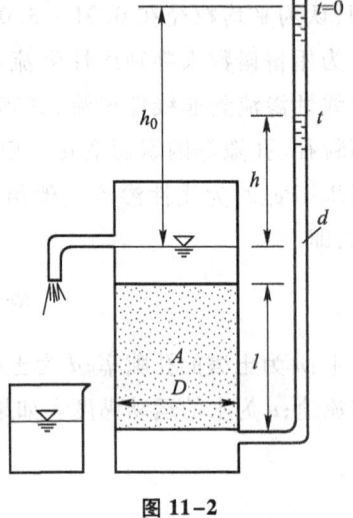

图 11-2

变水位法的测定装置如图 11-2 所示，此法多用于测细颗粒土壤中较小的渗透系数值，其测算法可由后面的例题 11-2 说明。

3. 现场测定法。此法虽不如实验室测定法简便易行，但却可使土壤结构保持原状，不受取土样的干扰，因此所测出的渗透系数值更接近于真实值，多用于重要的大型工程。一般做法是在现场钻井或挖试坑，采用抽水或注水的方式测得水头及流量等数值，再根据相应的理论公式反求出渗透系数值。

当未获得实际资料时，各类土壤的渗透系数 k 值，可参考表 11-2 中所列的数值。

表 11-2 土壤的渗透系数参考值

土名	渗透系数 k 值	
	m/d	cm/s
黏土	<0.005	$<6\times10^{-6}$
亚黏土	0.005~0.1	6×10^{-6}~1×10^{-4}
轻亚黏土	0.1~0.5	1×10^{-4}~6×10^{-4}
黄土	0.25~0.5	3×10^{-4}~6×10^{-4}
粉砂	0.5~1.0	6×10^{-4}~1×10^{-3}
细砂	1.0~5.0	1×10^{-3}~6×10^{-3}
中砂	5.0~20.0	6×10^{-3}~2×10^{-2}
均质中砂	35~50	4×10^{-2}~6×10^{-2}
粗砂	20~50	2×10^{-2}~6×10^{-2}
均质粗砂	60~75	7×10^{-2}~8×10^{-2}
圆砾	50~100	6×10^{-2}~1×10^{-1}
卵石	100~500	1×10^{-1}~6×10^{-1}
无填充物卵石	500~1 000	6×10^{-1}~1×10
稍有裂隙岩石	20~60	2×10^{-2}~7×10^{-2}
裂隙多的岩石	>60	$>7\times10^{-2}$

例 11-1 恒定水位法测定渗透系数的装置如图 11-1 所示,设圆筒内径 $D=40$ cm,断面 1-1 与 2-2 之间的距离 $l=100$ cm,此二断面间的测压管水头差即水头损失 $h_w=90$ cm,水位恒定时的渗流流量 $Q=80$ cm³/s,土样的有效粒径 $d_{10}=1$ mm,孔隙率 $n=0.2$,水的运动黏度 $\nu=0.013\ 1$ cm²/s。求渗透系数 k 值,并判明该流动是否为线性渗流。

解:断面平均流速 $v=\dfrac{Q}{A}=\dfrac{80}{\dfrac{\pi}{4}(40)^2}$ cm/s $=0.063\ 7$ cm/s。按巴甫洛夫斯基公式(11-9)求雷诺数,即

$$Re=\frac{1}{0.75n+0.23}\frac{v\cdot d_{10}}{\nu}=\frac{1}{0.75\times0.2+0.23}\frac{0.063\ 7\times0.1}{0.013\ 1}$$
$$=1.28<7~9,\quad 为线性渗流$$

再按式(11-10)求雷诺数

$$Re=\frac{v\cdot d_{10}}{\nu}=\frac{0.063\ 7\times0.1}{0.013\ 1}=0.486<1~10$$

为线性渗流。渗透系数 k 值由式(11-6)求得为

$$k = \frac{Ql}{Ah_w} = \frac{80 \times 100}{\frac{\pi}{4}(40)^2 \times 90} \text{ cm/s} = 0.070\ 7 \text{ cm/s} = 7.07 \times 10^{-2} \text{ cm/s}$$

相当于表 11-2 中均质粗砂的渗透系数 k 值。

例 11-2 设在图 11-2 所示的变水位法测定装置中,装入内径 $D=10$ cm,厚 $l=20$ cm 的被测土样。2 min 内,内径 $d=8$ mm 的水位管中的水位由 92 cm 降到 30 cm。试求渗透系数 k 值。

解: 设圆筒横断面面积为 A,水位管横断面面积为 a,时间 t 时的水位如为 h,则渗流流量 Q 可由达西公式和连续性方程求得为

$$Q = kA\frac{h_w}{l} = kA\frac{h}{l} = -a\frac{dh}{dt}$$

当 $t=0$ 时 $h=h_0$,积分上式可得

$$\ln\frac{h_0}{h} = \frac{kA}{la}t$$

当 $t=t_1$ 时,$h=h_1$,则渗透系数 k 为

$$k = 2.3\frac{a}{A}\frac{l}{t_1}\lg\frac{h_0}{h_1}$$

据题给数值:$a/A = (0.8/10)^2 = 0.64 \times 10^{-2}$,$l = 20$ cm,$t_1 = 120$ s,$h_0/h_1 = 92/30 = 3.07$,代入上式得

$$k = \left(2.3 \times 0.64 \times 10^{-2} \times \frac{20}{120} \lg 3.07\right) \text{cm/s}$$

$$= 1.195 \times 10^{-3} \text{ cm/s}$$

例 11-3 设在两水箱之间,连接一条水平放置的正方形管道如图 11-3 所示。管道边长 $a=b=20$ cm,长 $L=1.0$ m。管道的前半部分装满细砂,后半部分装满粗砂,细砂和粗砂的渗透系数分别为 $k_1 = 0.002$ cm/s,$k_2 = 0.05$ cm/s。两水箱中的水深分别为 $H_1 = 80$ cm,$H_2 = 40$ cm。试计算管中的渗流流量。

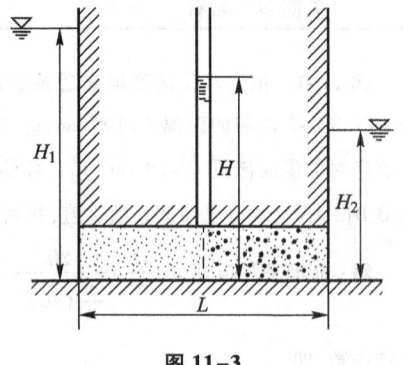

图 11-3

解: 设沿管长中点过水断面上的测压管水头为 H,则由式(11-6)可知,通过前半部分与后半部分管道的渗流流量分别为

$$Q_1 = k_1 A \frac{H_1 - H}{\frac{1}{2}L}, \quad Q_2 = k_2 A \frac{H - H_2}{\frac{1}{2}L}$$

根据连续性原理,$Q_1 = Q_2$,即

$$k_1 A \frac{H_1 - H}{\frac{1}{2}L} = k_2 A \frac{H - H_2}{\frac{1}{2}L}$$

由此得

$$H=\frac{k_1 H_1+k_2 H_2}{k_1+k_2}=\frac{0.002\times 80+0.05\times 40}{0.002+0.05}\text{ cm}=41.54\text{ cm}$$

渗流流量为

$$Q=Q_1=k_1 A\frac{H_1-H}{\frac{1}{2}L}=0.002\times 20\times 20\times \frac{80-41.54}{\frac{1}{2}\times 100}\text{ cm}^3/\text{s}=0.615\text{ cm}^3/\text{s}$$

§11-3 地下明渠中的恒定均匀渗流和非均匀渐变渗流

本节所讨论的地下明渠中的渗流,是指在不透水层上部均质土壤中的无压渗流,具有与大气相接触的自由表面称为浸润面。如果是在宽度很大的不透水层上部流动,可以视为二维地下明渠中的渗流。地下明渠与地面明渠类似,亦可分为棱柱体、非棱柱体明渠;顺坡、平坡、逆坡明渠;渗流可分为均匀、非均匀渗流,以及急变与渐变渗流等。由于此节所讨论的为服从达西定律的线性渗流,它们具有与地面明渠流不同的某些特性。下面先讨论恒定均匀渗流。

11-3-1 地下明渠中的恒定均匀渗流

设一恒定均匀渗流,渠底坡度 $i>0$,如图 11-4 所示。因为是均匀渗流,所有流线都是相互平行的直线,且平行于不透水层,另外,水力坡度 J(即为测压管水头线坡度)和渠底坡度 i 相等,即 $J=i$。因此,不仅同一过流断面上各点水力坡度相等,而且在整个渗流区内水力坡度相等,即

$$J=-\frac{\mathrm{d}H}{\mathrm{d}s}=i \tag{11-12}$$

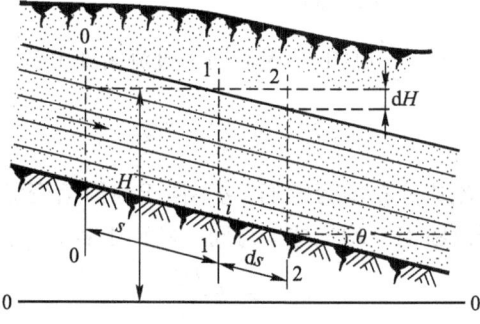

图 11-4

由达西定律可知,渗流流速 u 在整个流区内均为常数,即

$$u = kJ = ki = 常数 \tag{11-13}$$

由于均匀渗流的上述特点,所以渗流的断面平均流速 v 为

$$v = u = ki \tag{11-14}$$

渗流流量 Q 为

$$Q = vA_0 = kiA_0 \tag{11-15}$$

式中:A_0 为地下明渠均匀渗流过流断面的面积。当地下明渠宽度很大时,可视为矩形断面,即 $A_0 = bh_0$,代入上式可得

$$Q = kibh_0 \tag{11-16}$$

式中:h_0 为均匀渗流的水深。单宽渗流流量为

$$q = kih_0 \tag{11-17}$$

11-3-2 地下明渠中的恒定渐变渗流

设一恒定渐变渗流,渠底坡度 $i>0$,如图 11-5 所示。因为是渐变渗流,所有流线近似平行直线,过流断面可视为平面;同一过流断面上的动水压强分布符合静水压强分布规律,各点测压管水头相等。由于渗流流速极小,流速水头可略去不计,所以同一过流断面上各点的总水头也相等,因而断面 1-1 与 2-2 间任一流线上的水头损失也都相等,以水头差 $\mathrm{d}H$ 表示。另外,因渐变渗流的流线曲率很小,两断面间任一流线的长度可近似地认为相等,并以渠底距离 $\mathrm{d}s$ 来表示;所以同一过流

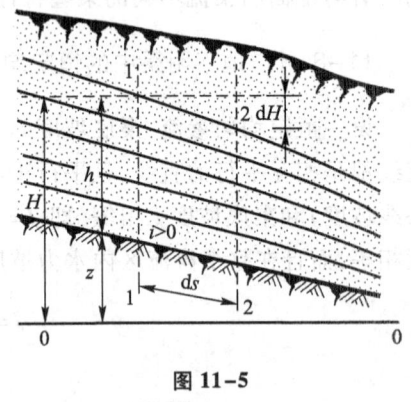

图 11-5

断面上各点水力坡度 $J = -\dfrac{\mathrm{d}H}{\mathrm{d}s}$ 也相等,因而同一过流断面上各点的渗流速度 u 为

$$u = kJ = -k\frac{\mathrm{d}H}{\mathrm{d}s} = 常数 \tag{11-18}$$

上式表明,渐变渗流流速分布图为矩形,它不同于地面渐变流的特性。由于断面流速分布为矩形,所以断面平均流速 v 与同一断面上各点的点流速 u 相等,即

$$v = u = -k\frac{\mathrm{d}H}{\mathrm{d}s} \tag{11-19}$$

上式称为裘布依(J. Dupuit)公式,它的形式虽然和达西定律一样,但含义不同,

它表示恒定渐变渗流过流断面上的平均流速和水力坡度的关系。对于流线曲率很大的急变渗流，不能用裘布依公式。

§11-4 棱柱体地下明渠中恒定渐变渗流浸润曲线类型的分析和计算

在工程实践中，常需进行地下明渠渐变渗流浸润曲线类型的分析及其坐标位置的计算。为此，在上述裘布依公式的基础上建立渐变渗流基本微分方程，以便对渐变渗流浸润曲线进行分析和计算。

11-4-1 渐变渗流的基本微分方程

如前所述，在渐变渗流中，如忽略数值极小的流速水头，则总水头与测压管水头 $H = z + h$ 相等。与地面明渠渐变流相比，其不同处在于可用测压管水头线坡度（即浸润线坡度）代替水力坡度 J，而水力坡度 J 与渠底坡度 i 的关系如图 11-5 所示为

$$J = -\frac{dH}{ds} = -\left(\frac{dz}{ds} + \frac{dh}{ds}\right) = i - \frac{dh}{ds}$$

将上式代入裘布依公式(11-19)，可得

$$v = k\left(i - \frac{dh}{ds}\right) \tag{11-20}$$

渐变渗流的流量 $Q = vA$，即

$$Q = kA\left(i - \frac{dh}{ds}\right) \tag{11-21}$$

上式即为渐变渗流的基本微分方程。它对于平坡、逆坡地下明渠渐变渗流亦适用，平坡时，须令 $i = 0$；逆坡时，$i < 0$。式中 z 为渠底在 0-0 基准面上面的高度，h 为水深。

11-4-2 渐变渗流浸润曲线的类型分析和计算

在第十章讨论地面明渠水面曲线时，我们知道水面曲线不仅与渠底坡度 i 有关，而且还和实际水深 h 与正常水深 h_0、实际水深 h 与临界水深 h_{cr} 的对比关系有关。但在渐变渗流中，由于流速水头极小而忽略不计，断面单位能量 $E_s = h + \frac{\alpha v^2}{2g}$

就近似地等于水深 h,这就使临界水深失去了意义(因为断面单位能量的极小值只能设想为零)。这样,也就不存在急坡、缓坡、临界坡、急流、缓流、临界流等概念。实际水深 h 仅能与正常水深 h_0 相比较,所以渐变渗流的浸润曲线类型也比地面明渠流水面曲线类型要少得多,只有四种类型。下面按不同渠底坡度分别讨论之。

1. 顺坡地下明渠中渐变渗流的浸润曲线

在 $i>0$ 的顺坡地下明渠中,如图 11-6 所示,有可能发生均匀渗流,所以渐变渗流的流量可用相应的均匀渗流的流量来代替,以 $Q=kiA_0$ 代入渐变渗流基本微分方程式(11-21)中可得

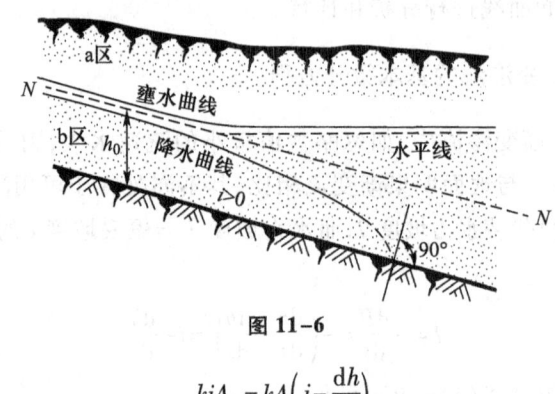

图 11-6

$$kiA_0 = kA\left(i-\frac{\mathrm{d}h}{\mathrm{d}s}\right)$$

或

$$\frac{\mathrm{d}h}{\mathrm{d}s}=i\left(1-\frac{A_0}{A}\right) \tag{11-22}$$

上式即为顺坡地下明渠中渐变渗流浸润曲线微分方程。在顺坡地下明渠中存在正常水深 h_0,所以可以绘出正常水深线 N-N,将渗流区分为两个区域,如图 11-6 中所示的 a 区和 b 区。

在 a 区,实际水深 $h>h_0$,$A>A_0$,由式(11-22)知,$\frac{\mathrm{d}h}{\mathrm{d}s}>0$,浸润曲线为壅水曲线。曲线的上游端当 $h\to h_0$,$A\to A_0$,$\frac{\mathrm{d}h}{\mathrm{d}s}\to 0$ 时,将以 N-N 线为渐近线;下游端,当 $h\to\infty$,$A\to\infty$,$\frac{\mathrm{d}h}{\mathrm{d}s}\to i$ 时,将以水平线为渐近线。

在 b 区,$h<h_0$,$A<A_0$,由式(11-22)知,$\frac{\mathrm{d}h}{\mathrm{d}s}<0$,浸润曲线为降水曲线。

曲线的上游端，当 $h \to h_0$，$A \to A_0$，$\dfrac{\mathrm{d}h}{\mathrm{d}s} \to 0$ 时，将以 $N\text{-}N$ 线为渐近线；下游端，当 $h \to 0$，$A \to 0$，$\dfrac{\mathrm{d}h}{\mathrm{d}s} \to -\infty$ 时，曲线将与渠底有正交的趋势。实际观察表明，在水深极小时，并没有与渠底正交的现象，因为此时流线的曲率很大，已不是渐变流，式(11-22)已不再适用。此降水曲线的末端，实际上取决于具体的边界条件。

为了进行浸润曲线的计算，需对微分方程式(11-22)进行积分。若地下明渠断面为矩形，断面面积 $A = bh$，$A_0 = bh_0$，并令水深比 $\eta = h/h_0$，代入式(11-22)得

$$\frac{\mathrm{d}h}{\mathrm{d}s} = i\left(1 - \frac{1}{\eta}\right)$$

因 $\mathrm{d}h = h_0 \mathrm{d}\eta$，代入上式整理后可得

$$\frac{i\mathrm{d}s}{h_0} = \mathrm{d}\eta + \frac{\mathrm{d}\eta}{\eta - 1}$$

对上式从断面 1-1 到 2-2 进行积分，并令 $s_2 - s_1 = L$，为两断面间距离，则

$$\frac{iL}{h_0} = \eta_2 - \eta_1 + 2.3\lg \frac{\eta_2 - 1}{\eta_1 - 1} \tag{11-23}$$

式中 $\eta_1 = h_1/h_0$，$\eta_2 = h_2/h_0$。上式可用于顺坡地下明渠中渐变渗流浸润曲线的计算。

例 11-4 设渠高于河，渠水经均质透水土壤渗流入河，如图 11-7 所示。渠河间距离 $L = 180$ m，不透水层的坡度 $i = 0.02$，土壤的渗透系数 $k = 0.005$ cm/s，渠岸右侧出流深度 $h_1 = 1.0$ m，河岸左侧入流深度 $h_2 = 1.9$ m。试求每米长渠道的渗流流量，并绘制浸润曲线。

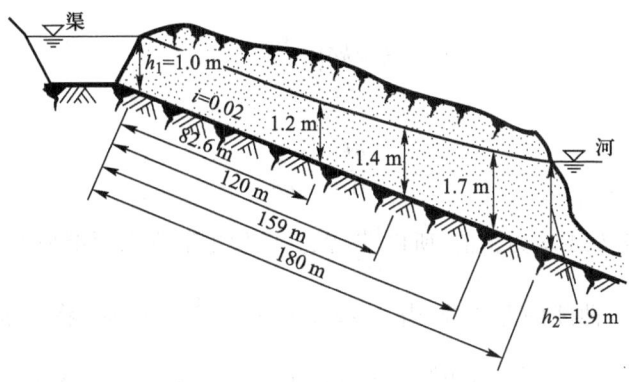

图 11-7

解：先求正常水深 h_0，因底坡 $i>0$，$h_2>h_1$，所以浸润曲线为壅水曲线。将题给数据代入式(11-23)，化简后得

$$h_0 \lg \frac{1.9 \text{ m}-h_0}{1 \text{ m}-h_0} = 1.174$$

用试算法求得 $h_0 = 0.945$ m。每米长度渠道所渗出的流量为

$$q = kih_0 = 0.005 \times 10^{-2} \times 0.02 \times 0.945 \text{ m}^2/\text{s} = 9.45 \times 10^{-7} \text{ m}^2/\text{s}$$

以 $h_0 = 0.945$ m，$\eta_1 = \dfrac{1}{0.945} = 1.058$，$i = 0.02$ 代入式(11-23)，并解出长度 L 为

$$L = 47.25 \left(\frac{h_2}{0.945 \text{ m}} - 1.058 + 2.3 \lg \frac{h_2 - 0.945 \text{ m}}{1 \text{ m} - 0.945 \text{ m}} \right)$$

分别假定 $h_2 = 1.2$ m，1.4 m，1.7 m，1.9 m，依次代入上式求出相应的长度 L 分别为 82.6 m，120 m，159 m，180 m。根据上述数据，即可绘出浸润曲线，如图 11-7 所示。

2. 平坡地下明渠中渐变渗流的浸润曲线

在 $i=0$ 的平坡地下明渠中，如图 11-8 所示，不可能有均匀渗流，以 $i=0$ 代入式(11-21)中即可得

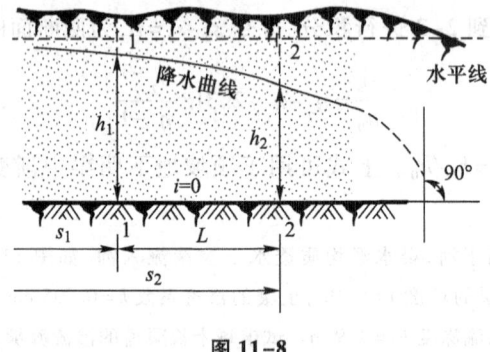

图 11-8

$$Q = kA\left(-\frac{\mathrm{d}h}{\mathrm{d}s}\right)$$

或

$$\frac{\mathrm{d}h}{\mathrm{d}s} = -\frac{Q}{kA} \qquad (11-24)$$

由于上式中 Q、k、A 均为正值，所以 $\dfrac{\mathrm{d}h}{\mathrm{d}s}<0$，只能发生沿程水深渐减的降水曲线，如图 11-8 所示。曲线的上游端，当 $h \to \infty$，$A \to \infty$，$\dfrac{\mathrm{d}h}{\mathrm{d}s} \to 0$ 时，将以水平线为渐近线；下游端，当 $h \to 0$，$A \to 0$，$\dfrac{\mathrm{d}h}{\mathrm{d}s} \to -\infty$ 时，曲线将与渠底有正交的趋势。如前所

述,此时已不是渐变流,不能用式(11-24)分析。

若地下明渠断面为矩形,则断面面积 $A=bh$,代入式(11-24)得

$$\frac{dh}{ds} = -\frac{Q}{kbh}$$

令 $q=Q/b$ 为单宽流量,将上式分离变量后积分可得

$$\frac{1}{2}(h_1^2 - h_2^2) = \frac{q}{k}L \qquad (11-25)$$

式中:h_1、h_2 分别为任意两断面 1-1 及 2-2 的水深,上式可用于平坡地下明渠中渐变渗流的浸润曲线及其他有关问题的计算。

例 11-5 在水平不透水层上修一条长 $l=100$ m 的集水廊道,如图 11-9 所示,排水前,地下水天然水面距不透水层的深度 $H=7.6$ m,排水后,形成一条向廊道边缘方向水深逐渐下降的浸润曲线,在廊道边缘处的水深 $h_0=3.6$ m。由廊道边缘处(即 $h_0=3.6$ m 处)至水深为 H 处的距离 L 称为集水廊道的影响范围。据实测 $L=800$ m,设渗透系数 $k=4\times10^{-3}$ m/s。求廊道浸润线方程和廊道的总排水量 Q。

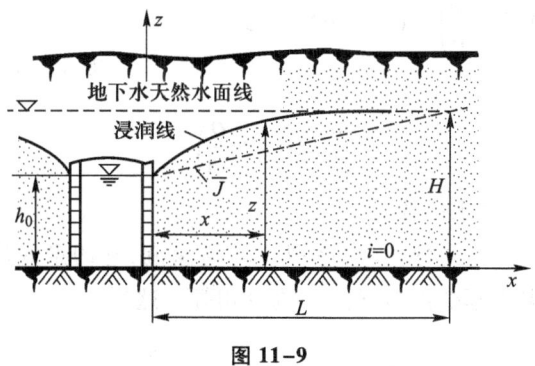

图 11-9

解:令公式(11-25)中 $h_1=z, h_2=h_0, L=x$,得到廊道单侧浸润曲线方程为: $z^2 - h_0^2 = \dfrac{2qx}{k}$

廊道每米长度上一侧的单宽流量为 q,由式(11-25)可得

$$q = \frac{k}{2L}(H^2 - h_0^2) = \frac{4\times10^{-3}}{2\times800}(7.6^2 - 3.6^2) \text{ m}^2/\text{s} = 1.12\times10^{-4} \text{ m}^2/\text{s}$$

总排水量为 $Q=2ql$,即

$$Q = 2\times1.12\times10^{-4}\times100 \text{ m}^3/\text{s} = 2.24\times10^{-2} \text{ m}^3/\text{s}$$

集水廊道每米长度上一侧的单宽流量 q 还可采用渗流的平均水力坡度 $\overline{J}$ 来计算。为此,改写 $q=\dfrac{k}{2L}(H^2-h_0^2)$ 为

$$q = \frac{k}{2L}(H+h_0)(H-h_0) = \frac{k}{2}(H+h_0)\frac{H-h_0}{L}$$

令上式中的 $\frac{H-h_0}{L} = \bar{J}$，称为集水廊道两侧土壤的平均水力坡度，以此代入上式得

$$q = \frac{k}{2}(H+h_0)\bar{J}$$

式中的平均水力坡度 $\bar{J}$ 与土壤的种类有关，初步估算时，可采用下列数值：粗砂及砾石的 $\bar{J}$ 为 0.003~0.005；砂土的 $\bar{J}$ 为 0.005~0.015；微含黏土的砂土的 $\bar{J}$ 为 0.03；砂黏土的 $\bar{J}$ 为 0.05~0.1；黏土的 $\bar{J}$ 为 0.15。

3. 逆坡地下明渠中渐变渗流的浸润曲线

在 $i<0$ 的逆坡明渠，如图 11-10 所示中，也不可能有均匀渗流。以 $i'=|i|$ 代入式(11-21)中，可得

$$Q = -kA\left(i' + \frac{\mathrm{d}h}{\mathrm{d}s}\right) \quad (11-26)$$

或

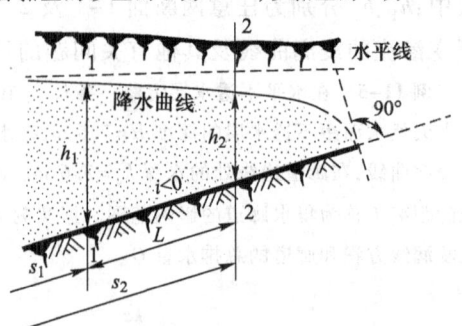

图 11-10

$$\frac{\mathrm{d}h}{\mathrm{d}s} = -\left(i' + \frac{Q}{kA}\right) \quad (11-27)$$

经分析，浸润曲线为降水曲线。

为了对式(11-27)进行积分，虚拟一均匀渗流，它的渠底坡度为 i'，渗流流量则和在逆坡明渠中渐变渗流通过的流量相等。这样

$$Q = ki'A_0' = -kA\left(i' + \frac{\mathrm{d}h}{\mathrm{d}s}\right) \quad (11-28)$$

或

$$\frac{\mathrm{d}h}{\mathrm{d}s} = -i'\left(1 + \frac{A_0'}{A}\right) \quad (11-29)$$

式中：A_0' 为虚拟均匀渗流的过流断面面积。

若地下明渠断面为矩形，断面面积 $A = bh$，$A_0' = bh_0'$，令水深比 $\eta' = \frac{h}{h_0'}$，$\mathrm{d}h = h_0'\mathrm{d}\eta'$ 代入式(11-29)积分可得

$$\frac{i'L}{h_0'} = \eta_1' - \eta_2' + 2.3\lg\frac{\eta_2'+1}{\eta_1'+1} \quad (11-30)$$

式中 L 为两断面的间距，$\eta_1' = h_1/h_0'$，$\eta_2' = h_2/h_0'$。

上式可用于计算逆坡地下明渠中渐变渗流的浸润曲线及其他的有关计算。

§11-5　井的渗流

井是给水排水工程上常用的一种集水或排水建筑物。汲取地下水做给水水源的井起集水建筑物作用；为降低地下水水位而用井或廊道排除地下水的则起排水建筑物作用。在雨季将多余的水注入井中并由井壁渗入地下含水层中的井称为渗井。不论井的用途如何，凡是汲取不透水层上部具有自由浸润面的无压地下水的井称为普通井或潜水井；而汲取两不透水层之间的有压（承压）地下水的井，称为自流井或承压井。若井底直达不透水层的称为完全井（或完整井），否则称为不完全井（或不完整井）。

在实际工程中的井，由于复杂的地形地质条件，其四周土壤不一定是均质的，也不一定是各向同性的，其流动往往是三维渗流。又由于含水层所储存的水量与开采汲取水量不一定能保持平衡，特别是当大规模长期超量开采时，会引起大范围内的地下水位普遍下降，这样，井的渗流往往是非恒定流。如果严格地按三维非恒定渗流求解，问题非常复杂，远不是用本章所介绍的恒定渐变渗流裘布依公式所能解决的。非恒定渗流理论中常用的是泰斯（Theis）理论，读者可参阅水文地质学方面的专著。本节所介绍的仅限于可作为恒定渐变渗流处理的井的渗流。

11-5-1　完全普通井

设位于不透水层上的完全普通井如图 11-11 所示。在天然状态下，含水层厚度为 H，井中水面与含水层的水面齐平。若从井中开始抽水，则井中及其周围的水面降低，围绕井筒四周形成一个漏斗形的浸润表面。对于均匀各向同性的土壤来讲，降落漏斗将是一个轴对称的浸润曲线绕井轴中心线的旋转体。假设井的抽水量远远小于含水层的储水量，而且抽水量是一不变的常数，则经过一定时间后，井中水面及其周围的降落漏斗，均保持在某一恒定的位置，不随时间而变；而且除井壁附近外的大部分地区，浸润曲线的曲率很小，如忽略运动要素沿 z 轴的变化，以断面平均值取代，则可以视为一维恒定渐变渗流。可以使用裘布依公式进行分析计算。

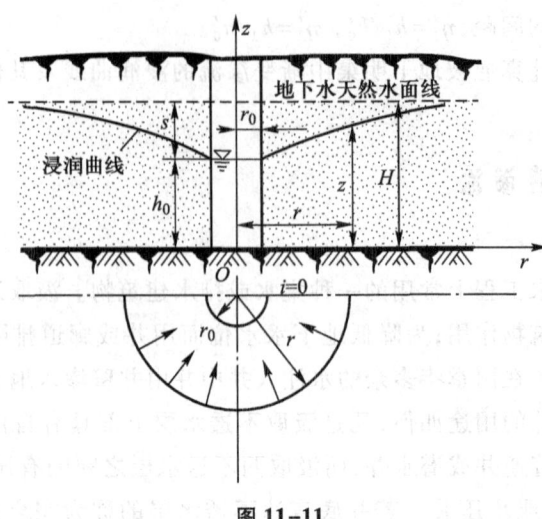

图 11-11

设距井中心轴的半径为 r 处的某过流断面的浸润线纵坐标为 z，当半径有一增量 dr 后，纵坐标有一相应的增量 dz，且 dz 为正值。由渐变渗流特性知该断面各点的水力坡度 J 均相同，即

$$J = \frac{dz}{dr} \tag{11-31}$$

因断面平均流速 $v = kJ$，所以

$$v = k \frac{dz}{dr} \tag{11-32}$$

该断面的过流断面面积为一圆柱面面积 $A = 2\pi rz$，所以通过该断面的渗流流量 Q 为

$$Q = k \frac{dz}{dr} 2\pi rz \tag{11-33}$$

或

$$zdz = \frac{Q}{2\pi k} \frac{dr}{r} \tag{11-34}$$

积分上式,得

$$z^2 = \frac{Q}{\pi k} \ln r + C \tag{11-35}$$

式中：C 为一积分常数，由边界条件确定。当 $r = r_0$ 时，$z = h_0$，代入上式得积分常数 $C = h_0^2 - \frac{Q}{\pi k} \ln r_0$。代入式(11-35)可得

$$z^2 - h_0^2 = \frac{Q}{\pi k} \ln \frac{r}{r_0} \tag{11-36}$$

或

$$z^2 - h_0^2 = \frac{0.73Q}{k} \lg \frac{r}{r_0} \tag{11-37}$$

式中：h_0 为井中水深，r_0 为井的半径。上式表明完全普通井中 z 与 r 的关系，称为完全普通井的浸润线方程，可用来确定沿井的径向断面上的浸润曲线。

从理论上分析，当某井抽水形成漏斗状的浸润曲线后，其水面降落的影响，应该延伸到无限远处，即当 $r \to \infty$ 时，$z = H$。但从工程实用观点来看，当水面降落的浸润曲线延伸到某一距离 R 后，水面即接近含水层原有的厚度 H，距离 R 以外的地下水将不受该井抽水的影响。即当 $r = R$ 时，$z = H$，此 R 称为井的影响半径。将这一关系代入式(11-37)，可求出井的渗流流量 Q 为

$$Q = 1.36 \frac{k(H^2 - h_0^2)}{\lg \frac{R}{r_0}} \tag{11-38}$$

如将抽水后井中水面降落深度 $s = H - h_0$ 代入式(11-38)并简化后得

$$Q = 2.73 \frac{kHs}{\lg \frac{R}{r_0}} \tag{11-39}$$

从上式可知，由于井的影响半径 R 取对数值，对井的流量影响较小；而含水层的厚度 H、渗透系数 k、井中水面降落深度 s，对井流量影响较大。

式(11-38)和式(11-39)中的影响半径 R 值需用实验方法求得；当无实验资料，在初步计算时，可用经验公式估算，即

$$R = 3\,000\, s\sqrt{k} \tag{11-40}$$

或

$$R = 575\, s\sqrt{Hk} \tag{11-41}$$

式中 R、s 和 H 均以 m 计；k 以 m/s 计。

例 11-6 有一水平不透水层上的完全普通井，井的直径为 0.4 m，含水层的厚度 $H = 10$ m，渗透系数 $k = 0.000\,6$ m/s，抽水相当长时间后井中水深 h_0 的稳定值为 6 m，求井的出水量 Q 及浸润曲线。

解：井中水面降落深度 $s = H - h_0 = 10$ m $- 6$ m $= 4$ m。井的影响半径 $R = 3\,000\, s\sqrt{k} = 3\,000 \times 4\sqrt{0.000\,6}$ m $= 293.94$ m。井的半径 $r_0 = \frac{0.4}{2}$ m $= 0.2$ m。将题给数据代入式(11-38)中得

$$Q = 1.36 \frac{0.0006 \times (10^2 - 6^2)}{\lg \frac{293.94}{0.2}} \text{ m}^3/\text{s} = 0.01649 \text{ m}^3/\text{s}$$

假定一系列的 r 值，代入式(11-37)中，求出对应的 z 值列入下表中，可绘出浸润曲线。

r/cm	20	40	60	80	100	120	140	160	180
z/m	6.000	6.484	6.751	6.934	7.073	7.184	7.277	7.356	7.426

11-5-2　完全自流井

设一完全自流井如图 11-12 所示。在没有抽水时，井中水位将升高至 H 高度，此 H 值即为天然状态下含水层的测压管水头，它大于含水层的厚度 t，有时甚至高出地面，使水从井口中自动流出。若含水层为均质各向同性土壤，且储水量极为丰富，远大于井所抽取的水量，则当抽水经过一个相当长的时间后，井四周的测压管水头线，将形成一稳定的轴对称的漏斗状曲线，如图 11-12 中的虚线所示。除井壁附近区域外，测压管水头线的曲率很小，可视为恒定渐变渗流。取距井中心轴为 r 的渗流过流断面，该断面面积 $A = 2\pi r t$，它与测压管水头 z 无关。由渐变渗流的特性知断面上各点的水力坡度相同，$J = \dfrac{\mathrm{d}z}{\mathrm{d}r}$，通过该断面的流量为

$$Q = k 2\pi r t \frac{\mathrm{d}z}{\mathrm{d}r}$$

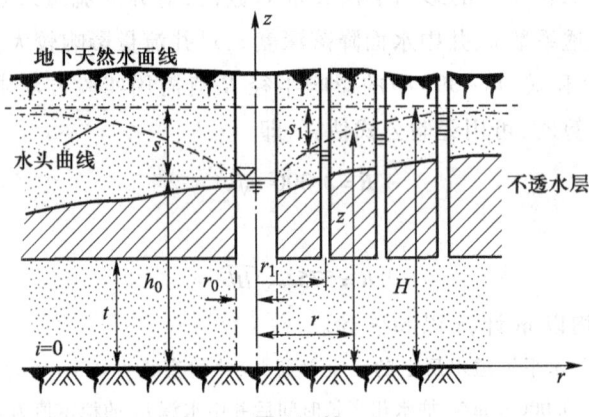

图 11-12

将上式分离变量并积分得

$$z = \frac{Q}{2\pi k t} \ln r + C \tag{11-42}$$

式中:C 为积分常数,由边界条件确定。当 $r=r_0$ 时,$z=h_0$,代入上式得

$$C = h_0 - \frac{Q}{2\pi kt}\ln r_0$$

将 C 值代入式(11-42)可得

$$z - h_0 = \frac{Q}{2\pi kt}\ln \frac{r}{r_0}$$

或

$$z - h_0 = 0.37 \frac{Q}{kt}\lg \frac{r}{r_0} \tag{11-43}$$

上式为完全自流井的水头曲线方程。

引入井的影响半径 R,令上式中的 $r=R$,$z=H$,就可求出井的渗流流量 Q,即

$$Q = 2.73 \frac{kt(H-h_0)}{\lg \frac{R}{r_0}} \tag{11-44}$$

由于 $s = H - h_0$,为井中水面降落深度,则上式也可写成

$$Q = 2.73 \frac{kts}{\lg \frac{R}{r_0}} \tag{11-45}$$

式中井的影响半径 R 值,仍可用经验公式(11-40)或(11-41)估算,如能用野外抽水试验测出 R,则更为理想。

例 11-7 为了用抽水试验确定某完全自流井的影响半径 R,在距井中心轴线距离为 $r_1 = 15$ m 处钻一观测孔。当自流井抽水后,井中水面稳定的降落深度 $s = 3$ m,而此时观测孔中的水位降落深度 $s_1 = 1$ m。设承压含水层的厚度 $t = 6$ m,井的直径 $d = 0.2$ m。求井的影响半径 R。

解:由水头曲线方程(11-43)可得

$$s = H - h_0 = 0.37 \frac{Q}{kt}\lg \frac{R}{r_0} \tag{1}$$

$$s_1 = H - h_1 = 0.37 \frac{Q}{kt}\lg \frac{R}{r_1} \tag{2}$$

由(1)、(2)两式联立求解可得

$$\frac{s}{s_1} = \frac{\lg R - \lg r_0}{\lg R - \lg r_1}$$

或

$$\lg R = \frac{s\lg r_1 - s_1 \lg r_0}{s - s_1} = \frac{3 \times \lg 15 - 1 \times \lg 0.1}{3 - 1} = 2.264$$

解得 $R = 183.7$ m ≈ 184 m。

11-5-3 大口井

大口井的直径较大,一般为 2~10 m,有时甚至超过 10 m。由于大口井过流断面面积增大,因此其出水量远大于汲取深层地下水的管井流量。尤其是当大口井为不完全井时,其底部进水面积很大,更增加了它的涌水能力。所以,大口井适宜用于地下水埋藏较浅,水量丰富,含水层厚度小,不宜钻深层管井的地区。在施工中,用基坑排除地下水时,它的出水量与水位降落的关系,也可按大口井来计算。

1. 完全大口井

如大口井的井底直达不透水层,底部不能进水,只是侧壁进水,则此种大口井为完全大口井,其流量计算与汲取深层地下水的管井(完全井)相同。汲取无压地下水的可用式(11-38)或(11-39);汲取承压含水层地下水的可用式(11-44)或式(11-45)求流量。此处不再详述。

2. 不完全大口井

若大口井的井底未达不透水层,而是在较浅的含水层中,如图 11-13 所示。若含水层的厚度很大,水由大口井半球形底部流入,渗流流线沿半球面的半径方向。过流断面为与井底半球同心的半球面,面积 $A = 2\pi r^2$,水力坡度 $J = \dfrac{dz}{dr}$,

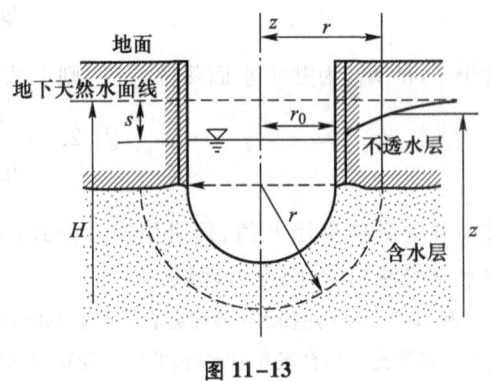

图 11-13

所以井的出水量 Q 为

$$Q = 2\pi r^2 k \frac{dz}{dr}$$

上式分离变量后积分,当 $r = r_0$ 时,$z = H - s$,当 $r = R$ 时,$z = H$,则

$$Q \int_{r_0}^{R} \frac{dr}{r^2} = 2\pi k \int_{H-s}^{H} dz$$

可得

$$Q = \frac{2\pi k s}{\dfrac{1}{r_0} - \dfrac{1}{R}}$$

影响半径 R 的值远大于井的半径 r_0 的值,因此上式可化为

$$Q = 2\pi k r_0 s \tag{11-46}$$

上式为底部半球进水的不完全大口井的流量计算式。式中 s 为大口井抽水稳定后的井中水面降落深度。

对平底不完全大口井,福希海梅认为过流断面是半椭球面,如图 11-14 所示。渗流流线是双曲线。在作了一些近似的假设后,导出平底不完全大口井的出水量 Q 的计算公式如下:

$$Q = 4kr_0 s \tag{11-47}$$

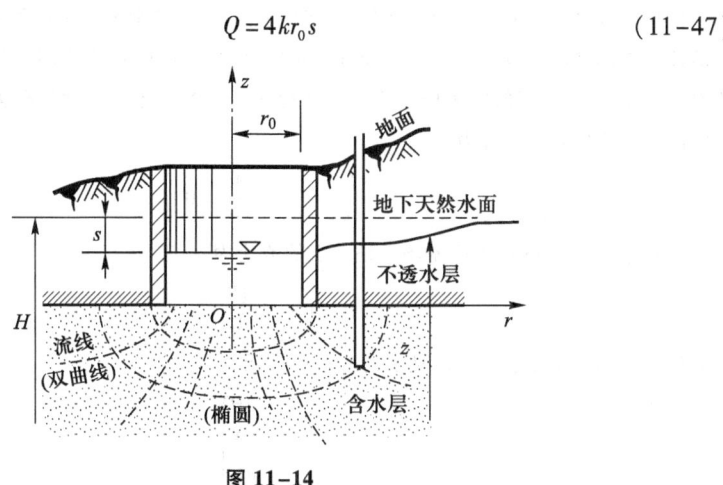

图 11-14

式(11-46)与式(11-47)计算结果相差甚大。在条件许可时,可用实测的 $Q \sim s$ 关系推求大口井的出水量。某些实践资料表明,当含水层的厚度比井的半径大 8 至 10 倍时,式(11-46)较符合实际。

例 11-8 某圆形施工基坑,直径为 8 m,深度为 5 m,基坑上部井壁部分为透水性极小的密实土壤,基坑底部为均质砂土,其渗透系数 $k = 0.0006$ m/s。排水前地下水天然浸润面在地面下 1.5 m 处,为了施工方便,需将基坑中水抽出,使底部无水,试求从基坑中抽排的水量至少为多少?

解:为了在无水的基坑中施工,至少需使水位降落深度 $s = 5 \text{ m} - 1.5 \text{ m} = 3.5 \text{ m}$。若基坑底部为平底,则按平底不完全大口井计算式(11-47)求抽水量 Q 为

$$Q = 4kr_0 s = 4 \times 0.0006 \times \frac{8}{2} \times 3.5 \text{ m}^3/\text{s} = 0.0336 \text{ m}^3/\text{s}$$

*§11-6 渗流的基本微分方程

前面几节主要介绍一维恒定渐变渗流的基本方程及其在工程中的应用。实践证明,工程上有些问题不能视为一维渗流,也不能视为渐变渗流,而且在某些情况下,不仅需要了解宏观

的效果,如总的渗流量和断面平均流速,而且需要了解渗流场中各点的速度和动水压强。这就需要把渗流区作为三维的渗流流场来考虑。本节将简要介绍三维渗流的一些基本原理,作为分析研究三维渗流的基础。

11-6-1 渗流的连续性微分方程和运动微分方程

设在渗流场中任取一点 M,它的渗流速度为 u,在三个坐标轴上的投影分别为 u_x, u_y, u_z。由前述渗流模型可知,假设渗流区内的全部空间均被连续的水流充满,则渗流的连续性和其他水流的连续性是一样的,类似于第三章中对不可压缩流体连续性微分方程的讨论,可导出恒定渗流连续性微分方程为

$$\frac{\partial u_x}{\partial x} + \frac{\partial u_y}{\partial y} + \frac{\partial u_z}{\partial z} = 0 \tag{11-48}$$

又根据式(11-18),渗流流场中任一点的流速为

$$u = -k\frac{\mathrm{d}H}{\mathrm{d}s}$$

因而任一点的流速在三个坐标轴上的分量可表示为

$$\left. \begin{array}{l} u_x = -k\dfrac{\partial H}{\partial x} \\[4pt] u_y = -k\dfrac{\partial H}{\partial y} \\[4pt] u_z = -k\dfrac{\partial H}{\partial z} \end{array} \right\} \tag{11-49}$$

式中:H 为渗流流场中任一点的总水头,因渗流流速极小,实用上 H 可视为测压管水头 $\left(H = z + \dfrac{p}{\rho g}\right)$。上式即为均质各向同性土壤中恒定渗流的运动微分方程。

渗流运动微分方程(11-49)亦可从 N-S 方程导出。为此,先讨论将 N-S 方程应用于渗流时的阻力问题。设在渗流模型中单位质量液体所受的阻力为 F,在各坐标轴上的分量分别为 F_x, F_y, F_z。若单位质量液体沿流向移动距离为 $\mathrm{d}s$,则单位质量阻力 F 所作之功为 $-F \cdot \mathrm{d}s$,对单位重量液体而言,该阻力所作之功应为 $-F \cdot \mathrm{d}s/g$。渗流任一点液体之总水头 $H = z + \dfrac{p}{\rho g}$,为单位重量液体所具有之机械能,在 $\mathrm{d}s$ 距离上总水头的增量为 $\mathrm{d}H$,应与单位重量流体所受阻力所作之功相等,即

$$-F \cdot \mathrm{d}s/g = \mathrm{d}H$$

单位质量液体所受的阻力 $F = -g\dfrac{\mathrm{d}H}{\mathrm{d}s} = g \cdot J$,$J$ 为水力坡度。若渗流是在达西定律 $u = kJ$ 的适用范围内,则水力坡度 $J = \dfrac{u}{k}$,单位质量液体所受的阻力 $F = u\dfrac{g}{k}$。因为渗流速度极小,加速度引起的惯性力近似于零。将这些条件代入 N-S 方程,可将其简化为

$$\begin{cases} f_x - \dfrac{1}{\rho}\dfrac{\partial p}{\partial x} - F_x = 0 \\ f_y - \dfrac{1}{\rho}\dfrac{\partial p}{\partial y} - F_y = 0 \\ f_z - \dfrac{1}{\rho}\dfrac{\partial p}{\partial z} - F_z = 0 \end{cases}$$

或

$$\begin{cases} f_x - \dfrac{1}{\rho}\dfrac{\partial p}{\partial x} - u_x \dfrac{g}{k} = 0 \\ f_y - \dfrac{1}{\rho}\dfrac{\partial p}{\partial y} - u_y \dfrac{g}{k} = 0 \\ f_z - \dfrac{1}{\rho}\dfrac{\partial p}{\partial z} - u_z \dfrac{g}{k} = 0 \end{cases}$$

若质量力仅为重力,则 $f_x = f_y = 0$, $f_z = -g$,而且渗流任一点总水头等于测压管水头 $H = z + \dfrac{p}{\rho g}$,则上式可简化为

$$\begin{cases} u_x = -k\dfrac{\partial H}{\partial x} \\ u_y = -k\dfrac{\partial H}{\partial y} \\ u_z = -k\dfrac{\partial H}{\partial z} \end{cases}$$

上式与式(11-49)一样。对于各向异性的土壤,渗流系数 k 随坐标方向而不同,上式亦可写成

$$\begin{cases} u_x = -k_x\dfrac{\partial H}{\partial x} \\ u_y = -k_y\dfrac{\partial H}{\partial y} \\ u_z = -k_z\dfrac{\partial H}{\partial z} \end{cases}$$

连续性微分方程和运动微分方程组,共有四个微分方程,其中恰好包含四个未知函数 (u_x, u_y, u_z, H),所以方程组是封闭的。若能将这几个方程联立求解,就可求得渗流的流速场和水头场(或压强场)。但是,由于实际渗流及其边界条件的复杂性,能用解析方法求得问题的解是很有限的。随着计算机应用的日益广泛,渗流问题的数值解法也日益普遍被采用。另外,应用绘制流网的方法或实验(水电比拟)方法,也可求解渗流流场中的速度和水头。

11-6-2 渗流的速度势和拉普拉斯方程

在均质各向同性土壤中,渗透系数 k 为常数。如令

$$\Phi = -kH \tag{11-50}$$

则渗流运动微分方程式(11-49)可改写为

$$\left.\begin{array}{l}u_x=\dfrac{\partial \Phi}{\partial x}\\[4pt] u_y=\dfrac{\partial \Phi}{\partial y}\\[4pt] u_z=\dfrac{\partial \Phi}{\partial z}\end{array}\right\} \tag{11-51}$$

将上式与第三章的速度势函数对比,可以看出,式中函数 Φ 在某一轴的偏导数等于流速在该轴方向的分量,所以函数 $\Phi=-kH$ 即为渗流的速度势函数。因此,符合达西定律的层流渗流,可以看作是有势流动,第四章中介绍的求解有势流动的方法都可用来解此种渗流。将式(11-51)代入连续性微分方程式(11-48)中,得渗流的拉普拉斯方程如下:

$$\frac{\partial^2 \Phi}{\partial x^2}+\frac{\partial^2 \Phi}{\partial y^2}+\frac{\partial^2 \Phi}{\partial z^2}=0 \tag{11-52}$$

以 $\Phi=-kH$ 代入上式知,水头 H 也满足拉普拉斯方程,即

$$\frac{\partial^2 H}{\partial x^2}+\frac{\partial^2 H}{\partial y^2}+\frac{\partial^2 H}{\partial z^2}=0 \tag{11-53}$$

所以,上述渗流问题就可以归结为在特定的边界条件下,解拉普拉斯方程,求出速度势函数 Φ(或水头函数 H),就可求得渗流的流速场和压强场。

对于平面渗流,除上述速度势函数外,还存在着流函数 Ψ,因为按渗流模型的假定,渗流满足连续性方程(即满足流函数存在的条件)。而且流函数也满足拉普拉斯方程。因此,渗流的势函数和流函数均可分别叠加。

11-6-3 完全井的势函数

应用前面介绍的渐变渗流的特性和连续性原理,可求出无压渐变渗流完全井的势函数为 z^2,有压渐变渗流完全井的势函数为 z,此处 z 代表在水平不透水层上完全井任一断面的测压管水头,对无压渗流即为其浸润线的纵坐标。并且可以证明此两种势函数均满足拉普拉斯方程,可应用势流叠加原理。

1. 无压渗流完全普通井的势函数

在渐变渗流中,过流断面上各点水力坡度相同,点流速与断面平均流速相等,所以从图 11-15 所示的含水层中微小柱体前面流入的渗流流量为

$$q_x=v_x A_x=k\frac{\partial z}{\partial x}z\mathrm{d}y=\frac{k}{2}\frac{\partial(z^2)}{\partial x}\mathrm{d}y$$

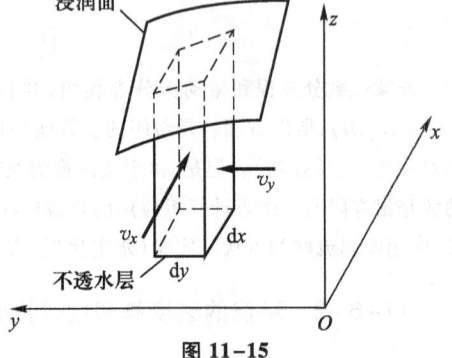

图 11-15

从该微小柱体后面流出的渗流流量为

$$q_x+\frac{\partial q_x}{\partial x}\mathrm{d}x=\frac{k}{2}\frac{\partial(z^2)}{\partial x}\mathrm{d}y+\frac{k}{2}\frac{\partial^2(z^2)}{\partial x^2}\mathrm{d}x\mathrm{d}y$$

从微小柱体右侧流入的渗流流量为

$$q_y = v_y A_y = k\frac{\partial z}{\partial y} z\mathrm{d}x = \frac{k}{2}\frac{\partial(z^2)}{\partial y}\mathrm{d}x$$

从微小柱体左侧流出的渗流流量为

$$q_y + \frac{\partial q_y}{\partial y}\mathrm{d}y = \frac{k}{2}\frac{\partial(z^2)}{\partial y}\mathrm{d}x + \frac{k}{2}\frac{\partial^2(z^2)}{\partial y^2}\mathrm{d}x\mathrm{d}y$$

根据连续性原理,流入该柱体的渗流流量应该与流出该柱体的渗流流量相等,即

$$q_x + q_y = q_x + \frac{k}{2}\frac{\partial^2(z^2)}{\partial x^2}\mathrm{d}x\mathrm{d}y + q_y + \frac{k}{2}\frac{\partial^2(z^2)}{\partial y^2}\mathrm{d}x\mathrm{d}y$$

或

$$\frac{\partial^2\left(\frac{1}{2}kz^2\right)}{\partial x^2} + \frac{\partial^2\left(\frac{1}{2}kz^2\right)}{\partial y^2} = 0 \tag{11-54}$$

上式为拉普拉斯方程,$\frac{1}{2}kz^2$ 或 z^2 为无压渗流完全普通井的势函数,可以应用势流叠加原理。

2. 有压渗流完全自流井的势函数

若含水层是在两不透水层之间的承压含水层,且含水层的厚度 t 为不变的常数,则图 11-15 中柱体的高度为 t,且是一不变的常数,则流入与流出该柱体的流量可修正为

$$q_x = k\frac{\partial z}{\partial x}t\mathrm{d}y$$

$$q_x + \frac{\partial q_x}{\partial x}\mathrm{d}x = q_x + k\frac{\partial^2 z}{\partial x^2}\mathrm{d}x \cdot t \cdot \mathrm{d}y = q_x + kt\frac{\partial^2 z}{\partial x^2}\mathrm{d}x\mathrm{d}y$$

$$q_y = k\frac{\partial z}{\partial y}t\mathrm{d}x$$

$$q_y + \frac{\partial q_y}{\partial y}\mathrm{d}y = q_y + kt\frac{\partial^2 z}{\partial y^2}\mathrm{d}x\mathrm{d}y$$

根据连续性原理可得

$$kt\frac{\partial^2 z}{\partial x^2}\mathrm{d}x\mathrm{d}y + kt\frac{\partial^2 z}{\partial y^2}\mathrm{d}x\mathrm{d}y = 0$$

或

$$\frac{\partial^2(ktz)}{\partial x^2} + \frac{\partial^2(ktz)}{\partial y^2} = 0 \tag{11-55}$$

上式为拉普拉斯方程,ktz 或 z 为有压渗流完全自流井的势函数,可以应用势流叠加原理。

§11-7 井群

在给水排水工程、环境工程或其他工程中,为了降低地下水位或取水,常需

建造井群。由于井群各井之间距离较近,每一口井均处于其他井的影响范围之内,因此,各井的出水量和浸润曲线的形状均相互受到影响。所以井群的计算与单井不同,需应用势流叠加原理来进行。

11-7-1 完全普通井的井群

设在水平不透水层上有 n 个完全普通井,如图 11-16 所示。在井影响范围内的某点 A,它距各井的距离分别为 $r_1, r_2, r_3, \cdots, r_n$;各井的半径分别为 $r_{01}, r_{02}, r_{03}, \cdots, r_{0n}$;各井单独抽水时,井中水深分别为 $h_{01}, h_{02}, h_{03}, \cdots, h_{0n}$;在 A 点处的地下水位分别为 $z_1, z_2, z_3, \cdots, z_n$。由式(11-36)得各井的浸润曲线方程分别为

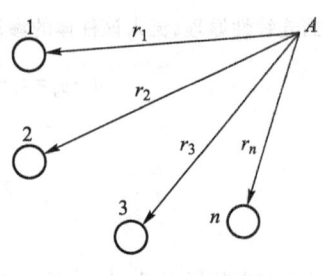

图 11-16

$$z_1^2 = \frac{Q_1}{\pi k} \ln \frac{r_1}{r_{01}} + h_{01}^2$$

$$z_2^2 = \frac{Q_2}{\pi k} \ln \frac{r_2}{r_{02}} + h_{02}^2$$

$$\cdots\cdots\cdots\cdots$$

$$z_n^2 = \frac{Q_n}{\pi k} \ln \frac{r_n}{r_{0n}} + h_{0n}^2$$

当 n 个井同时抽水时,必形成一公共的浸润面,A 点的水位为 z,由式(11-54)可知完全普通井的势函数为 z^2,按势流叠加原理,其方程可写为

$$z^2 = \frac{Q_1}{\pi k} \ln \frac{r_1}{r_{01}} + \frac{Q_2}{\pi k} \ln \frac{r_2}{r_{02}} + \cdots + \frac{Q_n}{\pi k} \ln \frac{r_n}{r_{0n}} + C \tag{11-56}$$

式中:C 为某一常数。

若各井的抽水量相等,即

$$Q_1 = Q_2 = Q_3 = \cdots = Q_n = \frac{Q_0}{n} = Q$$

式中:Q_0 为井群的总抽水量。为确定常数 C,设 A 点离各井很远,在井群影响范围的边缘。因此可近似地认为 $r_1 = r_2 = r_3 = \cdots = r_n = R$,而且 $z \approx H$。将这些关系代入式(11-56),得

$$H^2 = \frac{Q}{\pi k} [n \ln R - \ln(r_{01} \cdot r_{02} \cdot r_{03} \cdot \cdots \cdot r_{0n})] + C$$

所以

$$C = H^2 - \frac{nQ}{\pi k}\left[\ln R - \frac{1}{n}\ln(r_{01} \cdot r_{02} \cdot r_{03} \cdots r_{0n})\right]$$

$$= H^2 - \frac{Q_0}{\pi k}\left[\ln R - \frac{1}{n}\ln(r_{01} \cdot r_{02} \cdot r_{03} \cdots r_{0n})\right]$$

将上述积分常数 C 值代入式(11-56)得

$$z^2 = H^2 - \frac{Q_0}{\pi k}\left[\ln R - \frac{1}{n}\ln(r_1 \cdot r_2 \cdot r_3 \cdots r_n)\right]$$

或

$$z^2 = H^2 - 0.73\frac{Q_0}{k}\left[\lg R - \frac{1}{n}\lg(r_1 \cdot r_2 \cdot r_3 \cdots r_n)\right] \quad (11-57)$$

上式可用来求井群中某点 A 的水位 z。井群的总抽水量 Q_0 为

$$Q_0 = 1.36\frac{k(H^2 - z^2)}{\lg R - \frac{1}{n}\lg(r_1 \cdot r_2 \cdot r_3 \cdots r_n)} \quad (11-58)$$

式中：z 为井群抽水时，含水层浸润面上某点 A 的水位；R 为井群的影响半径，可由抽水试验测定或按经验公式(11-41)估算，即

$$R = 575s\sqrt{Hk}$$

式中：s 为井群中心的水面降落深度(抽水稳定后水位降落深度)。

例 11-9 设某圆形基坑，其周围布置了六个完全普通井，如图 11-17 所示。各井距基坑中心点的距离 r 均为 30 m，各井的半径 r_0 均为 0.1 m，含水层的厚度 H 为 15 m，渗透系数 $k = 0.0008$ m/s，井群的影响半径 $R = 300$ m，欲使基坑中心点的水位下降 $s = 5$ m，求各井的抽水量 Q。

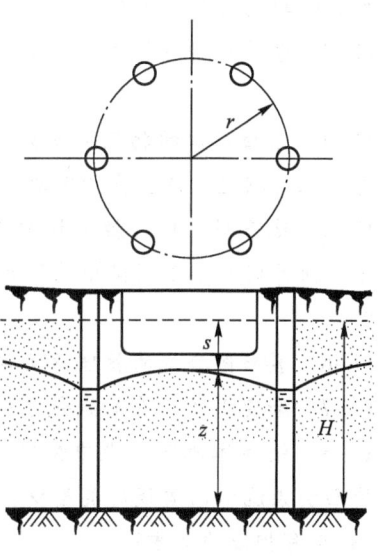

图 11-17

解： $r_1 = r_2 = r_3 = \cdots = r_6 = r = 30$ m，代入式(11-58)得

$$Q_0 = 1.36 \times \frac{0.0008 \times (15^2 - 10^2)}{\lg 300 - \frac{1}{6}\lg(30^6)} \text{ m}^3/\text{s}$$

$$= 0.136 \text{ m}^3/\text{s}$$

每一口井的抽水量为 $Q = \frac{Q_0}{n} = \frac{0.136}{6}$ m³/s = 0.0227 m³/s。

11-7-2 完全自流井的井群

由式(11-55)知,完全自流井的势函数为测压管水头 z,类似于前面对普通井的井群讨论,当有 n 个完全自流井组成的井群同时抽水时,在井群影响范围内的某点 A 的水头 z,可按势流叠加原理求得为

$$z = H - \frac{Q}{2\pi kt}[n\ln R - \ln(r_1 \cdot r_2 \cdot r_3 \cdot \cdots \cdot r_n)] \qquad (11-59)$$

或

$$z = H - \frac{0.37Q_0}{kt}\left[\lg R - \frac{1}{n}\lg(r_1 \cdot r_2 \cdot r_3 \cdot \cdots \cdot r_n)\right] \qquad (11-60)$$

井群的总出水量

$$Q_0 = 2.73 \times \frac{kt(H-z)}{\lg R - \frac{1}{n}\lg(r_1 \cdot r_2 \cdot r_3 \cdot \cdots \cdot r_n)} \qquad (11-61)$$

思考题

11-1 渗流的概念是什么?它的运动规律和哪些因素有关?

11-2 土壤中的水根据存在状态可分为哪几类?重力水、孔隙率、均质各向同性土壤的概念是什么?

11-3 渗流模型的概念是什么?它在研究地下水运动规律中有什么重要意义?

11-4 达西定律的物理意义是什么?它的适用条件是什么?土壤的渗透系数有哪几种测定方法?实验室测定法如何进行?

11-5 地下明渠中的恒定均匀渗流概念是什么?它和地面明渠中的恒定均匀流有何异同?地下明渠中的恒定渐变渗流和地面明渠中的恒定渐变流有何异同?

11-6 裘布依公式的物理意义是什么?它和达西定律有什么不同?

11-7 渐变渗流的基本微分方程的物理意义是什么?它说明什么?

11-8 棱柱体地下明渠中恒定渐变渗流的浸润曲线类型有哪几种?为什么比地面明渠流水面曲线的类型少?它的类型与相应底坡地面明渠水流的水面曲线,是否有相似的地方?

11-9 完全普通井、完全自流井、大口井的概念是什么?它们的恒定最大

出水流量 Q 和哪些因素有关？

11-10　渗流运动微分方程的物理意义是什么？它为什么亦可以从流体运动微分方程（N-S 方程）导出？

11-11　渗流的速度势函数的概念是什么？在什么情况下渗流可视为有势流动？

11-12　井群的渗流需应用什么原理？完全普通井、完全自流井的井群总出水量与哪些因素有关？

习题

11-1　实验室测定渗透系数的装置如图 11-1 所示。已知圆筒直径 $d=42$ cm，断面 1-1 与 2-2 之间的距离 $l=85$ cm，测压管水头差 $H_1-H_2=103$ cm，渗流流量 $Q=114$ cm³/s，试求土样的渗透系数 k 值。

11-2　变水头测定渗透系数的装置如图 11-2 所示。土样内径为 12 cm，厚 30 cm。1 min 内，内径 8 mm 的水位管中水位由 100 cm 降至 60 cm。试求土样的渗透系数 k 值。

11-3　柱形滤水器如图所示，已知直径 d 为 1.2 m，土样高 $h=1.2$ m，渗透系数 $k=0.01$ cm/s，试求：（1）当土样上部水深 $H=0.6$ m 时的渗流流量 Q；（2）当渗流流量 Q' 为 2.5×10^{-4} m³/s 时，土样底部的真空值 h_v。

11-4　设河道左侧有一含水层如图所示，其底部不透水层的坡度 $i=0.005$。河道中水深 $h_2=1.0$ m。在距河道岸边 $l=1\,000$ m 处地下水含水层断面 1-1 的地下水深度 $h_1=2.5$ m，渗透系数 $k=0.002$ cm/s。试求地下水补给单宽河道的渗流流量 q_1。若在河道处修建水库后，河道中水位抬高 4 m，断面 1-1 的水深 h_1 仍为 2.5 m，试求地下水补给单位长度河道的渗流流量 q_2。

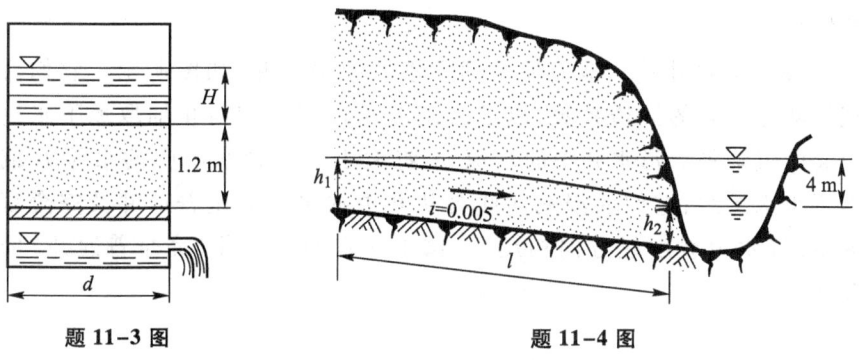

题 11-3 图　　　　　　　　　　题 11-4 图

11-5 在水平不透水层上修建一条集水廊道,如图 11-9 所示。廊道长 150 m,影响范围 $L=100$ m,廊道中水深为 3.0 m,影响范围外天然地下水深 H 为 8 m。由廊道排出的总流量 Q 为 0.35 m³/s,求廊道外土壤的渗透系数 k 值。

11-6 设在水平不透水层上有一无压含水层,天然状态下含水层水头 $H=10$ m,土壤渗透系数 $k=0.04$ cm/s。在含水层上原有一民用井,如图所示。现在距民用井轴线距离 $l=200$ m 处,钻一半径 $r_0=0.2$ m 的机井。为使机井抽水时,民用井水位下降值 $s'\leqslant 0.5$ m,试求:(1)机井中的水深 h_0;(2)机井的最大抽水量 Q(影响半径 $R=1\,000$ m)。

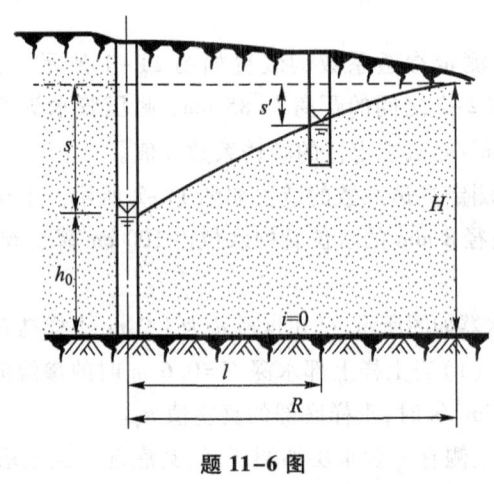

题 11-6 图

11-7 有一水平不透水层上的完全自流井如图 11-12 所示。已知井的半径 $r_0=0.1$ m,承压含水层的厚度 t 为 5 m,地下含水层未抽水时的总水头 H 为 12 m。在距井轴线 $r_1=10$ m 处钻一观测井。当自流井中的抽水量 $Q=36$ m³/h 时,自流井中水位下降深度 $s=2$ m,观测井中水位下降值 $s_1=1$ m。试求含水层土壤的渗透系数 k。

11-8 渗水井是从地面注水到含水层中去的井,如图所示。它们可用来现场测定土壤的渗透系数,以及人工补给地下水和防止抽取地下水过多所引起的沉降等。渗水井中的水深 h_0 将大于地下含水层中的水深 H 或天然地下水水头线;它们的浸润曲线与从井中抽水的完全普通井及完全自流井的不同(水力坡度线方向相反)。试求注水的渗水井(完全普通井)的流量公式。

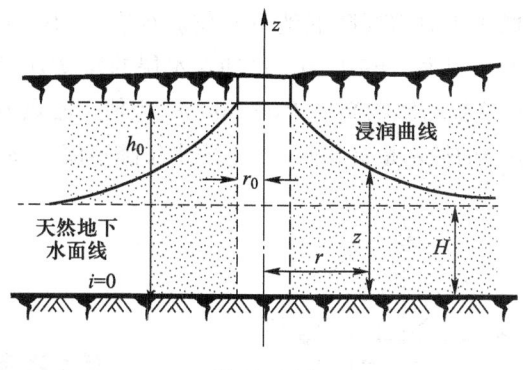

题 11-8 图

11-9 设在现场注水测定潜水含水层土壤的渗透系数 k 值。已知钻井的直径 $d=20$ cm，直达水平不透水层，如题 11-8 图所示。当注入钻井的流量 $Q=0.2\times10^{-3}$ m³/s 时，钻井水深 $h_0=5$ m，含水层厚度 $H=3.5$ m，影响半径 $R=150$ m，试求土壤的渗透系数 k。

11-10 试用势流叠加原理推求完全自流井井群各井出水量相等时的井群水头线公式（参阅完全普通井的推导）。

11-11 由半径 $r_0=0.1$ m 的八个钻井（完全普通井）所组成的井群，布置在长 $l=60$ m，宽 $b=40$ m 的长方形周线上，如图所示，以降低基坑的地下水位。潜水含水层的厚度 $H=10$ m，土壤渗透系数 $k=0.1$ cm/s，

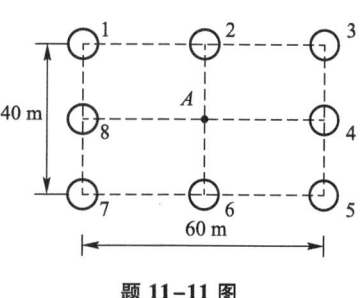

题 11-11 图

井群的影响半径 R 为 500 m。若每个钻井的抽水量 $Q=2.5\times10^{-3}$ m³/s。试求地下水位在井群中心点 A 的降落值 s。

11-12 某圆形基坑，其底面积为 240 m²，如在基坑中抽水，抽水量 $Q_0=0.08$ m³/s，土壤的渗透系数 $k=0.001$ m/s，求坑中的地下水水面降落深度 s。

11-13 一完全普通井，井的半径 $r_0=100$ mm，含水层天然状态的厚度 $H=10.5$ m，土壤渗透系数 $k=2\times10^{-5}$ m/s，抽水稳定后井中水面降落深度 $s=3.5$ m，求该井的抽水流量 Q。

11-14 某完全自流井，井的半径 $r_0=200$ mm，天然状态承压含水层的测压管水头 $H=13$ m，其厚度 $t=6$ m，土壤的渗透系数为 $k=3.2\times10^{-4}$ m/s，抽水稳定后井中水深 $h_0=10.5$ m，影响半径 $R=280$ m，求井的抽水流量 Q。

11-15 在桥墩施工时需要降低地下水位。今在 $r=10$ m 的圆周上布置四眼机井,各机井的半径均为 $r_0=10$ cm。已知含水层的厚度 $H=15$ m,粗砂的渗透系数 $k=0.05$ cm/s,井群的影响半径 $R=1\,000$ m,为使中心点 O 处的地下水位降低 3 m,试求:(1)各井的抽水量;(2)1,2,3 点的水位降落值。($a=3$ m,$b=5$ m)。

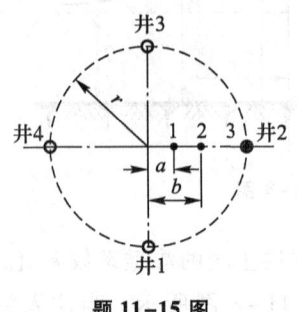

题 11-15 图

第十二章

射流和流体扩散理论基础

本章主要介绍射流和流体扩散的一些基本概念、基本规律及其在工程中的应用。它们在环境保护、给水排水、供热通风、热能动力、交通运输、水利等工程的规划、管理、设计、预测、评估中得到广泛的应用。例如，为了防治工业、生活废水和烟气、汽车尾气及固体废弃物等污染物的危害，或在采暖通风、热能动力等工程中所遇到的射流问题，都需要了解、熟悉和应用本章将要介绍的基本内容。本章的内容对于从事上述等方面的科技工作是很需要的，亦是很重要的。在实际工作中，有的还需在此基础上进一步学习和掌握其他有关的知识。目前，对上述问题的研究很多，并取得了新的成果。

§12-1 射流的分类·湍流射流的形成和特性

12-1-1 射流的分类

射流是指从孔口或管嘴或缝隙中连续射出的一股具有一定尺寸的流体运动，它的周围可以是同一种流体或另一种流体。射流可根据不同的特征进行分类。

（1）按流动形态，可分为层流射流和湍流射流。在实际工程中，多为湍流射流，所以本书不讨论层流射流的问题。

（2）按射流周围介质（流体）的性质，可分为淹没射流和非淹没射流。若射流与其周围介质的物理性质相同，则为淹没射流；若不相同，则为非淹没射流。

（3）按射流周围固体边界的情况，可分为自由射流和非自由射流。若射流流入无限空间，完全不受固体边界限制的，为自由射流或称为无限空间射流。若流入有限空间，多少受固体边界限制的，则非自由射流或称为有限空间射流。若射流的部分边界贴附在固体边界上，则称为贴壁射流。若射流沿下游水体的自由表面(如河面或湖面)射出,称为表面射流。

(4) 按射流出流后继续运动的动力,可分为动量射流(简称射流)和浮力羽流(简称羽流),以及浮力射流(简称浮射流)。若射流的出口流速、动量较大,出流后继续运动的动力,主要依靠这个动量,这种射流称为动量射流。若射流的出口流速、动量较小,出流后继续运动的动力,主要依靠浮力,这种射流称为浮力羽流。浮力的产生,一般来自两个原因:一是由于射流流体的密度与其周围流体的密度不同,即由于密度差引起的浮力,如密度小的废水泄入含盐密度大的海水;另一是由于射流流体的温度与其周围流体的温度不同,即由于温度差引起密度差而产生的浮力,如废热水泄入河流、烟囱的烟气排入大气等。因浮力引起的烟气流动,形似羽毛飘浮在空中,所以得名浮力羽流。若射流出流后继续运动的动力,兼受动量和浮力两方面的作用,这种射流称为浮力射流。一般来讲,在浮力射流出口附近,动量起主要作用,而在远处则浮力起主要作用,如火电站或核电站的冷却水排入河流中的热水射流、污水排入密度较大的河口水体中的污水射流等。

(5) 按射流出口的断面形状,可分为圆形断面(轴对称)射流、平面(二维)射流、矩形(三维)射流等。矩形出口断面的射流,是三维射流的一种典型,虽然在实际工程中有不少应用,但由于现象较复杂,研究成果尚不多。目前,对于矩形出口断面长短边之比($a:b$)不超过 3∶1 时,因矩形断面射流经一定距离后,近似按圆形断面射流的规律变化,可近似采用圆形断面射流的计算公式,但直径 d 须按矩形出口断面面积换算成的当量直径 $d_e = \dfrac{2ab}{a+b}$ 代入。矩形出口断面长短边之比($a:b$)超过 10∶1 时,则按平面射流考虑。

研究湍流射流所要解决的主要问题是:确定射流轴线的轨迹、射流扩展的范围和射流中的流速分布,以及流量沿程变化等;对于变密度、非等温和含有污染物质的射流,则还要确定密度分布、温度分布和含有污染物质的浓度分布。目前解决射流问题的方法,可以是实验、理论分析和数值计算方法。实验方法虽有局限性,经验性较大,但对于复杂的射流问题,目前还难以用理论方法解决时,它仍是一个很重要的解决问题的途径。理论分析方法,对于简单的射流问题,有类似于第八章介绍的求解边界层问题的两个途径和方法:一是由于射流的纵向尺度比横向尺度大很多,因此在分析中可应用边界层理论,求解射流边界层微分方程;另一是给出射流过流断面上的流速分布,采用积分形式的动量方程来求解。目前比较广泛采用的是动量积分方法,本章仅介绍这种方法。为了便于理解射流现象的主要特征和掌握分析与解决射流问题的方法,本章主要介绍恒定流的不可压缩、等密度的自由、淹没射流在静止流体中的运动。这是射流运动中最简单的,也是最基本的情况,在实际工程中亦是存在的。另外,当射流中含有污染物质时,如果含有物质的浓度对于射流的密度没有影响或影响甚微,对流场的作用和影响可以忽略,且不考虑与流体间发生化学、生物反应时,则这种含有物质只作为一种标志物质或示踪物质(示踪剂)而存在,它的浓度分布和射流的速度分布规律可分开考虑,因而仍可按等密度的射流理论来分析。所以本章介绍的内容是有其理论意义和实用意义的。在分析、讨论射流的有关计算之前,先介绍湍流自由淹没射流的形成及其若干特性。

12-1-2 湍流射流的形成和特性

设流体从圆形断面管嘴水平射入无限空间的静止流体中,在射流与周围静止流体间形成一个速度不连续的间断面,如图 12-1a 所示。由§7-4 可知,由于外界的微小干扰,出现局部性的波动,发展形成涡体,继而产生湍流脉动现象。由于湍流的脉动,卷吸周围的静止流体进入射流,两者混掺在一起向前运动。这种情况不断地向射流的内外两侧发展,经过一定距离后扩展到射流中心。卷吸和混掺的结果,使射流的断面不断扩大,流速不断降低,流量则沿程增加。由于射流边界处的流动是一种有间歇性的复杂运动,即时而是湍流、时而是层流,所以射流边界实际上是交错组成的不规则面,如图 12-1b 所示。在实际分析时,常从统计平均意义上把射流边界视为线性扩展的界面,如图 12-1b 中虚线所示。

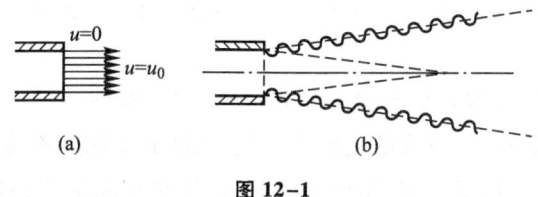

图 12-1

射流在形成稳定的流动形态后,整个射流可划分为以下几个区段,如图 12-2 所示。由管嘴出口开始,向内外扩展的混掺区域,称为射流边界层;它的外边界与静止流体相接触,内边界与射流的核心区相接触。射流的中心部分,未受混掺影响,仍保持原出口流速的区域,称为射流核心区。从管嘴出口到核心区末端断面(称为过渡断面)之间的区段,称为射流的起始段 L_0。起始段后整个射流都为边界层的区段,称为射流的主体段。在起始段与主体段之间有一过渡段,因很短且没有重要的实际意义,在分析时一般不考虑它的存在。在实际工程中,因起始段较短,主要是解决主体段的问题。

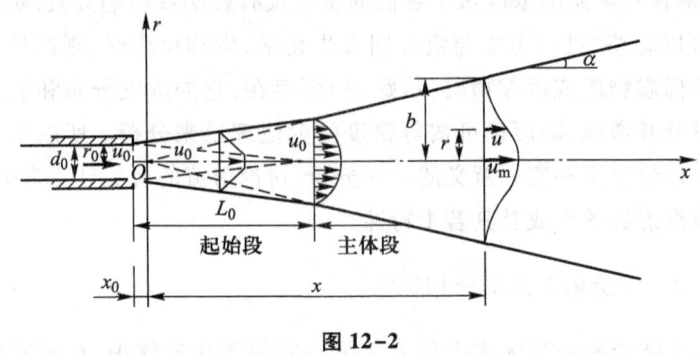

图 12-2

大量的实验观测和分析表明,湍流淹没射流具有以下三个重要特性。

1. 射流边界层的直线扩展(几何特性)

由实验观测和半经验理论分析,都得出射流边界层厚度是直线扩展的(如前所述,严格讲,是统计平均的意义)。主体段的扩展角和起始段的略有不同,如图 12-2 所示。当主体段的外边界线延长交于轴线上 O 点,称为射流源或极点(在管嘴外)。外边界线与轴线所成的角度 α,称为扩展角或极角。以 O 点为坐标原点,则

$$\frac{b}{x} = 常数 \tag{12-1}$$

式中:b 为射流主体段距坐标原点距离 x 处断面的半径(断面半厚度或射流边界层厚度)。

2. 射流各断面上纵向流速分布的相似性(运动特性)

由实验观测得知,在射流的主体段,各过流断面上纵向流速分布有明显的相似性,也称自保性。特留彼尔(Trüpel)测定的轴对称射流主体段不同断面上的流速分布曲线,如图 12-3a 所示。由图可见,随着距离 x 的增加,轴线流速 u_m 逐渐减小,流速分布曲线趋于平坦。如果改用量纲一的值表示,以 $\frac{u}{u_m}$ 为纵坐标,u 是径向坐标为 r 处的流速;$\frac{r}{b_{0.5}}$ 为横坐标,$b_{0.5}$ 是流速等于 $\frac{1}{2} u_m$ 处的径向坐标(因射流边界不规则,所以取 $b_{0.5}$ 值),则所有断面上的量纲一的流速分布曲线基本

上是相同的,如图 12-3b 所示。

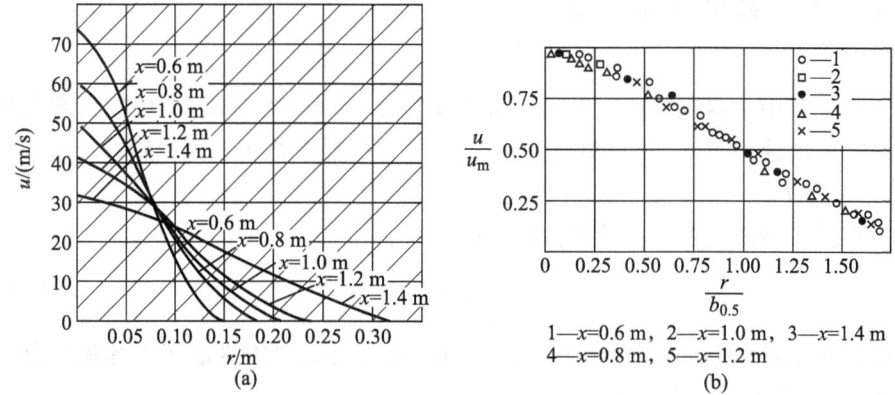

图 12-3

实验资料还表明,在射流起始段的边界层内,断面上的流速分布也具有这种相似性。

3. 射流各断面上动量守恒(动力特性)

实测资料表明,射流内部的动压强与静压强分布差别不大,一般分析时,可认为射流内部及其周围环境流体的压强,统一按静压强分布;对于气体来讲,则可视为常数。如果在射流主体段,取一微小段为控制体,对于水平射流来讲,$\frac{\partial p}{\partial x}=0$,射流与周围环境流体的摩擦阻力和射流脉动产生的应力略去不计,质量力垂直于水平轴。这样,作用在控制体内流体上的沿水平 x 轴方向的表面力和质量力的外力合力等于零。略去射流脉动质量、动量通量,则由动量方程可得射流各断面上的动量相等——动量守恒。亦就是单位时间通过射流各断面的流体总动量,即动量通量是常数,即

$$\int_m u \mathrm{d}m = \int_A \rho u^2 \mathrm{d}A = 常数 \qquad (12-2)$$

上式在以后的分析中起重要的作用。

对于铅垂向上射流来讲,作用在控制体内流体上的沿铅垂 z 轴的表面力和质量力的外力合力亦等于零。由动量方程亦可得射流各断面上的动量守恒。

平面自由淹没射流亦同样具有上述三个特性。

§12-2 圆形断面射流

在工程中常遇到的圆形断面自由淹没射流,如图 12-2 所示,假定射流出口断面上的流速均为 u_0,出口断面半径为 r_0,它是按照对称于射流纵轴的轴对称流动来处理的。

根据各断面流速分布的相似性,则

$$\frac{u}{u_m} = f\left(\frac{r}{b}\right) \tag{12-3}$$

根据阿尔伯逊(Albertson)等实验观测资料,认为射流主体段断面上的流速分布可用高斯(Gauss)正态分布形式,即

$$u = u_m \exp\left(-\frac{r^2}{b^2}\right) \tag{12-4}$$

由于射流外边界的不规则,射流断面特征半厚度 b 可视计算方便来加以选择。可以这样选择:由上式知,当 $r = b$ 时,$\frac{u}{u_m} = e^{-1} = \frac{1}{e}$,$u = \frac{u_m}{e}$;所以取射流断面特征半厚度 b_e 为流速 $u = \frac{u_m}{e}$ 处到 x 轴的距离。因此,上式为

$$u = u_m \exp\left(\frac{-r^2}{b_e^2}\right) \tag{12-5}$$

在实际工程中,主要是研究和解决主体段中的流速分布、流量沿程变化和示踪物质(污染物质)的质量分数(旧称浓度)分布问题。现分别讨论如下。

1. 流速分布

主体段的流速分布,包括轴线流速 u_m 的沿程变化和射流断面上的速度分布规律两个问题。

由射流各断面上动量守恒,可得

$$\rho u_0^2 \frac{\pi d_0^2}{4} = \int_0^\infty \rho u^2 2\pi r \mathrm{d}r = 常数 \tag{12-6}$$

将式(12-5)代入上式,可得

$$\int_0^\infty \rho u^2 2\pi r \mathrm{d}r = \rho \int_0^\infty u_m^2 \exp^2\left(-\frac{r^2}{b_e^2}\right) 2\pi r \mathrm{d}r$$

$$= 2\rho \pi u_m^2 \frac{b_e^2}{4} \int_0^\infty \exp\left(-\frac{2r^2}{b_e^2}\right) \mathrm{d}\left(\frac{2r^2}{b_e^2}\right)$$

$$= \frac{\rho}{2}\pi u_m^2 b_e^2 \qquad (12\text{-}7)$$

将上式代入式(12-6),得

$$u_0^2 \frac{\pi d_0^2}{4} = \frac{\pi}{2} u_m^2 b_e^2 \qquad (12\text{-}8)$$

因射流厚度按直线规律扩展,设

$$b_e = \varepsilon x \qquad (12\text{-}9)$$

将上式代入式(12-8),得

$$\frac{u_m}{u_0} = \frac{1}{\sqrt{2}\,\varepsilon}\left(\frac{d_0}{x}\right) \qquad (12\text{-}10)$$

根据阿尔伯逊等人的实验,$\varepsilon = 0.114$。代入上式得圆形断面自由淹没射流轴线流速沿程变化关系式为

$$u_m = 6.2 u_0 \frac{d_0}{x} \quad (x > L_0 = \text{起始段长度}) \qquad (12\text{-}11)$$

上式表明,轴线处流速与离极点距离(极点距)x 成反比。

将上式代入式(12-5)得射流断面上流速分布为

$$u = 6.2 u_0 \frac{d_0}{x} \exp\left(-\frac{r^2}{b_e^2}\right) \qquad (12\text{-}12)$$

将 $\varepsilon = 0.114$ 代入式(12-9),得射流断面特征半厚度为

$$b_e = 0.114 x \qquad (12\text{-}13)$$

起始段长度 L_0 可由式(12-11)求得,即令 $u_m = u_0$,得 $x = 6.2 d_0$。根据实验资料出口断面到极点的距离为 $0.6 d_0$,所以

$$L_0 = 6.2 d_0 + 0.6 d_0 = 6.8 d_0 \qquad (12\text{-}14)$$

由上式可知起始段较短。

2. 流量沿程变化

射流任意断面上的流量 Q 为

$$Q = \int_0^\infty u 2\pi r \mathrm{d}r = 2\pi \int_0^\infty u_m \exp\left(-\frac{r^2}{b_e^2}\right) r \mathrm{d}r$$

$$= 2\pi u_m \frac{b_e^2}{2} \int_0^\infty \exp\left(-\frac{r^2}{b_e^2}\right) \mathrm{d}\left(\frac{r^2}{b_e^2}\right) = \pi u_m b_e^2 \qquad (12\text{-}15)$$

圆形断面出口流量 Q_0 为

$$Q_0 = u_0 \frac{\pi}{4} d_0^2 \qquad (12\text{-}16)$$

由上两式得

$$\frac{Q}{Q_0} = \frac{4u_m b_e^2}{u_0 d_0^2} \tag{12-17}$$

将式(12-9)、式(12-10)代入上式,且取 $\varepsilon = 0.114$,得

$$\frac{Q}{Q_0} = \frac{4b_e^2}{d_0^2} \frac{d_0}{\sqrt{2}\varepsilon x} = \frac{4\varepsilon^2 x^2}{d_0^2} \frac{d_0}{\sqrt{2}\varepsilon x}$$

$$= 2\sqrt{2}\varepsilon\left(\frac{x}{d_0}\right) = 0.32\frac{x}{d_0} \tag{12-18}$$

上式表明,流量与极点距 x 成正比。若射流为含有污染物质的流体时,$\frac{Q}{Q_0}$ 则为任意断面上含有污染物质的平均稀释度。稀释度 S 是指流体样品总体积与流体样品中所含有污染物质流体体积之比。

3. 示踪物质质量分数分布

如前所述,当射流中含有的污染物质被作为示踪物质而存在时,它的质量分数分布和流速分布规律可分开来单独考虑。实验表明,示踪物质质量分数在各断面上的分布也具有相似性,在没有示踪物质的静止流体中,射流的流速分布与质量分数分布存在下列关系,即

$$\frac{c}{c_m} = \left(\frac{u}{u_m}\right)^{1/2} \tag{12-19}$$

式中:c 为射流断面上任意点处的质量分数;c_m 为该断面轴线上的质量分数。这样,量纲一的质量分数分布曲线比量纲一的流速分布曲线要平坦些,如图 12-4 所示。

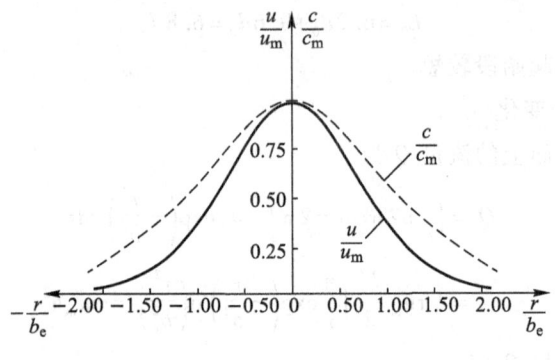

图 12-4

实验表明,质量分数分布亦可采用高斯正态分布形式,即

$$c = c_m \exp\left[-\left(\frac{r}{\lambda b_e}\right)^2\right] \tag{12-20}$$

因示踪物质的质量守恒,射流任意断面上示踪物质的通量应等于射流出口断面的相应值,即

$$\int_0^\infty cu 2\pi r \mathrm{d}r = c_0 u_0 \frac{\pi d_0^2}{4} \tag{12-21}$$

式中:c_0 为射流出口断面上的质量分数。

将式(12-20)和式(12-5)代入上式,可得

$$\int_0^\infty cu 2\pi r \mathrm{d}r = 2\pi \int_0^\infty c_m \exp\left[-\left(\frac{r}{\lambda b_e}\right)^2\right] \cdot u_m \exp\left(-\frac{r^2}{b_e^2}\right) \frac{1}{2} \mathrm{d}r^2$$

$$= \frac{\pi \lambda^2}{1+\lambda^2} c_m u_m b_e^2 \tag{12-22}$$

将上述积分结果代入式(12-21),并考虑到式(12-9)和式(12-10),则可得

$$\frac{c_m}{c_0} = \frac{1+\lambda^2}{2\sqrt{2}\,\lambda^2 \varepsilon}\left(\frac{d_0}{x}\right) \tag{12-23}$$

由实验资料得知,$\lambda = 1.12$,$\varepsilon = 0.114$,代入上式得

$$\frac{c_m}{c_0} = 5.57\left(\frac{d_0}{x}\right) \tag{12-24}$$

上式表明,轴线处质量分数与极点距 x 成反比。

射流断面上质量分数分布为

$$c = 5.57\left(\frac{d_0}{x}\right) c_0 \exp\left[-\left(\frac{r}{\lambda b_e}\right)^2\right] \tag{12-25}$$

上述诸公式中的距离 x 值,应从射流极点算起,但在实用上,常可从射流出口断面算起,忽略由此引起的误差。上述诸公式,对流体(水、气体)没有给予限定,在计算水体自由淹没射流时应用较多。

例 12-1 设一含有污染物质的圆形断面自由淹没射流,水平射入密度基本相同的清洁静水中。已知射流出口断面直径 $d_0 = 0.2$ m,流速 $u_0 = 4$ m/s,质量分数 $c_0 = 1\,200$ mg/kg。试求离出口距离 $x = 10$ m 处断面上的最大流速 u_{max}、最大质量分数 c_{max} 和径向半径 $r = 0.2$ m,0.4 m,0.6 m,0.8 m,1.0 m 处的流速 u 和质量分数 c。

解: 起始段长度 $\quad L_0 = 6.2 d_0 + 0.6 d_0 = 6.8 d_0$

$$= 6.8 \times 0.2 \text{ m} = 1.36 \text{ m} < x = 10 \text{ m}$$

所以按主体段内计算。

$$u_m = 6.2 u_0 \frac{d_0}{x} = 6.2 \times 4 \times \frac{0.2}{10} \text{ m/s} = 0.496 \text{ m/s}$$

$$u = 6.2u_0 \frac{d_0}{x}\exp\left(-\frac{r^2}{b_e^2}\right) = 6.2 \times 4 \times \frac{0.2}{10} \text{ m/s} \times \exp\left[-\frac{r^2}{(0.114 \times 10)^2}\right]$$

$$= 0.496 \text{ m/s} \times \exp\left[-\frac{r^2}{1.14^2}\right] = 0.496 \text{ m/s} \times \exp\left(-\frac{r^2}{1.2996}\right)$$

$$= 0.496 \text{ m/s} \times \exp(-0.7695r^2)$$

断面最大流速: $r=0$, $u_m = 0.496$ m/s。

$r = 0.2$ m, $u = 0.496$ m/s $\times \exp(-0.7695 \times 0.2^2) = 0.481$ m/s

$r = 0.4$ m, $u = 0.496$ m/s $\times \exp(-0.7695 \times 0.4^2) = 0.439$ m/s

$r = 0.6$ m, $u = 0.496$ m/s $\times \exp(-0.7695 \times 0.6^2) = 0.376$ m/s

$r = 0.8$ m, $u = 0.496$ m/s $\times \exp(-0.7695 \times 0.8^2) = 0.303$ m/s

$r = 1.0$ m, $u = 0.496$ m/s $\times \exp(-0.7695 \times 1^2) = 0.230$ m/s

$$c_m = 5.57c_0\left(\frac{d_0}{x}\right) = 5.57 \times 1200 \times \left(\frac{0.2}{10}\right) \text{ mg/kg} = 133.68 \text{ mg/kg}$$

$$c = 5.57c_0\left(\frac{d_0}{x}\right)\exp\left[-\left(\frac{r}{\lambda b_e}\right)^2\right]$$

$$= 5.57 \times 1200 \times \left(\frac{0.2}{10}\right) \text{ mg/kg} \times \exp\left[-\left(\frac{r}{1.12 \times 0.114 \times 10}\right)^2\right]$$

$$= 133.68 \text{ mg/kg} \times \exp\left[-\left(\frac{r}{1.2768}\right)^2\right]$$

$$= 133.68 \text{ mg/kg} \times \exp(-0.613r^2)$$

断面最大质量分数: $r=0$, $c_m = 133.68$ mg/kg。

$r = 0.2$ m, $c = 133.68$ mg/kg $\times \exp(-0.613 \times 0.2^2) = 130.44$ mg/kg

$r = 0.4$ m, $c = 133.68$ mg/kg $\times \exp(-0.613 \times 0.4^2) = 121.20$ mg/kg

$r = 0.6$ m, $c = 133.68$ mg/kg $\times \exp(-0.613 \times 0.6^2) = 107.18$ mg/kg

$r = 0.8$ m, $c = 133.68$ mg/kg $\times \exp(-0.613 \times 0.8^2) = 90.33$ mg/kg

$r = 1.0$ m, $c = 133.68$ mg/kg $\times \exp(-0.613 \times 1^2) = 72.42$ mg/kg

若将上述计算结果,绘成量纲一的质量分数分布曲线比量纲一的流速分布曲线要平坦些,类似如图 12-4 所示。

§12-3 平面射流

流体从一条狭长的水平孔口或缝隙射入无限空间的静止流体中,如图 12-5 所示,假定射流出口断面的流速均为 u_0,出口断面半高度为 b_0,这样的射流可作为二维(平面)自由淹没射流来处理。它所要解决的问题和圆形断面自由淹没射流的是相同的。现分别讨论如下。

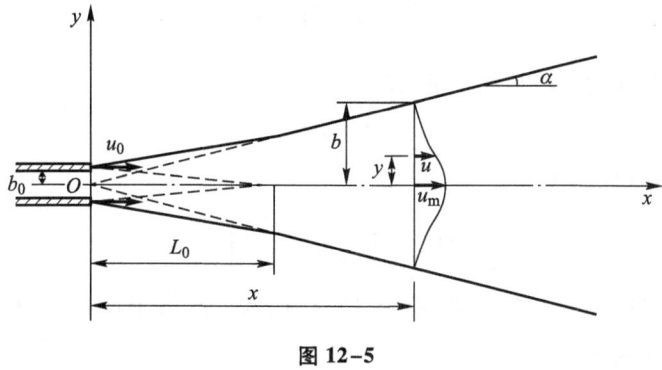

图 12-5

1. 流速分布

根据实验观测资料,认为平面自由淹没射流主体段断面上的流速分布仍可用高斯正态分布形式,即

$$u = u_m \exp\left(-\frac{y^2}{b^2}\right) \tag{12-26}$$

如同对圆形断面自由淹没射流讨论的一样,为了计算方便,取射流断面的特征半厚度为 b_e,则上式为

$$u = u_m \exp\left(-\frac{y^2}{b_e^2}\right) \tag{12-27}$$

式中:b_e 为流速 $u = \dfrac{u_m}{e}$ 处到 x 轴的距离。

由射流各断面上动量守恒,对于单位宽度来讲可得

$$2\rho u_0^2 b_0 = \int_{-\infty}^{\infty} \rho u^2 \mathrm{d}y = 常数 \tag{12-28}$$

将式(12-27)代入上式可得

$$\rho \int_{-\infty}^{\infty} u^2 \mathrm{d}y = 2\rho \int_0^{\infty} u_m^2 \left[\exp\left(\frac{-y^2}{b_e^2}\right)\right]^2 \mathrm{d}y$$

$$= 2\rho u_m^2 \int_0^{\infty} \exp\left(\frac{-2y^2}{b_e^2}\right) \mathrm{d}y$$

$$= 2\rho u_m^2 \frac{\sqrt{\pi}}{2\left(\frac{\sqrt{2}}{b_e}\right)} = \rho \sqrt{\frac{\pi}{2}} u_m^2 b_e \tag{12-29}$$

将上式代入式(12-28)得

$$2u_0^2 b_0 = \sqrt{\frac{\pi}{2}} u_m^2 b_e \tag{12-30}$$

因射流厚度按直线规律扩展,设

$$b_e = \varepsilon x \tag{12-31}$$

将上式代入式(12-30),得

$$\frac{u_m}{u_0} = \left(\sqrt{\frac{2}{\pi}}\frac{1}{\varepsilon}\right)^{1/2}\left(\frac{2b_0}{x}\right)^{1/2} \tag{12-32}$$

根据阿尔伯逊等人的实验,$\varepsilon = 0.154$。代入上式得平面自由淹没射流轴线流速沿程变化关系式为

$$u_m = 2.28 u_0 \sqrt{\frac{2b_0}{x}} \quad (x > L_0 = \text{起始段长度}) \tag{12-33}$$

上式表明,轴线处流速与极点距 x 的平方根成反比。

将上式代入式(12-27)得射流断面上流速分布为

$$u = 2.28 u_0 \sqrt{\frac{2b_0}{x}} \exp\left(-\frac{y^2}{b_e^2}\right) \tag{12-34}$$

将 $\varepsilon = 0.154$ 代入式(12-31),得射流断面特征半厚度为

$$b_e = 0.154x \tag{12-35}$$

起始段长度 L_0 可由式(12-33)求得,即令 $u_m = u_0$,且距离 x 从出口断面算起,则得

$$L_0 = 2b_0(2.28)^2 \approx 10.4 b_0 \tag{12-36}$$

近年有些资料认为起始段长度 $L_0 \approx 11.9 b_0$。

2. 流量沿程变化

射流任意断面上的单宽流量 q 为

$$q = \int_{-\infty}^{\infty} u \mathrm{d}y = 2\int_0^{\infty} u_m \exp\left(-\frac{y^2}{b_e^2}\right)\mathrm{d}y$$

$$= 2\frac{\sqrt{\pi}}{2\left(\frac{1}{b_e}\right)} u_m = \sqrt{\pi} b_e u_m \tag{12-37}$$

出口单宽流量 q_0 为

$$q_0 = 2 b_0 u_0 \tag{12-38}$$

由上两式得

$$\frac{q}{q_0} = \frac{\sqrt{\pi}\, b_e u_m}{2 b_0 u_0} \tag{12-39}$$

将式(12-31)、(12-33)代入上式,得

$$\frac{q}{q_0} = 0.62 \left(\frac{x}{2b_0}\right)^{1/2} \quad (x > L_0) \tag{12-40}$$

若射流为含有污染物质的流体时,$\frac{q}{q_0}$ 则为任意断面上含有污染物质的平均稀释度。

3. 示踪物质质量分数分布

如同对圆形断面自由淹没射流讨论的一样,实验表明,质量分数分布仍可采用高斯正态分布形式,即

$$c = c_m \exp\left[-\left(\frac{y}{\lambda b_e}\right)^2\right] \tag{12-41}$$

根据质量守恒定律,射流任意断面上示踪物质的通量应等于射流出口断面的相应值,以单宽计则为

$$\int_{-\infty}^{\infty} cu\, dy = c_0 u_0 2 b_0 \tag{12-42}$$

式中:c_0 为射流出口断面上的质量分数。

将式(12-41)和式(12-27)代入上式,可得

$$\int_{-\infty}^{\infty} cu\, dy = 2\int_{0}^{\infty} c_m \exp\left[-\left(\frac{y}{\lambda b_e}\right)^2\right] \cdot u_m \exp\left(-\frac{y^2}{b_e^2}\right) dy$$

$$= 2 c_m u_m \frac{\sqrt{\pi \lambda^2}}{2\sqrt{1+\lambda^2}} b_e \tag{12-43}$$

将上述积分结果代入式(12-42),并考虑到式(12-31)和式(12-32),则可得

$$\frac{c_m}{c_0} = \left[\frac{1+\lambda^2}{\lambda^2 \varepsilon} \cdot \frac{1}{\sqrt{2\pi}}\right]^{1/2} \left(\frac{2b_0}{x}\right)^{1/2} \tag{12-44}$$

由实验资料得知,$\lambda = 1.41$,$\varepsilon = 0.154$,代入上式得

$$\frac{c_m}{c_0} = 1.97 \left(\frac{2b_0}{x}\right)^{1/2} \tag{12-45}$$

射流断面上质量分数分布为

$$c = 1.97 \left(\frac{2b_0}{x}\right)^{1/2} c_0 \exp\left[-\left(\frac{y}{\lambda b_e}\right)^2\right] \tag{12-46}$$

上述诸公式中的距离 x 值,应从射流极点算起;但在实用上,常可从射流出

口断面算起，忽略由此引起的误差。

例 12-2 设如例 12-1 所述的情况，但射流出口则为狭长的矩形孔口，按平面自由淹没射流考虑，孔口断面高度 $2b_0 = 0.2$ m。试求离出口距离 $x = 10$ m 处单宽断面上的最大质量分数 C_m。

解：起始段长度

$L_0 = 10.4 b_0 = 10.4 \times 0.1$ m $= 1.04$ m $< x = 10$ m，所以按主体段计算。

$$C_m = c_0 \times 1.97 \left(\frac{2b_0}{x}\right)^{1/2} = 1\,200 \times 1.97 \times \sqrt{\frac{2 \times 0.1}{10}} \text{ mg/kg} = 334.32 \text{ mg/kg}$$

*§12-4　自由淹没射流的其他计算方法

在供热通风、热能动力等技术部门，过去都采用 20 世纪 40 年代苏联阿勃拉莫维奇（Г. Н. Абрамович）提出的计算气体自由淹没射流的方法。20 世纪 60 年代他对原计算方法作了若干修改后，提出了新的计算方法。上述两种方法在实际工作中仍加以应用。现分别简要介绍如下。

*12-4-1　阿勃拉莫维奇新计算方法

阿勃拉莫维奇的新计算方法，关于湍流自由淹没射流的形成和特性，基本上与 12-1-2 节介绍的是一样的，现先介绍圆形断面射流的计算。

一、圆形断面射流

气体管嘴圆形断面自由淹没射流的结构图形，如图 12-6 所示。主体段的扩展角 α 是一定值，$\alpha = 12°25'$，它的外边界线延长交于轴线上 O 点，称为极点（在管嘴内）。它的极点位置与前面阿尔伯逊介绍的在管嘴外不同。起始段的扩展角由极点的位置 x_0 与起始段长度 L_0 来决定。x_0、L_0 是与射流出口断面上的流速分布相关的。为了表征出口断面上流速分布不均匀程度，引入出口断面动量修正系数 β。它可理解为出口断面上各点流速 u 不等时的实际动量与假设该断面上各点流速均为断面平均流速 v_0 时的动量的比值，即

$$\beta = \frac{\int_A \rho u^2 \mathrm{d}A}{\rho A v_0^2} \tag{12-47}$$

当流速均匀时，$\beta = 1$，$\overline{x}_0 = \dfrac{x_0}{r_0} = 0.5 \approx 0$，$\overline{L}_0 = \dfrac{L_0}{r_0} = 12.4$；当流速不均匀、断面上全部被边界层所充满时，$\overline{x}_0 = 3.45$，$\overline{L}_0 = 6.3$，起始段的长度缩短了。

由图 12-6 可知，主体段射流断面半径 $b = (x_0 + L)\tan \alpha$，因此

*§12-4　自由淹没射流的其他计算方法

$$\frac{b}{r_0}=\frac{(x_0+L)\tan\alpha}{r_0}=\frac{(x_0+L)\tan 12°25'}{r_0}=0.22(\bar{x}_0+\bar{L})=0.22\bar{x} \quad (12-48)$$

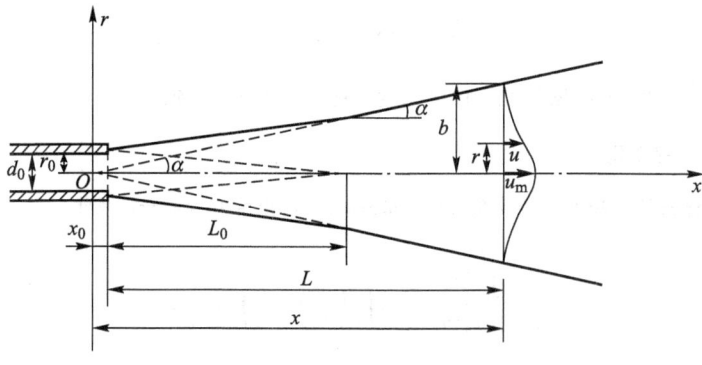

图 12-6

式中：$\bar{L}=\dfrac{L}{r_0}$；$\bar{x}=\dfrac{x}{r_0}$ 为量纲一的距离。

根据实验观测资料，射流主体段断面上的流速分布不同于阿尔伯逊介绍的，为指数型的经验公式

$$\frac{u}{u_m}=\left[1-\left(\frac{r}{b}\right)^{1.5}\right]^2 \quad (12-49)$$

令 $\dfrac{r}{b}=\eta$ 为量纲一的自变量，则上式为

$$\frac{u}{u_m}=(1-\eta^{1.5})^2 \quad (12-50)$$

1. 流速分布

由射流各断面上动量守恒，可得

$$\beta\rho v_0^2\pi r_0^2=\int_0^b \rho u^2 2\pi r \mathrm{d}r=常数$$

为了使上式成为量纲一的形式，将上式等号两边均除以 $\rho\pi b^2 u_m^2$，并进行积分限代换，可得

$$\beta\left(\frac{r_0}{b}\right)^2\left(\frac{v_0}{u_m}\right)^2=2\int_0^1\left(\frac{u}{u_m}\right)^2\left(\frac{r}{b}\right)\mathrm{d}\left(\frac{r}{b}\right)$$

将式(12-50)代入上式可得 $2\int_0^1[(1-\eta^{1.5})^2]^2\eta \mathrm{d}\eta=2\times 0.06675=0.134$。将此值代入上式，得

$$\beta\left(\frac{v_0}{u_m}\right)^2=0.134\left(\frac{b}{r_0}\right)^2$$

因为 $\dfrac{b}{r_0}=0.22\bar{x}$，代入上式得

$$\frac{u_m}{v_0}=\sqrt{\frac{\beta}{0.134}}\left(\frac{1}{0.22\bar{x}}\right)=\frac{12.4\sqrt{\beta}}{\bar{x}} \quad (12-51)$$

起始段长度 L_0 可由上式求得，即令 $u_m = v_0, L = L_0$，得 $1 = \dfrac{12.4\sqrt{\beta}}{\dfrac{x_0 + L_0}{r_0}}$，整理后得

$$L_0 = 12.4 r_0 \sqrt{\beta} - x_0 \tag{12-52}$$

当 $\beta = 1, \bar{x}_0 = \dfrac{x_0}{r_0} = 0.6 \approx 0$，则得 $L_0 \approx 12.4 r_0$，这与前述介绍基本一致。

2. 流量沿程变化

射流主体段任意断面上的流量 $Q = \int_0^b u 2\pi r dr$，出口流量 $Q_0 = v_0 \pi r_0^2$，因此

$$\frac{Q}{Q_0} = \frac{\int_0^b u 2\pi r dr}{v_0 \pi r_0^2} = 2 \int_0^{\frac{b}{r_0}} \left(\frac{u}{v_0}\right)\left(\frac{r}{r_0}\right) d\left(\frac{r}{r_0}\right)$$

再以 $\dfrac{u}{v_0} = \dfrac{u}{u_m} \cdot \dfrac{u_m}{v_0}, \dfrac{r}{r_0} = \dfrac{r}{b} \cdot \dfrac{b}{r_0}$ 代入上式，得

$$\frac{Q}{Q_0} = 2 \frac{u_m}{v_0}\left(\frac{b}{r_0}\right)^2 \int_0^1 \left(\frac{u}{u_m}\right)\left(\frac{r}{b}\right) d\left(\frac{r}{b}\right)$$

将式(12-51)、式(12-48)和式(12-50)代入上式，得

$$\frac{Q}{Q_0} = 2 \times \frac{12.4\sqrt{\beta}}{\bar{x}}(0.22\bar{x})^2 \int_0^1 (1-\eta^{1.5})^2 \eta \, d\eta$$

$$= \frac{2 \times 12.4\sqrt{\beta}}{\bar{x}}(0.22\bar{x})^2 \times 0.1286 \approx 0.155\sqrt{\beta}\,\bar{x} \tag{12-53}$$

3. 断面平均流速沿程变化

设主体段任意断面的平均流速为 v，则

$$\frac{v}{v_0} = \frac{Q/\pi b^2}{Q_0/\pi r_0^2} = \left(\frac{Q}{Q_0}\right)\left(\frac{r_0}{b}\right)^2 \approx 0.155\sqrt{\beta}\,\bar{x}\left(\frac{1}{0.22\bar{x}}\right)^2$$

$$= \frac{3.2\sqrt{\beta}}{\bar{x}} \tag{12-54}$$

4. 质量平均流速沿程变化

断面平均流速表示射流断面上的流速算术平均值。将式(12-54)与式(12-51)比较，可得 $v = \dfrac{3.2}{12.4} u_m = 0.26 u_m$。在通风、空调等工程中，通常使用的是射流轴线附近流速较高的区域，因此断面平均流速不能恰当地反映被使用区域的流速，为此引入质量平均流速 v_m。它的定义是：某一断面的 v_m 乘以通过的流体质量，即为通过该断面流体的真实动量。根据射流各断面上动量守恒的特性，得

$$\beta \rho Q_0 v_0 = \rho Q v_m$$

$$\frac{v_m}{v_0} = \beta \frac{Q_0}{Q} = \frac{\beta}{0.155\sqrt{\beta}\,\bar{x}} = \frac{6.45\sqrt{\beta}}{\bar{x}} \tag{12-55}$$

将上式与式(12-51)比较,当 $\beta=1$ 时得到 $v_m = \dfrac{6.45}{12.4} u_m = 0.52 u_m > v = 0.26 u_m$,所以以 v_m 反映使用区的流速更恰当些。

上述计算方法与前面介绍的阿尔伯逊计算方法有异同,所以计算的结果不完全相同。当出口断面上的流速分布均匀,两者在射流结构形式上比较相同,有时计算结果亦比较接近。

例 12-3 设某体育馆的圆柱形送风口直径 $d_0 = 0.6$ m,风口断面上风速均匀分布,风口至比赛区的距离 $L = 60$ m,要求比赛区质量平均风速 v_m 不得超过 0.3 m/s。试求送风量 Q_0。

解:$\beta = 1, x_0 = 0.6 r_0 = 0.6 \times \dfrac{d_0}{2} = 0.6 \times \dfrac{0.6}{2}$ m = 0.18 m, $L_0 = 11.8 r_0 = 11.8 \times 0.3$ m = 3.54 m $< L = 60$ m,所以比赛区在主体段内。

因 $\bar{x} = \dfrac{x}{r_0} = \dfrac{x_0 + L}{r_0} = \dfrac{0.18 + 60}{0.3} = 200.6$,所以

$$v_0 = \dfrac{v_m \bar{x}}{6.45} = \dfrac{0.3 \times 200.6}{6.45} \text{ m/s} = 9.33 \text{ m/s}$$

$$Q_0 = v_0 A_0 = v_0 \times \dfrac{\pi d_0^2}{4} = 9.33 \times \dfrac{\pi}{4} \times (0.6)^2 \text{ m}^3/\text{s} = 2.638 \text{ m}^3/\text{s}$$

例 12-4 已知空气淋浴区域要求射流断面半径 $b = 1.2$ m,质量平均流速 $v_m = 3$ m/s,圆形断面喷嘴直径 $d_0 = 0.3$ m,试求喷口至工作区域的距离 L 和出口流量 Q_0。设出口断面流速分布均匀 $\beta = 1$。若喷嘴出口改为正方形断面,边长 $a = b = 0.3$ m,试求上述的距离 L 和流量 Q。

解:$\dfrac{b}{r_0} = 0.22 \bar{x} = 0.22 \dfrac{(x_0 + L)}{r_0} = \dfrac{0.22(0.6 r_0 + L)}{r_0}$

$$L = \dfrac{b}{0.22} - 0.6 r_0 = \left(\dfrac{1.2}{0.22} - 0.6 \times \dfrac{0.3}{2}\right) \text{ m} = 5.37 \text{ m}$$

$$L_0 = 12.4 r_0 \sqrt{\beta} - x_0 = (12.4 - 0.6) r_0 = 11.8 \times \dfrac{0.3}{2} \text{ m} = 1.77 \text{ m} < L$$
$$= 5.37 \text{ m}$$

所以工作区在主体段内。

$$v_0 = \dfrac{v_m \bar{x}}{6.45} = \dfrac{3 \times \left(0.6 \times \dfrac{0.3}{2} + 5.37\right)}{6.45 \times \dfrac{0.3}{2}} \text{ m/s} = 16.93 \text{ m/s}$$

$$Q_0 = v_0 A_0 = v_0 \dfrac{\pi d_0^2}{4} = 16.93 \times \dfrac{\pi}{4} \times (0.3)^2 \text{ m}^3/\text{s} = 1.197 \text{ m}^3/\text{s}$$

若喷嘴为正方形断面,可近似采用圆形断面射流的计算公式,因该正方形断面的当量直径 $d_e = \dfrac{2ab}{a+b} = a = 0.3$ m,所以 L, Q 值和前面的相同。

二、平面射流

气体平面自由淹没射流可参阅图 12-5 和图 12-6,它主体段的扩展角与圆形断面的一

样,即 $\alpha = 12°25'$。主体段量纲一的射流断面半厚度 $\dfrac{b}{b_0}$ 为

$$\frac{b}{b_0} = 0.22(\overline{x}_0 + \overline{L}) = 0.22\overline{x} \tag{12-56}$$

式中:$\overline{L} = \dfrac{L}{b_0}$,$\overline{x} = \dfrac{x}{b_0}$ 为量纲一的距离。

射流主体段断面上的流速分布类同于式(12-49),即

$$\frac{u}{u_m} = \left[1 - \left(\frac{y}{b}\right)^{1.5}\right]^2 \tag{12-57}$$

令 $\dfrac{y}{b} = \eta$,则上式为

$$\frac{u}{u_m} = (1 - \eta^{1.5})^2 \tag{12-58}$$

平面射流的流速分布等变化规律,可类似于对圆形断面的推导方法求得。

由射流各断面上动量守恒,可得

$$\beta \rho v_0^2 2 b_0 = 2\int_0^b \rho u^2 \mathrm{d}y = 常数 \tag{12-59}$$

式中:β 为出口断面动量修正系数。将上式等号两边均除以 $2\rho b u_m^2$,并进行积分限代换,可得

$$\beta\left(\frac{v_0}{u_m}\right)^2 \frac{b_0}{b} = \int_0^1 \left(\frac{u}{u_m}\right)^2 \mathrm{d}\left(\frac{y}{b}\right)$$

将式(12-58)代入上式可得 $\int_0^1 [(1-\eta^{1.5})^2]^2 \mathrm{d}\eta = 0.316$。

将此值代入上式,得

$$\beta\left(\frac{v_0}{u_m}\right)^2 \frac{b_0}{b} = 0.316$$

因为 $\dfrac{b}{b_0} = 0.22\overline{x}$,代入上式,得

$$\frac{u_m}{v_0} = \sqrt{\frac{\beta}{0.316 \times 0.22\overline{x}}} = \frac{3.8\sqrt{\beta}}{\sqrt{\overline{x}}} \tag{12-60}$$

起始段长度 L_0 可由上式求得,即令 $u_m = v_0$,$L = L_0$,得

$$1 = \frac{3.8\sqrt{\beta}}{\sqrt{\dfrac{x_0 + L_0}{b_0}}}, \quad \frac{x_0 + L_0}{b_0} = 14.4\beta$$

$$L_0 = 14.4\beta b_0 - x_0 \tag{12-61}$$

当 $\beta = 1$,$\overline{x} = \dfrac{x_0}{b_0} \approx 0$,则得 $L_0 = 14.4 b_0$。

气体平面自由淹没射流的流量、断面平均流速、质量平均流速沿程变化的规律,不再推导。现将计算公式分别列于下面:

$$\frac{q}{q_0} = 0.376\sqrt{\beta \bar{x}} \tag{12-62}$$

$$\frac{v}{v_0} = \frac{1.71\sqrt{\beta}}{\sqrt{\bar{x}}} \tag{12-63}$$

$$\frac{v_\mathrm{m}}{v_0} = \frac{2.67\sqrt{\beta}}{\sqrt{\bar{x}}} \tag{12-64}$$

例 12-5 设平面自由淹没射流的喷口长为 2 m，高为 0.1 m，喷口风速 v_0 为 10 m/s。试求离喷口 0.5 m、1 m、2 m 处的轴线流速。喷口断面流速分布均匀，$\beta = 1$。

解：起始段长度 $L_0 = 14.4 b_0 = 14.4 \times \dfrac{0.1}{2} = 0.72$ m，所以离喷口处 0.5 m 的轴线流速 $u_\mathrm{m} = 10$ m/s。

离喷口 1 m 处的轴线流速 $u_\mathrm{m} = \dfrac{3.8\sqrt{\beta}}{\sqrt{\bar{x}}} v_0 = \dfrac{3.8 \times \sqrt{1} \times 10}{\sqrt{\dfrac{1 \times 2}{0.1}}}$ m/s = 8.50 m/s

离喷口 2 m 处的轴线流速 $u_\mathrm{m} = \dfrac{3.8\sqrt{\beta}}{\sqrt{\bar{x}}} v_0 = \dfrac{3.8 \times \sqrt{1} \times 10}{\sqrt{\dfrac{2 \times 2}{0.1}}}$ m/s = 6.01 m/s

*12-4-2 阿勃拉莫维奇原计算方法

阿勃拉莫维奇原计算方法，关于自由淹没射流的形成和特性，基本上和新方法的是一样的，亦具有三个特性。

圆形断面自由淹没射流的结构图形，如图 12-7 所示。它与新计算方法稍有不同，即主体段和起始段的扩展角 α 是相同的，射流外边界线是一直线，它的极点在管嘴内。扩展角 α 不是一定值，由射流边界层的直线扩展可知

$$\tan \alpha = \frac{Kx}{x} = K = \phi a \tag{12-65}$$

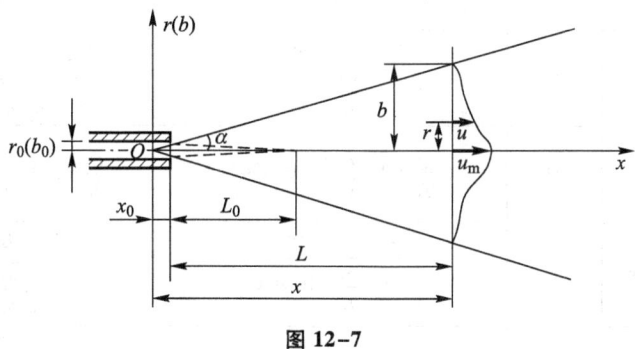

图 12-7

式中：K 为一实验常数；ϕ 为喷嘴的形状系数，圆形断面射流 $\phi = 3.4$，平面射流 $\phi = 2.44$；a 为

湍流系数,它与出口断面处射流的湍流强度和出口断面处流速分布的均匀程度有关。出口断面处射流的湍流强度越大,a 值越大;流速分布越不均匀,a 值亦越大。各种不同形状喷嘴(包括平面喷嘴)的 a 值和 α 值的实测值列于表 12-1,供参考选用。

表 12-1 湍 流 系 数

喷嘴种类	a	2α	喷嘴种类	a	2α
带有收缩口的喷嘴	0.066	25°20′	带金属网格的轴流风机	0.24	78°40′
	0.071	27°10′			
圆柱形管	0.076	29°00′	收缩极好的平面喷口	0.108	29°30′
	0.08				
带有导风板的轴流式通风机	0.12	44°30′	平面壁上锐缘狭缝	0.118	32°10′
带导流板的直角弯管	0.20	68°30′	具有导叶且加工磨圆边口的风道上纵向逢	0.155	41°20′

阿勃拉莫维奇原计算方法的分析和推导,基本上与新的计算方法是一样的,也是遵循淹没射流的三个特性,根据实验资料确定射流主体段断面上的流速分布指数型公式,然后根据射流各断面上动量守恒,求得流速分布、流量沿程变化等规律,在此不作推导,可查阅有关参考书。现将阿勃拉莫维奇原计算方法所得的射流主体段各参数的计算公式列于表 12-2,式中符号和阿勃拉莫维奇新计算公式中的相同。

表 12-2 阿勃拉莫维奇原计算自由淹没射流的公式

参数名称	符号	圆形断面射流	平面射流
射流断面半径或半厚度	b	$\dfrac{b}{r_0}=3.4\left(\dfrac{aL}{r_0}+0.294\right)$	$\dfrac{b}{b_0}=2.44\left(\dfrac{aL}{b_0}+0.41\right)$
轴线流速	u_m	$\dfrac{u_m}{v_0}=\dfrac{0.965}{\dfrac{aL}{r_0}+0.294}$	$\dfrac{u_m}{v_0}=\dfrac{1.2}{\sqrt{\dfrac{aL}{b_0}+0.41}}$
流量	Q	$\dfrac{Q}{Q_0}=2.2\left(\dfrac{aL}{r_0}+0.294\right)$	$\dfrac{Q}{Q_0}=1.2\sqrt{\dfrac{aL}{b_0}+0.41}$
断面平均流速	v	$\dfrac{v}{v_0}=\dfrac{0.19}{\dfrac{aL}{r_0}+0.294}$	$\dfrac{v}{v_0}=\dfrac{0.492}{\sqrt{\dfrac{aL}{b_0}+0.41}}$
质量平均流速	v_m	$\dfrac{v_m}{v_0}=\dfrac{0.46}{\dfrac{aL}{r_0}+0.294}$	$\dfrac{v_m}{v_0}=\dfrac{0.833}{\sqrt{\dfrac{aL}{b_0}+0.41}}$

§12-5 分子扩散

在第一章已经提及流体中的扩散现象，根据它产生的物理原因，有分子扩散、移流(或称迁移或对流)扩散、湍动(或称湍流或脉动)扩散。由于流体的分子热运动而产生的，称为分子扩散，在静止或运动流体中都存在；由于流体质点的运动而产生的，称为移流扩散，在层流或湍流中都存在；由于湍流中流体质点脉动而产生的，称为湍动扩散，在湍流中存在。因此，在湍流运动中，同时存在上述三种扩散现象。

在一般的输移理论中，将流体中含有的其他物质(如各种污染物质等)或流体本身的属性(如热量、能量、动量等)统称扩散质；认为扩散质只随流体运动，而对流体本身的运动没有明显的影响，扩散质只是作为一种标志物质或示踪物质而存在。同时，认为在整个运动过程中，流体质点带有的扩散质，在数量上假定保持不变，对于不可压缩流体来讲，带扩散质的流体质点的总体积在输移过程中保持不变；它所占据的空间范围，即轮廓的形态则随时间而变化。在大多数有关污染物质输移的技术问题中，一般需要确定某一污染物质质量分数在时间和空间某一定点上的数量。一般来讲，污染物质质量分数 c 是空间点坐标和时间的函数，即

$$c = c(x, y, z, t) \tag{12-66}$$

在湍流中，质量分数亦有脉动特性，亦是用时均法来处理。本书主要讲授质量分数扩散，其他的如温度(热)扩散或更为复杂的生化作用等问题，不在本书讨论的范围之内。

分子扩散，除了微观的化学或生物反应以外，在环境工程、给水排水等工程中，并没有直接的重要意义。但是，在许多情况下，污染物质的输移与分子扩散有类似之处，所以给予详细讨论。

一般认为温度梯度、压强梯度和外力场，对分子扩散也有作用，但这些作用除个别情况外，是微小的，主要是质量分数梯度的作用。

在两相混合流体中，扩散质在均质流体中的分子扩散基本规律，就是第一章中介绍的斐克第一扩散定律，它的数学表达式为

$$q_A = -D_{AB} \frac{\partial c_A}{\partial y}$$

或

$$q = -D \frac{\partial c}{\partial e_n}$$

式中：q 为扩散质在单位时间通过单位面积传递的质量；D 为两相混合流体中扩散质在均质流体中的扩散系数；c 为扩散质的质量分数；e_n 为上述单位面积外法线矢量；因为扩散方向总是与质量分数梯度方向相反，所以在式中加上负号。

斐克第一扩散定律，建立了扩散质质量通量与质量分数梯度的关系式，但没有反映质量分数随时间变化的规律。下面将根据质量守恒定律来建立质量分数随时间和空间变化的关系式——分子扩散方程，为求解扩散质质量分数的时空分布提供依据。

12-5-1 分子扩散方程——斐克第二定律

设在静止流体的空间中，取一以任意点 M 为中心的微小平行六面体，如图 12-8 所示。六面体的各边分别与直角坐标轴平行，各边边长分别为 dx、dy、dz。设点 M 的坐标为 x、y、z，质量分数为 $c(x,y,z,t)$，在三个坐标轴上的扩散质量通量分别为 q_x、q_y、q_z。

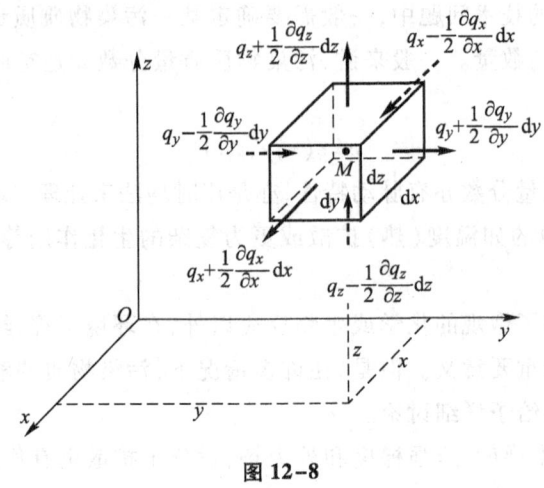

图 12-8

在 x 轴方向，同一微小时段 dt 内，流入、流出六面体的扩散质量通量分别为

$$\left(q_x - \frac{1}{2}\frac{\partial q_x}{\partial x}dx\right)dy\,dz\,dt, \quad \left(q_x + \frac{1}{2}\frac{\partial q_x}{\partial x}dx\right)dy\,dz\,dt$$

同理，沿 y、z 轴方向，在该 dt 时段内，流入、流出六面体的扩散质量通量分别为

$$\left(q_y - \frac{1}{2}\frac{\partial q_y}{\partial y}\mathrm{d}y\right)\mathrm{d}z\,\mathrm{d}x\,\mathrm{d}t$$

$$\left(q_y + \frac{1}{2}\frac{\partial q_y}{\partial y}\mathrm{d}y\right)\mathrm{d}z\,\mathrm{d}x\,\mathrm{d}t$$

$$\left(q_z - \frac{1}{2}\frac{\partial q_z}{\partial z}\mathrm{d}z\right)\mathrm{d}x\,\mathrm{d}y\,\mathrm{d}t \, , \, \left(q_z + \frac{1}{2}\frac{\partial q_z}{\partial z}\mathrm{d}z\right)\mathrm{d}x\,\mathrm{d}y\,\mathrm{d}t$$

根据质量守恒定律，流入、流出微小六面体的扩散质之差的总和，应等于在该时段内微小六面体中扩散质的增量，即

$$\frac{\partial c}{\partial t}\mathrm{d}x\,\mathrm{d}y\,\mathrm{d}z\,\mathrm{d}t = -\left(\frac{\partial q_x}{\partial x} + \frac{\partial q_y}{\partial y} + \frac{\partial q_z}{\partial z}\right)\mathrm{d}x\,\mathrm{d}y\,\mathrm{d}z\,\mathrm{d}t$$

或

$$\frac{\partial c}{\partial t} + \frac{\partial q_x}{\partial x} + \frac{\partial q_y}{\partial y} + \frac{\partial q_z}{\partial z} = 0 \quad (12-67)$$

上式即为扩散质的连续性方程。

由斐克第一定律式(1-11)知：$q_x = -D_x\frac{\partial c}{\partial x}, q_y = -D_y\frac{\partial c}{\partial y}, q_z = -D_z\frac{\partial c}{\partial z}$。将这些关系式代入式(12-67)，得

$$\frac{\partial c}{\partial t} = D_x\frac{\partial^2 c}{\partial x^2} + D_y\frac{\partial^2 c}{\partial y^2} + D_z\frac{\partial^2 c}{\partial z^2} \quad (12-68)$$

当扩散质在流体中的扩散为各向同性时，即 $D_x = D_y = D_z = D$，则上式为

$$\frac{\partial c}{\partial t} = D\left(\frac{\partial^2 c}{\partial x^2} + \frac{\partial^2 c}{\partial y^2} + \frac{\partial^2 c}{\partial z^2}\right) \quad (12-69)$$

或

$$\frac{\partial c}{\partial t} = D\nabla^2 c \quad (12-70)$$

上式即为分子扩散质量分数时空关系的基本方程式，称为分子扩散方程，简称扩散方程。因为它基于斐克第一定律，所以称为斐克型扩散方程或斐克第二定律。

二维分子扩散方程为

$$\frac{\partial c}{\partial t} = D_x\frac{\partial^2 c}{\partial x^2} + D_y\frac{\partial^2 c}{\partial y^2} \quad (12-71)$$

一维分子扩散方程为

$$\frac{\partial c}{\partial t} = D\frac{\partial^2 c}{\partial x^2} \quad (12-72)$$

如果用温度 T 和导热系数 k，分别代换扩散方程式(12-69)中的质量分数 c 和扩散系数 D，即为热传导方程。扩散方程求解有两方面的问题：一是偏微分方程本身的数学求解问题；另一是扩散系数的确定问题。扩散方程是一种典型的二阶（抛物线型）线性偏微分方程，它的各种定解问题的一些解法，在有关数学物理方程与特殊函数的教材中有详细的介绍。在扩散系数确定后，根据初始条件和边界条件，对一些简单的问题，可以求得精确的解析解。对复杂条件，只能进行近似解或借助于数值计算方法求解。扩散系数一般由实验确定，根据实测质量分数分布，按已有的理论关系式来反算扩散系数值。

扩散方程的数学求解，与污染源的存在形式有关。从污染源在流体空间中的存在形式看，有点源、线源、面源和体积（即空间）源等分布源。在实际问题中，真正绝对的点源、线源和面源是不可能的，只是一种近似的处理方法。从污染源在时间分布上看，有瞬时源和时间连续源。瞬时源是指污染物质在瞬时内投放于流体空间，实际上这亦是一种近似，如突然事故产生的原子核污染或油轮事故突然泄放的油污染，以及一般排污口的突然排放，可近似地看作瞬时污染。时间连续源又可分为恒定的时间连续源和非恒定的时间连续源。从污染物质的扩散空间分布上看，可能是一维空间，即只沿一个方向扩散；也可能是二维空间，即沿两个方向（即一个平面）扩散；也可能是三维空间，即沿三个方向（即空间）扩散。

12-5-2　分子扩散方程解析解举例

考虑有的同学没有学习过偏微分方程求解的数学内容，这里介绍在工程流体力学和传热学中，当条件适宜时采用的相似变换法来求解扩散方程的解析解。相似变换法是一种利用变量的某种组合，引进新的相似变量，从而把偏微分方程化为常微分方程来求解的方法。变量的某种组合，简便易行的方法是应用量纲分析法。这样，既应用了本教材的量纲分析法和已学的数学内容；又学习了一种处理问题的方法。

现研究瞬时投放的扩散质集中在一点上的扩散，它的解是扩散方程最基本的解，也常作为分析复杂问题的基础。

1. 瞬时点源一维扩散

因为从物理概念来讲，一维点源是不能实施的，所以用平面源代替，使其实际上相应于一维点源。一维扩散，相当于从正交于扩散方向的一个面源均匀投放扩散质的扩散。可设想为有一充满静止流体的水平放置的单位断面面积的无限长管,在其中间断面瞬时投放与流体密度相同的扩散质,如图 12-9 所示。由于管壁的限制,扩散质只能沿管轴方向扩散,虽然扩散质分布在管子横断面的平面上,但它所代表的问题的性质和点源一维扩散相同。

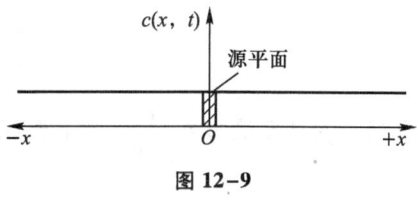

图 12-9

令投放扩散质的断面与坐标原点重合,横坐标 x 轴与管轴线平行,如图 12-9 所示。现求解任何时刻沿 x 轴方向的质量分数分布。

一维分子扩散方程式(12-72)为

$$\frac{\partial c}{\partial t} = D \frac{\partial^2 c}{\partial x^2}$$

初始条件:

$$t = 0, c = 0 \quad (|x| > 0)$$

边界条件:

$$\left. \begin{array}{l} x = 0, \quad c \text{ 为有限值} \\ |x| \to \pm\infty, \quad c = 0 \end{array} \right\} (t > 0)$$

另外,瞬时投放扩散质质量为 m,根据质量守恒定律,有

$$\int_{-\infty}^{\infty} c \, dx = m$$

在上面的微分方程和边界条件中,涉及五个物理量,即 c, t, D, x, m,其中包括三个基本量纲。根据 π 定理,这个物理过程可由五个物理量组成的(5-3)个量纲一的量所表述的关系式来表述。由微分方程可知,t 的量纲与 $\frac{x^2}{D}$ 的量纲相同;在一维扩散中,c 的量纲是 ML^{-1},与 $\frac{m}{\sqrt{Dt}}$ 的量纲相同。所以,从五个物理量中可以选择三个物理量:x, t, m 来代表基本量纲,而它们确不能组合成一个量纲一的量。两个量纲一的量(π 项)分别为 $\pi_1 = \frac{xc}{m}, \pi_2 = \frac{Dt}{x^2}$,(可参阅例 6-2)。由此可得量纲一的量所表达的关系式为

$$\frac{c}{\frac{m}{\sqrt{Dt}}} = \varphi\left(\frac{x}{\sqrt{Dt}}\right) \tag{12-73}$$

或

$$c = \frac{m}{\sqrt{Dt}}\varphi\left(\frac{x}{\sqrt{Dt}}\right) \tag{12-74}$$

令量纲一的自变量 $\eta = \dfrac{x}{\sqrt{Dt}}$，则上式成为

$$c = \frac{m}{\sqrt{Dt}}\varphi(\eta) \tag{12-75}$$

式中，$\varphi(\eta)$ 为待定函数。

因此，问题就在于求解上式中新的变量 $\varphi(\eta)$ 和 η。将上式分别对 t 和 x 求偏导数，可得

$$\frac{\partial c}{\partial t} = -\frac{m}{2}\cdot\frac{1}{\sqrt{Dt}}\cdot\frac{1}{t}\left[\eta\frac{\partial\varphi}{\partial\eta}+\varphi(\eta)\right]$$

$$\frac{\partial^2 c}{\partial x^2} = \frac{m}{\sqrt{Dt}}\cdot\frac{1}{Dt}\frac{\partial^2\varphi}{\partial\eta^2}$$

将上两式代入式(12-72)，且因 η 为 $\varphi(\eta)$ 的唯一自变量，$\dfrac{\partial\varphi}{\partial\eta}=\dfrac{\mathrm{d}\varphi}{\mathrm{d}\eta}$，所以得

$$\frac{\partial c}{\partial t}-D\frac{\partial^2 c}{\partial x^2} = \frac{1}{2}\left(\varphi+\eta\frac{\mathrm{d}\varphi}{\mathrm{d}\eta}\right)+\frac{\mathrm{d}^2\varphi}{\mathrm{d}\eta^2}=0$$

即

$$\frac{\mathrm{d}}{\mathrm{d}\eta}\left(\frac{\mathrm{d}\varphi}{\mathrm{d}\eta}+\frac{1}{2}\eta\varphi\right)=0 \tag{12-76}$$

上式的通解为

$$\frac{\mathrm{d}\varphi}{\mathrm{d}\eta}+\frac{1}{2}\eta\varphi = 常数 \tag{12-77}$$

特解为

$$\frac{\mathrm{d}\varphi}{\mathrm{d}\eta}+\frac{1}{2}\eta\varphi = 0 \tag{12-78}$$

解上面的常微分方程，可求出函数

$$\varphi(\eta) = A\exp\left(-\frac{\eta^2}{4}\right) \tag{12-79}$$

式中：A 为积分常数。

将上式代入式(12-75)，得

$$c = \frac{m}{\sqrt{Dt}}A\exp\left(-\frac{\eta^2}{4}\right) \tag{12-80}$$

因为假定扩散质质量守恒,即

$$\int_{-\infty}^{\infty} c\,dx = m \qquad (12-81)$$

将式(12-80)代入上式,积分得

$$m = \int_{-\infty}^{\infty} c(x,t)\,dx = \int_{-\infty}^{\infty} \frac{m}{\sqrt{Dt}} A \exp\left(-\frac{\eta^2}{4}\right) dx \qquad (12-82)$$

将 $dx = \sqrt{Dt}\,d\eta$ 代入上式并简化,得到

$$\int_{-\infty}^{\infty} A \exp\left(-\frac{\eta^2}{4}\right) d\eta = 1$$

得到

$$A = \frac{1}{2\int_{-\infty}^{\infty} \exp\left(-\frac{\eta^2}{4}\right) d\left(\frac{\eta}{2}\right)} = \frac{1}{2\sqrt{\pi}}$$

因此,瞬时点源一维扩散方程的解为

$$c(x,t) = \frac{m}{\sqrt{Dt}} \frac{1}{2\sqrt{\pi}} \exp\left(-\frac{x^2}{4Dt}\right) = \frac{m}{\sqrt{4\pi Dt}} \exp\left(-\frac{x^2}{4Dt}\right) \qquad (12-83)$$

由上式即可求解任何时刻沿 x 轴方向的质量分数分布。不难看出,上式为高斯正态分布的表达式。若以时间 t 为参数,绘出质量分数 c 沿 x 轴的分布,如图 12-10 所示。由图可以看出,随着时间的增长,扩散范围变宽,而峰值质量分数变低,曲线愈趋扁平。在 t 接近于零时,峰值质量分数最大。

在"工程数学"概率论中可以知道,高斯正态分布曲线可由一些特征值决定,这些特征值常采用力学中的矩来描述。矩的概念在过去已经有所接触,如力矩、静面矩、惯性矩等。因此,上述质量分数分布曲线的一些特性也常借助于质量分数矩来说明。质量分数分布函数的 k 阶质量分数矩的定义为

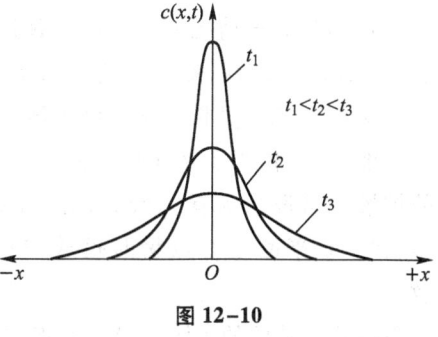

图 12-10

$$M_k = \int_{-\infty}^{\infty} x^k c(x,t)\,dx \qquad (12-84)$$

按照上述定义，质量分数分布函数的零阶质量分数矩为

$$M_0 = \int_{-\infty}^{\infty} x^0 c(x,t) \mathrm{d}x = \int_{-\infty}^{\infty} c(x,t) \mathrm{d}x \tag{12-85}$$

上式代表质量分数分布曲线与 x 轴间所包围的面积，也即全部扩散质的质量 m。因此，对任何时刻，零阶质量分数矩 $M_0 = m =$ 常数。

特征值方差 σ^2，在一定条件下可反映高斯正态分布曲线扩展宽度的情况，它的值愈大，曲线愈趋扁平。质量分数分布函数的方差 σ^2 为

$$\sigma^2 = \frac{\int_{-\infty}^{\infty} x^2 c(x,t) \mathrm{d}x}{\int_{-\infty}^{\infty} c(x,t) \mathrm{d}x} = \frac{M_2}{M_0} \tag{12-86}$$

式中：M_2 为二阶质量分数矩。

将式(12-83)代入上式，并积分，可得

$$\sigma^2 = \frac{\int_{-\infty}^{\infty} x^2 \frac{m}{\sqrt{4\pi Dt}} \exp\left(-\frac{x^2}{4Dt}\right) \mathrm{d}x}{m} = 2Dt \tag{12-87}$$

或

$$\sigma = \sqrt{2Dt} \tag{12-88}$$

将上式代入式(12-83)，得

$$c(x,t) = \frac{m}{\sigma\sqrt{2\pi}} \exp\left(-\frac{x^2}{2\sigma^2}\right) \tag{12-89}$$

不同均方差 σ 情况下的质量分数分布曲线，如图 12-11 所示。均方差随时间的增长而增大，时间愈久，扩散范围愈宽。

2. 瞬时点源二维扩散和三维扩散

二维扩散，相当于从 z 轴方向的一条线源均匀投放的扩散质在 Oxy 平面上的扩散。可设想为有一水平放置的无限长、宽的平板，其上有一极薄的静止流体，在平板平面中心点瞬时投放与流体密度相同的扩散质，扩散质沿平面扩散。

令投放扩散质的点源与坐标原点重合，平面的 x,y 轴分别与直角坐标的 x,y 轴重合，如图 12-12 所示。二维分子扩散方程式(12-71)为

$$\frac{\partial c}{\partial t} = D_x \frac{\partial^2 c}{\partial x^2} + D_y \frac{\partial^2 c}{\partial y^2}$$

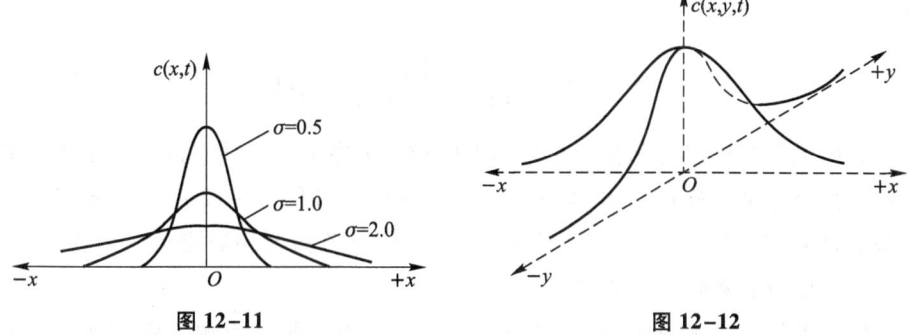

图 12-11 图 12-12

在分子扩散中，$D_x = D_y = D$，在这里保留下标符号是因为使它的解还可用于分子扩散以外的问题。

卡斯若(Carslaw)等人曾做过理论推导，认为在不同方向的扩散没有相互的影响。令 Oxy 平面上任意点的质量分数 $c(x,y,t)$，它由两部分质量分数 $c_1(x,t)$ 和 $c_2(y,t)$ 的乘积组成，即

$$c(x,y,t) = c_1(x,t)c_2(y,t) \tag{12-90}$$

式中：c_1 与 y 无关，c_2 与 x 无关。将上式代入二维扩散方程式(12-71)得

$$\frac{\partial c}{\partial t} = \frac{\partial(c_1 c_2)}{\partial t} = c_2 \frac{\partial c_1}{\partial t} + c_1 \frac{\partial c_2}{\partial t}$$

$$= D_x c_2 \frac{\partial^2 c_1}{\partial x^2} + D_y c_1 \frac{\partial^2 c_2}{\partial y^2} \tag{12-91}$$

或

$$c_1 \left(\frac{\partial c_2}{\partial t} - D_y \frac{\partial^2 c_2}{\partial y^2} \right) + c_2 \left(\frac{\partial c_1}{\partial t} - D_x \frac{\partial^2 c_1}{\partial x^2} \right) = 0 \tag{12-92}$$

上式只有当两个括号内的量分别等于零才能成立，即 $c_1(x,t)$ 和 $c_2(y,t)$ 应各自满足瞬时点源一维扩散方程的解。

将上述两个解相乘，并注意到二维扩散质的总质量 m 为

$$m = \int_{-\infty}^{\infty} \int_{-\infty}^{\infty} c(x,y,t) \, \mathrm{d}x \mathrm{d}y \tag{12-93}$$

则可得瞬时点源二维扩散方程的解为

$$c(x,y,t) = \frac{m}{4\pi t \sqrt{D_x D_y}} \exp\left(-\frac{x^2}{4D_x t} - \frac{y^2}{4D_y t} \right) \tag{12-94}$$

或

$$c(x,y,t) = \frac{m}{2\pi\sigma^2}\exp\left(-\frac{x^2}{2\sigma_x^2} - \frac{y^2}{2\sigma_y^2}\right) \tag{12-95}$$

由上式即可求解任何时刻在 Oxy 平面上的质量分数分布。瞬时点源二维扩散的质量分数分布呈一族钟形体，当某一时刻 $t_1>0$ 时，如图 12-12 所示。源点处质量分数最大，随着离点源距离的增加，质量分数成负指数函数衰减。俯视上图，可见其等质量分数线为同心圆。

应用类似于求解瞬时点源二维扩散的方法，可得瞬时点源三维扩散方程的解为

$$c(x,y,z,t) = \frac{m}{8(\pi t)^{3/2}(D_x D_y D_z)^{1/2}}\exp\left(-\frac{x^2}{4D_x t} - \frac{y^2}{4D_y t} - \frac{z^2}{4D_z t}\right) \tag{12-96}$$

或

$$c(x,y,z,t) = \frac{m}{(2\pi)^{3/2}\sigma_x \sigma_y \sigma_z}\exp\left(-\frac{x^2}{2\sigma_x^2} - \frac{y^2}{2\sigma_y^2} - \frac{z^2}{2\sigma_z^2}\right) \tag{12-97}$$

式中：m 为三维扩散质的总质量，即

$$m = \int_{-\infty}^{\infty}\int_{-\infty}^{\infty}\int_{-\infty}^{\infty} c(x,y,z,t)\,\mathrm{d}x\mathrm{d}y\mathrm{d}z \tag{12-98}$$

瞬时点源三维扩散的质量分数分布，当扩散为各向同性时，呈一族圆球。

3. 时间连续点源三维扩散

现研究投放的扩散质集中在一点上，但不是瞬时，而是持续一定时间的且单位时间投放扩散质质量保持不变的恒定的时间连续点源的三维扩散。

设单位时间投放扩散质的质量为 m，且不随时间而改变。若把连续时间 τ 看作由无数时间单元 $\mathrm{d}\tau$ 所组成，时段 $\mathrm{d}\tau$ 内投放的扩散质质量则为 $m\mathrm{d}\tau$。时间连续点源可视为由无数多个 $m\mathrm{d}\tau$ 瞬时点源的叠加，每一个 $m\mathrm{d}\tau$ 产生一个质量分数场，在空间任意一点处就有一个相应的质量分数。该点的总质量分数即为无数多个瞬时相应质量分数的叠加，或看作是无数多个瞬时点源在该点产生质量分数的时间积分。

当扩散质在流体中扩散为各向同性时，三维分子扩散方程式为

$$\frac{\partial c}{\partial t} = D\left(\frac{\partial^2 c}{\partial x^2} + \frac{\partial^2 c}{\partial y^2} + \frac{\partial^2 c}{\partial z^2}\right)$$

初始条件和边界条件：

$$t=0, c=0, (|x|>0)$$
$$t\geq 0, c=c_0, (x=0)$$
$$t>0, c=c(x,y,z,t), (|x|>0)$$
$$t<0, c=0, (x=0)$$

根据瞬时点源三维扩散解式(12-97),空间任意一点处的质量分数为

$$dc = \frac{m d\tau}{(\sqrt{2\pi}\sigma)^3} \exp\left(-\frac{r^2}{2\sigma^2}\right) \quad (12-99)$$

式中:$r^2 = x^2 + y^2 + z^2$。

将上式对时间积分,可得任意点处的总质量分数为

$$c(r,t) = \int_0^t dc = \int_0^t \frac{m}{(\sqrt{2\pi}\sigma)^3} \exp\left(-\frac{r^2}{2\sigma^2}\right) d\tau \quad (12-100)$$

式中:σ 与时间有关,对任一时刻 t 的质量分数所要求的 σ 值为

$$\sigma = \sqrt{2D(t-\tau)} \quad (12-101)$$

式中:$(t-\tau)$ 为时间间隔。令

$$\eta = \frac{r}{\sqrt{4D(t-\tau)}} \quad (12-102)$$

$$d\eta = \frac{r}{\sqrt{4D}} \frac{1}{2} (t-\tau)^{-3/2} d\tau \quad (12-103)$$

当

$$\tau = 0, \quad \eta = \frac{r}{\sqrt{4Dt}}$$
$$\tau = t, \quad \eta = \infty$$

将新的变量 η 及相应的积分限代入式(12-100),得

$$c(r,t) = \frac{m}{8(\pi D)^{3/2}} \frac{4\sqrt{D}}{r} \int_{\frac{r}{2\sqrt{Dt}}}^{\infty} \exp(-\eta^2) d\eta$$
$$= \frac{m}{4\pi Dr} \frac{2}{\sqrt{\pi}} \int_{\frac{r}{2\sqrt{Dt}}}^{\infty} \exp(-\eta^2) d\eta \quad (12-104)$$

因 $\frac{2}{\sqrt{\pi}} \int_x^{\infty} e^{-z^2} dz = \text{erfc}(x)$,称为余误差函数。上式积分后得

$$c(r,t) = \frac{m}{4\pi Dr} \text{erfc}\left(\frac{r}{\sqrt{4Dt}}\right) \quad (12-105)$$

式(12-105)即为时间连续点源三维扩散方程的解。

因 $\text{erfc}(x) = 1 - \text{erf}(x)$，误差函数 $\text{erf}(0) = 0$。所以当 $t \to \infty$ 时，$\text{erfc}\left(\dfrac{r}{\sqrt{4Dt}}\right) = 1$，上式为

$$c(x,y,z,\infty) = \frac{m}{4\pi Dr} \tag{12-106}$$

4. 瞬时点源一侧有边界的一维扩散

前面讨论的都是扩散质在无限（一维、二维、三维）空间中的扩散。在实际问题中，常有固体边界。污染物质扩散到边界时，有三种可能：一是到达边界后被边界完全吸收或黏结在边界上，称为完全吸收；另一是遇到边界后完全反射回去，称为完全反射；再一是介于上述两种状态间的不完全吸收和不完全反射，实际上多数为这情况。显然吸收或反射与污染物质、边界性质有关。最不利的情况是发生完全反射，现就这情况讨论如下。

由于在固体边界处扩散质不能通过，成为扩散方程的边界条件，不易求得严格的解析解。对于简单的直线边界可用工程流体力学中的像源法，即加对称于边界的虚拟源代替固体边界，以满足边界条件来近似求解。

设有一瞬时点源，扩散质质量为 m，沿 x 轴方向一维扩散，如图 12-13 所示。在距离点源（称为真源）右侧距离为 L 处有一固体边界。点源向左可扩散到无穷远，向右扩散到边界，扩散质不能通过，净通量为零。按斐克定律，即 $\dfrac{\partial c}{\partial x} = 0$，成为扩散应满足的边界条件。虚拟在边界右侧距离为 L 处，有一与真源完全对称的、扩散质质量亦为 m 的瞬时点源（称为虚源），以代替边界条件。虚源成为实际对称于边界的映像。取消边界后，虚源和真源的扩散浓度大小相等、方向相反，仍能保持上述边界条件。按叠加原理，可认为实际上是有边界的瞬时点源解和虚拟没有边界时真源加虚源的解是等价的。

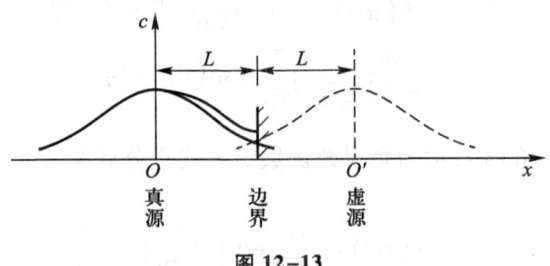

图 12-13

真源和虚源间距为 $2L$，任何时刻沿 x 轴上任意点的质量分数，应为真源和虚源产生的质量分数之和。由式（12-83）可得

$$c(x,t) = \frac{m}{\sqrt{4\pi Dt}}\left\{\exp\left(-\frac{x^2}{4Dt}\right) + \exp\left[\frac{-(x-2L)^2}{4Dt}\right]\right\} \quad (12\text{-}107)$$

或

$$c(x,t) = \frac{m}{\sigma\sqrt{2\pi}}\left\{\exp\left(-\frac{x^2}{2\sigma^2}\right) + \exp\left[\frac{-(x-2L)^2}{2\sigma^2}\right]\right\} \quad (12\text{-}108)$$

当 $x = L$ 时，即固体边界处，上式即为

$$c(L,t) = \frac{2m}{\sqrt{4\pi Dt}}\exp\left(-\frac{L^2}{4Dt}\right) \quad (12\text{-}109)$$

上式说明：在边界处的质量分数，等于没有边界情况下质量分数的 2 倍。

例 12-6 设一废水池，形状为正方形底的棱柱体，池底面积 $A = 100 \text{ m} \times 100 \text{ m} = 10\,000 \text{ m}^2$，水深 $h = 30$ m，污染物 $m = 1\,000$ kg 均匀分布于池底，污染物在水中的分子扩散系数 $D = 1.0 \text{ cm}^2/\text{s}$。现仅考虑池底一侧完全反射，不考虑池壁和水面的反射。试粗略估算时间 $t = 365$ d（1 年）时的池面和池底的污染物质量分数 c_1 和 c_2。

解： 按瞬时点源一侧有边界的一维扩散计算，由式（12-109），可得

$$c(z,t) = \frac{2m}{A\sqrt{4\pi Dt}}\exp\left(\frac{-z^2}{4Dt}\right)$$

因式（12-109）是对单位面积而言，现池底面积 A 不等于 1 个单位面积，所以上式中出现 A；z 为距池底的铅垂距离；$D = \frac{1 \times 3\,600 \times 24}{100 \times 100} \text{ m}^2/\text{d} = 8.64 \text{ m}^2/\text{d}$。

将有关数据代入上式，得

$$c_1 = \frac{2 \times 1\,000}{100 \times 100\,\sqrt{4\pi \times 8.64 \times 365}}\exp\left(-\frac{30 \times 30}{4 \times 8.64 \times 365}\right) \text{ kg/m}^3$$

$$= 0.93 \times 10^{-3} \text{ kg/m}^3$$

$$c_2 = \frac{2 \times 1\,000}{100 \times 100\,\sqrt{4\pi \times 8.64 \times 365}} \text{ kg/m}^3 = 0.001 \text{ kg/m}^3$$

若考虑水面的反射作用，则在距水面以上 30 m 处设一虚源，计算反射的影响，水面质量分数将增大。

§12-6 层流扩散

在层流运动中，扩散质不仅有分子扩散，同时还有随流体质点一起运动的移流扩散。层流中扩散质的扩散，一般假定可分别按扩散质分子扩散和移流扩散

计算,然后进行叠加。现讨论层流中扩散质的移流扩散方程。

12-6-1　移流扩散方程

类似于对分子扩散方程的讨论。设在运动流体的空间中,取一以任意点 M 为中心的微小平行六面体,如图 12-14 所示。六面体的各边分别与直角坐标轴平行,各边边长分别为 $\mathrm{d}x,\mathrm{d}y,\mathrm{d}z$。设点 M 的坐标为 x,y,z,质量分数为 $c(x,y,z,t)$,流速分量分别为 u_x,u_y,u_z,在三个坐标轴上的移流质量通量分别为 cu_x,cu_y,cu_z。

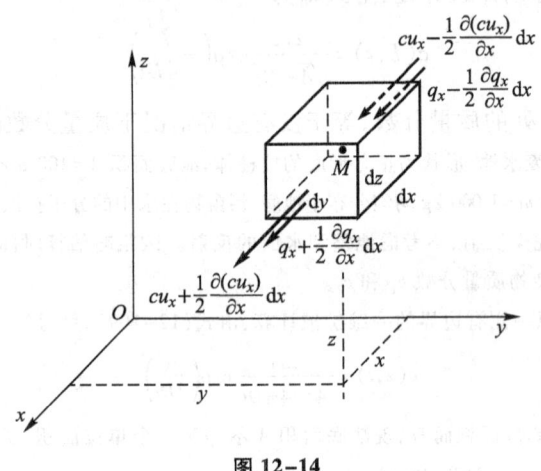

图 12-14

在 x 轴方向,同一微小时段 $\mathrm{d}t$ 内,流入、流出六面体的移流质量通量分别为 $\left[cu_x - \dfrac{1}{2}\dfrac{\partial(cu_x)}{\partial x}\mathrm{d}x\right]\mathrm{d}y\mathrm{d}z\mathrm{d}t$ 和 $\left[cu_x + \dfrac{1}{2}\dfrac{\partial(cu_x)}{\partial x}\mathrm{d}x\right]\mathrm{d}y\mathrm{d}z\mathrm{d}t$。

同理,沿 y,z 轴方向,在该 $\mathrm{d}t$ 时段内,流入、流出六面体的移流质量通量分别为 $\left[cu_y - \dfrac{1}{2}\dfrac{\partial(cu_y)}{\partial y}\mathrm{d}y\right]\mathrm{d}z\mathrm{d}x\mathrm{d}t$,$\left[cu_y + \dfrac{1}{2}\dfrac{\partial(cu_y)}{\partial y}\mathrm{d}y\right]\mathrm{d}z\mathrm{d}x\mathrm{d}t$ 和 $\left[cu_z - \dfrac{1}{2}\dfrac{\partial(cu_z)}{\partial z}\mathrm{d}z\right]\mathrm{d}x\mathrm{d}y\mathrm{d}t$,$\left[cu_z + \dfrac{1}{2}\dfrac{\partial(cu_z)}{\partial z}\mathrm{d}z\right]\mathrm{d}x\mathrm{d}y\mathrm{d}t$。

在该 $\mathrm{d}t$ 时段内,由于扩散质分子扩散,流入、流出微小六面体的扩散质之差的总和(在一般稀释的混合物中,各向的分子扩散系数基本上是常量 D),由式(12-69)可知为

$$D\left(\dfrac{\partial^2 c}{\partial x^2} + \dfrac{\partial^2 c}{\partial y^2} + \dfrac{\partial^2 c}{\partial z^2}\right)\mathrm{d}x\mathrm{d}y\mathrm{d}z\mathrm{d}t$$

在该 dt 时段内,微小六面体中扩散质的增量为 $\frac{\partial c}{\partial t}dxdydzdt$。

根据质量守恒定律,流入、流出微小六面体的扩散质之差的总和,应等于在该时段内微小六面体中扩散质的增量,即可得

$$\frac{\partial c}{\partial t}+\frac{\partial(cu_x)}{\partial x}+\frac{\partial(cu_y)}{\partial y}+\frac{\partial(cu_z)}{\partial z}$$
$$=D\left(\frac{\partial^2 c}{\partial x^2}+\frac{\partial^2 c}{\partial y^2}+\frac{\partial^2 c}{\partial z^2}\right) \qquad (12-110)$$

或

$$\frac{\partial c}{\partial t}+u_x\frac{\partial c}{\partial x}+u_y\frac{\partial c}{\partial y}+u_z\frac{\partial c}{\partial z}$$
$$=D\left(\frac{\partial^2 c}{\partial x^2}+\frac{\partial^2 c}{\partial y^2}+\frac{\partial^2 c}{\partial z^2}\right) \qquad (12-111)$$

上式即为层流的三维移流扩散方程,一般称为移流扩散方程。

二维移流扩散方程为

$$\frac{\partial c}{\partial t}+u_x\frac{\partial c}{\partial x}+u_y\frac{\partial c}{\partial y}=D\left(\frac{\partial^2 c}{\partial x^2}+\frac{\partial^2 c}{\partial y^2}\right) \qquad (12-112)$$

一维移流扩散方程为

$$\frac{\partial c}{\partial t}+u_x\frac{\partial c}{\partial x}=D\left(\frac{\partial^2 c}{\partial x^2}\right) \qquad (12-113)$$

若流体没有运动,为静止流体时,上述三式即为分子扩散方程。

12-6-2 移流扩散方程解析解举例

下面介绍均匀流场中(即各点处的流速分量 $u_x=u$, $u_y=0$, $u_z=0$),且假定流速 u 并没有由于源的存在而受到扰动情况下的移流扩散方程的解析解。虽然这是一种为了便于理论分析的假想的流动,但也可近似地应用于有些实际的流动。

1. 瞬时点源移流扩散

瞬时点源移流扩散,如图 12-15 所示。设一运动坐标系随流体速度 u 一起运动,对于该运动坐标系来讲,流体速度为零,只有单纯的分子扩散,而没有移流扩散。这样,把移流扩散问题转换成单纯的分子扩散问题,从而可直接利用分子扩散方程的解析解,所不同的是将运动坐标系的 $x'=x-ut$ 替换解析解中的 x。因此

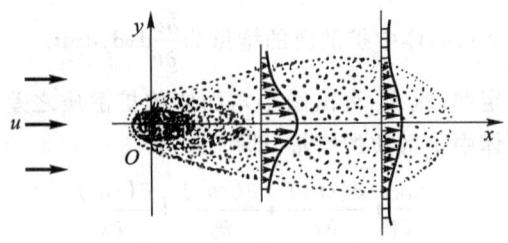

图 12-15

三维移流扩散方程的解为

$$c(x,y,z,t) = \frac{m}{(\sqrt{4\pi Dt})^3} \exp\left[\frac{-(x-ut)^2 - y^2 - z^2}{4Dt}\right] \quad (12-114)$$

式中：m 为瞬时投放的扩散质质量。

二维移流扩散方程的解为

$$c(x,y,t) = \frac{m}{4\pi Dt} \exp\left[\frac{-(x-ut)^2 - y^2}{4Dt}\right] \quad (12-115)$$

一维移流扩散方程的解为

$$c(x,t) = \frac{m}{\sqrt{4\pi Dt}} \exp\left[\frac{-(x-ut)^2}{4Dt}\right] \quad (12-116)$$

上式表明，对一定的时刻 t，$\dfrac{c}{m}$ 沿流程 x 为一正态分布，如图 12-16 所示。

2. 时间连续点源移流扩散

设单位时间投放扩散质的质量为 m，且不随时间而改变的恒定的时间连续点源。若把连续时间 τ 看作由无数时间单元 $d\tau$ 所组成，时段 $d\tau$ 内投放的扩散质质量则为 $md\tau$。时间连续点源可视为由无数多个 $md\tau$ 瞬时点源的叠加。现考察这些瞬时点源中的一个，当发生移流扩散时，扩散质的质量就全部随着流体移动，如图 12-17 所示。类似于对瞬时点源的讨论，采用运动坐标系后，可直接利用分子扩散方程的解析解。

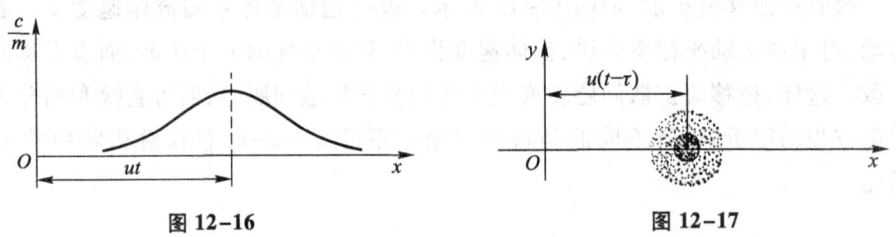

图 12-16 图 12-17

根据瞬时点源三维扩散解式(12-96),空间任意一点处的浓度为

$$dc = \frac{m d\tau}{8[\pi D(t-\tau)]^{3/2}} \exp\left\{\frac{-[x-u(t-\tau)]^2-y^2-z^2}{4D(t-\tau)}\right\} \quad (12-117)$$

式中:$(t-\tau)$ 为扩散质质量 $md\tau$ 所经过的时间。

将上式对时间积分,可得任意点处的总质量分数为

$$c(x,y,z,t) = \int_0^t \frac{m}{8[\pi D(t-\tau)]^{3/2}} \times \exp\left\{\frac{-[x-u(t-\tau)]^2-y^2-z^2}{4D(t-\tau)}\right\} d\tau \quad (12-118)$$

令

$$r^2 = x^2 + y^2 + z^2 \quad (1)$$

$$\xi = \frac{r}{\sqrt{4D(t-\tau)}} \quad (2)$$

$$d\xi = \frac{r}{4\sqrt{D}}(t-\tau)^{-3/2} d\tau \quad (3)$$

且当 $\tau = 0$ 时

$$\xi = \frac{r}{\sqrt{4Dt}} \quad (4)$$

$$\tau = t \text{ 时},\quad \xi = \infty \quad (5)$$

令

$$a = \frac{ur}{2D} \quad (6)$$

将上述关系式代入式(12-118),得

$$c = \frac{m}{8(\pi D)^{3/2}} \exp\left(\frac{ux}{2D}\right) \times$$

$$\int_0^t \exp\left[-\frac{r^2}{4D(t-\tau)} - \frac{u^2(t-\tau)}{4D}\right] \frac{d\tau}{(t-\tau)^{3/2}}$$

$$= \frac{m}{8(\pi D)^{3/2}} \exp\left(\frac{ux}{2D}\right) \frac{4\sqrt{D}}{r} \times$$

$$\int_{\frac{r}{\sqrt{4Dt}}}^{\infty} \exp\left[-\xi^2 - \left(\frac{ur}{2D}\right)^2 \frac{1}{4\xi^2}\right] d\xi$$

因为

$$\int \exp\left(-\xi^2 - \frac{a^2}{4\xi^2}\right) d\xi = \frac{1}{2}\int \left[\left(1-\frac{a}{2\xi^2}\right) + \right.$$

$$\left(1+\frac{a}{2\xi^2}\right)\right]\exp\left(-\xi^2-\frac{a^2}{4\xi^2}\right)\mathrm{d}\xi$$

$$=\frac{1}{2}\left\{\mathrm{e}^a\int\exp\left[-\left(\frac{a}{2\xi}+\xi\right)^2\right]\mathrm{d}\left(\frac{a}{2\xi}+\xi\right)-\right.$$

$$\left.\mathrm{e}^{-a}\int\exp\left[-\left(\frac{a}{2\xi}-\xi\right)^2\right]\mathrm{d}\left(\frac{a}{2\xi}-\xi\right)\right\}$$

$$=\frac{\sqrt{\pi}}{4}\left[\mathrm{e}^a\,\mathrm{erfc}\left(\frac{a}{2\xi}+\xi\right)-\mathrm{e}^{-a}\,\mathrm{erfc}\left(\frac{a}{2\xi}-\xi\right)\right]$$

所以，时间连续点源三维移流扩散方程的解为

$$c(x,y,z,t)=\frac{m}{8\pi Dr}\exp\left(\frac{ux}{2D}\right)\times$$

$$\left\{\exp\left(\frac{ur}{2D}\right)\left[1-\mathrm{erf}\left(\frac{ut}{\sqrt{4Dt}}+\frac{r}{\sqrt{4Dt}}\right)\right]-\right.$$

$$\left.\exp\left(\frac{-ur}{2D}\right)\left[1-\mathrm{erf}\left(\frac{ut}{\sqrt{4Dt}}-\frac{r}{\sqrt{4Dt}}\right)\right]\right\} \qquad (12-119)$$

因 $\mathrm{erf}(0)=0$，$\mathrm{erf}(\infty)=1$，$\mathrm{e}^0=1$。所以当 $t\rightarrow\infty$ 时，达到一种稳定状态的分布，上式为

$$c(x,y,z,\infty)=\frac{m}{4\pi Dr}\exp\left[-\frac{u}{2D}(r-x)\right] \qquad (12-120)$$

若以量纲一的 $\frac{u}{D}y$ 为纵坐标，$\frac{u}{D}x$ 为横坐标，质量分数值采用量纲一的质量分数 $c^*=\frac{4\pi cD^2}{mu}$，可绘出量纲一的等质量分数线如图 12-18 所示，由于移流的作用成细长形。在源下游较远区域，上式中的 r 值可近似为

$$r=\sqrt{x^2+y^2+z^2}\approx\left(1+\frac{y^2+z^2}{2x^2}\right)x \qquad (12-121)$$

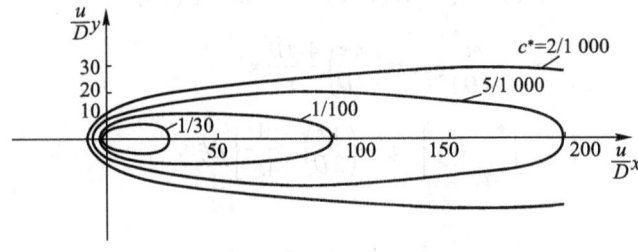

图 12-18

或

$$r-x \approx \frac{y^2+z^2}{2x} \tag{12-122}$$

将上式代入式(12-120),可得简化后的解为

$$c(x,y,z,\infty) = \frac{m}{4\pi Dx}\exp\left[\frac{-u(y^2+z^2)}{4Dx}\right] \tag{12-123}$$

因 $\sigma = \sqrt{2D\dfrac{x}{u}}$, $\dfrac{x}{u}=t$,所以上式为

$$c(x,y,z,\infty) = \frac{m}{2\pi\sigma^2 u}\exp\left[\frac{-(y^2+z^2)}{2\sigma^2}\right] \tag{12-124}$$

如果扩散不是各向同性,扩散系数分别为 D_y、D_z,则式(12-123)为

$$c(x,y,z,\infty) = \frac{m}{4\pi\sqrt{D_y D_z}\,x}\exp\left[-\frac{u}{4x}\left(\frac{y^2}{D_y}+\frac{z^2}{D_z}\right)\right] \tag{12-125}$$

令 $\sigma_y = \sqrt{2D_y\dfrac{x}{u}}$、$\sigma_z = \sqrt{2D_z\dfrac{x}{u}}$,则上式为

$$c(x,y,z,\infty) = \frac{m}{2\pi u\sigma_y\sigma_z}\exp\left[-\left(\frac{y^2}{2\sigma_y^2}+\frac{z^2}{2\sigma_z^2}\right)\right] \tag{12-126}$$

时间连续点源二维移流扩散方程的解为

$$c(x,y,t) = \frac{m}{u\sqrt{4\pi D\dfrac{x}{u}}}\exp\left(\frac{-uy^2}{4Dx}\right) \tag{12-127}$$

式中:m 为铅垂线源上单位长度单位时间投放扩散质的质量。上式在§12-8中介绍污染带的计算时,需借鉴使用。

§12-7 湍流扩散

在湍流运动中,扩散质不仅有分子扩散、移流扩散还有湍流扩散。由于湍流运动的复杂性,湍流扩散规律至今仍是一大难题。目前研究湍流扩散有两种比较适用的理论(方法):统计理论(拉格朗日法)和梯度输送理论(欧拉法)。现用欧拉法来研究湍流扩散。

12-7-1 湍流扩散方程

上一节在推导层流运动的移流扩散方程时,采用的就是欧拉法。因为当时

限制在层流运动，所以没有考虑流速、质量分数的脉动现象。如果把移流扩散方程中的流速和质量分数作为瞬时值，并引入时均值和脉动值，则可将其转换为适合湍流的移流扩散方程。任一点的瞬时流速和质量分数都可表示为时均值和脉动值之和，即 $u_x = \bar{u}_x + u'_x, u_y = \bar{u}_y + u'_y, u_z = \bar{u}_z + u'_z, c = \bar{c} + c'$。将这些关系一并代入移流扩散方程式(12-111)；然后对全式取时均，运用时均运算法则，并注意到湍流的时均连续性方程式(7-38)，则可得

$$\frac{\partial \bar{c}}{\partial t} + \bar{u}_x \frac{\partial \bar{c}}{\partial x} + \bar{u}_y \frac{\partial \bar{c}}{\partial y} + \bar{u}_z \frac{\partial \bar{c}}{\partial z}$$

$$= -\frac{\partial}{\partial x}(\overline{u'_x c'}) - \frac{\partial}{\partial y}(\overline{u'_y c'}) - \frac{\partial}{\partial z}(\overline{u'_z c'}) + D\left(\frac{\partial^2 \bar{c}}{\partial x^2} + \frac{\partial^2 \bar{c}}{\partial y^2} + \frac{\partial^2 \bar{c}}{\partial z^2}\right) \quad (12\text{-}128)$$

上式即为(欧拉型)湍流的移流扩散方程，简称湍流扩散方程。

将上式与分子扩散方程式(12-69)相比较，可以看出：$\bar{u}_x \frac{\partial \bar{c}}{\partial x}, \bar{u}_y \frac{\partial \bar{c}}{\partial y}, \bar{u}_z \frac{\partial \bar{c}}{\partial z}$ 为时均运动所产生的移流扩散项；$-\frac{\partial}{\partial x}(\overline{u'_x c'}), -\frac{\partial}{\partial y}(\overline{u'_y c'}), -\frac{\partial}{\partial z}(\overline{u'_z c'})$ 为脉动所引起的湍流扩散项。由于 $\overline{u'_x c'}, \overline{u'_y c'}, \overline{u'_z c'}$ 三项尚未知，所以方程是不封闭的，需要找出与时均流速之间的关系式。鉴于它们的物理意义是由于流体的脉动，在单位时间内分别通过垂直于 x, y, z 轴的单位面积的扩散质含量，与斐克分子扩散中的单位质量通量有相似的含义。因此，常用的方法是将湍流扩散与分子扩散相比拟，采取相似于斐克分子扩散的形式来表述，即

$$\left. \begin{aligned} \overline{u'_x c'} &= -E_x \frac{\partial \bar{c}}{\partial x} \\ \overline{u'_y c'} &= -E_y \frac{\partial \bar{c}}{\partial y} \\ \overline{u'_z c'} &= -E_z \frac{\partial \bar{c}}{\partial z} \end{aligned} \right\} \quad (12\text{-}129)$$

式中：E_x, E_y, E_z 分别为 x, y, z 轴方向的湍流扩散系数。在一般情况下，不同方向的湍流扩散系数具有不同的值，且可能是空间坐标的函数。

将上式代入式(12-128)，得三维湍流扩散方程为

$$\frac{\partial \bar{c}}{\partial t} + \bar{u}_x \frac{\partial \bar{c}}{\partial x} + \bar{u}_y \frac{\partial \bar{c}}{\partial y} + \bar{u}_z \frac{\partial \bar{c}}{\partial z}$$

$$= \frac{\partial}{\partial x}\left(E_x \frac{\partial \bar{c}}{\partial x}\right) + \frac{\partial}{\partial y}\left(E_y \frac{\partial \bar{c}}{\partial y}\right) + \frac{\partial}{\partial z}\left(E_z \frac{\partial \bar{c}}{\partial z}\right) + D\left(\frac{\partial^2 \bar{c}}{\partial x^2} + \frac{\partial^2 \bar{c}}{\partial y^2} + \frac{\partial^2 \bar{c}}{\partial z^2}\right)$$

$$(12\text{-}130)$$

二维湍流扩散方程为

$$\frac{\partial \bar{c}}{\partial t}+\bar{u}_x\frac{\partial \bar{c}}{\partial x}+\bar{u}_y\frac{\partial \bar{c}}{\partial y}=\frac{\partial}{\partial x}\left(E_x\frac{\partial \bar{c}}{\partial x}\right)+\frac{\partial}{\partial y}\left(E_y\frac{\partial \bar{c}}{\partial y}\right)+D\left(\frac{\partial^2 \bar{c}}{\partial x^2}+\frac{\partial^2 \bar{c}}{\partial y^2}\right) \quad (12-131)$$

一维湍流扩散方程为

$$\frac{\partial \bar{c}}{\partial t}+\bar{u}_x\frac{\partial \bar{c}}{\partial x}=\frac{\partial}{\partial x}\left(E_x\frac{\partial \bar{c}}{\partial x}\right)+D\left(\frac{\partial^2 \bar{c}}{\partial x^2}\right) \quad (12-132)$$

在湍流运动中,湍流运动的尺度远大于分子运动的尺度,所以湍流扩散系数远大于分子扩散系数。除壁面附近等湍流运动受到限制的区域以外,分子扩散项一般都可略去不计。

若略去分子扩散项,且湍流扩散系数沿流程不变,则上述三式分别为

$$\frac{\partial \bar{c}}{\partial t}+\bar{u}_x\frac{\partial \bar{c}}{\partial x}+\bar{u}_y\frac{\partial \bar{c}}{\partial y}+\bar{u}_z\frac{\partial \bar{c}}{\partial z}$$
$$=E_x\left(\frac{\partial^2 \bar{c}}{\partial x^2}\right)+E_y\left(\frac{\partial^2 \bar{c}}{\partial y^2}\right)+E_z\left(\frac{\partial^2 \bar{c}}{\partial z^2}\right) \quad (12-133)$$

$$\frac{\partial \bar{c}}{\partial t}+\bar{u}_x\frac{\partial \bar{c}}{\partial x}+\bar{u}_y\frac{\partial \bar{c}}{\partial y}=E_x\left(\frac{\partial^2 \bar{c}}{\partial x^2}\right)+E_y\left(\frac{\partial^2 \bar{c}}{\partial y^2}\right) \quad (12-134)$$

$$\frac{\partial \bar{c}}{\partial t}+\bar{u}_x\frac{\partial \bar{c}}{\partial x}=E_x\left(\frac{\partial^2 \bar{c}}{\partial x^2}\right) \quad (12-135)$$

上述三式亦称湍流的移流扩散方程,与相应的层流的移流扩散方程式的形式相同,所以在数学上求解的方法亦相同,并可移用层流移流扩散方程的解。当然,它们各自所代表的物理意义是有区别的,特别是湍流扩散系数 E 与分子扩散系数 D 有本质的区别。

求解湍流扩散方程的关键,很大程度上在于确定湍流扩散系数 E。目前,除了在一些比较简单的情况下,能用分析方法得出计算 E 的关系式外,其他的都需由实验或实测确定。

12-7-2 湍流扩散方程解析解举例

下面介绍均匀流场中,即各点处的流速分量 $u_x=\bar{u}$,$u_y=0$,$u_z=0$,且假定流速 $\bar{u}$ 并没有由于源的存在而受到扰动情况下的湍流扩散方程的解析解。这些解,在国内外研究、计算烟气、汽车尾气在大气中的污染扩散时,都常提及或应用。

1. 时间连续点源三维湍流扩散(高斯模式)

恒定的时间连续点源湍流扩散,可参阅图 12-19 所示。时间连续点源三维湍

流扩散方程的解析解（当时间 $t \to \infty$，且扩散不是各向同性时），参阅式（12-125）可知简化后的解为

$$c(x,y,z,\infty) = \frac{m}{4\pi\sqrt{E_y E_z}\, x} \exp\left[-\frac{\bar{u}}{4x}\left(\frac{y^2}{E_y} + \frac{z^2}{E_z}\right)\right] \quad (12\text{-}136)$$

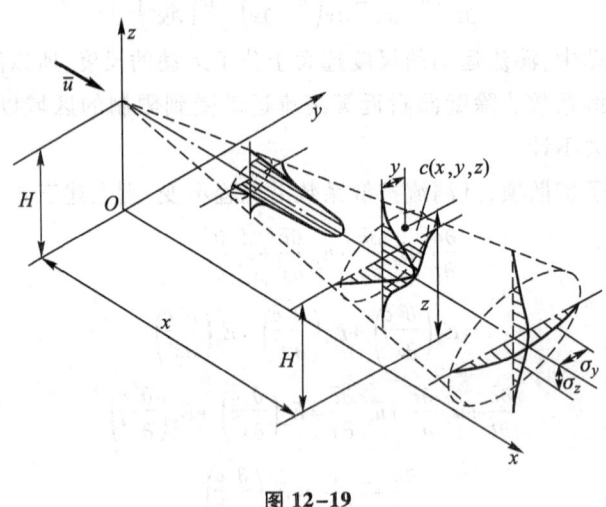

图 12-19

或

$$c(x,y,z,\infty) = \frac{m}{2\pi\bar{u}\sigma_y\sigma_z} \exp\left[-\left(\frac{y^2}{2\sigma_y^2} + \frac{z^2}{2\sigma_z^2}\right)\right] \quad (12\text{-}137)$$

上述两式中 m 为单位时间投放扩散质的质量，$\bar{u}$ 为时均流速，$\sigma_y = \sqrt{2E_y \dfrac{x}{\bar{u}}}$，$\sigma_z = \sqrt{2E_z \dfrac{x}{\bar{u}}}$。上式即为环境工程等专业中，有关课程所介绍的大气扩散的一个很重要的关系式——无限空间连续点源湍流扩散的高斯模式。在这里需要指出，上述两式是时间连续点源的位置在坐标原点处的解；如果它的位置，在离坐标原点的铅垂距离为 H 处，如图 12-19 所示，则上述两式中的 z 应改为 $z-H$。

2. 时间连续点源一侧有边界的湍流扩散

在实际问题中，污染物质扩散常遇固体边界，例如污染气体从烟囱或汽车排气管排出后在大气中的扩散，在其下方要受地面的限制，一般假定污染物质扩散

到地面时是发生完全反射。恒定时间连续点源一侧有边界的发生完全反射的湍流扩散如图 12-20 所示,真源距边界的铅垂距离为 H,坐标位置为 $(0,0,H)$。这可用 §12-5 中所介绍的像源法来近似求解。虚拟在边界(地面)下部距离为 $-H$ 处,坐标位置为 $(0,0,-H)$,有一与真源完全对称的、单位时

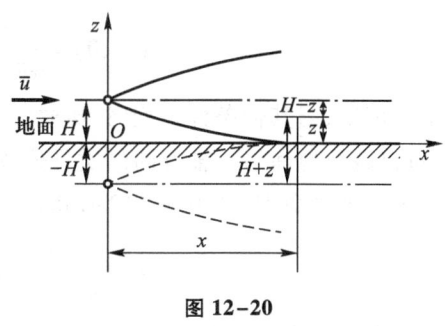

图 12-20

间扩散质量亦为 m 的且不随时间而改变的时间连续点源(称为虚源),以代替边界条件。这样,任何时刻边界上部任意点的质量分数应为真源和虚源产生的质量分数之和。由式(12-137)可得

$$c(x,y,z) = \frac{m}{2\pi \bar{u} \sigma_y \sigma_z} \exp\left[-\frac{y^2}{2\sigma_y^2} - \frac{(z-H)^2}{2\sigma_z^2}\right] +$$

$$\frac{m}{2\pi \bar{u} \sigma_y \sigma_z} \exp\left[-\frac{y^2}{2\sigma_y^2} - \frac{(z+H)^2}{2\sigma_z^2}\right]$$

$$= \frac{m}{2\pi \bar{u} \sigma_y \sigma_z} \exp\left(-\frac{y^2}{2\sigma_y^2}\right) \left\{ \exp\left[\frac{-(z-H)^2}{2\sigma_z^2}\right] + \exp\left[\frac{-(z+H)^2}{2\sigma_z^2}\right] \right\} \tag{12-138}$$

上式亦为环境工程等专业中有关课程所介绍的大气扩散的另一个很主要的关系式——高架连续点源湍流扩散的高斯模式。在计算汽车尾气在大气中污染扩散时,式中 H 为汽车尾气排出口距边界(地面)的铅垂距离,一般为 0.5 m。汽车移动污染源的扩散,常简化和假定为恒定的时间连续线源和一侧有边界(地面)的湍流扩散。从我们的科研情况看,在公路段两侧宽旷时,它的计算结果和风洞实验、实测资料比较接近;在城市道路段,则相差很大,因道路两侧周围建筑物的影响比较复杂。

在实际问题中,我们所关心的常不是任一点的质量分数,而是地面处污染物质的质量分数。由上式(12-138)知,当 $z=0$ 时得地面质量分数为

$$c(x,y,0) = \frac{m}{\pi \bar{u} \sigma_y \sigma_z} \exp\left[\frac{-y^2}{2\sigma_y^2}\right] \exp\left(\frac{-H^2}{2\sigma_z^2}\right) \tag{12-139}$$

地面质量分数是以 x 轴为对称轴分布的,x 轴线上的质量分数值最大,向两侧(y 轴方向)逐渐减小。由上式(12-139)知,当 $y=0$ 时得地面轴线质量分数为

$$c(x,0,0) = \frac{m}{\pi \bar{u} \sigma_y \sigma_z} \exp\left(-\frac{H^2}{2\sigma_z^2}\right) \qquad (12-140)$$

由上式可知，当其他条件不变时，H 愈大，地面质量分数 c 愈小，提高烟囱排放高度，可以减小地面沿 x 轴方向的质量分数。

若有效源高 $H=0$，由式(12-138)得地面时间连续点源湍流扩散模式的解为

$$c(x,y,z) = \frac{m}{\pi \bar{u} \sigma_y \sigma_z} \exp\left[-\left(\frac{y^2}{2\sigma_y^2} + \frac{z^2}{2\sigma_z^2}\right)\right] \qquad (12-141)$$

将上式与式(12-137)比较，可知当其他条件相同时，地面时间连续点源任一点的质量分数为无限空间的 2 倍。

上述各解析解式中的 σ_y、σ_z 值，对大气来讲，它们不仅与距离 x 有关，而且还与大气的稳定程度、湍流结构等有关。目前，已根据不同气象条件下的实测资料，分析整理、制成图及表，在有关的专业课教材或手册中有这些图表。计算时，可根据具体的风速和气象条件及距离，查得 σ_y、σ_z 值，供参考。

例 12-7 设有一火力发电厂烟囱的有效源高 $H=38$ m，连续排出的污染气体 SO_2 源强 $m=0.27$ kg/s，大气风速 $\bar{u}=2.1$ m/s，试求离烟囱下风向 600 m 处的地面轴线质量分数 c。已知 $\sigma_y=34$ m，$\sigma_z=14$ m。

解：由式(12-140)得

$$c(x,0,0) = \frac{0.27}{\pi \times 2.1 \times 34 \times 14} \exp\left(-\frac{38^2}{2 \times 14^2}\right) \text{ kg/m}^3$$
$$= 2.16 \times 10^{-6} \text{ kg/m}^3$$

§12-8 剪切流的离散

前面介绍的是扩散质在静止流体或均匀流速场中的扩散，实际上，如在管流或明渠流中，过流断面上的流速分布是不均匀的。过流断面上具有流速梯度的流动，称为剪切流，所以研究剪切流中扩散质的扩散具有重要的实际意义。由于此问题比较复杂，所以只有在简单的情况下才能得到部分的分析结果。下面先简单介绍扩散质在一维剪切流中扩散的离散概念。

设有一水平设置的有压管流，如图 12-21 所示。在时间 $t=0$ 时，瞬时地将一定量的、与流体密度相同的示踪剂(扩散质)均匀地投放到管道的某一整个过流断面上。如果管道断面上各点流速 u 均为过流断面平均流速 v，没有流速梯度，则示踪剂以均匀流速 v 向管道下游运动。由于湍流运动，它将沿纵向扩散，

质量分数沿 x 轴方向的分布变化,如图 12-21a 中曲线所示。在剪切流中,由于过流断面上具有流速梯度,即有不同的纵向流速;同时,由于湍流运动所引起的横向扩散,造成剪切流的更大的纵向扩散;质量分数沿 x 轴方向的分布变化,如图 12-21b 中的曲线所示。由图可见,过流断面上没有流速梯度和具有流速梯度,质量分数沿 x 轴方向的分布变化是不同的。后者比前者分散,且质量分数扩散速率要快得多。由于过流断面上流速分布不均匀而引起的纵向分散(扩散)现象称为剪切流的离散或分散或弥散。它和前

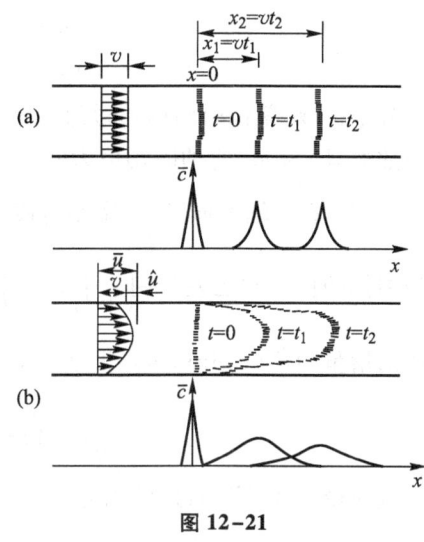

图 12-21

面所述的由于分子运动或流体质点湍流运动所引起的扩散,在概念上是有区别的。

在实际工程中的管流或明渠流,可以简化为一维流动来处理,采用断面上流速的平均值 v 和质量分数的平均值 c_m 来计算。下面介绍按一维流动分析的方法,用过流断面上的平均值来表达的扩散方程,称为一维剪切流的移流离散方程,简称离散方程。

12-8-1 离散方程

现根据质量守恒定律来建立一维剪切流的离散方程。

设在管流中取一微小段 dx,如图 12-22 所示。过流断面 1-1 面积为 A,任一点的瞬时流速、瞬时质量分数分别为 u、c,时均流速、时均质量分数分别为 $\bar{u}$、$\bar{c}$,脉动流速、脉动质量分数分别为 u'、c',过流断面平均流速、平均质量分数分别为 v、c_m,任一点的时均流速与断面平均流速之差、时均质量分数与断面平均质量分数之差分别为 $\hat{u}$、$\hat{c}$。因此

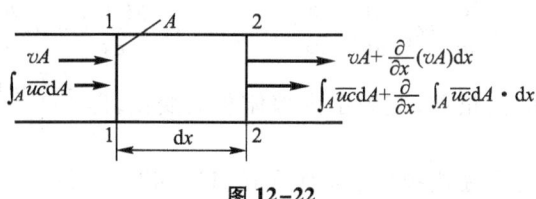

图 12-22

$$u = \bar{u} + u' = v + \hat{u} + u' \qquad (12\text{-}142)$$

$$c = \bar{c} + c' = c_m + \hat{c} + c' \qquad (12\text{-}143)$$

忽略分子扩散，单位时间内通过过流断面 1-1 上单位面积的扩散质通量（或质量分数通量）为 uc，它的时均值为 $\overline{uc}$，单位时间内通过该断面的扩散量的时均值为 $\int_A \overline{uc} \mathrm{d}A$。在 x 轴方向，同一微小时段 $\mathrm{d}t$ 内，流入、流出过流断面 1-1、2-2 间微小控制体的扩散质之差为 $-\left(\dfrac{\partial}{\partial x}\int_A \overline{uc}\mathrm{d}A\right)\mathrm{d}x\mathrm{d}t$。在该 $\mathrm{d}t$ 时段内，微小控制体内扩散质的增量为 $\dfrac{\partial}{\partial t}(c_m A \mathrm{d}x)\mathrm{d}t$。根据质量守恒定律，可得

$$\frac{\partial}{\partial t}(c_m A) = -\frac{\partial}{\partial x}\int_A \overline{uc}\,\mathrm{d}A \qquad (12\text{-}144)$$

现讨论上式等号右边的积分。由式（12-142）、(12-143）可得

$$\overline{uc} = \overline{(v+\hat{u}+u')(c_m+\hat{c}+c')} \qquad (12\text{-}145)$$

根据雷诺时均运算法则，可得上式为

$$\overline{uc} = (v+\hat{u})(c_m+\hat{c}) + \overline{u'c'} \qquad (12\text{-}146)$$

再对上式取断面平均，并以符号 $\langle\cdots\rangle$ 表示各项的断面平均值。根据时均运算法则，可得

$$\frac{1}{A}\int_A \overline{uc}\,\mathrm{d}A = \langle(v+\hat{u})(c_m+\hat{c}) + \overline{u'c'}\rangle$$

$$= \langle vc_m\rangle + \langle v\hat{c}\rangle + \langle \hat{u}c_m\rangle + \langle \hat{u}\hat{c}\rangle + \langle \overline{u'c'}\rangle$$

$$= vc_m + \langle \hat{u}\hat{c}\rangle + \langle \overline{u'c'}\rangle \qquad (12\text{-}147)$$

或

$$\int_A \overline{uc}\,\mathrm{d}A = Avc_m + A(\langle \hat{u}\hat{c}\rangle + \langle \overline{u'c'}\rangle) \qquad (12\text{-}148)$$

将上式代入式（12-144），得

$$\frac{\partial}{\partial t}(c_m A) = -\frac{\partial}{\partial x}\left[Avc_m + A(\langle \hat{u}\hat{c}\rangle + \langle \overline{u'c'}\rangle)\right] \qquad (12\text{-}149)$$

因为 $\dfrac{\partial}{\partial t}(c_m A) = A\dfrac{\partial c_m}{\partial t} + c_m\dfrac{\partial A}{\partial t}$，$-\dfrac{\partial}{\partial x}(Avc_m) = -c_m\dfrac{\partial(Av)}{\partial x} - Av\dfrac{\partial c_m}{\partial x}$；另外，由流入、流出微小控制体的流量差，应等于内部体积的变化，即 $\dfrac{-\partial(Av)}{\partial x}\mathrm{d}x\mathrm{d}t = \dfrac{\partial(A\mathrm{d}x)}{\partial t}\mathrm{d}t$ 或 $\dfrac{\partial A}{\partial t} = -\dfrac{\partial(Av)}{\partial x}$。将上述这些关系式代入式（12-149），可得

$$\frac{\partial c_{\mathrm{m}}}{\partial t}+v\frac{\partial c_{\mathrm{m}}}{\partial x}=-\frac{1}{A}\frac{\partial}{\partial x}[A(\langle \hat{u}\hat{c} \rangle+\langle \overline{u'c'} \rangle)] \qquad (12-150)$$

将上式与湍流扩散方程式(12-132)相比较,可以看出:上式等号右边圆括号内的第一项是由于过流断面上流速、质量分数分布不均匀引起的离散,第二项是由于流速、质量分数脉动引起的扩散。实践表明,在管流或明渠流中,离散占有很重要的地位,不可忽略;而在很多情况下,湍流扩散却可忽略不计。

类似于在§12-7中对湍流扩散项的讨论,采用比拟的方法,可令

$$\langle \overline{u'c'} \rangle = -E_x \frac{\partial c_{\mathrm{m}}}{\partial x} \qquad (12-151)$$

式中:E_x 为断面平均湍流扩散系数,简称湍流扩散系数。

同样,采用比拟的方法,可令

$$\langle \hat{u}\hat{c} \rangle = -E_{\mathrm{L}} \frac{\partial c_{\mathrm{m}}}{\partial x} \qquad (12-152)$$

式中:E_{L} 称为剪切流纵向离散系数,简称离散系数。

将上述两式代入式(12-150),可得

$$\frac{\partial c_{\mathrm{m}}}{\partial t}+v\frac{\partial c_{\mathrm{m}}}{\partial x}=\frac{\partial}{A \partial x}\left[A(E_{\mathrm{L}}+E_x)\frac{\partial c_{\mathrm{m}}}{\partial x}\right] \qquad (12-153)$$

上式即为一维剪切流的离散方程,简称离散方程。

对于直径不变的管流或明渠均匀流来讲,因过流断面面积 A 为常数,所以上式为

$$\frac{\partial c_{\mathrm{m}}}{\partial t}+v\frac{\partial c_{\mathrm{m}}}{\partial x}=\frac{\partial}{\partial x}\left[(E_{\mathrm{L}}+E_x)\frac{\partial c_{\mathrm{m}}}{\partial x}\right] \qquad (12-154)$$

在实用上,有时将 E_L 和 E_x 结合在一起,即

$$K = E_{\mathrm{L}} + E_x \qquad (12-155)$$

式中:K 称为综合扩散系数或混合系数。

若综合扩散系数沿程不变,则式(12-154)为

$$\frac{\partial c_{\mathrm{m}}}{\partial t}+v\frac{\partial c_{\mathrm{m}}}{\partial x}=K\frac{\partial^2 c_{\mathrm{m}}}{\partial x^2} \qquad (12-156)$$

上式与一维移流扩散方程式(12-113)的形式相同,所以在数学上求解的方法亦相同,并可移用移流扩散方程的解。当然,它们各自所代表的物理意义是有区别的,特别是综合扩散系数 K 与分子扩散系数 D 有本质的区别。

求解离散方程的关键在于确定离散系数 E_{L} 或综合扩散系数 K。显然,它们与过流断面上流速分布的情况有关,需对不同情况进行理论和实验的研究。

根据泰勒的研究成果，圆管湍流的离散系数 E_L、湍流扩散系数 E_x、综合扩散系数 K 分别为

$$E_L = 10.06 r_0 v_*, \quad E_x = 0.052 r_0 v_*, \quad K = 10.1 r_0 v_* \qquad (12\text{-}157)$$

式中：r_0 为圆管半径；v_* 为动力速度，由式(7-9)知 $v_* = \sqrt{\dfrac{\tau_0}{\rho}} = \sqrt{gJR}$。

由上式可知，$E_x \ll E_L$，说明离散远大于湍流扩散。上述结论与实验结果比较接近。实际工程管道中的流动，由于情况比较复杂，与上述系数值略有不同，需通过实验加以修正。

根据艾尔德(Elder)的研究成果，二维宽矩形明渠均匀流的离散系数 E_L、湍流扩散系数 E_x、综合扩散系数 K 分别为

$$E_L = 5.86 h v_*, \quad E_x = 0.068 h v_*, \quad K = 5.93 h v_* \qquad (12\text{-}158)$$

式中：h 为明渠流水深，v_* 为动力速度。

以上是理论分析的结果，据艾尔德本人的实验，K 值偏低，主要原因是由于假定各向同性，即 $E_x = E_z$（垂向湍流扩散系数），实际上 $E_x > E_z$。实验得到的 $E_x = 0.23 h v_*$，所以 $K = E_L + E_x = 5.86 h v_* + 0.23 h v_* \approx 6.1 h v_*$，这和实验结果 K 为 $6.3 h v_*$ 较接近。另外，还应指出，艾尔德实验的雷诺数 Re 较小，切应力 τ 值较小，不能得到精度较高的结果。艾尔德的结果不能直接用于不规则明渠或天然河道，但它的数量级是正确的。

例 12-8 某水管直径 $d = 500$ mm，断面平均流速 $v = 0.5$ m/s，综合扩散系数 $K = E_L + E_x = 0.4$ m²/s。在初始时刻 $t = 0$ 时，在 $x = 0$ 的原点断面，瞬时投放 1 kg 的盐。试求在 $t > 0$ 的任一时刻的最大质量分数 c_{max} 的表达式和 $t = 60$ s 时的 c_{max} 值以及同一时刻 $x = 20$ m 处的质量分数 c。

解：（1）按剪切流瞬时点源一维移流离散计算，移用一维移流扩散方程的解式(12-116)，可得

$$c(x,t) = \frac{m}{A\sqrt{4\pi Kt}} \exp\left[\frac{-(x-vt)^2}{4Kt}\right] \qquad (1)$$

因式(12-116)是对单位面积而言，现水管横断面面积 A 不等于 1 个单位面积，所以上式中出现面积 A。

由上式可知，当 $x - vt = 0$ 时，c 为最大值 c_{max}，即

$$c_{max} = \frac{m}{A\sqrt{4\pi Kt}} \qquad (2)$$

上式即为 $t > 0$ 的任一时刻的最大质量分数 c_{max} 的表达式。

（2）$t = 60$ s 时，最大质量分数所在断面的 x 坐标为 $x = vt = 0.5 \times 60$ m $= 30$ m。代入式(2)即得此时的最大质量分数 c_{max} 为

$$c_{max} = \frac{1 \times 4}{\pi \times 0.5^2 \sqrt{4\pi \times 0.4 \times 60}} \text{ kg/m}^3 = 0.293 \text{ kg/m}^3$$

(3) 由式(1)得,同一时刻 $x = 20$ m 处的质量分数 c 为

$$c = \frac{1 \times 4}{\pi \times 0.5^2 \sqrt{4\pi \times 0.4 \times 60}} \exp\left[\frac{-(20-0.5 \times 60)^2}{4 \times 0.4 \times 60}\right] \text{ kg/m}^3$$

$$= 2.933 \times e^{-1.0417} \text{ kg/m}^3 = 0.103 \text{ kg/m}^3$$

*12-8-2 天然河流中的混合和离散简介

生活或工业污水(包括电厂冷却水——温水),一般是通过排污管道或明渠泄入河流,为恒定的时间连续点源。污水泄入河流后,与河水的混合,一般可分为三个阶段,如图12-23所示。第一阶段为初始稀释阶段,污水离开排污口后以射流或浮射流的形式与周围水体混掺扩散,使污水得到初步的稀释。当射流的动量或浮力作用逐渐消失后,进入第二阶段为污染带扩展阶段。污水初步稀释后,如尚未扩展到河流的全断面,污水将以与河水一样的流速随之运动,并由于湍流运动而继续横向扩散。从初始稀释阶段结束,到污水扩展到全河宽,有一个较长的过程,在这过程中污水仅占据河流一部分空间,即所谓污染带。当污水扩展到全河宽后,还需经过一段距离才能达到全断面上的均匀混合,进入第三阶段为纵向离散阶段。第三阶段的特点是已经不存在横向展宽,主要是沿纵向的扩散,又是以离散为主。

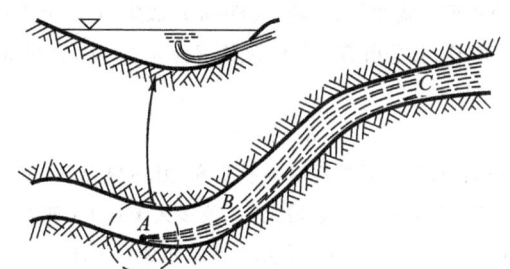

A—初始稀释阶段;B—污染带扩展阶段;C—纵向离散阶段

图 12-23

上述的第一阶段,发生在排污口附近的水域,常称为近区,也就是从污水进入河流到垂线上浓度均匀混合的范围。近区的混掺、扩散过程比较复杂,需与排污口布置、形式、污水出流性质,以及接受水域的特性结合起来考虑,一般是三维问题,在特定条件下也可能简化为二维问题。上述第二、第三阶段发生在距排污口较远的水域,常称为远区。第二阶段,严格讲也是三维扩散问题;由于天然河流的水深常比河宽要小得多,污水很快在垂向完全混合,浓度分布较均匀,而后主要是横向扩散;若污水与周围水体密度相同,则常在垂向取平均值,按纵向、横向二维问题来处理。第三阶段,一般按纵向离散分析。

本节只讨论远区第二阶段的二维扩散和第三阶段的一维纵向离散。因为远区的扩散方

程和离散方程与前面介绍的相同,所以求解时需知道河流各个方向的湍动扩散系数和纵向离散系数,下面分别介绍之。

1. 河流中的湍流扩散系数和纵向离散系数

(1) 垂向湍流扩散系数

河流中垂向湍流扩散系数的研究,主要是二维明渠均匀流的。根据艾尔德的研究成果,垂向湍流扩散系数 E_z 为

$$E_z = 0.068 h v_* \tag{12-159}$$

式中符号的意义与式(12-158)中的相同。

上式已被其他人在水槽实验中所证实。我国河海大学水利研究所,根据对国内一些天然河流的研究表明,对于内陆河流,上式是适用的;对于潮汐河流则涨潮与退潮的有所不同。

(2) 横向湍流扩散系数

因为天然河流的纵横剖面变化较大,且常不规则,岸边还有各种建筑物的影响等,都使流动在横向分布不均匀,引起横向扩散。由于影响因素复杂,目前还不可能利用求垂向湍流扩散系数的方法来建立横向湍流扩散系数的关系式,而只能根据实验和观测资料来确定这个系数的范围。设仍用垂向湍流扩散系数表达式的形式来表示横向湍流扩散系数,即

$$E_y = \alpha_y h v_* \tag{12-160}$$

式中:α_y 为量纲一的系数。实践表明,对于不同特征的明渠流和河流,系数 α_y 值的范围较宽。

对于矩形断面顺直的明渠流来讲,费希尔(Fischer)收集 70 多个实验资料,发现除灌溉渠道的 α_y 值为 0.24～0.25 外,几乎所有其他情况的值为 0.1～0.2。因此,他提出取其平均值来估算,即

$$E_y \approx 0.15 h v_* \tag{12-161}$$

对于弯曲的和不规则的河流,虽然也有一些研究,但不很充分。按已有的实验和观测资料,河道的不规则性使横向湍流扩散系数增大,α_y 值多大于 0.4。如河流弯曲较缓,边岸的不规则程度属中等,α_y 值一般为 0.4～0.8。实用上费希尔建议采用

$$\alpha_y = \frac{E_y}{h v_*} = 0.6 \times (1 \pm 50\%) \tag{12-162}$$

(3) 纵向湍流扩散系数

从性质上讲,湍流引起的纵向扩散和横向扩散都不受边界的制约,因而可预计纵向和横向湍流扩散会有相同量级。由于纵向湍流扩散和纵向离散的作用常混在一起,实验量测的资料很难把它们分开,所以难以获得纵向湍流扩散系数值;另外,纵向湍流扩散系数值远小于纵向离散系数值。所以,在实用上一般可略去纵向湍流扩散系数,有关它的研究亦就不那么重要了。

(4) 纵向离散系数

天然河流的断面形态、平面形态、纵向坡度和壁面粗糙情况等都是变化的,因而流速分布在各方向都不均匀,离散作用较大。根据国外一些天然河流的研究资料,纵向离散系数 E_L 值

的变化范围很大,$E_L = (8.6 \sim 7500) h v_*$。所以如何确定河流的纵向离散系数 E_L 值是一个重要而又复杂的问题,目前常用实测资料来计算或用经验公式来估算。

2. 污染带的计算

污染带的计算,主要是确定污染带内质量分数分布、污染带宽度和扩展到全河宽、达到全断面完全混合所需经历的距离。

(1) 污染带内质量分数分布

污水进入河流后,一般都很快在垂向上达到均匀混合。污染带扩展阶段是从垂向均匀混合开始算起,每一条垂线可视为质量分数均匀分布的线源。为使问题的分析简化起见,现以水深为 h 的矩形断面明渠均匀流为例,给予说明。

单位时间内进入线源的扩散质量为 m,质量为 m 的均匀分布线源进入水深为 h 的水流中的输移,它和强度为 $\dfrac{m}{h}$ 的点源在 Oxy 平面上的二维移流扩散相当;x 轴是沿水流方向的纵向坐标,y 轴是沿河宽的横向坐标,如图 12-24 所示。在大多数的情况下,污水是连续排放,作为恒定的时间连续点源。因此可移用时间连续点源二维移流扩散方程的解式(12-127),即

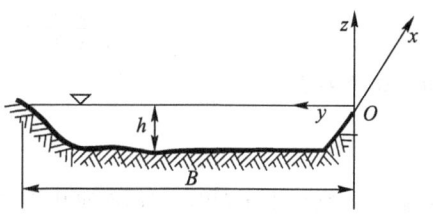

图 12-24

$$c(x,y,t) = \dfrac{m}{vh\sqrt{4\pi E_y x/v}} \exp\left(-\dfrac{vy^2}{4E_y x}\right) \tag{12-163}$$

应注意的是:上式中的 y 值是从源点算起的,也就是讲坐标原点设在点源中心;另外,是对扩展区为无限宽的平面而言的。事实上,河流的宽度 B 是有限的,且两侧均有河岸边界的反射,所以在污水扩展到河岸后需考虑边界反射。在考虑边界反射时,点源的位置是一个重要的参数。点源位置一般有在河岸(排污)和河流中心(排污)两种情况。上式(12-163)适用于点源位置在河流中心排放,且没有河岸边界反射的情况;相当于在无限(二维)空间中排放时的质量分数分布。若点源位置在河岸排放,且没有河流对岸边界反射的情况,则可用像源法来求得近似解。它相当于在半无限(二维)空间中的排放,其解等于无限(二维)空间中相距为 $2b$ 的真源和虚源所产生的浓度分布之和,即

$$c(x,y,t) = \dfrac{m}{vh\sqrt{4\pi E_y x/v}}\left\{\exp\left(-\dfrac{vy^2}{4E_y x}\right) + \exp\left[\dfrac{-v(y+2b)^2}{4E_y x}\right]\right\} \tag{12-164}$$

式中:b 为真源到河岸的距离,因是在河岸排放,所以 $b=0$,则上式为

$$c(x,y,t) = \dfrac{2m}{vh\sqrt{4\pi E_y x/v}}\left[\exp\left(-\dfrac{vy^2}{4E_y x}\right)\right] \tag{12-165}$$

上式说明,当排污质量相等时,对同一横向坐标值的点,由河岸排放所造成的质量分数恰为河流中心排放的 2 倍;实测资料亦表明了这一情况。

(2) 污染带宽度的确定

如果不受边界的约束,横向扩展的范围可以延伸到无限远,没有宽度的范围。但是,在实

际计算时，一般认为当断面边缘点的质量分数为同一断面上最大质量分数的 5% 时，该点即认为是污染带的边界点。对河流中心排污来讲，任何断面上的最大质量分数点是在河流中心线上；对河岸排污来讲，任何断面上的最大质量分数点是在排放河岸。

根据上述原则，污染带宽度的计算，实际上是一个横向质量分数分布问题，只要决定了污染带的质量分数分布计算公式，也就不难得出相应的污染带宽度。对于河流中心排放，且没有河岸边界反射的情况；设排污口下游距离为 x 处的断面中心点最大质量分数为 $c(x,0)$，在该断面上距中心点为 b 的质量分数为 $c(x,b)$。根据 $\dfrac{c(x,b)}{c(x,0)} = 0.05$ 时的 y 值，即为污染带的半宽 b，则由式（12-163）可得

$$\frac{c(x,b)}{c(x,0)} = \exp\left(\frac{-vb^2}{4E_y x}\right) = 0.05$$

由上式，可解出

$$b = 3.46\sqrt{\frac{E_y x}{v}} \tag{12-166}$$

河流中心排放，且为无限（二维）空间时，污染带全宽则为上式的 2 倍。

对于河岸排放，且没有河流对岸边界反射的情况，类似于上述的讨论，可得河岸排放，且为半无限（二维）空间时，污染带全宽 B 的计算式为

$$B = 3.46\sqrt{\frac{E_y x}{v}} \tag{12-167}$$

(3) 达到全断面均匀混合的距离

因点源二维扩散的横向质量分数为正态分布，随着纵向距离的增加，横向质量分数分布曲线会变得愈加平坦而趋向均匀化。如果这种均匀化的趋势达到使断面上的最大质量分数与最小质量分数之差不超过 5%，这在实用上可认为已达到全断面均匀混合。理论分析和实测资料表明，对于河流中心排放，考虑两边河岸边界反射的情况，可用下式估算，即

$$L_m = 0.1\frac{vB^2}{E_y} \tag{12-168}$$

对于河岸排放，用 $2B$ 代替河流中心排放中的 B，考虑河流对岸边界反射的情况，可用下式估算，即

$$L_m = 0.1\frac{v(2B)^2}{E_y} = 0.4\frac{vB^2}{E_y} \tag{12-169}$$

式中：L_m 为排放源至全断面均匀混合的距离；v 为河流的断面平均流速；B 为河宽；E_y 横向湍流扩散系数。

由上两式可知，河岸排放要比河流中心排放大 4 倍的距离，才能达到全断面的均匀混合。

例 12-9 设在一条宽阔而略有弯曲的河流中心，有一工业排污口，恒定连续排放污水。已知污水流量为 $0.2~\text{m}^3/\text{s}$，污水中含有有害物质的质量分数为 100 mg/L，河流水深 $h = 4$ m，断面平均流速 $v = 1$ m/s，动力速度 $v_* = 0.061$ m/s，横向湍流扩散系数 $E_y = 0.6 hv_*$。假定污水

排入河流后,在垂向可立即达到均匀混合。试估算排污口下游 400 m 处污染带宽度和断面上的最大质量分数。

解:(1) 假设排污口下游 400 m 处,在污染带扩展区内。河流中心排放,且没有河岸边界反射时,由式(12-166)可得距离排污口下游 400 m 处的污染带宽度 $B=2b$ 为

$$B = 2b = 2 \times 3.46 \sqrt{\frac{0.6 h v_* x}{v}} = 2 \times 3.46 \sqrt{\frac{0.6 \times 4 \times 0.061 \times 400}{1}} \text{ m} = 52.96 \text{ m}$$

估算 $L_m = 0.1 \dfrac{vB^2}{E_y} = 0.1 \times \dfrac{1 \times 52.96^2}{0.6 \times 4 \times 0.061}$ m $= 1\,915.82$ m>400 m,在污染带扩展区,与上述假设一致。

(2) 排污口下游 400 m 断面上的最大质量分数,由式(12-163)可得

$$c_{\max} = \frac{m}{vh\sqrt{4\pi E_y \dfrac{x}{v}}} = \frac{0.2 \times 100}{1 \times 4 \sqrt{4\pi \times 0.6 \times 4 \times 0.061 \times \dfrac{400}{1}}} \text{ mg/L} = 0.184 \text{ mg/L}$$

例 12-10 设在一条顺直矩形断面河流,有一岸边排污口,恒定连续排放污水。已知河宽 $B = 50$ m,水力坡度 $J = 0.000\,2$,河流水深 $h = 2$ m,断面平均流速 $v = 0.8$ m/s,水流近于均匀流。横向湍流扩散系数 $E_y = 0.4 h v_*$。试估算污染物扩散到对岸以及达到全断面均匀混合,分别距排污口所需的距离。

解:(1) 当尚未到达对岸时,岸边排放质量分数由式(12-165)可得

$$c(x,y) = \frac{2m}{vh\sqrt{4\pi E_y \dfrac{x}{v}}} \exp\left(-\frac{vy^2}{4E_y x}\right) \tag{1}$$

距离为 x 处的断面岸边 ($y=0$) 最大质量分数为 $c(x,0)$,在该断面上距岸边为 B (即对岸) 的质量分数为 $c(x,B)$。当 $\dfrac{c(x,B)}{c(x,0)} = 0.05$ 时的 x 距离,即为污染物扩散到对岸所需的距离 L_B。由式(1)可得

$$\frac{c(x,B)}{c(x,0)} = \exp\left(-\frac{vB^2}{4E_y L_B}\right) = 0.05$$

由上式可解出

$$L_B = \frac{B^2 v}{11.98 E_y} \tag{2}$$

因为水力半径 $R \approx h$,所以 $v_* = \sqrt{gJR} = \sqrt{9.8 \times 0.000\,2 \times 2}$ m/s $= 0.062\,6$ m/s。$E_y = 0.4 h v_* = 0.4 \times 2 \times 0.062\,6$ m^2/s $= 0.05$ m^2/s。将已知值代入式(2),可得

$$L_B = \frac{50^2 \times 0.8}{11.98 \times 0.05} \text{ m} = 3\,338.9 \text{ m}$$

(2) 由式(12-169)可求得污染物达到全断面均匀混合所需距排污口的距离 L_m 为

$$L_m = 0.4 \frac{vB^2}{E_y} = 0.4 \times \frac{0.8 \times 50^2}{0.05} \text{ m} = 16\,000 \text{ m} > L_B = 3\,338.9 \text{ m}$$

说明距排污口下游距离大于 $3\,338.9$ m 后,排放要受河流对岸边界反射影响,所以是估算。

§12-9　地下水流的弥散

地下水流中扩散质（污染物）的扩散、弥散（离散）很复杂，它和前面介绍的管、渠流等有类同之处，亦有不同之处。地下水流呈层流时，其中的扩散质，除了有移流外，还有在土壤多孔介质中的分子扩散和由于在土壤多孔介质中流速分布不均匀而引起的分散（扩散）现象，后者称为地下水流的弥散或分散或离散。本节主要讨论地下水流呈层流时的扩散质的弥散。现先介绍地下水流的弥散现象和机理。

12-9-1　弥散的现象和机理

设有一地下水流，在被水所饱和的均质各向同性多孔介质（土壤）中，作一维恒定均匀流动；在流动区域的一部分，持续含有标志（如颜色）的扩散质（示踪剂）。当地下水开始流动时，扩散质随着流动要逐渐移流扩散，并不断占有流动区域中越来越大的部分，超出了仅按均匀流动所预计的占有区域，如图12-25所示。在这一过程中，扩散质与地下水流相互混合。如果在流动开始时，由扩散质占据的区域，具有一个能与地下水体分清的突变界面，则在以后的流动时间内，不能按均匀流速来确定任何一个突变界面的位置，代替它的是产生一个越来越宽的过渡带。通过这一过渡带，扩散质的质量分数，从它开始时的，渐变到原地下水流中含有的扩散质质量分数（可以为零）。

这一现象，也可由一简单的实验来说明。设有一被水所饱和的均质各向同性的砂柱，水在其间作一维恒定均匀流动。在某一瞬间（$t=0$），用含有标志（如颜色）的扩散质，其质量分数为c_0的盐水，连续恒定地从砂柱始端注入，开始驱替砂柱中原来没有扩散质的水。在砂柱末端测量扩散质质量分数随时间的变化$c(t)$，绘出扩散质相对质量分数$\dfrac{c(t)}{c_0}$和时间t的关系曲线，称为穿透曲线，如图12-26所示。如果没有弥散现象，穿透曲线应如图12-26中虚线所示，即有一个以匀速移动的直立锋面。但是，实际上观测到的穿透曲线则如图12-26中实线所示。它说明扩散质与地下水超前于驱替的均速而发生混合，它们之间有一扩散质质量分数渐变的过渡带。

上述现象的机理，是含有扩散质的水体（水溶液），通过土壤孔隙中的运动和发生在孔隙中的各种物理及化学现象的综合表现。当水体在土壤孔隙中流动

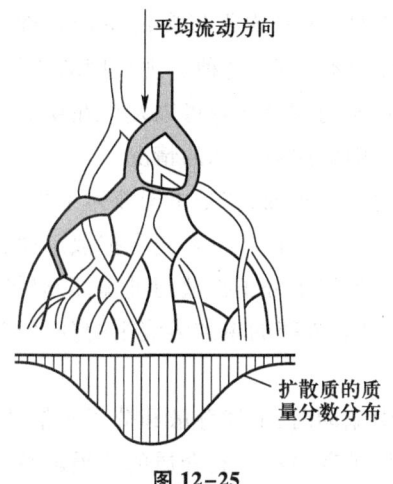
图 12-25

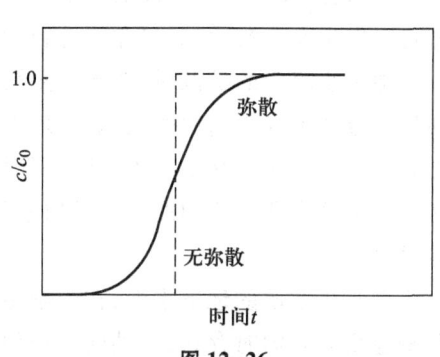
图 12-26

时,固相和水体液相之间的相互作用是非常复杂的,包括扩散质和固体表面上的吸附、沉淀、溶解、离子交换、化学或生物反应等。但是,在通常情况下,主要是机械作用,即由于土壤孔隙(结构)系统的存在,使水体的速度在孔隙中的分布,无论是大小和方向都不均一的作用。例如,由于水体的黏性,使土壤孔隙通道轴线处的流速大,而靠近通道壁处的流速小,如图 12-27a 所示;由于通道口径大小的不均匀,引起沿通道轴线处的最大流速的差异,如图 12-27b 所示;由于土壤固体颗粒的切割阻挡,致使水体不是按均速方向流动,而是迂回曲折,如图 12-27c 所示。正是由于土壤孔隙系统中水体速度分布的不均一性,使得开始彼此靠近的扩散质,在流动过程中不断地分散,并占据土壤多孔介质中越来越大体积,超出了仅按匀速流动所预期的扩散范围。两相混合液体,流过土壤多孔介质,由于流速分布不均匀而引起的这种扩散质分散(扩散)现象,称为地下水流的(机械)弥散或离散。

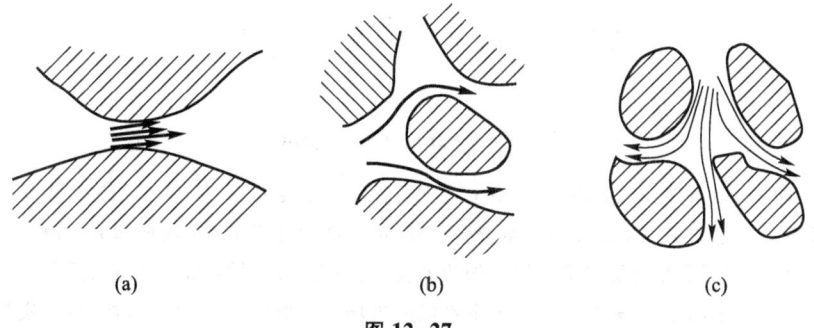
图 12-27

土壤多孔介质除了有上述尺度的不均匀性外,还有宏观尺度的不均匀性。例如,流动区域的不同部分,它们的渗透情况可能不一样,这种宏观尺度的不均匀性,也是造成扩散质弥散的一个原因。地下水流的弥散现象可以发生在层流,亦可以发生在湍流,我们仅介绍符合达西定律范围的层流状态的情况。

地下水流中的扩散质,在土壤多孔介质中的分子扩散,亦是由于液体中扩散质质量分数差异而引起的,在静止地下水中亦存在。它们亦符合斐克扩散定律,但是因为土壤多孔介质中固体颗粒骨架的存在,阻挡了分子扩散的过程,所以扩散质在土壤多孔介质中的分子扩散系数要小于没有骨架的单纯溶液中的分子扩散系数。

含有扩散质的地下水流,在土壤多孔介质中流动时,上述弥散和分子扩散两种输运现象是同时存在,并共同起作用。弥散使扩散质沿多孔介质的通道输移;分子扩散不仅使同一通道中的扩散质质量分数趋于均一,而且还可使扩散质从一个通道输移到另一个通道。显然,它们都会使扩散质既沿均速方向扩展,称为纵向弥散;又沿垂直于均速方向扩展,称为横向弥散。

地下水流的污染,一般亦是关注污染物质质量分数的时空分布。为此,和前面介绍的剪切流的离散一样,要建立地下水移流弥散方程,从而求得扩散质的时空分布规律,为工程实践服务。

*12-9-2 地下水移流弥散方程

研究地下水流中扩散质的移流弥散,一般可分两步进行。首先弄清楚扩散质在没有多孔介质的流体中是怎样输运的,并导出其质量守恒和移流扩散方程。然后,再设法把相应的方程转换为地下水的移流弥散方程,简称弥散方程。

在§12-6 中,根据质量守恒和斐克定律,导出了没有多孔介质的两相混合流体的移流扩散方程式(12-111),即

$$\frac{\partial c}{\partial t}+u_x\frac{\partial c}{\partial x}+u_y\frac{\partial c}{\partial y}+u_z\frac{\partial c}{\partial z}=D\left(\frac{\partial^2 c}{\partial x^2}+\frac{\partial^2 c}{\partial y^2}+\frac{\partial^2 c}{\partial z^2}\right)$$

或

$$\frac{\partial c}{\partial t}=D\mathrm{div}\,(\mathbf{grad}\,c)-\boldsymbol{u}\cdot\mathbf{grad}\,c$$

根据一定的初始条件和边界条件,可由上式求得扩散质浓度的时空分布。如果直接从上述方程来求解地下水中扩散质浓度的时空分布,则需把土壤的骨架作为问题的边界。由于土壤结构的复杂性,实际上是无法弄清楚这样的边界,因此是无法得到结果的。所以,需要另外设法解决。一个简单的办法,是直接对在地下水流的流场中所取的微元(控制)体,根据质量守恒和斐克扩散定律,运用时空平均运算法则和比拟方法,求得地下水流的移流弥散方程。这种

办法比较粗糙,没有考虑土壤多孔介质的结构等情况,对弥散机理和各种参数之间的内在联系反映不够。另一办法,是根据地下水流复杂的移流弥散的实际情况,抓住最本质的属性和最基本的特征进行简化,建立能使用数学处理的物理模型(理想模型)。然后,从导出的两相混合流体移流扩散方程式(12-111)出发,运用时空平均运算法则和比拟方法,求得地下水流的移流弥散方程。研究土壤多孔介质中物质输运的物理模型,大致可分为三类。一类是几何模型,最简单的是把土壤多孔介质的结构,简化为细管束(细管模型),研究水体和扩散质在其中的运动规律。另一类是统计模型,它是根据水体、扩散质质点的运动和分子扩散、弥散以及孔隙通道均具有随机性的特征而建立起来的,使用统计方法来预测大量质点运动的平均结果。再一类是统计几何模型,它是前两类模型的结合。

上述两种办法,都需要通过室内或野外的试验,来确定所得方程的各种系数。有关这方面的详细介绍,可参阅 Bear 著的《多孔介质流体动力学》。上述两种办法,获得的地下水流的移流弥散方程式有的是类同的,目前比较广泛应用的如下式(为简化起见,因用平均法得到的方程式中 c,u' 等平均值,均不标平均符号了):

三维移流弥散方程为

$$\frac{\partial c}{\partial t} = \frac{\partial}{\partial x}\left(D'_{xx}\frac{\partial c}{\partial x} + D'_{xy}\frac{\partial c}{\partial y} + D'_{xz}\frac{\partial c}{\partial z}\right) +$$

$$\frac{\partial}{\partial y}\left(D'_{yx}\frac{\partial c}{\partial x} + D'_{yy}\frac{\partial c}{\partial y} + D'_{yz}\frac{\partial c}{\partial z}\right) +$$

$$\frac{\partial}{\partial z}\left(D'_{zx}\frac{\partial c}{\partial x} + D'_{zy}\frac{\partial c}{\partial y} + D'_{zz}\frac{\partial c}{\partial z}\right) -$$

$$u'_x \frac{\partial c}{\partial x} - u'_y \frac{\partial c}{\partial y} - u'_z \frac{\partial c}{\partial z} \tag{12-170}$$

或

$$\frac{\partial c}{\partial t} = \mathrm{div}(D' \mathbf{grad}\ c) - \mathbf{u}' \cdot \mathbf{grad}\ c \tag{12-171}$$

二维移流弥散方程为

$$\frac{\partial c}{\partial t} = \frac{\partial}{\partial x}\left(D'_{xx}\frac{\partial c}{\partial x} + D'_{xy}\frac{\partial c}{\partial y}\right) + \frac{\partial}{\partial y}\left(D'_{yx}\frac{\partial c}{\partial x} + D'_{yy}\frac{\partial c}{\partial y}\right) -$$

$$u'_x \frac{\partial c}{\partial x} - u'_y \frac{\partial c}{\partial y} \tag{12-172}$$

一维移流弥散方程为

$$\frac{\partial c}{\partial t} = \frac{\partial}{\partial x}\left(D'_L \frac{\partial c}{\partial x}\right) + \frac{\partial}{\partial y}\left(D'_T \frac{\partial c}{\partial y}\right) - u'_x \frac{\partial c}{\partial x} \tag{12-173}$$

上述三式中,u' 为液体在土壤孔隙中的实际流速,即为第十一章渗流中介绍的孔隙中真实渗流速度,所以 $u' = \dfrac{u}{n}$,u 为渗流模型中的渗流速度,可按达西定律计算,n 为土壤的孔隙率,可用实验方法确定,亦可从有关资料手册中查到,几种土壤类型的 n 值可参阅表 11-1;u'_x, u'_y, u'_z

为流速 u' 在 x,y,z 轴向的分量;D' 为地下水流的综合扩散系数,又称动力弥散系数,它是土壤多孔介质中两相混合液体的分子扩散系数 D_m 和弥散系数(机械弥散系数)D_d 之和,它们都是二阶(秩)对称张量;土壤多孔介质中的分子扩散系数 $D_m = DT$,D 为二相混合液体(溶液)中的分子扩散系数,T 为细管模型中的细管弯曲率,$T = \left(\dfrac{L}{L_e}\right)^2$,$L_e$ 为细管轴与均匀流动方向 (x 轴方向)在同一平面上的弯曲长度,它在 x 轴上的投影长度为 L,$0<T<1$,细管弯曲率 T 与土壤孔隙率 n 有一经验关系式,$T = (1/n^{-0.25})^2 = (n^{0.25})^2$;$D'_L$ 为纵向综合扩散系数,D'_T 为横向综合扩散系数。

上述三式与前面介绍的层流或湍流的移流扩散方程的形式相同,所以在数学上求解的方法亦相同,并可根据条件移用它们的解。当然,它们各项所代表的物理意义是有区别的,有的有本质的区别。

求解地下水流的移流弥散方程的关键,很大程度上在于确定综合扩散系数 D'。为了研究它与速度分布和分子扩散之间的关系,曾做过大量的实验。较早的实验,大多是涉及纵向综合扩散系数 D'_L 的。例如,在砂柱的一端,持续引入含有扩散质量分数不变的水体,在另一端测量流出水体中的扩散质量分数,将其结果与这一模型的解析解做对比,就能求得 D'_L 值。Klotz 等人(1980)做了大量室内和野外的试验,研究松散岩石中纵向、横向综合扩散系数与水体在土壤孔隙中实际流速的关系。他们把纵向综合扩散系数 D'_L 表示为下列形式,即

$$D'_L = \alpha_L u'^m \tag{12-174}$$

式中 α_L 称纵向弥散度(离散度),u' 为水体在土壤孔隙中的实际流速,m 为待定的指数。实验表明,α_L 主要依赖于土壤颗粒的平均粒径和均匀程度,后者常用在第十一章中提及的土壤不均匀系数 $\eta = d_{60}/d_{10}$ 来表示。室内实验所得 α_L 值,见表 12-3。从表中可以看出,m 值的变化范围是

$$1.07 \leqslant m \leqslant 1.1 \tag{12-175}$$

表 12-3 不同粒径土壤的纵向弥散度 α_L 值

粒径的变化范围 d/mm	平均粒径 d_{50}/mm	不均匀系数 η	指数 m	纵向弥散度 α_L	最小的平均流速 u'/(m/s)
0.4~0.7	0.61	1.55	1.09	3.96×10^{-3}	10^{-5}
0.5~1.5	0.75	1.85	1.10	5.78×10^{-3}	8×10^{-5}
1~2	1.6	1.6	1.10	8.80×10^{-3}	1.5×10^{-4}
2~3	2.7	1.3	1.09	1.30×10^{-2}	2×10^{-4}
5~7	6.3	1.3	1.09	1.67×10^{-2}	3×10^{-4}
0.5~2	1.0	2	1.08	3.11×10^{-3}	5×10^{-3}
0.2~5	1.0	5	1.08	8.30×10^{-3}	5×10^{-3}
0.1~10	1.0	10	1.07	1.63×10^{-2}	5×10^{-3}
0.05~20	1.0	20	1.07	7.07×10^{-2}	5×10^{-3}

Klotz 等人利用单井抽水、多井观测做了野外实验,得到的 α_L 值比室内实验所得的结果大很多,有人认为这可能是由于野外的土壤多孔介质具有较大的不均匀系数所造成的。亦有人发现 α_L 的大小依赖于实验的规模或尺度,这亦是目前弥散理论需要进一步解决的一个问题。一种解释是在野外的实验尺度比室内大得多,因而多孔介质的宏观不均匀性起了作用,造成了物质输运过程中附加的弥散。

对于横向综合扩散系数 D'_T,可以写出一个类似的关系式为

$$D'_T = \alpha_T u'^m \tag{12-176}$$

式中:α_T 称为横向弥散度。Klotz 等人(1980)得到的 m 值与式(12-175)的相同,但 α_T 比 α_L 小 6～20 倍。

纵向、横向综合扩散系数,还有其他的计算公式,在此不一一介绍了,在具体计算时,要慎重选择或做实验确定。

*12-9-3 地下水移流弥散方程解析解举例

地下水移流弥散方程一般是抛物线型二阶线性偏微分方程。如前所述,其求解方法,一般有解析解法、近似解法或数值计算解法。实际发生的地下水污染扩散问题是相当复杂的,只有对复杂问题加以抽象和简化,或在很简单的边界条件下才能有解析解。这样求得的结果,可能是比较粗略的;但是,由于它所需要的基本数据一般较少,相对来讲便于应用。另外,由于污染物在土壤和地下水流中的输移、转化相当复杂,各种参数很难准确确定;当参数有较大误差时,求解方法精确,其结果也不会很理想。所以,当所研究的地下水污染系统的参数数据较少,或有较大的不确定性时,解析解作为初步预测地下水污染程度,或进行实验设计,求得有关参数或校核数值计算方法等方面还是有用的。国内外除了重视研究数值计算方法外,对解析解法的研究还是做了工作,出现了新的解析解法和应用实例。下面介绍两个简单情况的解析解。

1. 瞬时点源扩散

设有一无边界的均质各向同性的土壤多孔介质,孔隙率为 n,其内存储饱和静止液体(水)。某一时间,在其间一点处,瞬时释放质量为 m 的扩散质,试求其浓度时空分布规律。因为是静止液体,所以是地下水流动的特例,但是它是一个最基本的解,且对理解一些基本概念是很有益的。

根据上述情况,地下水移流弥散方程式(12-170)可简化为

$$\frac{\partial c}{\partial t} = D_m \left(\frac{\partial^2 c}{\partial x^2} + \frac{\partial^2 c}{\partial y^2} + \frac{\partial^2 c}{\partial z^2} \right)$$

式中:D_m 为土壤多孔介质中两相混合液体的分子扩散系数。若把点源所在的位置取为坐标原点,建立球坐标系,则可得

$$\frac{\partial c}{\partial t} = \frac{D_m}{r^2} \frac{\partial}{\partial r} \left(r^2 \frac{\partial c}{\partial r} \right) \tag{12-177}$$

式中：r 为空间任一点距坐标原点的径向距离。

初始条件：$t=0$，$c=0$，$r>0$

边界条件：$r=0$，c 为有限值
$\left.\begin{matrix}\end{matrix}\right\}$ $(t>0)$
$r\to\infty$，$c=0$

另外，瞬时释放扩散质质量为 m，根据质量守恒定律，在整个区域内扩散质之和总是等于 m，即

$$4\pi n\int_0^\infty cr^2\,\mathrm{d}r=m$$

式中：n 对于饱和地下水即为孔隙率。

因为上述方程与初始条件、边界条件，和§12-5中介绍的分子扩散的类同，所以可以移用已求得的解式(12-96)，即可得

$$c(r,t)=\frac{m/n}{8(\pi D_m t)^{3/2}}\exp\left(-\frac{r^2}{4D_m t}\right) \tag{12-178}$$

在这里需注意，上式(12-178)等号右边的 m/n 项，它不同于式(12-96)中该项仅为 m；式中 D_m 不同于 D。

2. 时间连续点源—维移流弥散

地下水移流弥散方程常较复杂，为简化方程，一般认为地下水流动是一维恒定流动，且其系数均为常数。设有一半无限均质各向同性的多孔介质砂柱，水在其中作一维恒定均匀流动。初始时，砂柱中不含扩散质，在某一时间($t\geqslant 0$)，在砂柱始端($x=0$)处连续恒定注入质量分数 $c=c_0$ 的扩散质，试求其质量分数时空分布规律。

上述情况，常见于室内试验和野外的情况。在室内，如在相当长的砂柱中，保持有一恒定均匀渗流；某一时间，在其始端持续注入质量分数为 c_0 的扩散质，观测质量分数时空分布情况或测定纵向综合扩散系数。在野外，则如持续的污染河水，切割地下含水层，而地下含水层始终存在恒定均匀一维流动的情况，如图12-28所示。

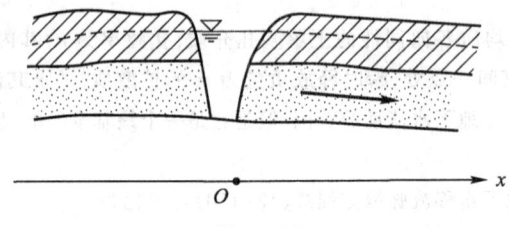

图 12-28

根据上述情况，若不计横向综合扩散系数，即 $D_T'=0$，则由式(12-173)可得

$$\frac{\partial c}{\partial t}=D_L'\frac{\partial^2 c}{\partial x^2}-u_x'\frac{\partial c}{\partial x}$$

式中：D_L' 是纵向综合扩散系数，u_x' 是水体在砂柱孔隙中的实际流速，c_0 是持续给定的质量分数。

初始条件：
$$c(x,0)=0, \quad x>0$$

边界条件：
$$c(0,t)=c_0, \quad t\geq 0$$
$$c(\infty,t)=0, \quad t\geq 0$$

上述方程可用拉普拉斯变换法解得

$$c(x,t)=\frac{c_0}{2}\left\{\operatorname{erfc}\left(\frac{x-u_x't}{2\sqrt{D_L't}}\right)+\exp\left(\frac{u_x'x}{D_L'}\right)\operatorname{erfc}\left(\frac{x+u_x't}{2\sqrt{D_L't}}\right)\right\} \tag{12-179}$$

当 $\frac{u_x'x}{D_L'}>10$ 时，上式等号右边第二项和第一项相比，可以忽略不计，可得近似解为

$$c(x,t)=\frac{c_0}{2}\operatorname{erfc}\left(\frac{x-u_x't}{2\sqrt{D_L't}}\right) \tag{12-180}$$

式(12-179)的特性，如图 12-29 所示。对于给定的流速(如 0.1 m/d)，在 D_L' 小的情况，浓度随距离的变化比较陡。

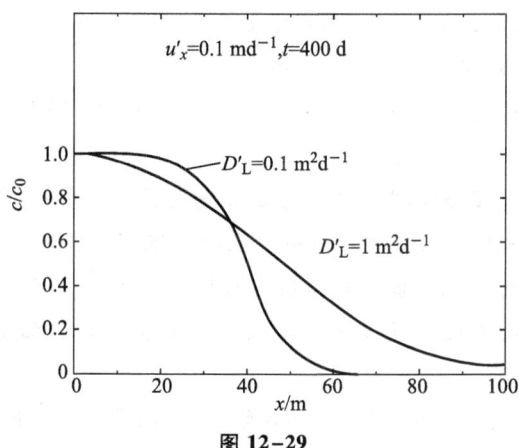

图 12-29

关于其他一些典型情况的解析解，在此不一一介绍了。如前所述，解析解亦仍有进展，常用的几个解析解公式已有了标准曲线和计算机程序供选用。

思考题

12-1　射流的概念是什么？它从不同角度可分为哪几种类型？各有什么特征？

12-2　圆形断面恒定湍流自由淹没射流是怎样形成的？流动形态稳定后，整个射流可划分为哪几个区段？

12-3 圆形断面湍流淹没水平射流主体段有哪三个重要特性？铅垂向上液体射流各断面上的动量是否守恒？

12-4 阿尔伯逊提出的圆形断面射流和平面射流主体段中流速分布、流量沿程变化、示踪物质质量分数分布的规律是怎样的？为什么射流的沿程流量随着极点距的增大而增大？

12-5 阿勃拉莫维奇提出的射流新计算方法和阿尔伯逊方法，在分析、推导和得到的流速分布等规律方面，有什么异同？

12-6 阿勃拉莫维奇提出的射流新计算方法和原计算方法有什么异同？

12-7 流体中的扩散有哪几种？扩散质的概念是什么？扩散质在一般的输移理论中是怎样认为的？

12-8 分子扩散方程（斐克第二定律）反映了什么规律？它的数学求解与什么有关？

12-9 瞬时点源一维、二维、三维分子扩散方程的解是怎样的？它们的质量分数分布分别呈什么形状？一侧有完全反射边界的一维扩散边界处的质量分数和没有边界该处的质量分数成什么关系？

12-10 如何运用瞬时点源分子扩散方程的解，来得到时间连续点源三维分子扩散方程的解？

12-11 层流三维移流扩散方程的物理意义是什么？如何运用瞬时点源分子扩散方程的解，来得到均匀流场中瞬时点源层流移流扩散方程的解？

12-12 湍流的移流扩散方程和层流的移流扩散方程有什么异同？

12-13 应用时间连续点源三维湍流的移流扩散方程的解（高斯模式）时，要注意哪些条件？

12-14 高架处时间连续点源，一侧有边界（地面）的湍流扩散，在地面轴线质量分数分布的规律和哪些因素有关？在其他条件不变的情况下，提高污染源的高度，是否可减少地面上的质量分数？

12-15 一维剪切流的离散概念是什么？它的离散方程与一维移流扩散方程有什么异同？

12-16 污水泄入河流后，与河水混合，一般可分为哪几个阶段？各有哪些特点？

12-17 污染带的概念是什么？它的计算主要包括哪些内容？在矩形断面明渠均匀流中，污染带内质量分数分布的规律是怎样的？它和污染点源的位置是否有关？

12-18 地下水流的弥散概念是什么？地下水移流弥散方程与层流的移流扩散方程有什么异同？

习题

12-1 一直径 $d_0=60$ cm 的管道出口淹没于水下，沿水平方向将废水泄入相同密度的清洁水中，泄水流量 $Q=0.5$ m³/s，试计算距出口距离 $x=10$ m 处轴线流速 u_m，并点绘该断面上流速分布。

12-2 设某排污圆管，将生活污水排入湖泊；射流出口断面直径 $d_0=0.2$ m，出口流速 $u_0=4$ m/s，出口污水质量分数 $c_0=1\ 200$ mg/L，出口平面位于湖面下 24 m，出流方向铅垂向上，污水与湖水密度基本相同。不考虑射流对水面冲击引起局部升高波动的影响和自由表面的反射，按淹没自由射流粗略估算。试求污水到达湖面处的最大流速 u_{max}、最大质量分数 c_{max} 和断面平均稀释度 $\bar{s}$。

12-3 设如习题 12-2 所述的情况，但射流出口为狭长的矩形孔口，孔口断面高度 $2b_0=0.2$ m。按淹没自由射流粗略估算。试求污水到达湖面处的最大流速 u_{max}、最大质量分数 c_{max} 和断面平均稀释度 $\bar{s}$。

12-4 设喷口到工作区的距离 $L=32$ m，要求该区的质量平均风速不超过 0.2 m/s，喷口断面风速 $v_0=10$ m/s 且均匀分布 ($\beta=1$)，极点到喷口间距离 x_0 可忽略不计，试求喷嘴直径 d_0 和出口风量 Q_0。

12-5 某污染气体排出口直径为 0.2 m，出口断面质量分数为 c_0，水平射入清洁的大气中试求距排出口多远才能使污染气体的质量分数降低为 $\dfrac{c_0}{50}$，忽略污染气体与大气密度差的影响。设出口断面上流速均匀分布，$\beta=1$。

12-6 设有空气平面射流从一长窄缝射入等温的大气中，如射流出口流速为 1.5 m/s，缝高为 10 cm，试求全部流速降低到 0.5 m/s 以下处离出口的最小距离 x。设出口断面上流速均匀分布，$\beta=1$。

12-7 清除沉降室中灰尘的吹吸系统如图所示。已知室长 $L=6$ m，室宽 $B=5$ m，吹风口高度 $h_1=0.15$ m，宽度等于室宽。由于贴附底板，射流可近似地视为以底板为中轴线的半个平面射流。试求吸风口高度 h_2（宽度等于室宽）和要求吸风口速度 $v_2=4$ m/s 时的吹风口风量 Q_0，以及吸风口的风量 Q。设风口断面上风速均匀分布，$\beta=1$。

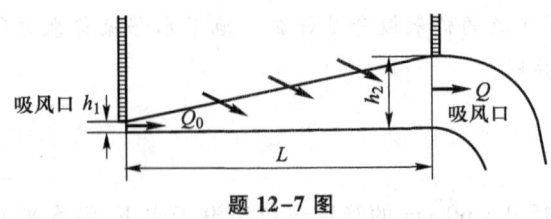

题 12-7 图

12-8 在断面面积为 25 m² 的均匀长槽中,盛满静止流体,在坐标 $x=0$ 的断面、时刻 $t=0$ 时,瞬时释放质量 $m=1\,000$ kg 的污染物质,其分子扩散系数 $D=10^{-9}$ m²/s。试求 $x=0$, $t=4$ d、30 d 的质量分数,以及 $x=1$ m 处,$t=1$ a(365 d) 时的质量分数。

12-9 现有一有效源高 $H=40$ m,连续排出的源强 $m=0.25$ kg/s,大气风速 $\bar{u}=2$ m/s。试求离源下风向 500 m 处的地面轴线最大质量分数 c_{max} 和垂直于轴线距离 $y=100$ m 处的质量分数 c。已知 $\sigma_y=30$ m,$\sigma_z=12$ m。

12-10 设一烟囱离地面的有效源高为 50 m。大气流速 $\bar{u}=5$ m/s,且与 x 轴方向平行;当忽略大气边界层影响时,可视气体为均匀流。气体垂向湍流扩散系数 $E_z=4$ m²/s,横向湍流扩散系数 $E_y=4$ m²/s;烟囱恒定连续排出的废气中含有固体微粒为 250 g/s,假定微粒完全被动地由大气携带,降落速度可以忽略,微粒接触地面后便沉积起来。若在顺风方向下游 1 200 m 处地面上设置有面积 $A=1$ m² 的集尘器,试求集尘器每小时收集微粒的质量 m。

12-11 高架连续点源湍流扩散模式中的 σ_y、σ_z 是时间的函数,因 $t=\dfrac{x}{\bar{u}}$,所以亦是距离 x 的函数,且随 x 的增大而增大。在式(12-140)中,$\dfrac{m}{\pi\bar{u}\sigma_y\sigma_z}$ 随 x 的增大而减小,而 $\exp\left(-\dfrac{H^2}{2\sigma_z^2}\right)$ 则随 x 的增大而增大,两项共同作用的结果,必然会在某距离上出现质量分数最大值 c_{max},常为评价的依据。试求当 $\sigma_y/\sigma_z=a$(不为零的常数)时,地面最大质量分数 c_{max} 的表示式。

12-12 将质量 $m=20$ kg 的盐,瞬时均匀投放到一长直水渠断面。已知过流断面面积 $A=10$ m²,流量 $Q=4$ m³/s,综合扩散系数 $K=40$ m²/s。试求 $t=1\,800$ s 时,在投放断面下游任意断面处盐的断面平均质量分数 c 的表达式和最大质量分数 c_{max} 及其断面距投放断面的距离 L。

12-13 根据实测某河段的资料,过流断面面积 $A=12.258$ m²,断面平均流速 $v=0.779$ m/s,纵向离散系数 $E_L=48.96$ m²/s。有一汽车通过该河段上游处的桥梁时,因不慎将示踪剂罐落入河中,罐内 90.8 kg 的示踪剂均匀释放于河流全断面。试估算离桥下游距离为 6 436 m 和 9 654 m 处断面上的最大示踪剂质量分数。

12-14 某河中心有一污水排污口,如图所示。已知污水流量 $Q_0 = 0.50 \text{ m}^3/\text{s}$,出口处恒定的污染物质质量分数 $c_0 = 600$ mg/L,河宽 $B = 70$ m,水深 $h = 3$ m,水力坡度 $J = 0.000\ 1$,流量 $Q = 175 \text{ m}^3/\text{s}$,横向湍流扩散系数 $E_y = 0.6 h v_*$。根据 $\dfrac{c(x,b)}{c(x,0)} = 0.05$ 时的 y 值,即为污染带的半宽度 b,试求污染带宽度 $(2b)$ 的表达式。另外,当污水扩展到全河宽 $2b = B$ 时,试求该断面离排污口的距离 L 和中心最大质量分数 $c_{\max}$。(不计河岸反射,水力半径 $R \approx h$。)

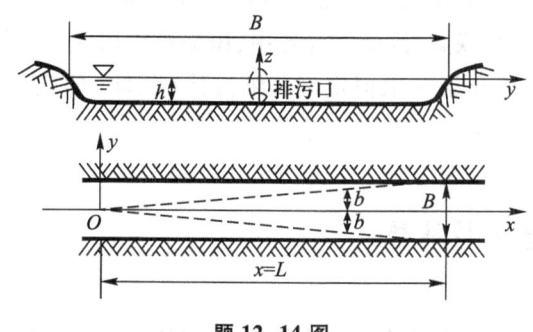

题 12-14 图

12-15 某河流岸边有一排污口,连续恒定排放污水。已知出口处污水流量 $Q_0 = 0.5 \text{ m}^3/\text{s}$,污染物质质量分数 $c_0 = 600$ mg/L,河宽 $B = 70$ m,水深 $h = 3$ m,水力坡度 $J = 0.000\ 1$,流量 $Q = 175 \text{ m}^3/\text{s}$,横向湍流扩散系数 $E_y = 0.6 h v_*$。试求计算污染带全宽 B 的表达式;当污染带扩展到全河宽时,试求该断面距排污口距离 L 和最大质量分数 $c_{\max}$。(不计河岸反射,水力半径 $R \approx h$。)

12-16 设有一水平的无限均质各向同性的多孔介质砂柱,孔隙率为 n,水在其中作一维恒定均匀流动。初始时,砂柱中不含扩散质。在某一时间,在砂柱中间瞬时释放质量为 m 的扩散质。试求其质量分数时空分布表达式。不计横向综合扩散系数。

A12 习题答案

第十三章 可压缩气体的流动

在前面各章中,除了个别情况(如水击)外均未考虑流体的压缩性。当气体流动速度较高、所受压强较大时,气体的密度和温度将发生显著的变化,在这种情况下,必须考虑气体的压缩性。研究可压缩气体的流动须运用热力学的相关知识,并与热力学方程联解,因此在计算中,压强必须用绝对压强,温度必须用开尔文温度。本章主要介绍一维恒定可压缩流体(气体)的运动规律——基本方程及其在管流中的应用。

§13-1 声速·马赫数

流体的压缩性有两种情况,一种情况是流体的运动速度变化很小,主要考虑流体在外力作用下,流体体积的变化;另一种情况是流体的运动速度变化很大(从而压强随之变化)而引起的流体体积、密度等的变化。本章主要讨论后一种情况,即如果流体运动速度所引起的流体体积和密度的变化不能被忽略时,这时流体应视为可压缩流体,反之视为不可压缩流体。

因为是否考虑气体的压缩性和气体的速度有关。声速(音速)是一个重要的参数,是判断气体压缩性对流动影响的一个标准。另外,可压缩气体的流动在其速度大于或小于声速情况下,它的流动性质有很大的区别,因此声速也是判别流动形态的标准。为此,先介绍声速的概念及其计算,并就声速与流速的关系进行分析。

13-1-1 声速

声速系指声音在流体中的传播速度。事实上,在静止或运动流体中,任何微小的扰动(如压强、流速、密度等的变化)都将以波的形式向四面八方传播,其传播速度与声音传播的速度相同,常以符号 c 表示。声速的大小与流体介质的内在性质(压缩性、密度等)有关。下面,结合扰动波传播的物理过程,导出计算声速的公式。

如图 13-1a 所示,取一左端装有活塞的等截面长直圆管来讨论。管内充满静止的可压缩流体,密度为 ρ,压强为 p。若活塞以微小速度 $\mathrm{d}v$ 向右运动,紧贴活塞的流体也随之以速度 $\mathrm{d}v$ 向右运动,并产生压强的微小增量 $\mathrm{d}p$ 和密度的微小增量 $\mathrm{d}\rho$。密度的增大使受扰动区域的体积有所减小,因而要延迟一段时间,才能再推动右侧流体运动。这个过程不断继续,就形成了以波速 c 向右传播的小扰动波。小扰动波波面(波峰)通过的区域称为受扰动区,波面未到达的区域称为未受扰动区,小扰动波波面就是受扰动区与未受扰动区的分界面(图 13-1b)。

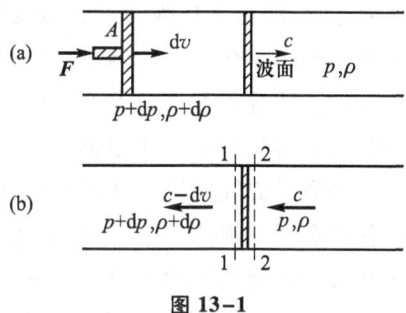

图 13-1

从静止的观察者的角度看,运动是非恒定的。若将坐标取在平面扰动波的波首界面上,观察波的运动过程,则可认为运动是恒定流。相对于动坐标而言,右侧尚未受扰动的静止流体以速度 c 向左作平移运动,左侧流体则以 $c-\mathrm{d}v$ 的速度向左运动。取波面所在分界面左右微小距离处的断面 1-1、2-2 为控制面,1-1 与 2-2 之间的部分作为控制体,如图 13-1b 所示。由连续性方程得

$$c\rho A = (c-\mathrm{d}v)(\rho+\mathrm{d}\rho)A$$

式中:A 为圆管道过流断面面积,将上式展开,并略去二阶微量,得

$$c\mathrm{d}\rho - \rho\,\mathrm{d}v = 0 \tag{13-1}$$

再对控制体写动量方程,由于控制体体积微小,略去质量力及切应力的作用,得

$$pA-(p+\mathrm{d}p)A = \rho cA[(c-\mathrm{d}v)-c]$$

整理可得

$$\mathrm{d}p = \rho c\mathrm{d}v \tag{13-2}$$

由式(13-1)和式(13-2)消去 $\mathrm{d}v$,可得声速

$$c = \sqrt{\frac{\mathrm{d}p}{\mathrm{d}\rho}} \tag{13-3}$$

由第一章知,液体的弹性模量 $E = \dfrac{1}{\alpha_p} = \rho\dfrac{\mathrm{d}p}{\mathrm{d}\rho}$,代入上式得声音在液体中的传播速度为

$$c = \sqrt{\frac{E}{\rho}} \tag{13-4}$$

上式说明，声速 c 与液体的弹性模量 E 的平方根成正比，而与液体的密度 ρ 的平方根成反比，声速在一定程度上反映了压缩性的大小。

根据式(13-3)，不可压缩液体的声速 c 应为无限大，但是真正的不可压缩液体并不存在。液体受压后，其密度也要改变，只是相对于气体来讲变化很小。例如 20 ℃和常压下的淡水，声速 $c=1\,430$ m/s 而在实际工程中，水流速度比这个数值小很多。

对于气体，由于压强、密度、温度的变化较小，小扰动波的速度很快，与外界来不及进行热量交换，且忽略切应力的作用，而无能量损失。因此，可以认为小扰动波的传播过程是既绝热(没有外部的热交换)又可逆的(没有摩擦能量损失)过程，即等熵过程。实验也表明，按等熵过程所确定的声速与实际相符。

单位质量的气体温度升高 1 K 所需要的热量称为比热容，在加热过程中，气体的体积和压强都会发生变化，因此不同的加热过程有着不同的比热容。如果在加热过程中使气体的体积保持不变，则单位质量的气体温度升高 1 K 所需的热量称为比定容热容 c_V(又称定容比热)；如果在加热过程中使气体的压强保持不变，则单位质量的气体温度升高 1 K 所需的热量称为比定压热容 c_p(又称定压比热)，定压比热 c_p 与定容比热 c_V 之比称为质量热容比 γ(又称比热容比)，不同的气体具有的比热容比值，可查阅相关资料获得。

对于完全气体，等熵过程的状态方程为

$$\frac{p}{\rho^\gamma}=C(\text{常数}) \tag{13-5}$$

所以 $\mathrm{d}p=C\gamma\rho^{\gamma-1}\mathrm{d}\rho,\dfrac{\mathrm{d}p}{\mathrm{d}\rho}=\gamma\dfrac{p}{\rho}$。又由完全气体状态方程 $\dfrac{p}{\rho}=RT$(适用于中等压强范围以下)，代入式(13-3)，可得

$$c=\sqrt{\frac{\mathrm{d}p}{\mathrm{d}\rho}}=\sqrt{\gamma\frac{p}{\rho}}=\sqrt{\gamma RT} \tag{13-6}$$

从上式可以看出，声速与比热容比 γ 和气体常数 $R\left(R=\dfrac{8\,314}{n}\,\text{J}/(\text{kg}\cdot\text{K})，n\right.$ 为气体的相对分子质量$\Big)$及绝对温度(K)有关，所以不同的气体有不同的声速值；同种气体在不同温度下有不同的声速值。常压下及 15 ℃的空气，$\gamma=1.4$，$R=287$ J/(kg·K)，$T=(273+15)$ K$=288$ K，$c=\sqrt{\gamma RT}=\sqrt{1.4\times287\times288}$ m/s$=340$ m/s。在其他温度条件下，$c=20\sqrt{T}$ m/s。在气体动力学中，温度是空间坐

的函数,因此声速也不是常数,它也是空间坐标的函数,为了强调这一点,常把 c 称为当地声速,v 称为当地气体速度。

13-1-2 马赫数

当地气体速度与当地声速之比,称为马赫数,以 Ma 表示

$$Ma = \frac{v}{c} \tag{13-7}$$

由上式可以看出:当 $v>c$ 时,$Ma>1$,扰动波只能向下游传播,这种气体流动称为超声速(音速)流动;当 $v<c$ 时,$Ma<1$,扰动波可以向各个方向传播,这种气体流动称为亚声速(音速)流动;当 $v=c$ 时,$Ma=1$,这种气体流动称为临界声速(音速)流动。因此,量纲一的参数 Ma 是判别可压缩流体流动形态的重要参数。

§13-2 理想可压缩气体一维恒定流的基本方程

研究气体在管内的流动,如果关心的是断面平均运动参数的变化,则可将这类流动作为一维流来处理。下面介绍可压缩气体一维恒定流的基本方程。

13-2-1 基本方程

1. 连续性微分方程

可压缩流体一维恒定流的连续性方程在第三章中已给出为式(3-28),即

$$\rho_1 v_1 A_1 = \rho_2 v_2 A_2 = 常数$$

对上式进行微分,可得连续性微分方程为

$$\frac{d\rho}{\rho} + \frac{dv}{v} + \frac{dA}{A} = 0 \tag{13-8}$$

2. 运动微分方程

对理想可压缩流体的一维恒定流动,在第四章中所介绍的欧拉运动微分方程式(4-3)仍然是适用的。此时,以 s 代表坐标轴,以断面平均流速 v 代替点流速 u,s 向的单位质量力为 f_s,则有

$$f_s - \frac{1}{\rho}\frac{\partial p}{\partial s} = \frac{\partial v}{\partial t} + v\frac{\partial v}{\partial s} \tag{13-9}$$

气体的单位质量力很小,非水平流动的高差范围小,流速和压强的变化占主导作

用,可忽略重力的作用,因此可令 $f_s \approx 0$,以 $\dfrac{\partial p}{\partial s}=\dfrac{\mathrm{d}p}{\mathrm{d}s}$,$\dfrac{\partial v}{\partial t}=0$,$\dfrac{\partial v}{\partial s}=\dfrac{\mathrm{d}v}{\mathrm{d}s}$ 代入上式得

$$\frac{\mathrm{d}p}{\rho}+v\mathrm{d}v=0 \tag{13-10}$$

或

$$\frac{\mathrm{d}p}{\rho}+\mathrm{d}\left(\frac{v^2}{2}\right)=0 \tag{13-11}$$

上两式即为理想可压缩气体一维恒定流的运动微分方程,通过对具体条件下的积分,可得一定条件下的解析解。

当气流速度较小,气体密度 ρ 变化不大,可作为不可压缩流体来考虑时(即 ρ=常数),对式(13-11)积分得

$$\frac{p}{\rho}+\frac{v^2}{2}=常数$$

或

$$\frac{p_1}{\rho_1}+\frac{v_1^2}{2}=\frac{p_2}{\rho_2}+\frac{v_2^2}{2} \tag{13-12}$$

对于可压缩气体,由于 $\rho \neq$ 常数,对式(13-11)进行积分时须补充气体状态方程进行联立求解,可得能量方程的表达式。

3. 能量方程

(1) 绝热流动的能量方程

在气体输送过程中,当管道绝热良好,或因管长较短,速度较快,管内气体与周围环境基本上没有热交换,气体摩擦损失所产生的热量全部作为热力学能而保留在气体中,因此气体能量的总和保持不变,这种流动可作为绝热过程来考虑。当忽略摩阻时,完全气体等熵过程的方程为

$$\frac{p}{\rho^{\gamma}}=C(常数)$$

或

$$\rho=\left(\frac{p}{C}\right)^{\frac{1}{\gamma}}=p^{\frac{1}{\gamma}}\cdot C^{-\frac{1}{\gamma}}$$

将上式代入式(13-11)中的第一项,并积分

$$\int\frac{\mathrm{d}p}{\rho}=C^{\frac{1}{\gamma}}\int p^{-\frac{1}{\gamma}}\mathrm{d}p=\frac{\gamma}{\gamma-1}\cdot\frac{p}{\rho} \tag{13-13}$$

对式(13-11)积分,得

$$\frac{\gamma}{\gamma-1}\cdot\frac{p}{\rho}+\frac{v^2}{2}=常数 \tag{13-14}$$

或

$$\frac{1}{\gamma-1} \cdot \frac{p}{\rho} + \frac{p}{\rho} + \frac{v^2}{2} = 常数 \tag{13-15}$$

上两式即为绝热流动的能量方程，亦称绝热流动的伯努利方程。

因为焓 $H = U + \frac{p}{\rho} = c_p T$，$c_p$ 为质量定压热容（比定压热容），H 为焓，U 为热力学能（内能），$U = c_V T$，又因为 $\frac{p}{\rho} = RT$，故 $R = c_p - c_V$，可得

$$H = U + \frac{p}{\rho} = c_p \cdot \frac{p}{\rho R} = c_p \cdot \frac{p}{\rho(c_p - c_V)}$$

$$= \frac{p}{\rho} \cdot \frac{c_p}{(c_p - c_V)} = \frac{c_p/c_V}{\dfrac{c_p}{c_V} - \dfrac{c_V}{c_V}} \cdot \frac{p}{\rho}$$

$$= \frac{\gamma}{\gamma-1} \cdot \frac{p}{\rho} = \frac{1}{\gamma-1} \cdot \frac{p}{\rho} + \frac{p}{\rho}$$

所以

$$U = \frac{1}{\gamma-1} \cdot \frac{p}{\rho}$$

因而，式(13-15)又可写成

$$U + \frac{p}{\rho} + \frac{v^2}{2} = H + \frac{v^2}{2} = 常数 \tag{13-16}$$

上式说明，沿流任意断面上单位质量流体所具有的热力学能（内能）、压能、动能三项之和为一常数。

对沿流的任意两个断面，上式又可写为

$$\frac{\gamma}{\gamma-1} \cdot \frac{p_1}{\rho_1} + \frac{v_1^2}{2} = \frac{\gamma}{\gamma-1} \cdot \frac{p_2}{\rho_2} + \frac{v_2^2}{2} \tag{13-17}$$

或以焓形式表示为

$$H_1 + \frac{v_1^2}{2} = H_2 + \frac{v_2^2}{2} \tag{13-18}$$

以上给出的能量方程不仅适用于完全气体的等熵流动，也适用于实际可压缩气体的流动，但要在绝热条件下才能适用。

（2）等温流动的能量方程

由热力学知，等温流动系指气体在温度 T 不变条件下的流动。如输气管道内外热交换非常充分时，可认为气体温度沿流不变，作为等温流动来处理。这

时,状态方程为

$$\frac{p}{\rho} = RT = C(常数) \tag{13-19}$$

将上式代入式(13-11),积分得

$$\int \frac{\mathrm{d}p}{\rho} + \int \mathrm{d}\left(\frac{v^2}{2}\right) = \int \frac{RT\mathrm{d}p}{p} + \int \mathrm{d}\left(\frac{v^2}{2}\right) = 常数$$

$$RT\ln p + \frac{v^2}{2} = 常数 \tag{13-20}$$

对沿流的任意两个断面,上式可表示为

$$RT\ln p_1 + \frac{v_1^2}{2} = RT\ln p_2 + \frac{v_2^2}{2} \tag{13-21}$$

上两式即为等温流动的能量方程,亦称等温流动的伯努利方程。

例 13-1 为获得较高的空气流速,使煤气与空气充分混合,将压缩空气流经如图 13-2 所示的喷嘴,在 1-1、2-2 两断面上,测得高压空气参数为 $p_1 = 1.176 \times 10^6$ Pa,$p_2 = 9.8 \times 10^5$ Pa,$v_1 = 100$ m/s,$t_1 = 27$ ℃,空气的比热容比 $\gamma = 1.4$,气体常数 $R = 287$ J/(kg·K)。求:

(1) 喷嘴出口速度 v_2;

(2) 两断面的马赫数。

解:(1) 因速度较快,气流来不及与外界环境进行热交换,且当忽略能量损失时,可按等熵流动处理。$T_1 = (273+27)$ K $= 300$ K,则

$$\rho_1 = \frac{p_1}{RT_1} = \frac{1.176 \times 10^6}{287 \times 300} \text{ kg/m}^3 = 13.66 \text{ kg/m}^3$$

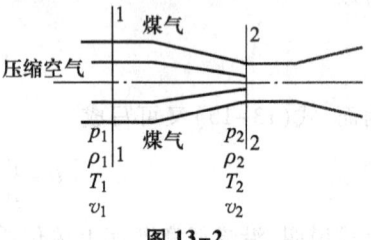

图 13-2

$$\rho_2 = \rho_1 \left(\frac{p_2}{p_1}\right)^{\frac{1}{\gamma}} = 13.66 \times \left(\frac{9.8 \times 10^5}{1.176 \times 10^6}\right)^{\frac{1}{1.4}} \text{ kg/m}^3 = 11.99 \text{ kg/m}^3$$

代入式(13-17)

$$\frac{\gamma}{\gamma-1} \cdot \frac{p_1}{\rho_1} + \frac{v_1^2}{2} = \frac{\gamma}{\gamma-1} \cdot \frac{p_2}{\rho_2} + \frac{v_2^2}{2}$$

代入数值解得

$$v_2 = 201 \text{ m/s}$$

(2) 两断面的马赫数

$$c_1 = \sqrt{\gamma_1 \frac{p_1}{\rho_1}} = \sqrt{1.4 \times \frac{1.176 \times 10^6}{13.66}} \text{ m/s} = 347 \text{ m/s}$$

$$c_2 = \sqrt{\gamma_2 \frac{p_2}{\rho_2}} = \sqrt{1.4 \times \frac{9.8 \times 10^5}{11.99}} \text{ m/s} = 338 \text{ m/s}$$

$$Ma_1 = \frac{v_1}{c_1} = \frac{100}{347} = 0.288$$

$$Ma_2 = \frac{v_2}{c_2} = \frac{201}{338} = 0.595$$

13-2-2 参考状态

为了更方便地分析可压缩气体的运动,可以定义几种有物理意义的特殊状态作为参考状态。

1. 滞止状态和滞止参数

设想在流动过程中的某一断面,气流的速度以无摩擦的绝热过程降低至零,该断面的气流状态称为滞止状态,相应的气流参数称为滞止状态参数,或滞止参数。如从大容器或广阔空间流入管道的气流,容器或空间断面相对于管道断面大得多,因此可近似地认为容器或空间中的气流速度 v_0 为零,其气流参数可认为是滞止参数。又如,气体绕过物体流动时,驻点的速度为零,驻点处的流动参数可认为是滞止参数。在这类问题中利用滞止参数计算等熵流动更为方便。为了区别于其他状态的参数值,滞止参数常标以下标"0",如 $p_0, \rho_0, T_0, c_0, H_0$。

断面的滞止参数可根据伯努利方程及有关断面参数求得。这时,式(13-17)、(13-18)可写为

$$\frac{\gamma}{\gamma-1} \cdot \frac{p_0}{\rho_0} = \frac{\gamma}{\gamma-1} \cdot \frac{p}{\rho} + \frac{v^2}{2} \tag{13-22}$$

或

$$\frac{\gamma}{\gamma-1} R T_0 = \frac{\gamma}{\gamma-1} R T + \frac{v^2}{2} \tag{13-23}$$

$$H_0 = H + \frac{v^2}{2} = 常数 \tag{13-24}$$

将滞止声速 $c_0 = \sqrt{\gamma R T_0}$ 代入式(13-23)得

$$\frac{c_0^2}{\gamma-1} = \frac{c^2}{\gamma-1} + \frac{v^2}{2} \tag{13-25}$$

对于一维等熵流动,滞止参数 $T_0, H_0, c_0, p_0, \rho_0$ 在整个流动过程中保持不变,且是各气流过流断面中最大的相应参数。

为了便于分析、计算,习惯上常将滞止参数与当地马赫数 Ma 联系起来,由式(13-23)可得

$$\frac{T_0}{T} = 1 + \frac{\gamma-1}{2} \cdot \frac{v^2}{\gamma RT} = 1 + \frac{\gamma-1}{2} \cdot \frac{v^2}{c^2} = 1 + \frac{\gamma-1}{2} Ma^2 \qquad (13-26)$$

因为 $\dfrac{T_0}{T} = \dfrac{p_0}{\rho_0} \cdot \dfrac{\rho}{p} = \left(\dfrac{p_0}{p}\right)^{\frac{\gamma-1}{\gamma}} = \left(\dfrac{\rho_0}{\rho}\right)^{\gamma-1} = \left(\dfrac{c_0}{c}\right)^2$,则有

$$\frac{p_0}{p} = \left(\frac{T_0}{T}\right)^{\frac{\gamma}{\gamma-1}} = \left(1 + \frac{\gamma-1}{2} Ma^2\right)^{\frac{\gamma}{\gamma-1}} \qquad (13-27)$$

$$\frac{\rho_0}{\rho} = \left(\frac{T_0}{T}\right)^{\frac{1}{\gamma-1}} = \left(1 + \frac{\gamma-1}{2} Ma^2\right)^{\frac{1}{\gamma-1}} \qquad (13-27\text{a})$$

$$\frac{c_0}{c} = \left(\frac{T_0}{T}\right)^{\frac{1}{2}} = \left(1 + \frac{\gamma-1}{2} Ma^2\right)^{\frac{1}{2}} \qquad (13-27\text{b})$$

以上几式表示了各参数随马赫数变化的关系。如果求气流中某断面上的温度、压强或密度,只要知道滞止参数和该断面上的马赫数即可;同样地,如果已知某断面上滞止参数值,并知该断面上其他任一参数值,即可求得马赫数,也就求得了气流速度。另外,还可看出,马赫数增大时密度减小,即气体的压缩性随马赫数增大而增大,因此马赫数也是判别压缩性影响程度的指标,气流流速越高,气体的压缩性影响越显著。

在有摩阻绝热气流中,各断面上滞止温度 T_0、滞止焓 H_0、滞止声速 c_0 值不变,表示总能量不变,但因摩阻消耗一部分机械能量而转化为热能,使滞止压强 p_0 沿程降低。在有摩阻等温气流中,气流和外界不断交换热量,使滞止温度 T_0 沿程变化。

例 13-2 设空气静止状态的密度为 ρ_0,当流速 v 增加到 50 m/s 时的密度为 ρ,此时气流的温度为 20 ℃,求其密度的相对变化。

解:温度 $T = (273+20)$ K $= 293$ K,空气的比热容比 $\gamma = 1.4$,气体常数 $R = 287$ J/(kg·K),声速 $c = \sqrt{\gamma RT} = \sqrt{1.4 \times 287 \times 293}$ m/s $= 343.1$ m/s。

马赫数 $Ma = \dfrac{v}{c} = \dfrac{50}{343.1} = 0.146$。由式(13-27a)得

$$\frac{\rho_0}{\rho} = \left(1 + \frac{\gamma-1}{2} Ma^2\right)^{\frac{1}{\gamma-1}} = \left(1 + \frac{1.4-1}{2} \times 0.146^2\right)^{\frac{1}{1.4-1}} = 1.0107$$

$$\frac{\rho}{\rho_0} = 0.989$$

密度的相对变化 $\dfrac{\rho_0 - \rho}{\rho_0} = 1 - \dfrac{\rho}{\rho_0} = 1 - 0.989 = 0.011$,约为 1%。在本题条件下,当 $Ma = 0.2$,即流

速 $v = 68.6$ m/s 时,密度的相对变化约为 2%;当 $Ma = 1$,即流速与声速相等时的临界状态,密度的相对变化为 36.6%。

因此,在实际工程中还常通过流速的大小来判别气体作为可压缩流体或不可压缩流体处理的界限。对常温下的气体,一般把流速 $v = 50$ m/s 作为判别气体作为可压缩流体或不可压缩流体处理的界限。

2. 临界状态和临界参数

一维恒定等熵流动在某一断面上的气流速度等于当地声速时的状态称为临界状态,该断面上的参数就是临界参数。临界断面 A_{cr} 上的参数,用下标"cr"表示。临界参数在整个流动过程中是不变的,所以可以作为参考状态参数。

因为 $c = \sqrt{\gamma RT} = \sqrt{\gamma \dfrac{p}{\rho}}$,由式(13-25)得

$$\frac{c^2}{\gamma - 1} + \frac{v^2}{2} = H_0 = 常数$$

由上式知,当 v 增大时,c 便减小;当 $v_{cr} = c_{cr}$ 时,$Ma = 1$,则

$$\frac{c_{cr}^2}{\gamma - 1} + \frac{c_{cr}^2}{2} = H_0$$

$$c_{cr}^2 = \frac{2H_0(\gamma-1)}{\gamma+1} = \frac{2\dfrac{\gamma}{\gamma-1} \cdot \dfrac{p_0}{\rho_0}(\gamma-1)}{\gamma+1} = \frac{2\dfrac{\gamma}{\gamma-1}RT_0(\gamma-1)}{\gamma+1}$$

$$= \frac{2c_0^2}{\gamma+1}$$

这样可得

$$\left(\frac{c_{cr}}{c_0}\right)^2 = \frac{2}{\gamma+1} \tag{13-28}$$

$$\frac{p_{cr}}{p_0} = \left(\frac{T_{cr}}{T_0}\right)^{\frac{\gamma}{\gamma-1}} = \left(\frac{\rho_{cr}}{\rho_0}\right)^{\gamma} = \left(\frac{c_{cr}}{c_0}\right)^{\frac{2\gamma}{\gamma-1}} = \left(\frac{2}{\gamma+1}\right)^{\frac{\gamma}{\gamma-1}} \tag{13-29}$$

当 $\gamma = 1.4$ 时,可得

$$\left.\begin{aligned} \frac{T_{cr}}{T_0} &= 0.833 \\ \frac{p_{cr}}{p_0} &= 0.528 \\ \frac{\rho_{cr}}{\rho_0} &= 0.634 \end{aligned}\right\} \tag{13-30}$$

上面建立了临界状态与滞止状态参数间的变化关系,它们只与气体的比热容比 γ 有关。由 $\gamma=1.4$,当速度增加,p、ρ、T 均减小,可推知当 $\dfrac{T}{T_0}<0.833$,$\dfrac{p}{p_0}<0.528$,$\dfrac{\rho}{\rho_0}<0.634$ 时,为超声速流动;当 $\dfrac{T}{T_0}>0.833$,$\dfrac{p}{p_0}>0.528$,$\dfrac{\rho}{\rho_0}>0.634$ 时,为亚声速流动。故式(13-28)~式(13-30),可作为判别超声速与亚声速的准则。

例 13-3 一维恒定等熵空气流在 100 ℃ 条件下,以声速流动,试确定:
(1) 临界气流速度;
(2) 滞止声速;
(3) 气流的最大可能速度;
(4) 滞止焓。

解: (1) $v_{cr}=c_{cr}=\sqrt{\gamma R T_{cr}}=\sqrt{1.4\times287\times(273+100)}$ m/s $=387.13$ m/s

(2) 由 $\left(\dfrac{c_{cr}}{c_0}\right)^2=\dfrac{2}{\gamma+1}$ 得

$$c_0=\sqrt{\dfrac{\gamma+1}{2}}c_{cr}=\sqrt{\dfrac{1.4+1}{2}}\times387.13 \text{ m/s}=424.08 \text{ m/s}$$

(3) $H_0=H+\dfrac{v^2}{2}$,只有在理论上,一维恒定等熵流动中的总能量全部转化为动能才能达到速度的最大值(最大速度状态、极限速度状态)

$$H_0=\dfrac{v_{max}^2}{2}$$

$$v_{max}=\sqrt{2H_0}=\sqrt{2\dfrac{\gamma}{\gamma-1}RT_0}=\sqrt{\dfrac{2}{\gamma-1}}c_0$$

$$=\sqrt{\dfrac{2}{1.4-1}}\times424.08 \text{ m/s}=948.27 \text{ m/s}$$

(4) 滞止焓 $H_0=\dfrac{v_{max}^2}{2}=\dfrac{1}{2}\times948.27^2$ J/kg $=449\,608$ J/kg

§13-3 可压缩气体在等截面管道中的流动

在实际工程中,经常遇到可压缩气体在管道中输送的问题,如高压蒸汽管道、煤气及天然气管道等。这类问题均涉及气体在管道中的流动规律及有关计算方法。本节将在前面分析的基础上,进一步讨论等截面管道中可压缩气体长距离输送问题的计算。

可压缩气体沿等截面顺直管道流动如图13-3所示。由于摩擦阻力的存在,使各断面的压强、密度等不断发生改变,因而使气流的速度也沿程变化。计算沿程损失的

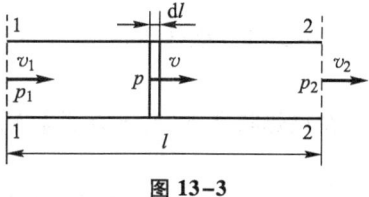

图 13-3

达西公式只适用于 $\mathrm{d}l$ 微段上,必须逐段计算,即单位质量气体在微段 $\mathrm{d}l$ 上的沿程损失为

$$\mathrm{d}(gh_\mathrm{f}) = \lambda \frac{\mathrm{d}l}{d} \cdot \frac{v^2}{2} \quad (13-31)$$

式中 h_f 为计算管段的沿程阻力损失,λ 为管段的沿程阻力系数,v 为计算断面平均流速,d 为管径。将上式加到理想可压缩气体一维恒定流的运动微分方程式(13-10)中,便得到实际可压缩气体一维恒定流的运动微分方程式为

$$\frac{\mathrm{d}p}{\rho} + v\,\mathrm{d}v + \frac{\lambda}{2d}v^2\mathrm{d}l = 0 \quad (13-32)$$

等号两边同除以 v^2,可得

$$\frac{\mathrm{d}p}{\rho v^2} + \frac{\mathrm{d}v}{v} + \frac{\lambda}{2d}\mathrm{d}l = 0$$

由可压缩流体的连续性方程 $Q_m = \rho v A$,$v = \dfrac{Q_m}{\rho A}$ 代入得

$$\frac{\rho A^2 \mathrm{d}p}{Q_m^2} + \frac{\mathrm{d}v}{v} + \frac{\lambda}{2d}\mathrm{d}l = 0 \quad (13-33)$$

式中:p、ρ、v 均为待求变量,A、d、Q_m 常为已知数,λ 为管道的沿程阻力系数。由第七章的讨论可知,$\lambda = f\!\left(Re = \dfrac{\rho v d}{\mu}, \dfrac{\Delta}{d}\right)$,对一定材质的等截面管道,绝对粗糙度 Δ、d 为已知;由可压缩气体的连续性方程,不难得出 ρv 也是常数;μ 随温度变化,对等温管流,温度沿程不变,μ 为常数,所以 λ 为常数;对绝热管流,温度沿程变化,因而 λ 为变量,但在实用上,仍可近似采用不可压缩流体的 λ 值代入计算,因此 λ 值仍可作为常数考虑。

由此可以看出,可压缩气体在管道中输送的计算,实质上是通过对式(13-33)进行积分,推求各气流参数的沿程变化规律。式(13-33)后两项分别为 v 及 l 的独立变量函数,首项涉及 ρ、p 两个变量,为了能进行积分运算,须就具体流动条件找出两者的相互关系。

13-3-1 绝热管流

在绝热状态下，$\dfrac{p}{\rho^\gamma}=C$（常数），即 $\rho = C^{-\frac{1}{\gamma}} p^{\frac{1}{\gamma}}$，代入式(13-33)得 $\dfrac{A^2}{Q_m^2} C^{-\frac{1}{\gamma}} p^{\frac{1}{\gamma}} \mathrm{d}p + \dfrac{\mathrm{d}v}{v} + \dfrac{\lambda}{2d}\mathrm{d}l = 0$。假定 λ 为常数，对如图 13-3 所示的长度为 l 的 1-1、2-2 两断面积分

$$\dfrac{A^2 C^{-\frac{1}{\gamma}}}{Q_m^2} \int_{p_1}^{p_2} p^{\frac{1}{\gamma}} \mathrm{d}p + \int_{v_1}^{v_2} \dfrac{\mathrm{d}v}{v} + \dfrac{\lambda}{2d}\int_0^l \mathrm{d}l = 0$$

得

$$\dfrac{A^2 C^{-\frac{1}{\gamma}}}{Q_m^2} \cdot \dfrac{\gamma}{\gamma+1}\left(p_2^{\frac{\gamma+1}{\gamma}} - p_1^{\frac{\gamma+1}{\gamma}} \right) + \ln\dfrac{v_2}{v_1} + \dfrac{\lambda l}{2d} = 0$$

即

$$p_1^{\frac{\gamma+1}{\gamma}} - p_2^{\frac{\gamma+1}{\gamma}} = \dfrac{Q_m^2}{A^2 C^{-\frac{1}{\gamma}}} \cdot \dfrac{\gamma+1}{\gamma}\left[\ln\dfrac{v_2}{v_1} + \dfrac{\lambda l}{2d}\right] \tag{13-34}$$

当 v_1, v_2 变化不大时，$\ln\dfrac{v_2}{v_1} \ll \dfrac{\lambda l}{2d}$，$\ln\dfrac{v_2}{v_1}$ 项可忽略不计，上式可简化为

$$p_1^{\frac{\gamma+1}{\gamma}} - p_2^{\frac{\gamma+1}{\gamma}} = \dfrac{\gamma+1}{\gamma} \cdot \dfrac{p_1^{\frac{1}{\gamma}}}{\rho_1} \cdot \dfrac{\lambda l Q_m^2}{2dA^2} \tag{13-35}$$

由式(13-35)可导出质量流量公式

$$Q_m = \sqrt{\dfrac{2dA^2}{\lambda l} \cdot \dfrac{\gamma}{\gamma+1} \cdot \dfrac{\rho_1}{p_1^{\frac{1}{\gamma}}} \left(p_1^{\frac{\gamma+1}{\gamma}} - p_2^{\frac{\gamma+1}{\gamma}} \right)} \tag{13-36}$$

$$Q_m^2 = \dfrac{2dA^2}{\lambda l} \cdot \dfrac{\gamma}{\gamma+1} \cdot \dfrac{p_1^2}{RT_1}\left[1 - \left(\dfrac{p_2}{p_1}\right)^{\frac{\gamma+1}{\gamma}} \right] \tag{13-37}$$

以上三式即为绝热管流的基本公式，是有摩阻的绝热管流的近似解。

在按以上三式计算时，应检验出口断面的马赫数 Ma 值是否等于或小于 1；在绝热流动条件下，管道出口断面 Ma 值不能大于 1，如果出口断面 $Ma>1$，则只能按极限情况 $Ma=1$ 计算。关于这一点，可以通过实际可压缩气体一维恒定流的运动微分方程(13-32)经过推导证明得知：当 $Ma<1$ 时，流速的变化规律沿程增大，但不可能大于声速；否则，导致 $Ma>1$，流速的变化规律发生改变，沿程减小，Ma 回到 1 以下。因此，$Ma=1$ 是管道出口断面的极限情况，其所对应的管

长称为绝热管流的最大管长,如管道实际长度超过最大管长,将使出口断面的流动受到阻滞。

例 13-4 设有一绝热良好的管道输送空气,已知始端空气温度,$t_1 = 16$ ℃,压强 $p_1 = 98$ kPa,马赫数 $Ma_1 = 0.3$,管径 d 为 100 mm,压强比 $\dfrac{p_1}{p_2} = 3.0$,管道平均沿程阻力系数 $\lambda = 0.017\,5$。求管长,并判断是否为可能的最大管长。

解:空气的比热容比 $\gamma = 1.4$,气体常数 $R = 287$ J/(kg·K),$T_1 = (273+16)$ K $= 289$ K,因此

$$v_1 = Ma_1 c_1 = Ma_1 \sqrt{\gamma R T_1} = 0.3 \times \sqrt{1.4 \times 287 \times 289} \text{ m/s} = 102.23 \text{ m/s}$$

$$\rho_1 = \frac{p_1}{RT_1} = \frac{98\,000}{287 \times 289} \text{ kg/m}^3 = 1.182 \text{ kg/m}^3$$

由绝热管流公式(13-37)得

$$Q_m^2 = \frac{2dA^2}{\lambda l} \cdot \frac{\gamma}{\gamma+1} \cdot \frac{p_1^2}{RT_1}\left[1-\left(\frac{p_2}{p_1}\right)^{\frac{\gamma+1}{\gamma}}\right] = (\rho_1 v_1 A)^2$$

$$(1.182 \times 102.23)^2 = \frac{2 \times 0.1}{0.017\,5 l} \times \frac{1.4}{1.4+1} \times \frac{(98\,000)^2}{287 \times 289} \times \left[1-\left(\frac{1}{3}\right)^{\frac{1.4+1}{1.4}}\right]$$

解得

$$l = 44.84 \text{ m}$$

判断是否为最大管长。先求 Ma_2,因 $\rho_2 = \dfrac{\rho_1 v_1}{v_2} = \dfrac{1.182 \times 102.23}{v_2} = \dfrac{120.84}{v_2}$,代入式(13-17)得

$$\frac{1.4}{1.4-1} \times \frac{98\,000}{1.182} + \frac{102.23^2}{2} = \frac{1.4}{1.4-1} \times \frac{\frac{1}{3} \times 98\,000}{\frac{120.84}{v_2}} + \frac{v_2^2}{2}$$

解得

$$v_2 = 272.87 \text{ m/s}, \quad \rho_2 = \frac{120.84}{272.87} \text{ kg/m}^3 = 0.443 \text{ kg/m}^3$$

$$c_2 = \sqrt{\gamma \cdot \frac{p_2}{\rho_2}} = \sqrt{1.4 \times \frac{\frac{1}{3} \times 98\,000}{0.443}} \text{ m/s} = 321.3 \text{ m/s}$$

$$Ma_2 = \frac{v_2}{c_2} = \frac{272.87}{321.3} = 0.849 < 1$$

所以管长小于可能的最大管长。

13-3-2 等温管流

等温过程的温度 $T = $ 常数,由完全气体状态方程 $\dfrac{p}{\rho} = RT$ 得 $\rho = \dfrac{p}{RT}$,代入式

(13-33)得 $\dfrac{A^2 p\,dp}{RTQ_m^2} + \dfrac{dv}{v} + \dfrac{\lambda}{2d}dl = 0$。将上式对图 13-3 所示的长度为 l 的 1—1、2—2 两过流断面进行积分,即

$$\dfrac{A^2}{RTQ_m^2}\int_{p_1}^{p_2} p\,dp + \int_{v_1}^{v_2}\dfrac{dv}{v} + \dfrac{\lambda}{2d}\int_0^l dl = 0$$

可得

$$\dfrac{A^2}{2RTQ_m^2}(p_2^2 - p_1^2) + \ln\dfrac{v_2}{v_1} + \dfrac{\lambda l}{2d} = 0$$

即

$$p_1^2 - p_2^2 = \dfrac{RTQ_m^2}{A^2}\left(2\ln\dfrac{v_2}{v_1} + \dfrac{\lambda l}{d}\right) \tag{13-38}$$

如管道 l 较长,且流速 v_1、v_2 变化不大时,$2\ln\dfrac{v_2}{v_1} \ll \dfrac{\lambda l}{d}$,$2\ln\dfrac{v_2}{v_1}$ 项可忽略不计,上式可简化为

$$p_1^2 - p_2^2 = \dfrac{RT\lambda l Q_m^2}{A^2 d} \tag{13-39}$$

即

$$p_2 = \sqrt{p_1^2 - \dfrac{RT\lambda l Q_m^2}{A^2 d}} \tag{13-40}$$

注意到 $Q_m = \rho_1 v_1 A$,$\dfrac{p_1}{\rho_1} = RT$,上式可改写为

$$p_2 = \sqrt{p_1^2 - p_1 \rho_1^{-1}\dfrac{\rho_1^2 v_1^2 A^2}{A^2}\dfrac{\lambda l}{d}}$$

$$p_2 = \sqrt{p_1^2 - p_1 v_1^2 \rho_1 \dfrac{\lambda l}{d}} \tag{13-41}$$

或

$$p_2 = p_1\sqrt{1 - \dfrac{\lambda l v_1^2}{RT d}} \tag{13-42}$$

由式(13-39)还可求得质量流量为

$$Q_m = \sqrt{\dfrac{A^2 d}{RT\lambda l}(p_1^2 - p_2^2)} = \dfrac{\pi d^{5/2}}{4}\cdot\sqrt{\dfrac{p_1^2 - p_2^2}{RT\lambda l}} \tag{13-43}$$

等温管流在按式(13-38)~式(13-43)计算时,也应检验出口断面的马赫数

Ma 值。与绝热管流的推导过程相同,在等温流动条件下,出口断面的流速不可能大于声速,则 Ma 值必须等于或小于 $\sqrt{\dfrac{1}{\gamma}}$;如果出口断面 $Ma>\sqrt{\dfrac{1}{\gamma}}$,则只能按极限情况 $Ma=\sqrt{\dfrac{1}{\gamma}}$ 计算。管道出口断面 $Ma=\sqrt{\dfrac{1}{\gamma}}$ 所对应的管长称为等温管流的最大管长,如管道实际长度超过最大管长,将使出口断面的流动受到阻滞。

例 13-5 有一内径 $d=0.26$ m 的等温输气管道,在某断面处测得压强 $p_1=3.626\times10^6$ Pa,温度 $t_1=5$ ℃,该种气体的气体常数 $R=360$ J/(kg·K),比热容比 $\gamma=1.37$,沿程阻力系数 $\lambda=0.015$。求将 6.6 kg/s 流量的气体输送至 140 km 远处末端的压强 p_2。

解:将各已知量代入式(13-40)得

$$p_2 = \sqrt{p_1^2 - \dfrac{RT\lambda l Q_m^2}{A^2 d}}$$

$$= \sqrt{(3.626\times10^6)^2 - \dfrac{360\times(273+5)\times0.015\times140\times1\,000\times6.6^2}{\left(\dfrac{\pi}{4}\times0.26^2\right)^2\times0.26}}\ \text{Pa}$$

$$= 802\,428\ \text{Pa} = 8.02\times10^5\ \text{Pa}$$

检验管道末端的马赫数

$$c = \sqrt{\gamma RT} = \sqrt{1.37\times360\times278}\ \text{m/s} = 370.28\ \text{m/s}$$

$$v_2 = \dfrac{Q_m}{\rho_2 A} = \dfrac{6.6}{\dfrac{802\,428}{360\times278}\times\dfrac{\pi}{4}\times0.26^2}\ \text{m/s} = 15.51\ \text{m/s}$$

$$Ma = \dfrac{v_2}{c} = \dfrac{15.51}{370.28} = 0.042 < \sqrt{\dfrac{1}{\gamma}} = 0.854,\text{计算结果有效。}$$

*§13-4 一维恒定流气流速度与断面的关系

在讨论液体流动或流速较小的不可压缩气体流动时,由连续性方程 $v_1A_1=v_2A_2$ 可知,流速与断面面积的大小成反比,即在通过同一流量时,流速大则断面面积小;流速小则断面面积大。现在,我们进一步讨论气流速度较高、考虑压缩性影响时流速与断面之间的关系。

由式(13-10)得 $\rho = -\dfrac{\mathrm{d}p}{v\mathrm{d}v}$,代入式(13-8)并引入 $c^2=\dfrac{\mathrm{d}p}{\mathrm{d}\rho}$,$Ma=\dfrac{v}{c}$ 关系,可得

$$\dfrac{\mathrm{d}A}{A} = (Ma^2-1)\dfrac{\mathrm{d}v}{v} \tag{13-44}$$

上式是可压缩流体连续性微分方程的另一形式。根据上式对可压缩气体流动的速度 v 与断面面积 A 的关系可作如下的讨论：

（1）亚声速流动。马赫数 $Ma<1$，$v<c$，$Ma^2-1<0$，$\mathrm{d}A$ 与 $\mathrm{d}v$ 正负号相反，即流速随断面面积的增大而减慢，随断面面积的减小而加快，变化规律与不可压缩流体相同，如图 13-4a 所示。

（2）超声速流动。马赫数 $Ma>1$，$v>c$，$Ma^2-1>0$，这时，$\mathrm{d}A$ 与 $\mathrm{d}v$ 正负号相同，即流速随断面的增大而加快，随断面的减小而变慢，其变化规律与不可压缩流体完全相反，如图 13-4b 所示。

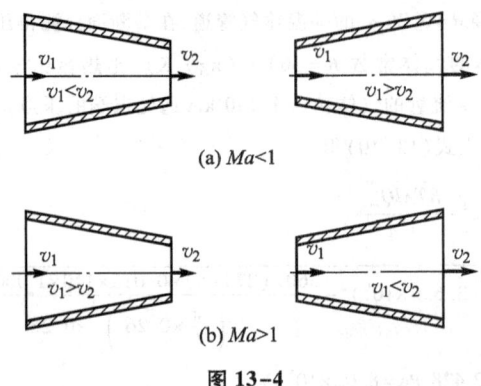

图 13-4

为什么在超声速流动情况下会出现这种与亚声速流动截然相反的结果呢？这须从不同情况下密度变化与速度变化之间的关系来说明。将 $c^2=\dfrac{\mathrm{d}p}{\mathrm{d}\rho}$，即 $\mathrm{d}p=c^2\mathrm{d}\rho$ 代入式（13-10），并因 $Ma=\dfrac{v}{c}$，于是可得

$$\frac{\mathrm{d}\rho}{\rho}=-Ma^2\frac{\mathrm{d}v}{v} \qquad (13-45)$$

式中 $Ma^2>0$，$\mathrm{d}\rho$ 与 $\mathrm{d}v$ 正负号相反，表明速度增大则密度减小，速度减小则密度增大。在亚声速流动时，$Ma<1$，$Ma^2\ll1$，因而 $\left|\dfrac{\mathrm{d}\rho}{\rho}\right|$ 远小于 $\left|\dfrac{\mathrm{d}v}{v}\right|$，就是讲，当速度增大得较快时，密度减小得慢，这时，ρ，v 之乘积随流速的增大而增大。若两个断面上的速度为 $v_1<v_2$，则 $\rho_1 v_1<\rho_2 v_2$，由式 $\rho_1 v_1 A_1=\rho_2 v_2 A_2$ 可知，必有 $A_1>A_2$；反之亦然。所以，在亚声速流动中，气流速度与断面关系的变化规律同于不可压缩流体。在超声速流动时，$Ma>1$，$Ma^2\gg1$，因而 $\left|\dfrac{\mathrm{d}\rho}{\rho}\right|$ 远大于 $\left|\dfrac{\mathrm{d}v}{v}\right|$，就是说，当速度增大得较慢时，密度减小得很快，这时 ρ、v 之乘积随流速的增大而减小。若两个断面上的速度为 $v_1<v_2$，则 $\rho_1 v_1>\rho_2 v_2$，由式 $\rho_1 v_1 A_1=\rho_2 v_2 A_2$ 可知，必有 $A_1<A_2$；反之亦然。这就是超声速流动时速度随断面变化的关系不同于亚声速流动的原因。进一步分析，可将 A、v、ρ、ρv 等与 Ma 间的关系列入表 13-1。

表 13-1　一维等熵气流各参数沿程的变化趋势

马赫数 Ma	流态	渐缩管 $\dfrac{dA}{dx}<0$				渐扩管 $\dfrac{dA}{dx}>0$			
		$\dfrac{dv}{dx}$	$\dfrac{d\rho}{dx}$	$\dfrac{dp}{dx}$	$\dfrac{d(\rho v)}{dx}$	$\dfrac{dv}{dx}$	$\dfrac{d\rho}{dx}$	$\dfrac{dp}{dx}$	$\dfrac{d(\rho v)}{dx}$
<1	亚声速流动	>0	<0	<0	>0	<0	>0	>0	<0
>1	超声速流动	<0	>0	>0	>0	>0	<0	<0	<0

（3）临界流动。马赫数 $Ma=1$ 时，式（13-44）中的 $Ma^2-1=0$，因此，一定有 $dA=0$，说明临界断面是变截面管道上的极限断面，并且是最小断面。

由以上分析可得结论：对于初始断面为亚声速流动的一般收缩形气流，如图 13-5a 所示，气流随断面减小而加速，但最终不可能到达超声速流动，最多在收缩管出口断面上达到声速。这是因为，在收缩管的中间断面上不可能有 $dA=0$ 的最小断面。为了得到超声速气流，必须使亚声速气流经收缩管，并使其在最小断面处达到声速，然后再进入扩张管，满足气流进一步增速的需要，便可得到超声速气流。这种使气流先收缩后扩张并以临界状态通过最小断面的喷管形状称为拉伐尔喷管（Laval nozzle），如图 13-5b 所示。图 13-5c 表示沿拉伐尔喷管长度方向上断面面积 A、流速 v、压强 p 的变化特性，下标 e 表示喉管断面特性值。拉伐尔喷管的具体设计请参阅有关手册或资料。

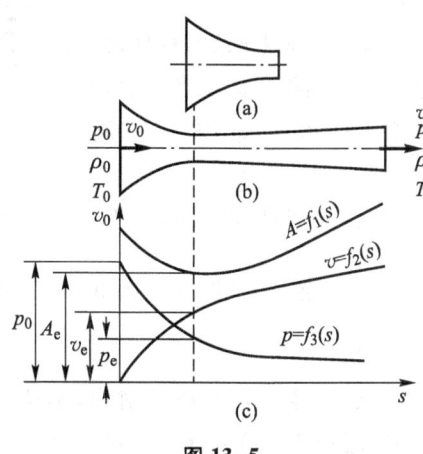

图 13-5

思考题

13-1　声速的概念是什么？声速的大小与哪些因素有关？

13-2 马赫数的概念是什么？它有什么重要的意义和作用？

13-3 完全气体绝热流动的能量方程（伯努利方程）的形式是怎样的？它的物理意义是什么？

13-4 滞止参数、临界参数的概念是什么？为什么要引入这两个概念？

13-5 可压缩气体等截面管道中的绝热管流和等温管流基本公式的应用为何要检验出口断面的马赫数？检验条件是否一致？

13-6 亚声速流动和超声速流动的速度与过流断面面积的关系是怎样的？为什么超声速流动的速度随断面面积的增大而加快？

13-7 拉伐尔喷管的概念是什么？它有什么特性？

习题

13-1 空气流过一圆形断面收缩喷嘴（如图 13-2 所示），过流断面 1-1 直径 $d_1=20$ cm，空气流过时的绝对压强和温度分别为 $p_1=400$ kPa，$t_1=120$ ℃；过流断面 2-2 直径 $d_2=15$ cm，绝对压强 $p_2=300$ kPa。喷嘴很短，气流通过时可认为是等熵过程，求：

(1) 通过喷嘴的质量流量 Q_m；

(2) 两断面的马赫数 Ma。

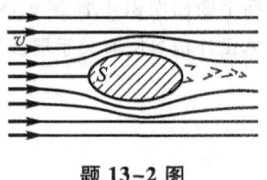

题 13-2 图

13-2 设 15 ℃的氮气以均匀速度 v 绕某柱体运动，如图所示，在柱体前缘驻点 S 处测得气体温度为 38 ℃，比热容比 $\gamma=1.40$，气体常数 $R=296$ J/(kg·K)。求氮气的趋近流速 v。

13-3 氦气在圆管中作绝热流动，已知始端断面 1-1 处气体温度 $t_1=60$ ℃，$v_1=10$ m/s。求断面 2-2 上流速 $v_2=180$ m/s 时的 t_2 值及压强比 $\dfrac{p_2}{p_1}$。氦气的 $\gamma=1.67$，$R=2\,077$ J/(kg·K)。

13-4 容器中的压缩空气经一收缩喷嘴射出，喷嘴出口处的绝对压强为 1.0×10^5 Pa，温度为 -30 ℃，流速为 250 m/s。求容器中的压强 p_0 和温度 t_0。

13-5 已知滞止温度 $T_0=283$ K，求空气在压强为 1.96×10^5 Pa，密度为 2.5 kg/m³ 条件下的声速 c、断面的平均流速 v、温度 T，以及滞止声速 c_0、滞止焓 H_0。

13-6 某绝热状态气流的马赫数 $Ma=0.8$，并已知其滞止压强 $p_0=4.9\times10^5$ Pa，

温度 $t_0 = 20$ ℃。试求滞止声速 c_0、当地声速 c、当地速度 v 和气流绝对压强 p。

13-7　已知某输气管道长 $l = 90$ km，管径 $d = 300$ mm（不做保温层），起始断面压强 $p_1 = 4.9 \times 10^6$ Pa，管道末端压强 $p_2 = 2.45 \times 10^6$ Pa，管内温度 $t = 15$ ℃，气体常数 $R = 343$ J/(kg·K)，比热容比 $\gamma = 1.37$，沿程阻力系数 $\lambda = 0.014$。求通过的质量流量 Q_m。

13-8　空气在直径 $d = 300$ mm 的水平管道中作绝热流动，流量 $Q_m = 40.82$ kg/s，断面 1-1 处 $p_1 = 9.8 \times 10^5$ Pa，$T_1 = 333$ K。求 $\rho_2 = 0.8 \rho_1$ 的断面 2-2 与断面 1-1 相距的长度 l（设 $\lambda = 0.02$）。

13-9　直径 $d = 200$ mm，管长 $l = 3\,000$ m 的煤气管道，已知进口断面的流动参数为 $p_1 = 9.8 \times 10^5$ Pa，$T_1 = 300$ K，出口断面的压强为 $p_2 = 4.9 \times 10^5$ Pa，煤气的气体常数 $R = 490$ J/(kg·K)，比热容比 $\gamma = 1.30$，管道的沿程阻力系数 $\lambda = 0.012$，按等温流动考虑。求通过的质量流量 Q_m 和出口断面的马赫数 Ma_2。

13-10　有一直径 $D = 100$ mm 的输送空气管道，沿程阻力系数 $\lambda = 0.015\,5$。在某断面处测得压强 $p_1 = 9.8 \times 10^5$ Pa、温度 $t_1 = 20$ ℃、速度 $v_1 = 30$ m/s。试求气流等温流过距离 $l = 100$ m 后的压强差。

13-11　已知一个天然气输送管道，长 $l = 50$ km，管径 $d = 250$ mm，起始断面压强 $p_1 = 3.43 \times 10^6$ Pa，末端压强 $p_2 = 9.8 \times 10^5$ Pa，管内温度均为 15 ℃，气体常数 $R = 409$ J/(kg·K)，比热容比 $\gamma = 1.31$，沿程阻力系数 $\lambda = 0.014$。求质量流量 Q_m。

13-12　若以直径 $d = 300$ mm 的管道输送天然气，已知始端压强 $p_1 = 5.88 \times 10^6$ Pa，温度 $t_1 = 15$ ℃，气体常数 $R = 360$ J/(kg·K)，比热容比 $\gamma = 1.37$，沿程阻力系数 $\lambda = 0.014$。当其将 10 kg/s 流量的气体等温输送至 100 km 远处时，求末端压强 p_2。

13-13　设有一文丘里流量计，如图所示，进口和喉部直径分别为 50 mm 和 25 mm，绝对压强分别为 125 kPa 和 105 kPa，进口气体密度为 1.5 kg/m³。假定流动为一维恒定等熵气流，求通过此流量计的质量流量 Q_m。

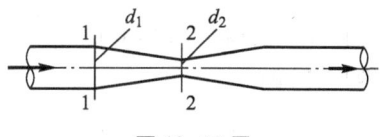

题 13-13 图

A13　习题答案

第十四章

数值计算方法简介

流体力学数值计算是利用计算机和数值计算方法求解流体力学具体问题的近似解,并对各种可能出现的条件进行数值模拟。随着高速大容量计算机的出现和数值计算方法的不断发展,它已成为解决流体力学问题的重要手段,例如许多用数学分析法无法求解析解的问题,用此法可以求得它们的数值解。本章介绍工程流体力学数值计算方法的一些基础知识,包括非线性方程的牛顿迭代法、数值拟合方法及典型流体力学问题数值模拟方法。

§14-1 非线性方程的牛顿迭代法

在工程流体力学实际应用中,有许多求解非线性方程 $f(x)=0$ 的根的问题。牛顿迭代法作为求方程根的重要方法之一,比较适合于求解次数较高的代数方程和超越方程的根;其最大优点是在方程 $f(x)=0$ 的单根附近具有平方收敛性,该法还可以用来求方程的重根、复根,并可以达到较高的精确度,而且易于计算机编程。

1. 基本思想

设 x_n 是方程 $f(x)=0$ 的 1 个近似根,把非线性函数 $f(x)$ 在 x_n 处作一阶泰勒级数展开,即

$$f(x) \approx f(x_n) + f'(x_n)(x-x_n)$$

则有如下近似方程

$$f(x_n) + f'(x_n)(x-x_n) = 0 \qquad (14-1)$$

设 $f'(x_n) \neq 0$,则其解为

$$x_{n+1} = x_n - \frac{f(x_n)}{f'(x_n)} \quad (n=0,1,2,\cdots) \qquad (14-2)$$

式(14-2)称为牛顿迭代法的迭代公式。

牛顿迭代法具有明显的几何意义。方程 $f(x)=0$ 的根就是曲线 $y=f(x)$ 与 x 轴交点的横坐标 x^*，如图14-1所示，设 x_n 是 x^* 的第 n 次近似值，过 $(x_n,f(x_n))$ 作 $y=f(x)$ 切线，其切线与 x 轴交点的横坐标为

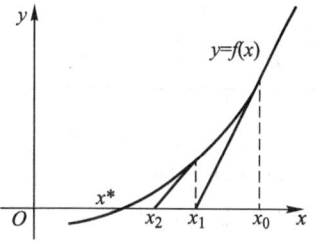

图 14-1

$$x_{n+1} = x_n - \frac{f(x_n)}{f'(x_n)}$$

即用切线与 x 轴交点的横坐标近似代替曲线与 x 轴交点的横坐标。

牛顿迭代法比较简单，使用计算器就能完成计算。如果函数 $f(x)$ 比较复杂，迭代次数比较多，可以用计算机完成。

2. 求解步骤

（1）根据具体问题写出 $f(x)$ 的表达式，并求出 $f'(x)$。

（2）选取初始值 x_0，即估算方程 $f(x)=0$ 的近似解，这个近似解估算得越精确，迭代的步骤就越少。

（3）利用牛顿迭代公式(14-2)计算，迭代次数视精度要求而定。设 e 为给定精度，当 $|x_{n+1}-x_n|<e$ 时，迭代结束，x_n 就是满足精度的近似解。

例 14-1 有一梯形断面渠道，已知底坡 $i=0.0006$，边坡系数 $m=1.0$，粗糙系数 $n=0.03$，底宽 $b=1.5$ m，用牛顿迭代法求通过流量 $Q=1$ m³/s 时的正常水深 h_0。

解：设 A 为断面面积，χ 为湿周，根据明渠均匀流的计算公式：

$$Q = \frac{1}{n} i^{1/2} A^{5/3} \chi^{-2/3} = 0.816 A^{5/3} \chi^{-2/3}$$

$$A = (b+mh)h = 1.5h + h^2$$

$$\chi = b + 2h\sqrt{1+m^2} = 1.5 + 2.828h$$

令 $f(h) = Q - 0.816 A^{5/3} \chi^{-2/3} = 1 - 0.816(1.5h+h^2)^{5/3}(1.5+2.828h)^{-2/3}$，则

$$f'(h) = \frac{0.272(1.5h+h^2)^{2/3}}{(1.5+2.828h)^{2/3}} \times \left[\frac{5.656\times(1.5h+h^2)}{(1.5+2.828h)} - 5(1.5+2h)\right]$$

构造牛顿迭代格式：

$$h_{k+1} = h_k - \frac{f(h_k)}{f'(h_k)}$$

$$= h_k - \frac{1 - 0.816(1.5h_k + h_k^2)^{5/3}(1.5+2.828h_k)^{-2/3}}{0.272(1.5h_k+h_k^2)^{2/3}(1.5+2.828h_k)^{-2/3}[5.656\times(1.5h_k+h_k^2)(1.5+2.828h_k)^{-1} - 10h_k - 7.5]}$$

取 $h_0 = 0.5$ m，通过迭代计算，其结果如下表所示：

k	0	1	2	3	4
h_k/m	0.5	0.926 2	0.835 9	0.831 1	0.831 1

综上可知,其正常水深 $h_0 = h_4 = 0.831\ 1\ \text{m} \approx 0.83\ \text{m}$。

例 14-2 某圆形有压涵管如图 9-6 所示,上游水深 $H_0 > 1.4d$(管径),此为涵管形成有压流的条件,涵管长度 $l = 20\ \text{m}$,上、下游水头差 $H = 1\ \text{m}$,通过流量 $Q = 2\ \text{m}^3/\text{s}$,沿程阻力系数 $\lambda = 0.03$,进口、出口的局部阻力系数分别为 $\zeta_1 = 0.5, \zeta_2 = 1.0$,试用牛顿迭代法确定涵管管径 d。

解:由例题 9-2 得

$$d^5 - 0.495d - 0.198 = 0$$

令

$$f(d) = d^5 - 0.495d - 0.198$$

牛顿迭代格式:

$$d_{n+1} = d_n - \frac{f(d_n)}{f'(d_n)}$$

以 $d_0 = 1\ \text{m}$ 代入上式迭代计算,结果如下表所示:

n	0	1	2	3	4
d_n/m	1.000	0.931 9	0.918 6	0.918 2	0.918 2

误差满足精度要求,得解 $d = 0.918\ 2\ \text{m}$。

如何选用标准管径,需经技术经济比较确定。

§14-2 数值拟合方法

流体力学实验(或计算)数据的整理方法很重要,即数值拟合方法是否正确,关系到结果是否正确反映流体运动规律。本书主要介绍工程、实验中常用的最小二乘法。

1. 基本思想

假设 $y = f(x)$ 的一组观测(或实验)数据,也称样点:

$$(x_i, y_i) \quad i = 1, 2, 3, \cdots, m$$

要求在某特定函数类(例如多项式)中找出一个函数 $P(x)$ 作为 $y = f(x)$ 的近似函数,使得在 x_i 上的误差(或称残差)

$$R_i = P(x_i) - y_i, \quad i = 1, 2, 3, \cdots, m \tag{14-3}$$

按某种量度标准最小,这就是拟合问题,也称曲线拟合,就是用一个适当的函数关系式来表达若干个已知离散值(样点)之间内在规律的数据整理方法。

为了减少误差并防止正负误差的相互抵消,要求由式(14-3)所表示的误差的平方和

$$\sum_{i=1}^{m} R_i^2 = \sum_{i=1}^{m} [P(x_i) - y_i]^2 \qquad (14-4)$$

最小的拟合就称为曲线拟合的最小二乘法。

最小二乘法是一种最常见的曲线拟合方法。按直线、抛物线、指数曲线、对数曲线规律,以及按周期性规律变化的离散值,均可以直接或经过变换通过以下形式的多项式回归方程来进行曲线拟合:

$$P(x) = a_0 + a_1 x + a_2 x^2 + \cdots + a_n x^n \qquad (14-5)$$

式中:$a_0, a_1, \cdots, a_n$——回归系数,回归系数是通过回归分析得到的。一般 $n \leq m$。

用最小二乘法求拟合曲线时,必须首先确定或选择函数类型,即 $P(x)$ 的形式。这与所讨论问题的性质和经验有关。在许多工程中的曲线拟合问题往往根据已有的数学模型和试验数据,求数学模型中的回归系数。也有仅根据试验数据的分布规律,再选择函数类型的。

将所有已知样点上的误差的平方根据式(14-4)和式(14-5)列出,有

$$\left. \begin{array}{l} [(a_0 + a_1 x_1 + a_2 x_1^2 + \cdots + a_n x_1^n) - y_1]^2 = R_1^2 \\ [(a_0 + a_1 x_2 + a_2 x_2^2 + \cdots + a_n x_2^n) - y_2]^2 = R_2^2 \\ \cdots\cdots\cdots \\ [(a_0 + a_1 x_m + a_2 x_m^2 + \cdots + a_n x_m^n) - y_m]^2 = R_m^2 \end{array} \right\} \qquad (14-6)$$

根据最小二乘法的原理,为了使所有样点上误差的平方和最小,必须首先得到这一误差的平方和的表达式,故将式(14-6)方程中的左右两边相加,得

$$\sum_{i=1}^{m} \left(\sum_{j=0}^{n} a_j x_i^j - y_i \right)^2 = \sum_{i=1}^{m} R_m^2 \qquad (14-7)$$

确定回归系数 $a_0, a_1, \cdots, a_n$,使式(14-7)所表示的误差平方和的值为最小。式(14-7)又可看成是以回归系数为自变量的多元函数,即

$$J(a_0, a_1, \cdots, a_n) = \sum_{i=1}^{m} \left(\sum_{j=0}^{n} a_j x_i^j - y_i \right)^2 \qquad (14-8)$$

于是,根据求多元函数极值的必要条件,可以通过求式(14-8)这一多元函数对各个回归系数的偏导数为零时的解,来得到回归系数的值。

$$\frac{\partial J}{\partial a_k} = 2 \sum_{i=1}^{m} \left(\sum_{j=0}^{n} a_j x_i^j - y_i \right) x_i^k = 0$$

即

$$\sum_{i=1}^{m}\sum_{j=0}^{n}a_j x_i^{k+j} - \sum_{i=1}^{m} y_i x_i^k = 0 \quad (k=0,1,\cdots,n) \tag{14-9}$$

为了便于求解,将式(14-9)写成

$$\sum_{j=0}^{n} a_j S_{k+j} = T_k \quad (k=0,1,\cdots,n) \tag{14-10}$$

式中:$S_{k+j} = \sum_{i=1}^{m} x_i^{k+j}$,$T_k = \sum_{i=1}^{m} y_i x_i^k$。

式(14-10)是一个包含 $n+1$ 个未知数 $a_0, a_1, \cdots, a_n$ 的 $n+1$ 阶线性代数方程组。展开如下:

$$\left.\begin{array}{l} a_0 S_0 + a_1 S_1 + \cdots + a_n S_n = T_0, \quad k=0 \\ a_0 S_1 + a_1 S_2 + \cdots + a_n S_{n+1} = T_1, \quad k=1 \\ \cdots\cdots\cdots\cdots \\ a_0 S_n + a_1 S_{n+1} + \cdots + a_n S_{n+n} = T_n, \quad k=n \end{array}\right\} \tag{14-11}$$

这样的线性代数方程组称为正规方程组或正则方程组。

2. 求解步骤

(1) 如果事先不能确定拟合曲线的类型,则首先把已知离散样点或列表函数点在直角坐标纸上,并根据相应点绘出一条平滑曲线。再根据该平滑曲线的形状和态势,以及问题的性质,提出一个与之相拟合的多项式,或者可以变换成多项式的形式。

(2) 建立该多项式的误差方程。

(3) 根据最小二乘法的误差理论,导出正规方程组。

(4) 求解该正规方程组,得到有关的回归系数,从而建立起所需要的曲线拟合多项式。

例 14-3 已知下列数据,试用一次代数多项式对其进行拟合。

i	1	2	3	4	5
x_i	-1	-0.5	0	0.5	1
y_i	-0.22	0.88	2.00	3.13	4.28

解: 画出散点图,如图 14-2 所示。可见测得的数据接近一条直线,故取 $n=1$,拟合函数为

$$y = a_0 + a_1 x$$

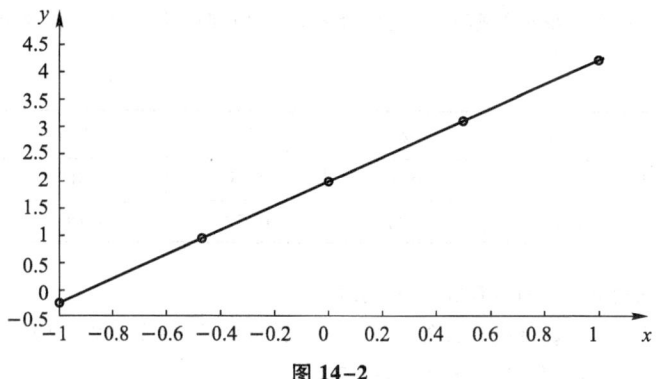

图 14-2

计算数据列表如下：

i	x_i	y_i	x_i^2	$x_i y_i$
1	-1.000	-0.220	1.000	0.220
2	-0.500	0.880	0.250	-0.440
3	0.000	2.000	0.000	0.000
4	0.500	3.130	0.250	1.565
5	1.000	4.280	1.000	4.280
$\sum$	0.000	10.070	2.500	5.625

$$S_0 = \sum_{i=1}^{5} 1 = 5.000, \quad S_1 = \sum_{i=1}^{5} x_i = 0.000, \quad S_2 = \sum_{i=1}^{5} x_i^2 = 2.500, \quad T_0 = \sum_{i=1}^{5} y_i = 10.070$$

$$T_1 = \sum_{i=1}^{5} x_i y_i = 5.625$$

正规方程组为

$$\begin{pmatrix} S_0 & S_1 \\ S_1 & S_2 \end{pmatrix} \begin{pmatrix} a_0 \\ a_1 \end{pmatrix} = \begin{pmatrix} T_0 \\ T_1 \end{pmatrix}$$

可写成

$$\begin{pmatrix} 5.000 & 0.000 \\ 0.000 & 2.500 \end{pmatrix} \begin{pmatrix} a_0 \\ a_1 \end{pmatrix} = \begin{pmatrix} 10.070 \\ 5.625 \end{pmatrix}$$

解方程组得

$$a_0 = 2.014, \quad a_1 = 2.25$$

故得 x 与 y 的拟合直线为

$$y = 2.25x + 2.014$$

例 14-4 实验测得突缩管在不同管径比时的局部阻力系数 ζ（雷诺数为 $Re > 10^5$）如下：

序号	1	2	3	4	5
d_2/d_1	0.2	0.4	0.6	0.8	1.0
ζ	0.48	0.42	0.32	0.18	0

试用最小二乘法建立局部阻力系数的经验公式。

解：令 $x = d_2/d_1, y = \zeta$，画出散点图，可见测得的数据接近一条抛物线，故取 $n=2$，建立二次拟合函数：$y = a_0 + a_1 x + a_2 x^2$。计算数据列表如下：

i	$x_i = d_2/d_1$	$y_i = \zeta$	x_i^2	x_i^3	x_i^4	$x_i y_i$	$x_i^2 y_i$
1	0.200 0	0.480 0	0.040 0	0.008 0	0.001 6	0.096 0	0.019 2
2	0.400 0	0.420 0	0.160 0	0.064 0	0.025 6	0.168 0	0.067 2
3	0.600 0	0.320 0	0.360 0	0.216 0	0.129 6	0.192 0	0.115 2
4	0.800 0	0.180 0	0.640 0	0.512 0	0.409 6	0.144 0	0.115 2
5	1.000 0	0.000 0	1.000 0	1.000 0	1.000 0	0.000 0	0.000 0
$\sum$	$\sum_{i=1}^{5} x_i =$ 3.000 0	$\sum_{i=1}^{5} y_i =$ 1.400 0	$\sum_{i=1}^{5} x_i^2 =$ 2.200 0	$\sum_{i=1}^{5} x_i^3 =$ 1.800 0	$\sum_{i=1}^{5} x_i^4 =$ 1.566 4	$\sum_{i=1}^{5} x_i y_i =$ 0.600 0	$\sum_{i=1}^{5} x_i^2 y_i =$ 0.316 8

$$S_0 = \sum_{i=1}^{5} 1 = 5.000\ 0, \quad S_1 = \sum_{i=1}^{5} x_i = 3.000\ 0, \quad S_2 = \sum_{i=1}^{5} x_i^2 = 2.200\ 0, \quad S_3 = \sum_{i=1}^{5} x_i^3 = 1.800\ 0$$

$$S_4 = \sum_{i=1}^{5} x_i^4 = 1.566\ 4, \quad T_0 = \sum_{i=1}^{5} y_i = 1.400\ 0, \quad T_1 = \sum_{i=1}^{5} x_i y_i = 0.600\ 0, \quad T_2 = \sum_{i=1}^{5} x_i^2 y_i = 0.316\ 8$$

正规方程组为

$$\begin{pmatrix} S_0 & S_1 & S_2 \\ S_1 & S_2 & S_3 \\ S_2 & S_3 & S_4 \end{pmatrix} \begin{pmatrix} a_0 \\ a_1 \\ a_2 \end{pmatrix} = \begin{pmatrix} T_0 \\ T_1 \\ T_2 \end{pmatrix}$$

可写成

$$\begin{pmatrix} 5.000\ 0 & 3.000\ 0 & 2.200\ 0 \\ 3.000\ 0 & 2.200\ 0 & 1.800\ 0 \\ 2.200\ 0 & 1.800\ 0 & 1.566\ 4 \end{pmatrix} \begin{pmatrix} a_0 \\ a_1 \\ a_2 \end{pmatrix} = \begin{pmatrix} 1.400\ 0 \\ 0.600\ 0 \\ 0.316\ 8 \end{pmatrix}$$

解方程组得

$$a_0 = 0.5, \quad a_1 = 0, \quad a_2 = -0.5$$

故得 x 与 y 的拟合函数为

$$y = 0.5(1-x^2)$$

于是,得到突然收缩管局部阻力系数的经验公式为

$$\zeta = 0.5[1-(d_2/d_1)^2] \quad 或 \quad \zeta = 0.5\left(1-\frac{A_2}{A_1}\right)$$

§14-3 流体力学数值模拟

流体力学的运动方程是一组非线性偏微分方程,而且流动区域几何形状较复杂,导致对绝大多数流动问题无法得到解析解。另外,有些流体力学实验存在模型尺寸的限制、周期长、经费投入大及安全风险等问题。特别对于作为开放系统的环境问题,如在一条未受污染或污染很轻的河流里,原则上不允许进行各种状态下的人为污染物的实验和研究。流体力学数值模拟方法较好地解决了以上问题,即根据实际资料所提供的各种信息,经过思维逻辑和数理方法建立系统的数学模型,在初、边值条件下进行数值模拟,得到物理量的变化规律。在给定的参数下用计算机对现象进行一次数值模拟相当于进行一次数值实验。数值模拟可以减少实验经费和时间,当然数值模拟的结果仍需要实验和实践的检验。

目前,随着高速计算机的发展,计算流体动力学(Computational Fluid Dynamics, CFD)在流体力学数值模拟领域得到了广泛的应用,并已有许多大型流体力学计算软件,可以模拟实际工程中许多复杂的流体力学问题。CFD 的方法具有成本低和能模拟较复杂的过程等优点。经过一定验证的 CFD 软件可以拓宽实验研究的范围,减少费用较高的实验工作量。CFD 分析的主要过程概括为以下五个步骤:

(1) 明确拟解决问题中流场的几何形状、流动条件和对数值模拟的要求。

(2) 选择反映问题的各个物理量之间的微分方程组(控制方程)及定解条件。

(3) 确定数值方法,包括有限差分法、有限元法、有限体积法等。本章主要介绍有限差分法的基本思想、原理、方法,以及在工程流体力学中的一些简单应用。

(4) 编制程序计算,主要包括计算网格划分,初始条件和边界条件的输入,控制参数的设定等。

(5) 显示、分析数值计算结果,并对数值方法和物理模型的误差进行评估等。

下面对有限差分法做简单介绍。

14-3-1 有限差分法的基本思想和差分格式

1. 基本思想

先将求解区域离散化,划分成差分网格,变量信息存储在网格节点上,然后将偏微分方程的微商用差商代替,代入微分方程及边界条件,建立起以网格节点函数值为未知量的代数形式差分方程组,通过求解代数方程组,获得偏微分方程的近似解。因此,用有限差分法求取偏微分方程问题的数值解时,首先应将偏微分方程的偏导数化为相应的差分形式,建立和微分方程相对应的差分方程。下面介绍几种常用的简单差分公式。

2. 差分公式

(1) 一维问题

解析函数 $u(x)$ 可以在点 x_0 邻域展开成泰勒级数,则

$$u(x) = u(x_0) + u'(x_0)(x-x_0) + \frac{1}{2!}u''(x_0)(x-x_0)^2 + \cdots$$

如图 14-3 所示,设有 $i-1, i, i+1$ 三个差分节点,其坐标为 x_{i-1}, x_i, x_{i+1}。令函数在这三个节点的值为 $u_{i-1} = u(x_{i-1})$,$u_i = u(x_i)$,$u_{i+1} = u(x_{i+1})$,设节点间距为 Δx,则有泰勒展开式

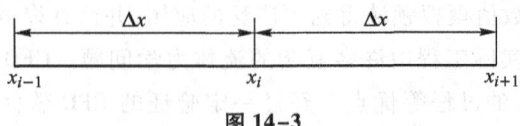

图 14-3

$$u_{i-1} = u_i - u'_i \Delta x + \frac{1}{2!}u''_i \Delta x^2 + O(\Delta x^3) \qquad (14-12)$$

$$u_{i+1} = u_i + u'_i \Delta x + \frac{1}{2!}u''_i \Delta x^2 + O(\Delta x^3) \qquad (14-13)$$

记号 $O(\Delta x^3)$ 表示截断误差是 Δx 的三次方的量级。由上两式得

$$u'_i = \frac{u_i - u_{i-1}}{\Delta x} + O(\Delta x) \qquad (14-14)$$

$$u'_i = \frac{u_{i+1} - u_i}{\Delta x} + O(\Delta x) \qquad (14-15)$$

式(14-14)表示一阶导数的向后差分式,而式(14-15)则是向前差分式。它们都具有一阶精度。式(14-12)与式(14-13)相减则得

$$u'_i = \frac{u_{i+1} - u_{i-1}}{2\Delta x} + O(\Delta x^2) \tag{14-16}$$

上式是一阶导数的中心差分式,具有二阶精度。

如果将式(14-12)与式(14-13)相加,则有

$$u''_i = \frac{u_{i+1} - 2u_i + u_{i-1}}{\Delta x^2} + O(\Delta x^2) \tag{14-17}$$

上式是二阶导数的差分式,具有二阶精度。

(2)二维问题

首先将求解域划分成许多矩形网格如图14-4所示。在 x, y 方向上的网络节点间距分别取 $\Delta x = h$ 和 $\Delta y = l$,这里 h、l 称为步长。将横坐标 $x_i = ih$,纵坐标 $y_j = jl$ 的空间点 (x_i, y_j) 简写为 (i, j),如空间变量为 $u(x, y)$,则将空间点 (i, j) 的变量写为 $u_{i,j}$,将空间点 $(i+1, j)$ 的变量写成 $u_{i+1,j}$,等等。在 x 方向上,对 (i, j) 点附近进行泰勒级数展开

$$\begin{aligned} u_{i+1,j} &= u_{i,j} + \left(\frac{\partial u}{\partial x}\right)_{i,j}(x_{i+1} - x_i) + \frac{1}{2!}\left(\frac{\partial^2 u}{\partial x^2}\right)_{i,j}(x_{i+1} - x_i)^2 + \cdots \\ &= u_{i,j} + \left(\frac{\partial u}{\partial x}\right)_{i,j} \times h + \frac{1}{2!}\left(\frac{\partial^2 u}{\partial x^2}\right)_{i,j} \times h^2 + \cdots \end{aligned} \tag{14-18}$$

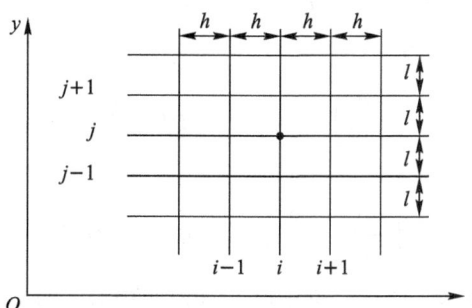

图 14-4

即为

$$\left(\frac{\partial u}{\partial x}\right)_{i,j} = \frac{1}{h}(u_{i+1,j} - u_{i,j}) + O(h)$$

若用差商近似微商,即令

$$\left(\frac{\partial u}{\partial x}\right)_{i,j} = \frac{1}{h}(u_{i+1,j} - u_{i,j}) \tag{14-19}$$

则差商和微商在(i,j)点上有截断误差

$$R_{i,j}=\left(\frac{\partial u}{\partial x}\right)_{i,j}-\frac{1}{h}(u_{i+1,j}-u_{i,j})=O(h)$$

同样由泰勒展开式：

$$u_{i-1,j}=u_{i,j}-\left(\frac{\partial u}{\partial x}\right)_{i,j}\times h+\frac{1}{2!}\left(\frac{\partial^2 u}{\partial x^2}\right)_{i,j}\times h^2+\cdots \quad (14-20)$$

可得

$$\left(\frac{\partial u}{\partial x}\right)_{i,j}=\frac{1}{h}(u_{i,j}-u_{i-1,j})+O(h)$$

用差商近似微商有

$$\left(\frac{\partial u}{\partial x}\right)_{i,j}=\frac{1}{h}(u_{i,j}-u_{i-1,j}) \quad (14-21)$$

其截断误差为

$$R_{i,j}=\left(\frac{\partial u}{\partial x}\right)_{i,j}-\frac{1}{h}(u_{i,j}-u_{i-1,j})=O(h)$$

式(14-19)、式(14-21)分别称为向前差分式和向后差分式，具有一阶精度。与一维问题相似，将式(14-18)、(14-20)相减得

$$\left(\frac{\partial u}{\partial x}\right)_{i,j}=\frac{1}{2h}(u_{i+1,j}-u_{i-1,j})+O(h^2) \quad (14-22)$$

同样用差商来近似微商，有

$$\left(\frac{\partial u}{\partial x}\right)_{i,j}=\frac{1}{2h}(u_{i+1,j}-u_{i-1,j})$$

其截断误差为

$$R_{i,j}=\left(\frac{\partial u}{\partial x}\right)_{i,j}-\frac{1}{2h}(u_{i+1,j}-u_{i-1,j})=O(h^2)$$

即截断误差与h^2同量级，具有二阶精度。这说明中心差分式比向前差分式或向后差分式提高一阶精度。

如将式(14-18)、(14-20)相加得

$$\left(\frac{\partial^2 u}{\partial x^2}\right)_{i,j}=\frac{1}{h^2}(u_{i+1,j}-2u_{i,j}+u_{i-1,j})+O(h^2) \quad (14-23)$$

与二阶微商相应的差分式为

$$\left(\frac{\partial^2 u}{\partial x^2}\right)_{i,j}=\frac{1}{h^2}(u_{i+1,j}-2u_{i,j}+u_{i-1,j})$$

截断误差$R_{i,j}$为$O(h^2)$，具有二阶精度。

应用同样的方法还可以得到与微商 $\frac{\partial u}{\partial y}$，$\frac{\partial^2 u}{\partial y^2}$，以及 $\frac{\partial^2 u}{\partial x \partial y}$ 相对应的各种差分式及其截断误差。例如

$$\left(\frac{\partial^2 u}{\partial y^2}\right)_{i,j} = \frac{1}{l^2}(u_{i,j+1} - 2u_{i,j} + u_{i,j-1}) + O(l^2) \tag{14-24}$$

$$\left(\frac{\partial^2 u}{\partial x \partial y}\right)_{i,j} = \frac{1}{4hl}(u_{i+1,j+1} - u_{i+1,j-1} - u_{i-1,j+1} + u_{i-1,j-1}) + O(h^2 + l^2) \tag{14-25}$$

如果偏微分方程中含有时间偏导数项，类似于上述对空间偏导数的处理，也可以写出相应的差分式，例如写成向后差分式：

$$\left(\frac{\partial u}{\partial t}\right)_{i,j}^n = \frac{1}{\tau}(u_{i,j}^n - u_{i,j}^{n-1}) + O(\tau) \tag{14-26}$$

其中 $\tau = \Delta t$，为时间步长，上标 n 表示 $t = n\Delta t$。

3. 差分格式及基本构造方法

将求解的偏微分方程的每个微商项用相应的差商代替，构造逼近该偏微分方程的差分方程。差分方程加上离散化的初、边值条件就得到差分格式。

14-3-2 差分格式的相容性、收敛性和稳定性

对任一定解问题，采取不同的空间或时间差分近似，可构造出若干种不同的差分格式，但在这些差分格式中，并不是每个格式都能用于数值计算。只有那些具有相容性、收敛性和稳定性的差分格式，才能够用来进行数值计算，计算的结果才有意义。因此，相容性、收敛性和稳定性是差分格式的三个重要性质。

1. 相容性

相容性是用差分近似代替微分运算时所满足的最基本的要求。它指的是，在时间步长和空间步长都趋于零时，差分方程的截断误差也趋于零，表明差分方程在形式上逼近微分方程；若在每一网格节点上差分方程与原微分方程都是等同的，则称差分方程与原微分方程相容。若网格步长趋向于零时，差分方程的截断误差不趋于零，导致差分方程在形式上不逼近原微分方程，则称差分方程与原微分方程不相容。

2. 收敛性

当时间步长和空间步长趋近于零时，差分方程的解趋近于微分方程的解，这种性质称为差分方程的收敛性。差分方程的相容性与收敛性是两个既有严格区别又有联系的概念。相容性是对方程来说的，即要求方程一致，而收敛性对方程的解来说的，要求解一致。差分方程满足相容性，并不一定满足收敛性，相容性

是收敛性的必要条件。

3. 稳定性

差分格式计算是按时间层逐渐推进的,差分方程的精确解和数值解往往不相等。这是因为,初始时间层或边界值一般是由实验或推算而确定的,具有初始误差和边界误差,在计算中又有舍入误差。如果计算步数很多,误差可能会积累,所以要讨论误差在全部数值计算过程中的发展问题,这就是差分解的稳定性问题。人们在计算中发现,同一问题的各种差分格式在一定的条件下,对误差的敏感程度不一样。有的对误差不很敏感,即使由于某种原因产生了误差,这种误差对以后的影响越来越小,或者这个影响保持在某个限度以内,那么称这个差分格式在给定条件下稳定,这个条件就是它的稳定准则。如果误差的影响随着计算步数的增加越来越大,使计算的结果越来越偏离差分格式的精确解,那么这种情况是不稳定的。

差分格式的相容性、收敛性和稳定性之间存在着一定的联系,Lax 等价定理就是反映它们相互联系的一条定理。此定理表述如下:对于一个适定的线性微分方程定解问题,如果某一差分格式与其相容,则该差分格式的稳定性等价于收敛性。

Lax 等价定理实际意义很大。因为直接证明一个差分格式的收敛性一般比较困难,而稳定性的证明却容易得多。有了 Lax 等价定理,我们可以通过证明差分格式的稳定性来间接证明它的收敛性。应当指出,Lax 等价定理只适用于线性问题。

14-3-3 典型偏微分方程的差分解法

1. 椭圆型方程的差分解法

(1) 差分格式

椭圆型方程是流体力学中经常遇到的一类重要方程,如 Laplace 方程,对于二维问题,Laplace 方程写为

$$\frac{\partial^2 u}{\partial x^2} + \frac{\partial^2 u}{\partial y^2} = 0 \tag{14-27}$$

其中算子 $L = \nabla^2 = \dfrac{\partial^2}{\partial x^2} + \dfrac{\partial^2}{\partial y^2}, (x,y) \in D$。

椭圆型方程的定解问题要求未知函数 $u = u(x,y)$ 在边界为 S 的闭合域 D 内满足方程(14-27),在闭合域 D 的边界上应满足给定的边界条件,通常有三种类

型的边界条件,即

第一类：$u = \bar{u}(x,y)$,边界上的函数 $\bar{u}$ 为已知函数；

第二类：$\dfrac{\partial u}{\partial n} = \bar{q}(x,y)$,边界上外法向导数值已知；

第三类：$a\dfrac{\partial u}{\partial n} + bu = \bar{q}(x,y)$,边界上给定函数和外法向导数的线性组合。这里 $a \geqslant 0, b \geqslant 0$。

本书只着重介绍第一类边值问题。

下面讨论差分格式和差分方程的建立。

为方便起见,采用均匀等步长 $\Delta x = h, \Delta y = l$,在 x-y 平面上绘制两组平行线：

$$\left.\begin{array}{c} x_i = x_0 + ih \\ y_j = y_0 + jl \end{array}\right\} \tag{14-28}$$

其中,(x_0, y_0) 为 x-y 平面上的原点,$i,j = 0, \pm 1, \pm 2, \cdots$。式(14-28)的两组平行线构成差分网格,其交点为节点,如图 14-5 所示。

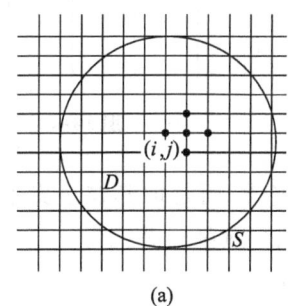
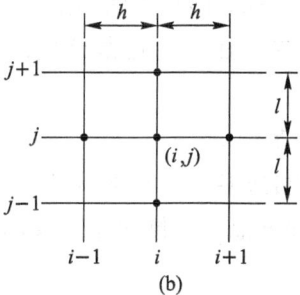

图 14-5

这里只考虑属于域内 D 和边界 S 上的节点。当两个节点沿 x 或 y 方向只相差一个步长时,称为两个相邻节点。如果一个节点的所有四个相邻节点都属于 $D+S$,则此节点为内部节点。如果一个节点的四个相邻节点中有一个以上的节点不属于 $D+S$ 时,则称这个节点为边界节点。

由式(14-28)组成的网格为矩形网络,如果 $l = h$,则为正方形网格。考虑采用中心差分格式,引用式(14-23)、式(14-24),即

$$\left(\dfrac{\partial^2 u}{\partial x^2}\right)_{i,j} = \dfrac{1}{h^2}(u_{i+1,j} - 2u_{i,j} + u_{i-1,j}) + O(h^2)$$

$$\left(\dfrac{\partial^2 u}{\partial y^2}\right)_{i,j} = \dfrac{1}{l^2}(u_{i,j+1} - 2u_{i,j} + u_{i,j-1}) + O(l^2)$$

$$R = O(h^2 + l^2) \quad (R \text{ 为截断误差})$$

略去截断误差，方程(14-27)的差分方程为

$$\left(\frac{\partial^2 u}{\partial x^2} + \frac{\partial^2 u}{\partial y^2}\right)_{i,j} = \frac{1}{h^2}(u_{i+1,j} - 2u_{i,j} + u_{i-1,j}) + \frac{1}{l^2}(u_{i,j+1} - 2u_{i,j} + u_{i,j-1}) = 0 \quad (14-29)$$

这就是最常用的五点差分格式，参看图14-5b。其他的差分格式这里不再介绍，请参考有关书籍。

(2) 不规则边界条件的近似处理

在一般情况下，边界 S 是一条曲线，很难和差分网格节点相吻合，需要作近似处理才能达到要求和某一计算精度。本章只介绍第一类边界条件的近似处理。

处理的方法主要有三种，其精度各不相同。

① 零次插值。

这是一种最简单的近似处理方法。如图14-6所示，对于网格边界点 P，该值可近似由边界 S 上的 $u(n')$ 或 $u(e')$ 给出，也可以由边界 S 上 n' 或 e' 两点之间的某一点的 u 值给出。这种零次插值的近似处理，其局部误差为 $O(h)$。

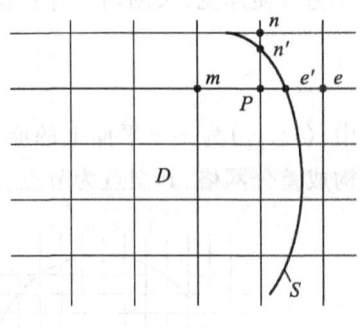

图 14-6

② 一次插值。

矩形网格边界上 P 点的函数值 u_p 不取定值，而是取其在边界上靠近的某点，如 e' 点和 P 点另一侧的邻点 m 的线性插值。其插值公式为

$$u_p = \frac{u_{e'}h + u_m h_e}{h + h_e} \quad (14-30)$$

其中 h_e 为 P 和 e' 两点之间的距离。这种插值的局部误差为 $O(h^2)$。

③ 二次插值。

二次插值的方法可参考有关书籍，这里不再介绍。

(3) 差分问题解的唯一性

可以证明(略)以上关于椭圆型方程的五点格式差分问题解的存在性和唯一性。

(4) 差分方程组的解法

对于每一个内点列一个式(14-29)的差分方程，可得到代数方程组

$$AU = F \quad (14-31)$$

其中 F 为包括已知边界在内的已知列阵，A 为系数矩阵，U 为待求的未知列矢

量。求解方程组(14-31)便可得到各差分网格节点上的差分近似解 U。

方程组(14-31)可以用 Gauss 消去法求解,当节点很多时,可用迭代法求解。

2. 抛物型方程的差分解法

(1) 差分格式

在研究热传导和扩散现象时,得到了如下典型的二阶抛物型微分方程:

$$\frac{\partial u}{\partial t} - a^2 \frac{\partial^2 u}{\partial x^2} = 0 \quad (a > 0) \tag{14-32}$$

在区域 $D:\{0 \leq x \leq L, t \geq 0\}$ 内求函数值 $u(x,t)$。这类方程的定解问题有初值问题(Cauchy)和混合问题(初边值问题)。对于初值问题要求给定初始条件

$$u(x,0) = f(x) \tag{14-33}$$

对于混合问题除给定初始条件(14-33)外,还应给定下面三类边界条件之一:

第一类边界条件

$$u(0,t) = \varphi_1(t), \quad u(L,t) = \varphi_2(t) \tag{14-34}$$

第二类边界条件

$$\frac{\partial}{\partial x} u(0,t) = \psi_1(t), \quad \frac{\partial}{\partial x} u(L,t) = \psi_2(t) \tag{14-35}$$

第三类边界条件

$$\left. \begin{array}{l} \dfrac{\partial}{\partial x} u(0,t) + \lambda_1(t) u(0,t) = \psi_1(t) \\[2mm] \dfrac{\partial}{\partial x} u(L,t) + \lambda_2(t) u(L,t) = \psi_2(t) \end{array} \right\} \tag{14-36}$$

上列式中 $0 \leq x \leq L, 0 \leq t \leq T, \lambda_1, \lambda_2 \geq 0, \varphi_1 、 \varphi_2 、 \psi_1 、 \psi_2$,均为给定函数。

本章只讨论第一类边界条件问题。

对抛物型微分方程问题,如 Cauchy 问题存在有界的解,那么在有界的函数类中,解是唯一的,又如混合问题的解存在,那么解也是唯一的。

抛物型微分方程的差分格式很多,下面介绍常用的差分格式。

① 显式格式

利用 $u(x,t)$ 关于 t 的向前差分式,关于 x 的二阶中心差分式,写出差分方程:

$$\frac{1}{\tau}(u_j^{n+1} - u_j^n) - \frac{a^2}{h^2}(u_{j+1}^n - 2u_j^n + u_{j-1}^n) = 0$$

设 $r = \dfrac{a^2}{h^2}\tau$,则

$$u_j^{n+1} = (1-2r) u_j^n + r(u_{j+1}^n + u_{j-1}^n) \tag{14-37}$$

这一差分格式的截断误差为 $R=O(\tau+h^2)$。

式(14-37)是一种显式的差分格式。根据式(14-37)可依次由第 n 层的函数值计算第 $n+1$ 层的差分解 u_j^{n+1}(图 14-7)。这种格式求解最方便,但有稳定条件要求,而且步长受到较严的限制。

② 隐式格式

利用 $u(x,t)$ 关于 t 的向后差分式,关于 x 的二阶中心差分式,可得到相应的差分方程:

$$\frac{1}{\tau}(u_j^{n+1}-u_j^n)-\frac{a^2}{h^2}(u_{j+1}^{n+1}-2u_j^{n+1}+u_{j-1}^{n+1})=0 \qquad (14-38)$$

或写为

$$(1+2r)u_j^{n+1}-ru_{j-1}^{n+1}-ru_{j+1}^{n+1}=u_j^n$$

其中 $r=\dfrac{a^2}{h^2}\tau$,由差分式(14-38)可见,当知道第 n 层的函数值之后,在求解第 $n+1$ 层的函数值时,必须解一个线性代数方程组(图 14-8)。这种格式称为隐式差分格式,其截断误差为 $O(\tau+h^2)$。隐式格式的最大优点是无条件稳定的,差分网格步长不像显式格式那样受到限制。

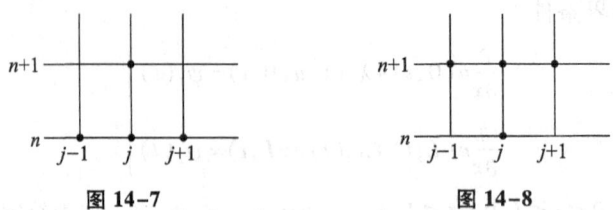

图 14-7　　　　　　　　图 14-8

(2) 初边值问题的差分方法

① 初始条件的差分近似

$$u_j^0=f(jh) \quad (j=0,\pm 1,\pm 2,\cdots) \qquad (14-39)$$

② 边界条件的差分近似

考虑空间域 $0\leq x\leq L$ 的第一类边界条件

$$u_0^n=\varphi_1(n\tau),u_J^n=\varphi_2(n\tau) \quad (n=0,1,2,\cdots,N) \qquad (14-40)$$

③ 初边值问题的差分方程问题

扩散方程的初值问题就是要求解下述定解问题:

$$\left.\begin{array}{l}\dfrac{\partial u}{\partial t}-a^2\dfrac{\partial^2 u}{\partial x^2}=0 \quad (0<x<L,0\leq t\leq T)\\ u(x,0)=f(x) \quad (0<x<L)\end{array}\right\} \qquad (14-41)$$

如果应用显式格式(14-37)来解上述微分方程问题,连同边界条件式(14-40),则相应的差分方程问题为

$$\left.\begin{array}{l} u_j^{n+1}=(1-2r)u_j^n+r(u_{j+1}^n+u_{j-1}^n) \\ (j=1,2,\cdots,J-1),(n=0,1,2,\cdots,N) \\ u_j^0=f(jh) \\ u_0^n=\varphi_1(n\tau),u_J^n=\varphi_2(n\tau) \end{array}\right\} \quad (14-42)$$

其中 $r=\dfrac{a^2}{h^2}\tau, x_j=jh, t_n=n\tau, N=\dfrac{T}{\tau}$。

由式(14-42)可以逐层由第 n 层的 u_j^n 值逐点计算第 $n+1$ 层的差分解 u_j^{n+1}。

若时间 t_n 固定,对 $j=1,2,\cdots,J-1$,则方程组写为

$$\left.\begin{array}{l} \boldsymbol{u}^{n+1}=\boldsymbol{A}\boldsymbol{u}^n+\boldsymbol{C}^n \\ \boldsymbol{u}^0=\boldsymbol{f} \end{array}\right\} \quad (14-43)$$

其中

$$\boldsymbol{A}=\begin{pmatrix} (1-2r) & r & 0 & \cdots & 0 \\ r & (1-2r) & r & 0 & \cdots \\ 0 & r & (1-2r) & r & \cdots \\ \cdots & 0 & \cdots & \cdots & \cdots \\ 0 & \cdots & \cdots & r & (1-2r) \end{pmatrix}$$

$$\boldsymbol{u}^n=(u_1^n \quad u_2^n \quad \cdots \quad u_{J-1}^n)^{\mathrm{T}}$$

$$\boldsymbol{C}^n=(ru_0^n \quad 0 \quad \cdots \quad 0 \quad ru_J^n)^{\mathrm{T}}$$

$$\boldsymbol{f}=(f(h) \quad f(2h) \quad \cdots \quad f((J-1)h))^{\mathrm{T}}$$

对于其他的差分格式,也可应用相似的方法建立差分问题的方程组。

以上重点介绍了以拉普拉斯方程为例的椭圆型方程和以一维扩散方程为代表的抛物型方程的常用差分格式及差分解法,对应差分格式的相容性、收敛性和稳定性的讨论这里不再详述。对于双曲型方程的差分解法,可参考有关书籍。

14-3-4 求解步骤和适用范围

(1)对求解区域划分网格,主要用均匀或非均匀直线正交网格或交错网格。

(2)选取合适差分格式(如以上介绍的内容),用差商代替偏微分方程中微商,并满足边界条件和初始条件,建立以节点函数值为未知量的差分方程。

(3)求解代数形式差分方程组,取得全部节点上的函数值。

有限差分法基本理论发展相当成熟,有较完整的定性分析理论,差分格式灵活多样,计算程序编写简便。有限差分法应用范围较广,但对于不规则的任意求解区域处理较困难。

有限元法和有限差分法同属区域性离散化方法。有限差分法仅考虑节点上函数值,而有限元法则在变分法或加权余量法的基础上对每段(每块)用多项式近似逼近。有限元法对所考虑的区域形状无要求,网格布置灵活,易处理复杂边界条件的流动问题。它的求解步骤十分规范,易编程,程序通用性强。其基本思想是将一个连续的求解域任意分成适当形状的若干单元,并在各单元分片构造插值函数,然后根据极值原理(如伽辽金法),由流动问题的控制微分方程构造积分方程,对各单元积分得到离散的单元有限元方程,将区域所有的单元有限元方程按一定的规则叠加合成为总体有限元方程,并对边界条件处理,得到代数方程组,求解该方程组就得到各节点上待求的函数值,从而求得该流动问题的数值解。

有限体积法又称为控制体积法,其基本思想是将计算区域划分为一系列不重复的控制体积,每个控制体积中包含一个节点,待求变量储存在节点上;然后将微分方程对每一个控制体积积分,得出一组离散方程,其中的未知数是网格节点上的因变量。有限体积法得出的离散方程,要求因变量的积分守恒对任意一个控制体积都得到满足,对整个计算区域,自然也得到满足。它的特点是计算效率高,数值格式具有明显的守恒特性。

例 14-5 取坐标系如图 14-9 所示,x 轴正向为流动方向,y 轴方向的流速分量为 0。若忽略质量力,不可压缩黏性流体恒定平面流动(平面泊肃叶流动)的速度分布推导过程参见例题 5-1,即归结为一个二阶线性常微分方程的边值问题

$$-\frac{d^2 u}{d y^2} = c : 0 < y < l, u(0) = u(l) = 0 \tag{1}$$

试用有限差分法来求解速度分布。

解:在图 14-9 中,先划分网格,沿 y 方向等分为 6 格,则 $\Delta y = l/6$。各节点顺序编号为 0, 1, ⋯, 6,假定待求的速度分布 $u(y)$ 在这些节点上的值为 $u_j (j = 0, 1, ⋯, 6)$。式(1)中的二阶导数 $\frac{d^2 u}{d y^2}$ 在节点 $j(j = 1, 2, 3, 4, 5)$ 处的导数值近似地表达为以未知节点函数值 u_j 表示的二阶中心差分形式,即

$$\frac{d^2 u}{d y^2} \approx \frac{u_{j+1} - 2 u_j + u_{j-1}}{\Delta y^2} \tag{2}$$

将其代入式(1)并考虑到 $\Delta y = l/6$,得

$$u_{j+1} - 2 u_j + u_{j-1} = -\frac{c l^2}{36} \quad (j = 1, 2, ⋯, 5) \tag{3}$$

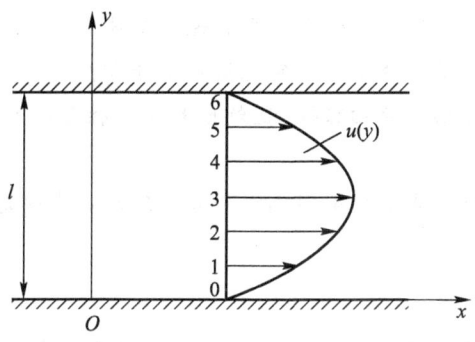

图 14-9

边界条件为
$$u(0)=u(6)=0 \tag{4}$$

式(3)为包含了 5 个方程的代数方程组,其中有 7 个节点函数值 $u_j(j=0,1,\cdots,6)$,加上边界条件式(4),方程数正好等于未知数。因此,可以确定所有 u_j。

由平面泊肃叶流动的对称性,有
$$u_0=u_6, \quad u_1=u_5, \quad u_2=u_4$$

故本例问题实际上只有 3 个未知量 u_1、u_2、u_3,其代数方程及其解分别为

$$\begin{cases} -2u_1+u_2=-\dfrac{cl^2}{36} \\ u_1-2u_2+u_3=-\dfrac{cl^2}{36} \\ u_2-u_3=-\dfrac{cl^2}{72} \end{cases}$$

$$\begin{cases} u_1=u_5=\dfrac{5cl^2}{72} \\ u_2=u_4=\dfrac{cl^2}{9} \\ u_3=\dfrac{cl^2}{8} \end{cases}$$

将以上结果与解析解 $u=-\dfrac{cl^2}{2}\left(\dfrac{y^2}{l^2}-\dfrac{y}{l}\right)$ 比较,可以看出两者在节点上完全相同,但解析解是连续函数,而差分解是离散数值解,节点之间的流速分布要通过插值决定。

思考题

14-1　牛顿迭代法的步骤是什么,它的适用条件是什么?

14-2　数值拟合的方法有哪几种?什么是最小二乘法?

14-3 数值模拟的概念是什么？它的优点是什么？

14-4 什么是有限差分法？它的优缺点是什么？

14-5 有限差分格式的相容性、收敛性和稳定性是什么？它们之间有什么关系？

14-6 有限差分法求解椭圆型偏微分方程的基本步骤是什么？

习题

14-1 设有一梯形断面渠道，底宽 $b=5$ m，边坡系数 $m=1.0$，当通过流量 $Q=20$ m³/s 时，试用牛顿迭代法求渠道的临界水深 h_{cr}。

14-2 如图所示，水从池中经管道流出，已知管长 $l=50$ m，沿程阻力系数 $\lambda=0.03$，局部阻力系数 $\zeta=6$，水位 $H=2$ m，设计流量 $Q=0.06$ m³/s，试用牛顿迭代法求管径 d。

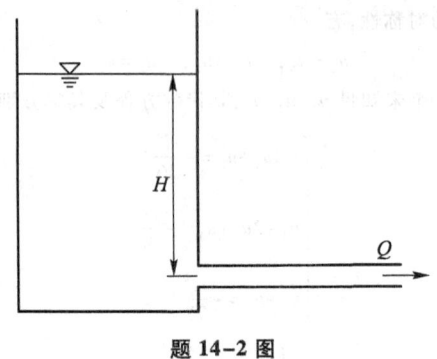

题 14-2 图

14-3 已知下列数据，试用一次代数多项式对其进行拟合。

i	1	2	3	4	5	6	7
x_i	19.1	25.0	30.1	36.0	40.0	45.1	50.0
y_i	76.30	77.80	79.25	80.80	82.35	83.90	85.10

14-4 见例 10-13，设有连接上、下渠道的矩形断面陡槽，已知流量 $Q=2.0$ m³/s，槽底宽度 $b=0.86$ m，底坡 $i=0.09$，粗糙系数 $n=0.02$，槽长 $L=30$ m，上、下游渠道中均为缓流。试用最小二乘法拟合陡槽中的水面曲线方程（用二次拟合函数）。

14-5 利用 Taylor 级数，导出 $\partial u/\partial y$ 一阶向前差分和向后差分表达式。

14-6 利用 Taylor 级数，导出 $\partial u/\partial y$ 的二阶中心差分表达式。

14-7 已知某一抽水井附近区域 $100\ \text{m} \leq x \leq 400\ \text{m}, 0 \leq y \leq 300\ \text{m}$ 的边界上水头已测出，如图所示，考虑稳定渗流情况，用有限差分法求解域内水头分布。

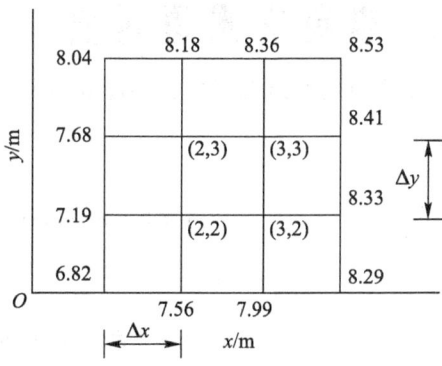

题 **14-7** 图

14-8 水在两平板间流动，上板壁的渗透速度 $v_0 = 1$ m/s，下壁不可渗透，入口和出口速度分布均匀，分别为 $u_1 = 3$ m/s 和 $u_2 = 1$ m/s，如图 a 所示。设板长 $L = 3$ m，宽 $h = 1.5$ m，将长和宽分成 3 等分，如图 b 所示，$\Delta x = 1$ m，$\Delta y = 0.5$ m。试用有限差分法求解内部节点的流函数值。

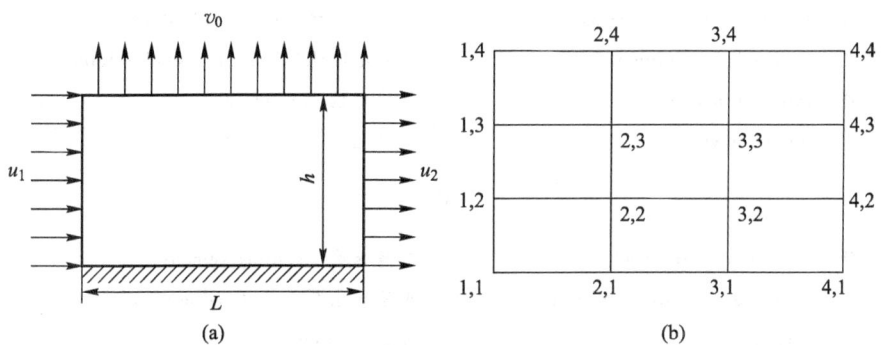

题 **14-8** 图

A14 习题答案

中英文术语对照

（按中文术语汉语拼音字母顺序）

A

U 形管　U-tube
π 定理　pi theorem, Buckingham theorem

B

泵　pump
比能（断面单位能量）　specific energy
壁面粗糙度　wall roughness
边界层　boundary layer
边界层方程　boundary layer equation
边界层分离　boundary layer separation
边界层厚度　boundary layer thickness
边界层理论　boundary layer theory
边界层转捩　boundary layer transition
边界条件　boundary condition
变分法　variation method
表面力　surface force
表面张力　surface tension
并联管道　pipe in parallel
波高　wave height
波速　wave speed, wave velocity
伯努利方程　Bernoulli equation
薄壁小孔口　sharp edged orifice
薄壁堰　Sharp crestel weir
不冲流速　nonscouring velocity
不互溶流体　immiscible fluid
不可压缩流体　incompressible fluid
不稳定性　instability
不淤流速　nonsilting velocity

C

测压管水头　piezometric head
测压管水头线　piezometric head line
层流　laminar flow
层流边界层　laminar boundary layer
插值函数　interpolating function
差分格式　difference scheme
长度比尺　length scale
长管　long pipe
超声速流（动）（超音速流[动]）　supersonic flow
沉降速度　settling velocity
承压含水层　confined aquifer
冲量　impulse
初始条件　initial condition
串联管道　pipe in series
粗糙度　roughness
粗糙平板　rough plate
粗糙区　rough region
粗糙系数　coefficient of roughness

D

达朗贝尔佯谬　d'Alembert paradox
达西定律　Darcy law
大气压强　atmospheric pressure
单宽流量　discharge per unit width
单位　unit
弹性模量　modulus of elasticity
当地大气压强　local atmospheric pressure
当地加速度　local acceleration
当量粗糙度　equivalent roughness
当量直径　equivalent diameter
等熵流　isentropic flow
等势面　equipotential line
等温流动　isothermal flow
等压面　equipressure surface
底坡　bottom slope
地下水　ground water
点源　point source
跌水　drop
迭代法　iterative method
动力黏性(度)　dynamic viscosity
动力速度(阻力速度)　dynamic velocity (friction velocity)
动力相似(性)　dynamic similarity
动量　momentum
动量方程　momentum equation
动量交换(传递)　momentum transfer
动量矩　moment of momentum
动量矩方程　equation of moment of momentum
动量修正系数　momentum correction factor
动能　kinetic energy
动能修正系数　kinetic-energy correction factor
动平衡　dynamic balancing
动压强　dynamic pressure
陡坡(急坡)　steep slope
短管　short pipe
对流(迁移或移流)扩散　convective diffusion
对流(迁移或移流)扩散方程　convection diffusion equation
对流层　troposphere
多孔介质　porous medium

E

二次流　secondary flow
二维流　two-dimensional flow

F

反射　reflection
非(不)均匀流　non-uniform flow
非恒定流(非定常流)　unsteady flow, non-steady flow
非均质流体　non-homogeneous fluid
非棱柱体渠道　non-prismatic channel
非牛顿流体　non-Newtonian fluid
非完全井　partially penetrating well
斐克定律　Fick law
分界面　interface
分离点　separation point
分散　dispersal

分析方法　analytical method
分子扩散　molecular diffusion
分子扩散系数　molecular diffusion coefficient
风洞　wind tunnel
弗劳德数　Froude number
浮力　buoyancy
浮体　floating body
负压　negative pressure

附着力　adhesion
复式断面渠道　channel of compound cross-section
复势　complex potential
高斯消去法　Gauss elimination method
各向同性　isotropy
各向异性　anisotropy

G

工程大气压强　engineering atmospheric pressure
工程流体力学　engineering fluid mechanics
功　work
功率　power
管流　pipe flow, tube flow
管网　pipe networks
管嘴出流　nozzle flow

惯性矩　moment of inertia
惯性力　inertial force
光滑壁面　smooth wall
光滑平板　smooth plate
过渡层　transition layer
过渡点　point of transition
过流断面　flow cross-section

H

含水层　aquifer
焓　enthalpy
恒定流　steady flow
恒定平面势流　steady plane potential flow
虹吸管　siphon
环境流体力学　environmental fluid mechanics
环流　circulation

环状管网　looping pipes
缓流　subcritical flow
缓坡　mild slope
回流　back flow
汇　sink
混合　mixing

J

机械能　mechanical energy
机械能守恒　conservation of mechanical energy
迹线　path, path line
急变流　rapidly varied flow
急流　supercritical flow
几何相似　geometric similarity
计算流体力学　computational fluid mechanics

加速度　acceleration
间接水击　indirect water hammer
剪切流　shear flow
渐变流　gradually varied flow
降水曲线　dropdown curve
角变率　rate of angular deformation
角变形　angular deformation

角速度(角转速)　angular velocity
截断误差　truncation error
界面　interface
浸润曲线　line of seepage (deppresion line)
井　well
井群　multiple-well
静压(水)头　static head
静压管　static[pressure]tube
静压强　static pressure

绝对粗糙度　absolute roughness
绝对速度　absolute velocity
绝对温度　absolute temperature
绝对压强　absolute pressure
绝热流　adiabatic flow
均匀流　uniform flow
均质流体　homogeneous fluid
均质土壤　homogeneous soil

K

卡门涡街　Karman vortex street
柯西数　Cauchy number
可压缩流体　compressible fluid
可压缩气体　compressible gas
空化　cavitation
空蚀(气蚀)　cavitation damage
孔板流量计　orifice meter
孔口　orifice
孔流(孔口出流)　orifice flow
孔隙率(孔隙度)　porosity

控制断面　control section
控制面　control surface
控制水深　control depth
控制体(积)　control volume
跨声速流(动)(跨音速流[动])　transonic flow
宽顶堰　broad-crested weir
扩散　diffusion
扩散方程　diffusion equation
扩散系数　diffusion coefficient

L

拉普拉斯方程　Laplace equation
来流　incoming flow
雷诺方程　Reynolds equations
雷诺数　Reynolds number
雷诺应力　Reynolds stress
棱柱体渠道　prismatic channel
离散(分散,弥散)　dispersion
离散化　discretization
理想流体　ideal fluid
力的比尺　force scale
力矩　moment of force
粒径　grain diameter

连续(性)方程　continuity equation
连续介质　continuum
连续介质假设　continuous medium hypothesis
量纲分析　dimensional analysis
量纲和谐原理　theory of dimensional homogeneity
量纲一的量　quantities of dimension one
临界雷诺数　critical Reynolds number
临界流　critical flow
临界流速　critical velocity
临界坡　critical slope
临界水深　critical depth

流场　flow field
流管　stream tube
流函数　stream function
流量　flow rate, flow discharge
流量比尺　discharge scale
流量系数　flow coefficient
流束　stream filament
流速分布　distribution of velocity
流态　flow regime
流体动压强　dymamic pressure of flow
流体力学　fluid mechanics
流体运动学　fluid kinematics
流体质点　fluid particle
流网　flow net
流线　stream line
螺旋流　spiral flow

M

马赫数　Mach number
脉动　fluctuation
脉动流速　fluctuating velocity
脉动压强　fluctuating pressure
脉动质量分数　mass fraction fluctuation
脉线(染色线)　streak line
曼宁公式　Manning formula
毛细管现象　capillary phenomena
弥散(离散)　dispersion
密度　density
明渠流(明槽流)　open channel flow
模拟　simulation
模型　model
模型比尺　model scale
模型方程　model equation
模型试验　model experiment
摩擦损失　friction loss
摩擦系数　friction coefficient
摩擦阻力　friction drag

N

纳维-斯托克斯方程　Navier-Stokes equation
内聚力　cohesion
能(量)　energy
能量传递　energy transfer
能量方程　energy equation
能量输运　energy transport
逆坡　rising slope
黏度　viscosity
黏度计　visco[si]meter
黏性底层　viscous sublayer
黏性流体　viscous fluid
凝结　condensation
牛顿迭代法　Newton iterative method
牛顿流体　Newtonian fluid
牛顿数　Newton number

O

欧拉平衡方程　Euler's equation of equilibrium fluid
欧拉数　Euler number
欧拉运动方程　Euler's equation of motion
偶极子　doublet, dipole

P

排放量　discharge
排水　drainage
皮托管　Pitot tube
平底坡　horizontal slope
平衡　equilibrium
平均速度　mean velocity

平流层　stratosphere
平面流　plane flow
平面射流　plane jet
平行流　parallel flow
平移　translation

Q

奇点　singularity
气化　gasification
气体常数　gas constant
气体动理(学理)论　kinetic theory of gas

迁移加速度　convective acceleration
潜体　submerged body
切应力(剪应力)　shear stress

R

绕流物体　flow around a body
绕流阻力　drag due to flow around a body
热传导　conductive heat transfer
热对流　heat convection
热辐射　heat radiation
热力学温度　thermodynamic temperature

热量传递(传热)　heat transfer
热通量　heat flux
人工粗糙(度)　artificial roughness
人工渠道　artificial channel
茹科夫斯基伴谬　Joukowski paradox

S

三维流　three-dimensional flow
熵　entropy
射流　jet
渗流　flow in porous media, seepage flow
渗透速度　seepage velocity
渗透系数　coefficient of permeability
渗透压强　seepage pressure
升力　lift
升力系数　lift coefficient
声速　speed of sound
湿周　wetted perimeter

时间比尺　time scale
时均法　time-average method
时均值　time average value
时均质量分数　time-averaged massfractiom
实验方法　experimental method
示踪物　tracer
势流　potential flow
势能,位能　potential energy
收缩断面　vena contracta
收缩断面水深　contractional depth
输运性质　transport property

数学模型　mathematical model
数值计算　numerical calculation
数值模拟　numerical simulation
数值实验　numerical experiment
水跌(跌水)　hydraulic drop
水动力学(液体动力学)　hydrodynamics
水击(水锤)　water hammer
水静力学(液体静力学)　hydrostatics
水力半径　hydraulic radius
水力坡度　hydraulic slope
水力学　hydraulics
水力最优断面　best hydraulic cross section
水面曲线分析　analysis of flow profile
水面曲线计算　computation of flow profiles
水头损失　head loss
水位　water level
水跃　hydraulic jump
水跃长度　length of jump
水跃的跃后水深　the sequent depth of hydraulic jump
水跃的跃前水深　the initial depth of hydraulic jump
水跃高度　height of jump
顺坡　falling slope
瞬时(扩散)源　source of instantaneous diffusion
瞬时流速　instantaneous velocity
斯特劳哈尔数　Strouhal number
速度(水)头　velocity head
速度比尺　velocity scale
速度场　velocity field
速度环量　velocity circulation
速度势　velocity potential
速度梯度　velocity gradient
随体导数(物质导数)　material derivative
随体导数　material derivative

T

泰勒展开　Taylor expantion
特征数　characteristic numbers
体积力　body force
湍动(湍流或脉动)扩散　turbulent diffusion
湍流边界层　turbulent boundary layer
湍流粗糙区　rough region of turbulent flow
湍流光滑区　smooth region of turbulent flow
湍流过渡区　transition region of turbulent flow
湍流核心(区)　turbulent core
湍流扩散系数　turbulent diffusion coefficient
湍流流动(紊流流动)　turbulent flow
湍流脉动　turbulent fluctuation
湍流强度　intensity of turbulence
湍流切应力　turbulent shear stress
湍流射流　turbulent jet

W

完全井　completely penetrating well
完全气体　perfect gas
完整水跃　complete hydraulic jump
微压计　micromanometer
韦伯数　Weber number
位置水头　elevation head
尾流　wake[flow]
温度梯度　temperature gradient

文丘里管　Venturi tube
稳定性　stability
涡　eddy
涡管　vortex tube
涡街　vortex street
涡量　vorticity
涡面　vortex surface
涡体　eddies
涡通量　vortex flux

涡线　vortex line
涡旋　vortex
污染物扩散　pollutant diffusion
污染源　pollutant source
无滑移条件　non-slip condition
无黏性流体　nonviscous fluid, inviscid fluid
无旋流(无涡流)　irrotational flow
无压含水层　unconfined aquifer
无压流　free surface flow

X

稀释度　dilution
系统　system
显式格式　explicit scheme
线变率　rate of linear deformation
线变形　linear deformation
线源　line source
相对粗糙度　relative roughness
相对速度　relative velocity
相对压强　relative pressure
相对运动　relative motion
相似判据(相似准数)　similarity criterion number

相似条件　similarity conditions
相似性解　similar solution
相似原理　theorem of similarity (similar principle)
相似准则　similarity criterion
消能　energy dissipation
谢才公式　Chézy formula
行近流速　velocity of approach
形状阻力　form resistance
悬浮　suspension
旋涡区　region of vortices

Y

压(强)能　pressure energy
压(强水)头　pressure head
压差　differential pressure
压差阻力　pressure drag
压力,压强　pressure
压力体　pressure volume
压强表(压力表)　pressure gage
压强场　pressure field
压强分布图　diagram of pressure distribution
压强计(压力计)　manometer

压强梯度　pressure gradient
亚声速流(动)(亚音速流[动])　subsonic flow
淹没出流　submerged outflow
沿程均匀泄流管道　pipe with uniform discharge along the line
堰　weir
堰流　weir flow
液体静压　hydrostatic pressure
一维流(动)　one-dimensional flow

移流(迁移或对流)扩散 convective diffusion
隐式格式 implicit scheme
影响半径 radius of influence
壅水曲线 back water curve
有量纲量 dimensional quantities
有势力 potential force
有限差分法 finite difference method
有限体积法 finite volume method
有限体积法 finite volume method
有限元法 finite element method

有旋流(有涡流) rotational flow
有压流 pressure flow
羽流(缕流) plume
元流 element flow
元涡 element vortex
原型 prototype
圆形射流 circular jet
允许流速 permissible velocity
运动黏性(度) kinematic viscosity
运动相似 kinematic similarity

Z

闸下出流 outflow under gates
真空压强(真空度) vacuum pressure
正常水深 normal depth
正应力 normal stress
枝状管网 branching pipes
直接水击 direct water hammer
质点系 systems of particles
质量 mass
质量传递(传质) mass transfer
质量分数 mass fraction
质量分数场 mass fraction field
质量分数梯度 mass fraction gradient
质量力 mass force
质量热容比 ratio of the mass heat capacities
质量守恒 conservation of mass
重力水 gravitational water
重量 weight
重心 center of gravity
驻点 stagnation point

转动惯量(惯性矩) moment of inertia
状态方程 equation of state
自流井 artesian well
自模(化)区 self-similar zone
自由表面 free surface
自由沉降速度 free settling velocity
自由出流 free outflow
自由射流 free jet
纵向扩散系数 coefficient of longitudinal diffusion
总流 total flow
总水头 total head
总水头线 total head line
总压(力) total pressure
阻力 drag, resistance
阻力平方区 region of square resistance law
阻力系数 drag coefficient
最小二乘法 least square method
作用力 acting force

参 考 文 献

[1] 清华大学水力学教研组.水力学:上册[M].北京:高等教育出版社,1995.
[2] 清华大学水力学教研组.水力学:下册[M].北京:高等教育出版社,1996.
[3] 李玉柱,贺五洲.工程流体力学:上册[M].北京:清华大学出版社,2006.
[4] 李玉柱,江春波.工程流体力学:下册[M].北京:清华大学出版社,2007.
[5] 天津大学水力学教研室.水力学:上册,下册[M].北京:高等教育出版社,1983.
[6] 四川大学水力学与山区河流开发保护国家重点实验室.水力学:上册,下册[M].5版.北京:高等教育出版社,2016.
[7] 张燕,毛根海.应用流体力学[M].2版.北京:高等教育出版社,2020.
[8] 武汉水利电力学院水力学教研室.水力学:上册[M].北京:高等教育出版社,1986.
[9] 武汉水利电力学院水力学教研室.水力学:下册[M].北京:高等教育出版社,1987.
[10] 李家星,赵振兴.水力学:上册,下册[M].2版.南京:河海大学出版社,2001.
[11] 蔡增基,龙天渝.流体力学 泵与风机[M].4版.北京:中国建筑工业出版社,1999.
[12] 屠大燕.流体力学与流体机械[M].北京:中国建筑工业出版社,1994.
[13] 禹华谦.工程流体力学[M].3版.北京:高等教育出版社,2017.
[14] 李玉柱,苑明顺.流体力学[M].3版.北京:高等教育出版社,2020.
[15] 刘鹤年.水力学[M].武汉:武汉大学出版社,2001.
[16] 叶镇国.水力学与桥涵水文[M].北京:人民交通出版社,1998.
[17] 景思睿,张鸣远.流体力学[M].西安:西安交通大学出版社,2001.
[18] 孔珑.工程流体力学[M].2版.北京:水利电力出版社,1992.
[19] 罗惕乾.流体力学[M].2版.北京:机械工业出版社,2003.
[20] 莫乃榕.工程流体力学[M].武汉:华中科技大学出版社,2000.
[21] 张国强,吴家鸣.流体力学[M].北京:机械工业出版社,2006.
[22] 吴望一.流体力学:上册[M].北京:北京大学出版社,1982.
[23] 吴望一.流体力学:下册[M].北京:北京大学出版社,1983.
[24] 周光垌,严宗毅,许世雄,等.流体力学:上册,下册[M].2版.北京:高等教育出版社,2000.
[25] 周光垌.史前与当今的流体力学问题[M].北京:北京大学出版社,2002.
[26] 夏震寰.现代水力学:(一),(二)[M].北京:高等教育出版社,1990.
[27] 窦国仁.紊流力学:上册[M].北京:高等教育出版社,1981.
[28] 窦国仁.紊流力学:下册[M].北京:高等教育出版社,1987.
[29] 赵学端,廖其奠.粘性流体力学[M].北京:机械工业出版社,1983.

[30] 南京水利科学研究院,水利水电科学研究院.水工模型实验[M].2版.北京:水利电力出版社,1985.

[31] 张延芳.计算流体力学[M].大连:大连理工大学出版社,1992.

[32] 江春波,张永良,丁则平.计算流体力学[M].北京:中国电力出版社,2007.

[33] 彭永臻,崔福义.给排水工程计算机程序设计[M].北京:中国建筑工业出版社,2000.

[34] 魏毅强,张建国,张洪斌,等.数值计算方法[M].北京:科学出版社,2004.

[35] 汪兴华.工程流体力学习题集[M].北京:机械工业出版社,1983.

[36] 余常昭.环境流体力学导论[M].北京:清华大学出版社,1992.

[37] 张书农.环境水力学[M].南京:河海大学出版社,1988.

[38] 赵文谦.环境水力学[M].成都:成都科技大学出版社,1986.

[39] 孙讷正.地下水污染——数学模型和数值方法[M].北京:地质出版社,1989.

[40] 张勇,闻德荪,舒光翼,等.粘度不同的液态钼低压渗流过程的模拟试验研究[J].工程力学,1994,11(4):115-121.

[41] 朱光灿,闻德荪.城市道路汽车尾气扩散箱型模式研究[J].东南大学学报:自然科学版,2001,31(4):88-91.

[42] STREETER V L,WYLIE E B.流体力学[M].周均长,等,译.北京:高等教育出版社,1987.

[43] 戴莱 J W,哈里曼 D R F.流体动力学[M].郭子中,陈玉璞,等,译.北京:高等教育出版社,1983.

[44] 贝尔 J.多孔介质流体动力学[M].李竞生,陈崇希,译.北京:中国建筑工业出版社,1983.

[45] HERBERT F W.渗流数值模拟导论[M].赵君,译.大连:大连理工大学出版社,1989.

[46] 阿格罗斯金 И И.水力学:上册,下册[M].天津大学水利系水力学及水文学教研室,译.北京:高等教育出版社,1958.

[47] 巴特勒雪夫 A H.流体力学:上册[M].戴昌辉,等,译.北京:高等教育出版社,1958.

[48] 巴特勒雪夫 A H.流体力学:下册[M].戴昌辉,等,译.北京:高等教育出版社,1959.

[49] 普朗特 L.流体力学概论[M].郭永怀,陆士嘉,译.北京:科学出版社,1981.

[50] FINNEMORE E J,FRANZINI J B. Fluid mechanics with engineering applications[M]. 10th ed. New York:McGraw-Hill,2002.

[51] REBERSON J A,CROWE C T. Engineering fluid mechanics[M]. 3rd ed. Boston:Houghton Mifflin,1983.

[52] STREETER V L,WYLIE E B,BEDFORD K W. Fluid mechanics[M]. 9th ed. New York:McGraw-Hill,1998.

[53] 刘竹青,程银才.流体力学[M].北京:中国水利水电出版社,2012.

郑重声明

高等教育出版社依法对本书享有专有出版权。任何未经许可的复制、销售行为均违反《中华人民共和国著作权法》，其行为人将承担相应的民事责任和行政责任；构成犯罪的，将被依法追究刑事责任。为了维护市场秩序，保护读者的合法权益，避免读者误用盗版书造成不良后果，我社将配合行政执法部门和司法机关对违法犯罪的单位和个人进行严厉打击。社会各界人士如发现上述侵权行为，希望及时举报，我社将奖励举报有功人员。

反盗版举报电话　　（010）58581999　58582371
反盗版举报邮箱　　dd@hep.com.cn
通信地址　　北京市西城区德外大街4号　高等教育出版社法律事务部
邮政编码　　100120

防伪查询说明

用户购书后刮开封底防伪涂层，使用手机微信等软件扫描二维码，会跳转至防伪查询网页，获得所购图书详细信息。

防伪客服电话　　（010）58582300